Wave Front Propagations and Singularities

波面の伝播と特異点

泉屋周一 著

共立出版

序　文

　「光とはなにか」という疑問は，19世紀末から20世紀初頭にかけて，物理学の発展において基本的でかつ重要な役割を担った．実際，アインシュタインは「光速度不変性」を法則として採用することにより，特殊相対性理論において，重力のない場合における時間と空間の統一を達成し，さらにその後の重力理論である一般相対性理論への橋渡しとした．さらに「光量子仮説」により，光の粒子的振る舞いを論じ，その結果はその後の量子力学発展の基礎となった．しかし，それ以前のいわゆる古典物理の世界でも，光のもつ「波としての性質」と「粒子としての性質」はよく認識されており，それぞれ「ホイヘンスの原理」と「フェルマーの原理」として理解されていたと言うことができる．本書は，この光のもつ二面性のうち，波としての「波面の伝播」を記述する数学的枠組みを解説し，そこに現れる特異性と，粒子としての性質から得られる焦点集合との関係について，特異点論の立場から解説することを目的としている．一般に光の焦点集合はレンズ等を通して，光が集中して輝く部分として認識され，そこには波としての痕跡は観察することができない．したがって，通常観察する焦点集合は光を粒子とみなし，フェルマーの原理によって，その軌跡を最短線（直線）と考えることによりその軌跡が集中（包絡）して得られる輝く部分であると理解される．しかし，ホイヘンスの原理によると，一定時間後に光源から出た光はその光源から伝播する波面（波頭面）を形成すると考えられ，数学的にはその波面がぶつかり合ってできる「しわ（特異点）」の軌跡が焦点集合を形成しているとも理解される．このように我々が通常観察する焦点集合の背景には「波面の伝播」という隠された構造が存在すると考えられる．焦点集

合はラグランジュ特異点論,波面はルジャンドル特異点論で記述される幾何学的対象であり,それらについては『応用特異点論』(泉屋・石川,1998年)において,詳しく解説されている.本書はその続きとして,「焦点集合」の背景に存在する「波面の伝播」を解説することを目的としている.アイデアは波面の1径数変形族である波面の伝播を一まとめとして1次元高い空間内の波面と捉えることにある.このような波面は「大波面」と呼ばれ,ルジャンドル特異点論で記述される波面のある特別なクラスを形成する.ラグランジュ特異点論とルジャンドル特異点論はそれぞれシンプレクティック幾何学と接触幾何学という範疇で記述され,それに従うと波面はハミルトン流が生成する特性曲線に沿って伝播する.光の場合はこの特性曲線が光線に対応し,フェルマーの原理のシンプレクティック幾何学(接触幾何学)的解釈と考えられる.また,波面を記述するのは,ルジャンドル多様体に対応する母関数族が定める超曲面族の包絡面で,これは正にホイヘンスの原理の言い換えであると理解できる.ここで考えるように波面の伝播の理論を一般的な枠組みに拡張すると,光の性質のみならず様々な現象に応用が可能となる.本書は波面の伝播の一般論の基礎的部分を解説し,その様々な応用例の入り口まで,読者を案内することを目標としている.

本書を読むための予備知識は大学初年級の微積分,線形代数と位相空間論の初歩である.このうち位相空間論については,本論である第3章以降では直接必要としないので,「そういうものか」という感じで読み進めてもよいと思われる.

本書では,第1章で,ユークリッド平面上の曲線の微分幾何学という古典的な題材を例に,そこに現れる平行曲線や縮閉線と呼ばれる対象を波面の伝播と焦点集合という観点から記述する.さらに,平面上の光について,ホイヘンスの原理やフェルマーの原理とこの古典的微分幾何学における概念との関係について述べる.また,3次元のミンコフスキー空間内で,特殊相対性理論における焦点集合の記述について解説する.第2章では,必要とされる最低限の多様体の知識と抽象代数学の知識をまとめる.理学部数学科3年時の多様体論や代数学について,すでに学んでいる読者はこの章は飛ばしてもよいと思われる.第3章は関数とその開折(変形族)の特異点論の解説である.いわゆるトムの

初等カタストロフ理論を理解するための最低限の知識を供給しており，その後のラグランジュ・ルジャンドル特異点論の基礎部分と考えられる．第4章はラグランジュ・ルジャンドル特異点論について解説している．この部分は『応用特異点論』において，詳しく解説されているが，後の波面の伝播理論で必要となる部分については，より精密な記述を心がけている．第5章は，本書の主要部分であり，波面の伝播に関する様々な同値関係を導入し，それらの幾何学的意味付けについて論ずる．第6章は，ハミルトン系として自然に考えられる波面の伝播が第5章で与えた枠組みとどのように関係しているのかについて解説する．さらに，第1章で説明した，平面曲線の古典微分幾何学における諸概念を次元が高い場合の超曲面の微分幾何学の場合への一般化を論じ，ハミルトン系としての記述の特別な場合と理解されることを解説する．第7章と第8章は波面の伝播理論の応用として，微分方程式の解の特異性と相対性理論における波面の伝播理論の応用を話題として取り上げる．相対性理論では時間が止まることはあり得ないので，物事すべてが動いており，必然的に波面の伝播が現れることになる．この観点から宇宙論等で重要な「事象の地平線」や近年の「ブレーン宇宙論」などとの関係が示唆される．

本書の内容は，筆者がおよそ25年以上も前に思いついた事実に端を発している．1990年以前，アーノルドは特異点論の中で絶対的な権威であり，その論文等を筆者を含め多くの特異点論研究者は先を競って読んでいたように記憶する．しかし，当時ソ連と西側の壁は数学の世界においても存在しており，アーノルドとその周辺の人達の研究内容が我々のもとに届くには（ロシア語の問題もあって）数年の時差があった．それでも，英文訳が出版されるたびに胸をワクワクさせて読んだ記憶がある．しかし，その内容を厳密に理解することは至難の技であった．ほとんどの論文が詳しい証明を省略したものだったというのが理由である．そんな中，アーノルドの著作の一つに，「曲面の平行曲面の特異点の分岐は，波面の伝播の特異点の分岐と同じだが，まだ厳密には証明されていない」という文章を見つけ，違和感を抱いたのが最初である．結局，一般の波面の伝播とはずれがあり，本書で言う「グラフ型ルジャンドル開折」という概念を導入しアーノルドの主張を「グラフ型波面の伝播の特異点の分岐」と修正する必要があることに気がつき論文を出版したのが1993年のことであっ

た．当時，あのアーノルドの（小さな）間違いを修正できたということで，満足して，忘れ去ってしまったのだが，その後いくつかの場面にこの概念が現れることがあり，結局は25年間近くの付き合いとなってしまった．近年では，ラグランジュ特異点がこのグラフ型ルジャンドル開折の特異点と厳密な意味で対応していることがわかり，意味付けがはっきりとしてきた．この事実は，1995年に考えたある概念に関して数年前に再び注目したことによる．1995年当時，アーノルドの弟子で「ルジャンドル特異点論」の創始者であり，筆者の親友の一人であったザカリューキンが全く違う目的のために同じ概念を導入していたという偶然に驚いた記憶がある．そのザカリューキンも今は亡く，彼が存命だったら，この分野はもっと大きく発展していたのではないかと思われ，返す返すも残念なことである．筆者はきたる3月をもって，長年奉職してきた大学を定年退職することとなった．本書は，人生の節目を迎えた筆者のいままでの研究の中間発表という意味合いをもつと言える．筆者の研究成果には本書で書いた「波面の伝播」とは直接関係していないように見えるものも多々あるが，背景にはその考え方が存在している．

　本書の内容は，現在まで長年にわたり，共に研究を推進してきた友人諸氏や，およそ教育者とは思えない筆者の指導の下で研究を行った大学院生の皆さんとの共同研究の成果である．心からの感謝の意を表したい．最後に，定年を迎える筆者に，「定年までに必ず本書を出版しましょう」と励まし続け，編集の労を取られた共立出版（株）の大谷早紀さんに，御礼申し上げたい．

2017年11月 　　　　　　　　　　　　　　　　　　　　　　　　泉屋　周一

目 次

第1章　平面上の波面の伝播と焦点集合 ……………………………… *1*

    1.1   放物線とワイングラス　*1*
    1.2   平面曲線の微分幾何と波面の伝播　*2*
    1.3   光の屈折による焦点集合　*7*
    1.4   3次元ミンコフスキー時空内の焦点集合　*10*

第2章　幾何学と代数学からの準備 ……………………………… *19*

    2.1 n次元ユークリッド空間　*19*
    2.2   接ベクトルと可微分写像　*20*
    2.3   ベクトル場と微分形式　*26*
    2.4   積分曲線と1径数局所変換群　*29*
    2.5   可微分多様体と可微分写像，接空間　*31*
    2.6   部分多様体と横断正則性　*36*
    2.7   多様体の直積とファイバー束　*41*
    2.8   多元環と加群　*42*
    2.9   リー群とその作用　*46*

第3章　可微分関数芽の開折理論 ……………………………… *49*

    3.1   可微分関数芽の $\mathcal{R}$-同値と $\mathcal{K}$-同値　*49*
    3.2   ジェットと関数芽の有限確定性　*53*

- 3.3 関数芽の開折　64
- 3.4 ホモトピー安定性　75
- 3.5 分岐集合と判別集合　76
- 3.6 可微分関数芽の分類　80

第4章　ラグランジュ・ルジャンドル特異点論概説　89

- 4.1 シンプレクティックベクトル空間　89
- 4.2 シンプレクティック多様体　93
- 4.3 ラグランジュ部分多様体とラグランジュファイバー束　95
- 4.4 ラグランジュ写像と焦点集合　98
- 4.5 接触多様体　111
- 4.6 ルジャンドル部分多様体とルジャンドルファイバー束　115
- 4.7 ルジャンドル写像と波面　118

第5章　波面の伝播と大波面　133

- 5.1 大波面とその特異点　133
- 5.2 様々な同値関係　136
- 5.3 グラフ型ルジャンドル開折　142
- 5.4 s-$S.P^+$-ルジャンドル同値とラグランジュ同値　150
- 5.5 s-P-ルジャンドル同値　162

第6章　ハミルトン系から導かれる波面の伝播と焦点集合　175

- 6.1 ハミルトンベクトル場と波面の伝播　175
- 6.2 ユークリッド空間内の超曲面の平行曲面と縮閉超曲面　185

第7章　様々な1階微分方程式の幾何学的解と波面の伝播　197

- 7.1 1階常微分方程式の完全解の分岐　197
- 7.2 準線形1階偏微分方程式の幾何学的解　203

7.3　ハミルトン・ヤコビ方程式の幾何学的解　208

第8章　相対論的焦点集合 …………………………………… *211*

8.1　ミンコフスキー時空の基本的性質　211
8.2　世界面の幾何学　213
8.3　世界超曲面の焦点集合　222

参考文献 ……………………………………………………………… *235*

索　引 ………………………………………………………………… *239*

1

平面上の波面の伝播と焦点集合

 この章では,平面上での波面の伝播と焦点集合について,微分幾何学的立場から平面曲線の平行曲線族と縮閉線について,幾何光学の立場から光の屈折による焦点集合と光の波としての性質について,さらには,特殊相対性理論の舞台であるミンコフスキー時空間における焦点集合と波面の伝播について解説する.いずれの場合も,物理的現実にあわせると,本来ならば,1次元高い空間内の波面の伝播と焦点集合について記述しなければならないが,ここでは,理解しやすさを優先して,平面上と3次元ミンコフスキー時空内に限って解説する.

1.1 放物線とワイングラス

 最初に以下の4つの図の共通の性質について考えてみる.図1.1は,放物線 $y = x^2$ の各点から法線方向に一定距離だけずらして得られる曲線(平行曲線)をその距離を変えて描いた図である.図1.2は同じ放物線の各点からの法線を描いた図である.これらの図には,平行曲線の尖った点(特異点)の軌跡を描いた曲線と法線の集まりが接する曲線(包絡線)が描かれているが,同じ曲線のように見える.また,図1.3は同じ放物線の各点を中心とした半径一定の円の集まりを描いている.この図の円の族が覆う範囲の境界線の一方が図1.1のある距離を固定したときの平行曲線の形に似ている.

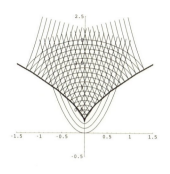

図 1.1　放物線と平行曲線族

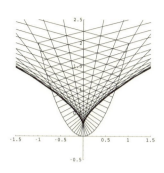

図 1.2　放物線と法線族

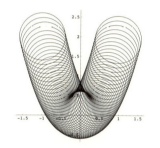

図 1.3　放物線に沿った円の族

図 1.4　ワイングラスを通した光の焦点集合

　さらには，図 1.4 のワイングラスを通した光の焦点集合の形が，図 1.1 や図 1.2 に現れた，特異点の軌跡や包絡線の形とよく似ている．これらの観察は偶然なのであろうか？　図 1.1, 1.2 や 1.3 については，放物線から実際計算して求めてみることができるが，図 1.4 は現実世界の話なので，厳密に計算するのは不可能に思える．より一般的な状況も説明できるように，次節以降では，放物線という特別な曲線ではなく，一般の平面曲線について考えてみる．

1.2　平面曲線の微分幾何と波面の伝播

　平面上の曲線に関する古典的微分幾何学では，曲線に付随して，平行曲線と縮閉線と呼ばれる 2 種類の曲線が存在する．放物線の場合，図 1.1 に描かれた曲線の集まりの一つが平行曲線であり，図 1.2 に描かれた法線族の包絡線が縮

閉線である．これらの例からみても，どちらも，一般には特異点をもつことがわかる．さらに，その特異点がもとの曲線の微分幾何学的に興味深い性質を反映していることから，古くよりよく調べられてきた概念である．この二つの概念が，本書における主題の波面の伝播と焦点集合そのものに対応したものである．これら二つの概念とその特異点のもつ幾何学的意味について解説する．

ここでは，パラメータ表示（媒介変数表示）された平面曲線の微分幾何学的性質を考える．平面 $\mathbb{R}^2$ 上のベクトル $\boldsymbol{x}=(x_1,x_2)$, $\boldsymbol{y}=(y_1,y_2)$ に対してその標準内積を $\boldsymbol{x}\cdot\boldsymbol{y}=x_1y_1+x_2y_2$ と定義し，$\mathbb{R}^2$ を**ユークリッド平面**と呼ぶ．このとき，$\boldsymbol{x}$ の**ノルム**は $\|\boldsymbol{x}\|=\sqrt{x_1^2+x_2^2}$ と定義される．区間 $I=(a,b)$ 上で定義された写像 $\boldsymbol{\gamma}:I\longrightarrow\mathbb{R}^2$ は，$\boldsymbol{\gamma}(t)=(x_1(t),x_2(t))$ という成分表示をもつが，各関数 $x_i(t)$ が C^∞ 級のとき $\boldsymbol{\gamma}$ は**可微分曲線**と呼ばれる．さらに可微分曲線が各点 $t\in I$ で $\boldsymbol{\gamma}'(t)=(x_1'(t),x_2'(t))=(dx_1/dt(t),dx_2/dt(t))\neq\boldsymbol{0}=(0,0)$ を満たすとき，**正則曲線**と呼ばれる．ここで，ある点 $t_0\in I$ で $\boldsymbol{\gamma}'(t_0)=\boldsymbol{0}$ を満たすとき，t_0 を $\boldsymbol{\gamma}$ の**特異点**と呼ぶ．すなわち，正則曲線とは特異点をもたない曲線のことである．

◆ **例 1.2.1** 可微分曲線 $\boldsymbol{\gamma}(t)=(t^3,-t^2)$ を考える．その微分は $\boldsymbol{\gamma}'(t)=(3t^2,-2t)$ となるので原点 $\boldsymbol{\gamma}(0)=(0,0)$ のみで特異点をもつ．実際，この曲線は図1.5のように描かれ，原点で尖った曲線であることがわかり，その形状と径数（パラメータ）の次数から **3/2 カスプ** と呼ばれる．一方，放物線は $\boldsymbol{\gamma}(t)=(t,t^2)$ とパラメータ表示され，その微分は $\boldsymbol{\gamma}'(t)=(1,2t)$ であり，常に，$\boldsymbol{\gamma}'(t)\neq(0,0)$ が成立し，正則曲線であることがわかる．

正則曲線 $\boldsymbol{\gamma}$ の点 t_0 における微分 $\boldsymbol{\gamma}'(t_0)$ を $\boldsymbol{\gamma}$ の点 t_0 における**速度ベクトル**と呼ぶ．速度ベクトルはその点における，$\boldsymbol{\gamma}$ の接ベクトルの一つであり，そのノ

図1.5 3/2カスプ

ルム $\|\boldsymbol{\gamma}'(t_0)\|$ を $\boldsymbol{\gamma}$ の点 t_0 における**速さ**という．方向が速度ベクトルと同じでノルムが 1 の接ベクトルはただ一つ定まる．特に，任意の点で速さが 1 の曲線 $\boldsymbol{\gamma}$ を**単位速度曲線**と呼ぶ．単位速度曲線は正則曲線であるが，よく知られているように，正則曲線はパラメータを変換することによりいつでも単位速度曲線にすることができる（[38] 参照）．点の運動を考えないで，点の軌跡である曲線の像の幾何学的性質を考えることにすると，単位速度曲線を考えればよいこととなる．単位速度曲線の場合は，伝統的にパラメータを s で表す．このとき，$\boldsymbol{t}(s) = \boldsymbol{\gamma}'(s)$ と表し，**単位接ベクトル**と呼ぶ．また，各点 s で，$\boldsymbol{t}(s)$ を $\pi/2$ だけ反時計回りに回転させて得られるベクトルを $\boldsymbol{n}(s)$ で表し，**単位法ベクトル**と呼ぶ．定義から $\boldsymbol{n}(s) = (-x_2'(s), x_1'(s))$ となる．このとき，$\{\boldsymbol{t}(s), \boldsymbol{n}(s)\}$ は各点 s において，$\mathbb{R}^2$ の**正規直交基底**となる．この正規直交基底（枠）を $\boldsymbol{\gamma}$ の**動標構**と呼ぶ．この動標構の動きかたをみれば，曲線の形がわかるはずで，それが以下の微分方程式系で与えられる．

命題 1.2.2 $\boldsymbol{\gamma}$ の動標構は以下の**フルネの公式**

$$\begin{cases} \boldsymbol{t}'(s) = \kappa(s)\boldsymbol{n}(s), \\ \boldsymbol{n}'(s) = -\kappa(s)\boldsymbol{t}(s) \end{cases}$$

を満たす．ただし，$\kappa(s)$ は $\kappa(s) = x_1'(s)x_2''(s) - x_1''(s)x_2'(s)$ で与えられ，$\boldsymbol{\gamma}$ の点 s における**曲率**と呼ばれる．

証明 $\boldsymbol{t}(s) \cdot \boldsymbol{t}(s) = 1$ なので，両辺を微分すると，$\boldsymbol{t}(s) \cdot \boldsymbol{t}'(s) = 0$ が得られる．したがって，$\boldsymbol{t}'(s)$ は $\boldsymbol{t}(s)$ に直交しており，$\mathbb{R}^2$ は 2 次元なので，$\boldsymbol{t}'(s) = \lambda \boldsymbol{n}(s)$ と書き表される．ここで，$\boldsymbol{n}(s) = (-x_2'(s), x_1'(s))$ と $\boldsymbol{t}'(s) = (x_1''(s), x_2''(s))$ に注意すると

$$\lambda = \lambda \boldsymbol{n}(s) \cdot \boldsymbol{n}(s) = \boldsymbol{t}'(s) \cdot \boldsymbol{n} = -x_1''(s)x_2'(s) + x_2''(s)x_1'(s) = \kappa(s)$$

となる．同様に，$\boldsymbol{n}'(s) = \mu \boldsymbol{t}(s)$ となる．一方 $\boldsymbol{n}(s) \cdot \boldsymbol{t}(s) = 0$ なので，両辺を微分すると，$\boldsymbol{n}'(s) \cdot \boldsymbol{t}(s) = -\boldsymbol{n}(s) \cdot \boldsymbol{t}'(s) = -\kappa(s)$ となり，$\mu = \boldsymbol{n}'(s) \cdot \boldsymbol{t}(s) = -\kappa(s)$ である． □

1.2 平面曲線の微分幾何と波面の伝播

このように平面曲線とその動標構はこのフルネの公式を満たすが，逆にこのフルネの公式が与えられると，常微分方程式系の解の存在定理からこの曲率 $\kappa(s)$ をもつ曲線の存在が示される．したがって，フルネの公式から曲線の微分幾何学的情報がすべて得られるわけである．

$\gamma : I \longrightarrow \mathbb{R}^2$ を単位速度平面曲線とする．このとき，任意の実数 r に対して，γ から距離 $|r|$ の**平行曲線** $p_{\gamma r} : I \longrightarrow \mathbb{R}^2$ を $p_{\gamma r}(s) = \gamma(s) + r n(s)$ と定義する．その微分を計算してみると，フルネの公式から

$$p'_{\gamma r}(s) = t(s) + r(-\kappa(s) t(s)) = (1 - r\kappa(s)) t(s)$$

となり，$\kappa(s_0) \neq 0$ かつ $1 - r\kappa(s_0) = 0$ を満たす点 $s_0 \in I$ が特異点である．このことは，$\kappa(s) \neq 0$ を満たす場合，$\gamma(s)$ から距離が $r = 1/\kappa(s)$ にある点に特異点が現れることを意味している．したがって，$\kappa(s) < 0$ の場合や，$\kappa(s) > 0$ でその下限が正の値をとる場合には，十分小さい $r > 0$ に対して，平行曲線 $p_{\gamma r}$ は正則曲線となる．一方，r を動かして，平行曲線の特異点の軌跡を考えると，それもまた一般には平面上の曲線となる．その集合を曲線 γ の**縮閉線**と呼ぶ．上記の計算から γ の縮閉線を $\varepsilon_\gamma : I \longrightarrow \mathbb{R}^2$ と書くと以下のように径数表示される：

$$\varepsilon_\gamma(s) = \gamma(s) + \frac{1}{\kappa(s)} n(s).$$

この縮閉線も一般には特異点をもつ．実際，その微分を計算すると，

$$\varepsilon'_\gamma(s) = t(s) - \frac{-\kappa'(s)}{\kappa^2(s)} n(s) - t(s) = \frac{-\kappa'(s)}{\kappa^2(s)} n(s)$$

となり，ε_γ の特異点 s_0 は $\kappa'(s_0) = 0$ を満たす点である．曲線 γ 上の点 s_0 が γ の**頂点**とは曲率関数 $\kappa(s)$ の臨界点，言い換えると $\kappa'(s_0) = 0$ を満たす点であり，その点で，曲率が極大や極小をとる可能性のある点である．曲率は，幾何学的には曲線の曲がり具合を表す関数なので，頂点とはその点の近くで曲線の曲がり具合が一番大きいか一番小さい点の候補である．縮閉線の特異点は曲線 γ の頂点に対応している．曲線 γ は正則曲線なので，その点が頂点であるかどうかは図を描いてみただけで判断することが難しい場合があるが，その縮閉線を描いてみると，特異点は容易に見ることができるので，その存在を認識

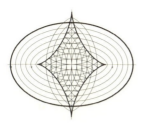 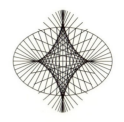

図 1.6　楕円と平行曲線族, 縮閉線　　図 1.7　楕円と法線族

できる. ここでは, 平行曲線のもとの曲線からの距離を動かしたときの特異点の軌跡として, 縮閉線を導入した. 平行曲線をもとの曲線を初期曲線として, そこからその法線方向に均質な媒質内を伝播する波の一定時間後に到達した点の集まりである**波頭線**と考えるとその波が重なり合ってできたしわ（特異点）の軌跡が縮閉線である. 例えば, 楕円を初期曲線として, 描いた平行曲線の図は図 1.6 のようになる. 一方, 楕円の各点から法線を引いてその図を描くと図 1.7 のようになる. ここで, 法線の集まりの中で, 近くの法線が集中している点の集まりが自然に観察されるが, それは図 1.6 の縮閉線と同じように見える. このことは実際以下のようにして説明される. 曲線 $\gamma : I \longrightarrow \mathbb{R}^2$ に対して, γ 上の**距離 2 乗関数** $D : I \times \mathbb{R}^2 \longrightarrow \mathbb{R}$ を

$$D(s, \boldsymbol{x}) = \|\gamma(s) - \boldsymbol{x}\|^2 = (\gamma(s) - \boldsymbol{x}) \cdot (\gamma(s) - \boldsymbol{x})$$

と定義する. このとき, s に関する偏微分を計算すると,

$$\frac{\partial D}{\partial s}(s, \boldsymbol{x}) = 2\boldsymbol{t}(s) \cdot (\gamma(s) - \boldsymbol{x})$$

となる. ここで, $(\partial D / \partial s)(s, \boldsymbol{x}) = 0$ を満たすことは, $\gamma(s) - \boldsymbol{x}$ が点 $\gamma(s)$ で曲線の法線方向を向いていることに同値である. したがって, 集合

$$\left\{ \boldsymbol{x} \in \mathbb{R}^2 \ \middle| \ \frac{\partial D}{\partial s}(s, \boldsymbol{x}) = 0, \ s \in I \right\}$$

は曲線 γ の法線の集まり (**法線族**) を表す. 法線の集まりの中で, 近くの法線が集中している点の集合はその包絡線である. この場合, 関数 $F : I \times \mathbb{R}^2 \longrightarrow \mathbb{R}$ を $F(s, \boldsymbol{x}) = \boldsymbol{t}(s) \cdot (\gamma(s) - \boldsymbol{x})$ と定義するとき, s を止めると方程式 $F(s, \boldsymbol{x}) = 0$

は $t(s)$ を法線ベクトルとしてもつ直線を表す．したがって s を動かすと，平面上の直線族が得られる．直線族が関数 $F=0$ によって定まるとき，その包絡線は，関係式

$$F(s, \bm{x}) = \frac{\partial F}{\partial s}(s, \bm{x}) = 0$$

から，s を消去することによって得られることが知られている [38]．この場合，

$$\frac{\partial F}{\partial s}(s, \bm{x}) = \bm{t}'(s) \cdot (\bm{\gamma}(s) - \bm{x}) + \bm{t}(s) \cdot \bm{t}(s) = \kappa(s)\bm{n}(s) \cdot (\bm{\gamma}(s) - \bm{x}) + 1$$

であり，また $F(s, \bm{x}) = 0$ は，ある実数 $\lambda \in \mathbb{R}$ が存在して，$\bm{\gamma}(s) - \bm{x} = \lambda \bm{n}(s)$ を意味しているので，前式に代入すると，$\lambda = -1/\kappa(s)$ となる．したがって，$F = 0$ が定める包絡線は縮閉線に一致する．このように，曲線 $\bm{\gamma}$ の縮閉線には二つの見方が存在する．一つは，平行曲線族の特異点の軌跡であり，もう一つは法線族の包絡線である．前者は，与えられた曲線の法線方向に一定の速さで伝播する波の波頭集合であると考えることができた．一方，法線は，曲線から法線方向に発せられた最短線（測地線）に沿った粒子（光子）の軌跡であるとみなすことができる．その包絡線は粒子の軌跡が寄り集まってできたしわから作られる曲線であると解釈できる．このようにみなすと，縮閉線は，光を波とみなした場合の波頭線の特異点の軌跡であり，かつそれは光を粒子とみた場合の軌跡の寄り集まった集合（**焦点集合**）に対応した概念であることがわかる．

1.3 光の屈折による焦点集合

　私達は，幼い頃より，光学的な焦点には慣れ親しんでいる．実際，レンズを通した焦点の観察は小学校の理科で習った記憶がある．凸レンズにより，太陽光が集まって一点に集中することにより，高熱を発し「黒い紙」等では，燃え出すこともある．実際，ガラス製品や金魚鉢などがレンズの役割をして，火災の原因になった場合もあると言われている．しかし，凸レンズの焦点はあたかも一点のように見えるが，正確にはそうではない．どんなに精巧に磨かれたレンズでも多少とも歪みがあるので，実際の焦点は一点ではなく「焦点集合」となる．では，レンズではなくより歪んだガラスや液体を通して得られる焦点の集まりはどのような形をしているのであろうか？　例えば，ワイングラスを

通してテーブル上に写し出された焦点の集まりは図1.4のようになる．この場合，テーブルの上で輝いて見える部分が焦点集合である．図1.4から焦点集合は滑らかな曲線部分と尖った形の部分が存在することに気がつく．この尖った形の部分は，前節に登場した曲線の特異点である．

　光は古くより，波としての性質と粒子としての性質の二面性をもつことが知られていた．その正確な記述のためには量子力学が必要であるが，古典的な幾何光学においてもすでに二つの解釈が存在する．平面上で考える場合，ある点から発せられた光はその点から同心円状に伝わるので，一定時間後の光は点を中心としたある半径rの円上に載っていることとなる．光源が曲線の場合，それらの半径rの円の曲線に沿った族を考える必要がある．**ホイヘンスの原理**によると，光源が曲線の場合は，一定時間後の光はその曲線の各点から発せられた光の載る円の族の包絡線上にあることとなる．平面幾何の言葉で表現すると，単位速度曲線 $\gamma : I \longrightarrow \mathbb{R}^2$ とその上の距離2乗関数 $D : I \times \mathbb{R}^2 \longrightarrow \mathbb{R}$ を考え，$r > 0$ に対して，$\widetilde{D}_r : I \times \mathbb{R}^2 \longrightarrow \mathbb{R}$ を $\widetilde{D}_r(s, \boldsymbol{x}) = D(s, \boldsymbol{x}) - r^2 = \|\gamma(s) - \boldsymbol{x}\| - r^2$ と定義する．このとき，任意の $s_0 \in I$ に対して，$\widetilde{D}_r(s_0, \boldsymbol{x}) = 0$ は点 $\gamma(s_0)$ を中心として半径rの円の方程式である．したがって，$\widetilde{D}_r = 0$ は半径rの円族を定めるので，その包絡線は，条件

$$\widetilde{D}_r(s, \boldsymbol{x}) = \frac{\partial \widetilde{D}_r}{\partial s}(s, \boldsymbol{x}) = 0$$

で定まる．$(\partial \widetilde{D}_r / \partial s) = 2\boldsymbol{t}(s) \cdot (\gamma(s) - \boldsymbol{x})$ から $(\partial \widetilde{D}_r / \partial s) = 0$ は $\gamma(s) - \boldsymbol{x} = \lambda \boldsymbol{n}(s)$ を意味し，$\widetilde{D}_r(s, \gamma(s) - \lambda \boldsymbol{n}(s)) = \|\lambda \boldsymbol{n}(s)\|^2 - r^2 = \lambda^2 - r^2$ となるので，包絡線は曲線 $\gamma(s)$ から距離rの平行曲線

$$\boldsymbol{p}_{\gamma \pm r}(s) = \gamma(s) \pm r \boldsymbol{n}(s)$$

となる．このようにして，曲線 γ を光源とする光の一定時間後の波頭線はその曲線の平行曲線となることがわかった．このようにホイヘンスの原理は，光の波としての性質を記述している．

　一方，光を粒子とみなす場合，**フェルマーの原理**によると，光の軌跡は空間（今の場合は平面）上の最短線となる．ユークリッド平面では，最短線は直線なので，光は直線上を進むこととなる．また，ある曲線の各点から発せられた

1.3 光の屈折による焦点集合

図 1.8 赤ワイン

図 1.9 ビスケット型

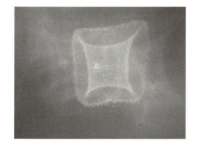

図 1.10 サンカルロス（ブラジル）

図 1.11 ニューキャッスル（英国）

光の粒子がある点に到達するには曲線からの最短線上を通って到達するので，その軌跡は曲線上の点における法線である．したがって，曲線上から発せられるすべての光の軌跡はその曲線上の法線族を与える．その包絡線は光が寄り集まって輝いて見える点の集まりと考えることができるので，前節で解説した曲線 γ の法線族の包絡線は曲線 γ を光源とした光の軌跡の焦点集合とみなすことができる．ここで，距離 2 乗関数 D において，$(\partial \widetilde{D}_r/\partial s) = 0$ は，曲線 γ に沿った法線族を定め，前節の計算からその包絡線は曲線 γ の縮閉線 ε_γ である．また，やはり前節の計算から平行曲線の曲線からの距離 r を動かした場合の特異点の軌跡も縮閉線に一致していた．このように，曲線を光源とする波頭線の族の特異点の軌跡は曲線から法線方向に発した光の族の作る**焦点集合**（縮閉線）と考えることができる．このことは，古典的幾何光学における，ホイヘンスの原理とフェルマーの原理の等価性を意味していると解釈することができる．しかし，平面曲線の平行曲線は図に描くことができるが，図 1.8 〜 1.11 のような実際の反射光の写真を観察しても，波頭線を観察することはできない．

観察されるのは焦点集合のみである．このように，現実世界で日常的に観察される焦点集合（縮閉線）の背後には，**波頭線の伝播**（平行曲線族）という隠された構造が存在する．

1.4 3次元ミンコフスキー時空内の焦点集合

2015年はアインシュタインが重力場の理論である一般相対性理論を発表してちょうど100年目の節目の年であった．特殊相対論は一般相対論の10年前に発表されているので，すでに110年以上たっている．しかし，未だに相対論的考え方は，一般社会には普及されていない．もちろん重力理論を記述するローレンツ幾何学はそれ自体を説明しようとすると，一冊の専門書を著さなくてはならない．しかし，相対論の基本的考え方は，重力のない場合にも革新的なアイデアを含んでいる．3次元空間に時間軸を組み込んで，4つの座標をもつ4次元時空を考えると，**特殊相対性理論**の要請からその空間の構造は通常我々が想像する4次元ユークリッド空間の構造とは違った構造が必要となる．その空間がいわゆる4**次元ミンコフスキー時空**（通常，略して**ミンコフスキー時空**と呼ぶ）である．この節では，特殊相対論を記述する幾何学的枠組みを与えるミンコフスキー時空内での光の伝播について解説する．ここでは，実際に図を描くことを考えて，空間次元を1次元下げた3次元ミンコフスキー時空を考える．特殊相対性理論では，空間と時間をある意味で区別せずに同等な座標と考えて理論が記述されている．

3次元空間 $\mathbb{R}^3 = \{(\boldsymbol{x} = (x_0, x_1, x_2) \mid x_i \in \mathbb{R}\}$ のベクトル $\boldsymbol{x}, \boldsymbol{y} \in \mathbb{R}^3$ の**擬内積**を $\langle \boldsymbol{x}, \boldsymbol{y} \rangle = -x_0 y_0 + x_1 y_1 + x_2 y_2$ と定める．このとき，この擬内積を考えた空間 $(\mathbb{R}^3, \langle, \rangle)$ を 3**次元ミンコフスキー時空**と呼び，$\mathbb{R}^3_1$ と表す．この場合，座標はある一人の観測者が見た時空間を記述するもので，x_0 軸が時間軸に対応している．特殊相対論とは，数学的にはこの擬内積を保存するような変換で不変な性質を記述する枠組み（幾何学）であるといえる．そのような変換 $f : \mathbb{R}^3_1 \longrightarrow \mathbb{R}^3_1$ は**ローレンツ変換**と呼ばれ，ローレンツ（回転）群

$$SO(2,1) = \{A \in GL(3,\mathbb{R}) \mid AI_{1,2}{}^t\!A = I_{1,2}\}, \quad I_{1,2} = \begin{pmatrix} -1 & 0 & 0 \\ 0 & 1 & 0 \\ 0 & 0 & 1 \end{pmatrix}$$

に属する行列 $A \in SO(2,1)$ とベクトル $\boldsymbol{b} \in \mathbb{R}_1^3$ により，$f(\boldsymbol{x}) = A\boldsymbol{x} + \boldsymbol{b}$ と書かれるアファイン変換である．このローレンツ変換の線形変換部分 $A\boldsymbol{x}$ で変換された後の座標もまたミンコフスキー時空であるが，最初の座標系とは異なる観測者から見た座標系であると解釈される．異なる観測者も同一の現象を観測しなければ科学として成立しないので，ミンコフスキー時空では，このローレンツ変換で不変な性質のみが法則であると理解される．電磁気学における，**マクスウェル方程式**はこのローレンツ変換で不変な形をしている．また，**場の量子論**もこのローレンツ変換に対して不変なように定式化されており，素粒子の標準模型の理論の基礎をなしている．さて，このローレンツ変換では x_0 軸は不変ではないので，異なる観測者間には同じ時間（**等時性**）という概念がないことになる．相対性理論は不可思議な理論だと思う人達が現れる一つの原因となっているが，現実の世界でも，遠く離れた場所にいる人と時計合わせをしようと思うと少なくとも情報の伝達に時間がかかるので，正確には一致した時間を合わせることは不可能であることは容易に理解できる．しかし，相対性理論における等時性の否定は，観測者間の距離とは無関係であることにも注意したい．このように，人間個人の直観というものは大変曖昧なものなので，あくまで論理的に物事を解釈する必要がある．

3次元ミンコフスキー時空では，擬内積が正定値でないため，零でないベクトルが3種類に分類される．零でないベクトル $\boldsymbol{x} \in \mathbb{R}_1^3$ が $\langle \boldsymbol{x}, \boldsymbol{x} \rangle > 0$, $\langle \boldsymbol{x}, \boldsymbol{x} \rangle = 0$, $\langle \boldsymbol{x}, \boldsymbol{x} \rangle < 0$ を満たすとき，それぞれ，**空間的ベクトル**，**光的ベクトル**，**時間的ベクトル**と呼ぶ．$\boldsymbol{x} \in \mathbb{R}_1^3$ のノルムを $\|\boldsymbol{x}\| = \sqrt{|\langle \boldsymbol{x}, \boldsymbol{x} \rangle|}$ と定義する．$\mathbb{R}_1^3$ には時間的向きが定まる．本書では $\boldsymbol{e}_0 = (1,0,0)$ を**未来方向**と定める．任意の零でないベクトル $\boldsymbol{v} \in \mathbb{R}_1^3$ と実数 $c \in \mathbb{R}$ に対して $\boldsymbol{v} \in \mathbb{R}_1^3$ を**擬法線ベクトルとする平面**を

$$P(\boldsymbol{v}, c) = \{\boldsymbol{x} \in \mathbb{R}_1^3 \mid \langle \boldsymbol{x}, \boldsymbol{v} \rangle = c\}$$

と定義する．$\boldsymbol{v}$ が時間的，光的，空間的ベクトルのとき $P(\boldsymbol{v}, c)$ をそれぞれ**空間的平面**，**光的平面**，**時間的平面**と呼ぶ．特殊相対性理論において基本的役割

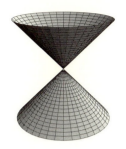

図 1.12 LC^*

を担う光は速さが一定で，擬内積を上記のように定義すると，光の速さを 1 に正規化した場合を扱っていることになる．したがって，この空間では，光の速さが 1 ですべての粒子の運動は速さが 1 以下となることが成り立ち，その境界である光の方向ベクトルが満たすべき条件が光的という条件である．したがって，光的なベクトル全体のなす集合は粒子の運動の速度ベクトルの満たす条件（時間的）の境界となっている．点 $a \in \mathbb{R}_1^3$ から発せられる光的ベクトル全体を

$$LC_a = \{ x \in \mathbb{R}_1^3 \mid \langle x - a, x - a \rangle = 0 \}$$

と表し，**a を頂点とする光錐**と呼ぶ．実際ここでは，光錐は a を頂点として x_0 軸方向から 45 度開いた円錐となっている．特に，原点 $a = 0$ を頂点とする光錐から原点を除いた部分を LC^* と書き表す（図 1.12）．

曲線 $\gamma : I \longrightarrow \mathbb{R}_1^3$ が空間的であるとは，その接ベクトルが常に空間的なこととする．空間的ベクトル x のノルムは $\|x\| = \sqrt{\langle x, x \rangle}$ なので，曲線 γ の**弧長**もユークリッド空間の場合と同様に定められ，正則曲線は常に弧長パラメータ s をもつ．ユークリッド空間の場合と同様に，この弧長パラメータ s は $\langle \gamma'(s), \gamma'(s) \rangle = 1$ で特徴づけられる．弧長 s でパラメータづけられた空間的正則曲線を，ユークリッドの場合と同様に**単位速度空間的曲線**と呼ぶ．ここで，$t(s) = \gamma'(s)$ とおき，**曲率**を $\kappa(s) = \sqrt{|\langle \gamma''(s), \gamma''(s) \rangle|}$ と定める．さらに，$\kappa(s) \neq 0$ の場合，**単位主法線ベクトル** $n(s)$ を $\gamma''(s) = \kappa(s)n(s)$ と定める．ここで注意することは，$\gamma''(s)$ は空間的ベクトルとは限らないので，$\gamma''(s) \neq 0$ であっても，$\kappa(s) = 0$ の場合がありうるということである．言い換えれば，$\gamma''(s)$ が光的ベクトルまたは零ベクトルの場合は $\kappa(s) = 0$ となるのである．次に，ベクトル x の**指数**を

1.4 3次元ミンコフスキー時空内の焦点集合

$$\mathrm{sign}(\boldsymbol{x}) = \begin{cases} 1 & \boldsymbol{x} : 空間的 \\ 0 & \boldsymbol{x} : 光的 \\ -1 & \boldsymbol{x} : 時間的 \end{cases}$$

と定め，$\delta(\boldsymbol{\gamma}(s)) = \mathrm{sign}(\boldsymbol{n}(s))$ とおく．ここで，従法線ベクトルを定めるために，二つのベクトル $\boldsymbol{x} = (x_0, x_1, x_2)$, $\boldsymbol{y} = (y_0, y_1, y_2) \in \mathbb{R}_1^3$ に対して，**擬外積**を

$$\boldsymbol{x} \wedge \boldsymbol{y} = \begin{vmatrix} -\boldsymbol{e}_0 & \boldsymbol{e}_1 & \boldsymbol{e}_2 \\ x_0 & x_1 & x_2 \\ y_0 & y_1 & y_2 \end{vmatrix} = (-(x_1 y_2 - x_2 y_1), x_2 y_0 - x_0 y_2, x_0 y_1 - x_1 y_0)$$

と定める．このとき，曲線 $\boldsymbol{\gamma}(s)$ の**単位従法線ベクトル**を $\boldsymbol{b}(s) = \boldsymbol{t}(s) \wedge \boldsymbol{n}(s)$ と定める．$\boldsymbol{t}(s)$ が空間的ベクトルなので $\mathrm{sign}(\boldsymbol{t}(s)) = 1$ と $\mathrm{sign}(\boldsymbol{n}(s)) = -\mathrm{sign}(\boldsymbol{b}(s))$ が成り立つことがわかる．さらに，ユークリッド空間内の曲線の場合と全く同様にして，以下のフルネ・セレ型の公式を証明できる：

$$\begin{cases} \boldsymbol{t}'(s) = \kappa(s) \boldsymbol{n}(s) \\ \boldsymbol{n}'(s) = -\delta(\boldsymbol{\gamma}(s)) \kappa(s) \boldsymbol{t}(s) + \tau(s) \boldsymbol{b}(s) \\ \boldsymbol{b}'(s) = \tau(s) \boldsymbol{n}(s) \end{cases}$$

ただし，$\tau(s)$ は曲線 $\boldsymbol{\gamma}(s)$ の捩率であり，ユークリッド空間の場合と同様に定義する．上のフルネ・セレ型の公式を**ローレンツ幾何学的フルネ・セレの公式**と呼ぶ．

ここで，空間的曲線 $\boldsymbol{\gamma} : I \longrightarrow \mathbb{R}_1^3$ 上の関数族として**ローレンツ距離 2 乗関数** $D : I \times \mathbb{R}_1^3 \longrightarrow \mathbb{R}$ を，ユークリッド平面の場合と同様に

$$D(s, \boldsymbol{x}) = \langle \boldsymbol{\gamma}(s) - \boldsymbol{x}, \boldsymbol{\gamma}(s) - \boldsymbol{x} \rangle$$

と定義する．ここで，$s \in I$ を止めたとき，方程式

$$D(s, \boldsymbol{x}) = \langle \boldsymbol{\gamma}(s) - \boldsymbol{x}, \boldsymbol{\gamma}(s) - \boldsymbol{x} \rangle = 0$$

を満たす図形は $\boldsymbol{\gamma}(s)$ を頂点とする光錐である．s を動かすと $\boldsymbol{\gamma}(s)$ を頂点とする光錐族が得られる．その包絡面を考えると，それは方程式

$$D(s, \boldsymbol{x}) = \frac{\partial D}{\partial s}(s, \boldsymbol{x}) = 0$$

から，s を消去して $\boldsymbol{x}$ に関する関係式を求めると得られる．
$$\frac{\partial D}{\partial s}(s,\boldsymbol{x}) = 2\langle \boldsymbol{t}(s), \boldsymbol{\gamma}(s)-\boldsymbol{x}\rangle$$
なので，$\boldsymbol{\gamma}(s)-\boldsymbol{x} = \eta \boldsymbol{t}(s)+\lambda \boldsymbol{n}(s)+\mu \boldsymbol{b}(s)$ と書き表すと条件 $\partial D/\partial s(s,\boldsymbol{x})=0$ は $\eta=0$ を意味する．したがって，$\boldsymbol{\gamma}(s)-\boldsymbol{x} = \lambda \boldsymbol{n}(s)+\mu \boldsymbol{b}(s)$ と書き表され，さらに $D(s,\boldsymbol{x})=0$ から，$\mathrm{sign}\,(\boldsymbol{n}(s)) = -\mathrm{sign}\,(\boldsymbol{b}(s))$ を考慮すると関係式 $\mu^2 - \lambda^2 = 0$ が成り立つ．ゆえに，$\boldsymbol{\gamma}(s)$ を頂点とする光錐族の包絡面は
$$LD_{\boldsymbol{\gamma}}^{\pm} = \{\boldsymbol{x} = \boldsymbol{\gamma}(s) + u(\boldsymbol{n}(s) \pm \boldsymbol{b}(s)) \mid (s,u) \in I \times \mathbb{R}\}$$
となる．この曲面を $\boldsymbol{\gamma}$ に沿った**光的曲面**と呼ぶ．この曲面上で s を止めると，$\boldsymbol{\gamma}(s)$ を通り $\boldsymbol{n}(s) \pm \boldsymbol{b}(s)$ を方向ベクトルとする直線が得られる．さらに $\langle \boldsymbol{n}(s) \pm \boldsymbol{b}(s), \boldsymbol{n}(s) \pm \boldsymbol{b}(s)\rangle = 0$ となり，この方向ベクトル $\boldsymbol{n}(s) \pm \boldsymbol{b}(s)$ は光的ベクトルである．このことは，光的曲面 $LD_{\boldsymbol{\gamma}}^{\pm}$ は $\boldsymbol{\gamma}(s)$ 上の各点から発せられた光の軌跡のなす曲面であることがわかる．これは，光を粒子と考える，フェルマーの原理の特殊相対論的理解といえる．さらに，ユークリッド平面上で，ある点から発せられた光の波面は時刻に対応する半径の円と考えられたが，この円は 3 次元ミンコフスキー空間では時間 x_0 が一定の光錐の切り口である円とみなせる．その意味で，光錐族の包絡面である光的曲面はホイヘンスの原理の特殊相対論版とみることもできる．一方，光的曲面 $LD_{\boldsymbol{\gamma}}^{\pm}$ のパラメータ表示を同じ記号で $LD_{\boldsymbol{\gamma}}^{\pm}(s,u)$ と書くと，
$$\frac{\partial LD_{\boldsymbol{\gamma}}^{\pm}}{\partial s}(s,u) = (1 - u\delta(\boldsymbol{\gamma}(s))\kappa(s))\boldsymbol{t}(s) \pm \tau(s)\boldsymbol{b}(s)$$
$$\frac{\partial LD_{\boldsymbol{\gamma}}^{\pm}}{\partial u}(s,u) = \boldsymbol{n}(s) \pm \boldsymbol{b}(s)$$
なので，
$$\frac{\partial LD_{\boldsymbol{\gamma}}^{+}}{\partial s}(s,u) \wedge \frac{\partial LD_{\boldsymbol{\gamma}}^{+}}{\partial u}(s,u) = (u\delta(\boldsymbol{\gamma}(s))\kappa(s)-1)(\boldsymbol{n}(s) \pm \boldsymbol{b}(s)) + \tau(s)\boldsymbol{t}(s)$$
が常に成り立ち，$LD_{\boldsymbol{\gamma}}^{+}(s,u)$ は $u = \dfrac{1}{\kappa(s)\delta(\boldsymbol{\gamma}(s))}$ を満たす点 (s,u) が特異点（正則曲面でない点）である．したがってその $LD_{\boldsymbol{\gamma}}^{\pm}$ 上での像は
$$F_{LD_{\boldsymbol{\gamma}}^{\pm}} = \left\{\boldsymbol{x} = \boldsymbol{\gamma}(s) + \frac{1}{\kappa(s)\delta(\boldsymbol{\gamma}(s))}(\boldsymbol{n}(s) \pm \boldsymbol{b}(s)) \,\Big|\, s \in I\right\}$$

1.4 3次元ミンコフスキー時空内の焦点集合

図1.13 光的曲面

となる．この特異値集合はユークリッド平面上の曲線の焦点集合（縮閉線）に対応している．

いま，x_2x_3-平面上の正則曲線を考えると，それは $\mathbb{R}_1^3$ 内の空間的曲線である．したがって，平面曲線から簡単に光的曲面の例が得られる．実際，図1.13 は x_2x_3-平面の楕円に対する光的曲面の図である．この図から4つのツバメの尾という（3章参照）特異点を観察することができるが，それは平面曲線の通常頂点に対応していることが知られており，楕円のユークリッド平面内での縮閉線が4つの尖点をもっていることに対応している．

ところで，相対性理論では，当時性が成り立たないので，すべての現象は時間に依存して動いていると考えるのが自然である．3次元ミンコフスキー空間では，x_0 軸が時間軸と考えられているので，$x_0 = t_0$ と固定した平面 $\{t_0\} \times \mathbb{R}^2$ が時間 t_0 における我々の観察しているユークリッド平面であるとみなすことができるように感じるが，それをできるのは，3次元ミンコフスキー空間の座標系を指定しているある一人の観測者のみである．他の観測者から見ると，空間的平面（より一般的に空間的曲面）への制限が観察されることとなる．したがって，3次元ミンコフスキー空間内においても光源が1次元の曲線である場合は，曲線を固定することが不可能となり，その曲線が時間に依存して動いた軌跡が作る曲面を考える必要がある．そのようなものを**世界面**と呼ぶ．素粒子論等において扱われる**世界膜**はこの世界面がある種の微分方程式を満たしている特別な場合であるが，ここでは，一般の世界面を考える．$I, J \subset \mathbb{R}$ を開区間として，$\mathbf{\Gamma} : I \times J \longrightarrow \mathbb{R}_1^3$ を滑らかな写像で，任意の点 $(s, t) \in I \times J$ で

$$\frac{\partial \boldsymbol{\Gamma}}{\partial s}(s,t) \wedge \frac{\partial \boldsymbol{\Gamma}}{\partial t}(s,t) \neq \boldsymbol{0}$$

を満たし，このベクトルが空間的であるものとする．このような条件を満たす $\boldsymbol{\Gamma}$ の像を**時間的（正則）曲面**と呼ぶ．また，このベクトルは定義から，曲面に擬直交しているベクトルでその長さを1に正規化したものを**単位擬法線ベクトル**と呼ぶ．さらに，任意の $t \in J$ に対して，曲線 $\boldsymbol{\gamma}_t(s) = \boldsymbol{\Gamma}(s,t)$ を考える．ここで，$W = \boldsymbol{\Gamma}(I \times J)$, $\mathcal{S}_t = \boldsymbol{\Gamma}(I \times \{t\}) = \boldsymbol{\gamma}_t(I)$ と表すと，W 上の正則曲線族 $\mathcal{S} = \{\mathcal{S}_t\}_{t \in J}$ が得られる．このとき，対 $(W, \mathcal{S})$ が**世界面**であるとは W が時間的向き付け可能で任意の $\mathcal{S}_t$ が空間的曲線となることと定義する．ここで，時間的曲面が**時間的向き付け可能**とは，その曲面に接する時間的ベクトル場が存在することと定義される．このとき，それぞれの $\mathcal{S}_t = \boldsymbol{\Gamma}(I \times \{t\})$ は**瞬間的曲線**と呼ばれる．W は時間的曲面なので，$\mathbb{R}^3_1$ 内の W に沿った単位擬法線ベクトル $\boldsymbol{n}(s,t)$ が各点で存在する．いま，任意の $t \in J$ に対して，$\boldsymbol{\gamma}_t(s)$ を単位速度曲線であるとすると，$\boldsymbol{t}(s,t) = \boldsymbol{\gamma}'_t(s)$ は $\mathcal{S}_t$ の空間的単位接ベクトルとなる．さらに，$\boldsymbol{b}(s,t) = \boldsymbol{n}(s,t) \wedge \boldsymbol{t}(s,t)$ とすると，TW 内における $\mathcal{S}_t$ の時間的単位法線ベクトルである．空間的曲線 $\mathcal{S}_t$ の向きを $\boldsymbol{b}(s,t)$ が未来方向を向いているように（すなわち，$\langle \boldsymbol{e}_0, \boldsymbol{b}(s,t) \rangle < 0$ を満たすように）選ぶ．このように構成すると W に沿った**擬正規直交枠** $\{\boldsymbol{b}(s,t), \boldsymbol{n}(s,t), \boldsymbol{t}(s,t)\}$ ができる．この擬正規直交枠に関して，$\kappa_g(s,t) = \langle \frac{\partial \boldsymbol{t}}{\partial s}(s,t), \boldsymbol{b}(s,t) \rangle$, $\kappa_n(s,t) = \langle \frac{\partial \boldsymbol{t}}{\partial s}(s,t), \boldsymbol{n}(s,t) \rangle$, $\tau_g(s,t) = \langle \frac{\partial \boldsymbol{b}}{\partial s}(s,t), \boldsymbol{n}(s,t) \rangle$ とおくと，以下の $\mathcal{S}_t$ に沿った**フルネ・セレ型の公式**：

$$\begin{cases} \dfrac{\partial \boldsymbol{b}}{\partial s}(s,t) = \tau_g(s,t)\boldsymbol{n}(s,t) - \kappa_g(s,t)\boldsymbol{t}(s,t), \\ \dfrac{\partial \boldsymbol{n}}{\partial s}(s,t) = \tau_g(s,t)\boldsymbol{b}(s,t) - \kappa_n(s,t)\boldsymbol{t}(s,t), \\ \dfrac{\partial \boldsymbol{t}}{\partial s}(s,t) = -\kappa_g(s,t)\boldsymbol{b}(s,t) + \kappa_n(s,t)\boldsymbol{n}(s,t) \end{cases}$$

が成り立つ．ここで，$\kappa_g(s,t)$ は $\mathcal{S}_t$ の**測地的曲率**，$\kappa_n(s,t)$ は $\mathcal{S}_t$ の**擬法曲率**，そして $\tau_g(s,t)$ は $\mathcal{S}_t$ の**測地的捩率**と呼ばれるが，その幾何学的意味についてはここでは詳しく述べない．

ここで，$\mathcal{S}_{t_0}$ を世界面 $(W, \mathcal{S})$ の瞬間的曲線とする．このとき，$\boldsymbol{b}(s, t_0) \pm \boldsymbol{n}(s, t_0)$ は光的ベクトルとなり，$\mathcal{S}_{t_0}$ に沿った2枚の光的曲面

$$\mathrm{LS}^{\pm}_{\mathcal{S}_{t_0}} : I \times \{t_0\} \times \mathbb{R} \longrightarrow \mathbb{R}^3_1$$

が $\mathrm{LS}^{\pm}_{\mathcal{S}_{t_0}}((s,t_0),u) = \boldsymbol{\Gamma}(s,t_0) + u(\boldsymbol{b}(s,t_0) \pm \boldsymbol{n}(s,t_0))$ と定義される.さらに,$(W,\mathcal{S})$ 上のローレンツ距離 2 乗関数

$$D : I \times J \times \mathbb{R}^3_1 \longrightarrow \mathbb{R}$$

を $D((s,t),\boldsymbol{x}) = \langle \boldsymbol{\Gamma}(s,t) - \boldsymbol{x}, \boldsymbol{\Gamma}(s,t) - \boldsymbol{x} \rangle$ と定義する.任意の $t_0 \in J$ に対して,$D_{t_0}(s,\boldsymbol{x}) = D((s,t_0),\boldsymbol{x})$ と定義すると,$D_{t_0}(s,\boldsymbol{x}) = 0$ は $s \in I$ を止めるごとに,$\boldsymbol{\gamma}_{t_0}(s)$ を頂点とする光錐を表す方程式である.したがって,$s \in I$ を動かしたときは光錐族が得られ,その包絡面を求めるには,

$$\frac{\partial D_{t_0}}{\partial s} = 2\langle \boldsymbol{t}, \boldsymbol{\Gamma} - \boldsymbol{x} \rangle$$

なので,単独の空間的曲線に沿った光的曲面を求めたときと同様にして,包絡面は瞬間的曲線 $\mathcal{S}_{t_0}$ に沿った光的曲面 $\mathrm{LS}^{\pm}_{\mathcal{S}_{t_0}}(I \times \{t_0\} \times \mathbb{R})$ となることがわかる.さらに,その特異値集合を求めると

$$F_{\mathrm{LS}^{\pm}_{\mathcal{S}_{t_0}}} = \left\{ \boldsymbol{\Gamma}(s,t_0) + \frac{1}{\kappa_g(s,t_0) \pm \kappa_n(s,t_0)}(\boldsymbol{b}(s,t_0) \pm \boldsymbol{n}(s,t_0)) \;\middle|\; s \in I \right\}$$

となることもわかる.この集合を瞬間的曲線 $\mathcal{S}_{t_0}$ に沿った**光的焦点集合**と呼ぶ.

ところで,論文 [7, 8] において,Bousso と Randall は**ホログラフ領域**という概念を定義するために,世界面の焦点集合を定義するためのアイデアを記述している.世界面 $(W,\mathcal{S})$ において,$t \in J$ を動かすと対応する光的曲面の族 $\{\mathrm{LS}^{\pm}_{\mathcal{S}_t}(I \times \{t\}) \times \mathbb{R}\}_{t \in J}$ が得られ,その軌跡は $\mathbb{R}^3_1$ のある領域を覆う.その焦点集合は,瞬間的曲線 $\mathcal{S}_t$ に沿った光的焦点集合の $t \in J$ を動かした場合の和集合として定まる.**ホログラフ領域**とは光的曲面の族が覆う領域の中で,世界面から光的焦点集合までの光線で覆われる領域のことと定義される.ここで,Bousso と Randall の意味での世界面 $(W,\mathcal{S})$ の焦点集合は

$$C^{\pm}(W,\mathcal{S}) = \bigcup_{t \in J} \mathrm{LF}^{\pm}_{\mathcal{S}_t}(I)$$

と定義される.この $C^{\pm}(W,\mathcal{S})$ を $(W,\mathcal{S})$ の **BR-焦点集合**と呼ぶ.さらに,写像

$$\mathcal{L}^{\pm}_W : I \times J \times \mathbb{R} \longrightarrow J \times \mathbb{R}^3_1$$

を $\mathcal{L}_W^\pm(s,t,u) = (t, \mathbb{LS}_{\mathcal{S}_t}^\pm((s,t),u)) = (t, \mathbf{\Gamma}(s,t) + u(\boldsymbol{b}(s,t) \pm \boldsymbol{n}(s,t)))$ と定義する．この写像 $\mathcal{L}_W^\pm$ を世界面 $(W, \mathcal{S})$ の**光的曲面開折**と呼ぶ．直接の計算から $\mathcal{L}_W^\pm$ の特異値集合は $\{(t, \mathbb{LF}_{\mathcal{S}_t}^\pm(s)) \mid (s,t) \in I \times J \}$ となることがわかる．図 1.8 〜 1.11 等で見たある観測者が観察している平面上の焦点集合は，その座標系において，この BR-焦点集合と時間を $x_0 = t_0$ と固定した平面との切り口を観察していることになる．ただし，他の観測者が見ている焦点集合はこの切り口ではなく，3 次元ミンコフスキー空間内のある（他の）空間的平面での切り口であるがその特異点は同じような形（微分同相）となることも示すことができる．

　この光的曲面開折は，5 章で解説するグラフ型ルジャンドル開折のグラフ型大波面となり，BR-焦点集合はグラフ型ルジャンドル開折の焦点集合となることもわかる．8 章では，一般次元のミンコフスキー空間における世界面の BR-焦点集合の特異点とその幾何学的意味について，グラフ型ルジャンドル開折の特異点論を応用することによって解説する．

2

幾何学と代数学からの準備

　この章では，3章以下で必要となる，ユークリッド空間と多様体に関する性質について簡単にまとめる．多様体上の微積分学は現代幾何学を学ぶうえでは必要欠くべからずの道具であるので，詳しい性質を知りたい読者は例えば [40, 41] 等を参照してほしい．また特異点論において必要な代数学から，多元環についての性質をまとめる．すでに多様体や抽象代数学について十分な知識をもった読者にはこの章を飛ばして3章から読み始めることをすすめる．

2.1　n 次元ユークリッド空間

　n 個の実数の組全体の集合 $\mathbb{R}^n$ を n **次元数空間**と呼ぶ．$\mathbb{R}^n$ の元は通常 $\boldsymbol{x} = (x_1, \ldots, x_n)$ と表し，$(x_1, x_2, \ldots, x_n)$ を点 x の**座標**と呼び，各 x_i を**座標成分**と呼ぶ．また，$\boldsymbol{x}$ を列ベクトル表示

$$
{}^t\boldsymbol{x} = \begin{pmatrix} x_1 \\ x_2 \\ \vdots \\ x_n \end{pmatrix}
$$

することもある．$\mathbb{R}^n$ は対応する成分の和と実数倍により，ベクトル空間（**数**

ベクトル空間）となるが，さらに$\mathbb{R}^n$には，**標準内積** $x \cdot y = \sum_{i=1}^{n} x_i y_i$ が定まる．この標準内積を考えた $(\mathbb{R}^n, \cdot)$ を **n 次元ユークリッド空間** と呼ぶ．このとき，x の**ノルム**（**長さ**）が $\|x\| = \sqrt{x \cdot x}$ と定義される．ユークリッド空間上には $d(x, y) = \|x - y\|$ として，**距離**が定まり，ユークリッド空間は**距離空間**となる．さらに，この距離から自然に誘導される位相を考えることにより $\mathbb{R}^n$ は**位相空間**となる．ユークリッド空間の距離や位相に関する様々な性質は通常，多変数の微積分学の講義で学ぶことである．

2.2　接ベクトルと可微分写像

$\mathbb{R}^n$ の点 x_0 を始点とするベクトルを $\mathbb{R}^n$ の**点 x_0 における接ベクトル**と呼び，点 x_0 における接ベクトル全体を $T_{x_0}\mathbb{R}^n$ と表し，点 x_0 における $\mathbb{R}^n$ の**接空間**と呼ぶ．$T_{x_0}\mathbb{R}^n$ は通常の和と実数倍によって，n 次元ベクトル空間となる．点 x_0 を原点 $\mathbf{0}$ に平行移動することにより，$T_{x_0}\mathbb{R}^n$ と $T_{\mathbf{0}}\mathbb{R}^n$ は自然に同型となる．さらに $T_{\mathbf{0}}\mathbb{R}^n$ は原点 $\mathbf{0}$ を始点とする位置ベクトル全体なので n 次元数ベクトル空間 $\mathbb{R}^n$ と同一視することができる．$\mathbb{R}^n$ は標準基底 $\{e_1, \ldots, e_n\}$ をもつので，$T_{x_0}\mathbb{R}^n$ の元はこの標準基底の一次結合として書き表すことができる．さらに $\mathbb{R}^n$ のすべての点における接ベクトル全体は

$$T\mathbb{R}^n = \bigcup_{x \in \mathbb{R}^n} T_x\mathbb{R}^n$$

で与えられるが，この集合を**接束**と呼ぶ．上記の自然な同一視を与える写像 $\psi : T_x\mathbb{R}^n \longrightarrow \mathbb{R}^n$ により，全単射 $\widetilde{\psi} : T\mathbb{R}^n \longrightarrow \mathbb{R}^n \times \mathbb{R}^n$ が $\widetilde{\psi}(v) = (x, \psi(v))$ と定まる．ただし，$v \in T_x\mathbb{R}^n$ とする．この全単射により $T\mathbb{R}^n$ は $\mathbb{R}^n \times \mathbb{R}^n$ と同一視される．

接ベクトル $v = \sum_{i=1}^{n} v_i e_i \in T_{x_0}\mathbb{R}^n$ と点 x_0 の近傍で定義された C^∞ 関数 f に対する**方向微分**は $\sum_{i=1}^{n} v_i (\partial f / \partial x_i)_{x_0}$ で与えられるので，e_i を偏微分作用素 $(\partial / \partial x_i)_{x_0}$ と同一視することができる．この同一視のもとで接ベクトル $v = \sum_{i=1}^{n} v_i e_i$ は $v = \sum_{i=1}^{n} v_i (\partial / \partial x_i)_{x_0}$ と書かれる．したがって，

$$v(f) = \sum_{i=1}^{n} v_i \left(\frac{\partial f}{\partial x_i}\right)_{x_0}$$

となる．このようにして以下の命題が示された．

命題 2.2.1 $\{(\partial/\partial x_1)_{\boldsymbol{x}_0}, \ldots, (\partial/\partial x_n)_{\boldsymbol{x}_0}\}$ は $T_{\boldsymbol{x}_0}\mathbb{R}^n$ の基底である．

接ベクトル $\boldsymbol{v} \in T_{\boldsymbol{x}_0}\mathbb{R}^n$ は**偏微分作用素**とみなすことにより点 $\boldsymbol{x}_0$ の近傍で定義された C^∞ 関数 f, g に対して，**ライプニッツの積法則**

$$\boldsymbol{v}(fg) = \boldsymbol{v}(f)g(\boldsymbol{x}_0) + f(\boldsymbol{x}_0)\boldsymbol{v}(g)$$

を満たすことがわかる．

接空間 $T_{\boldsymbol{x}_0}\mathbb{R}^n$ はベクトル空間なので，その**双対空間**が $T_{\boldsymbol{x}_0}\mathbb{R}^n$ 上の実数値線形関数全体のなすベクトル空間として定義され，それを $T_{\boldsymbol{x}_0}^*\mathbb{R}^n$ と表す．接ベクトル $\boldsymbol{v} \in T_{\boldsymbol{x}_0}\mathbb{R}^n$ と点 $\boldsymbol{x}_0$ の近傍で定義された C^∞ 関数 f の全微分 df に対して $(df)_{\boldsymbol{x}_0}(\boldsymbol{v}) = \boldsymbol{v}(f)$ と定義すると $(df)_{\boldsymbol{x}_0} \in T_{\boldsymbol{x}_0}^*\mathbb{R}^n$ となり，特に $dx_i(\partial/\partial x_j) = \delta_{ij}$ となる．ただし，δ_{ij} は**クロネッカーのデルタ**を表す．このようにして，以下の命題が示された．

命題 2.2.2 $\{(dx_i)_{\boldsymbol{x}_0}\}_{i=1,\ldots,n}$ は $T_{\boldsymbol{x}_0}\mathbb{R}^n$ の基底 $\{(\partial/\partial x_i)_{\boldsymbol{x}_0}\}_{i=1,\ldots,n}$ に対応する $T_{\boldsymbol{x}_0}^*\mathbb{R}^n$ の双対基底である．

$T_{\boldsymbol{x}_0}^*\mathbb{R}^n$ を点 $\boldsymbol{x}_0$ における $\mathbb{R}^n$ の**余接空間**と呼び，$\omega \in T_{\boldsymbol{x}_0}^*\mathbb{R}^n$ を $\boldsymbol{x}_0$ における $\mathbb{R}^n$ の**余接ベクトル**と呼ぶ．余接ベクトルは，定義から $\omega = \sum_{i=1}^n \eta_i (dx_i)_{\boldsymbol{x}_0}$ とただ一通りに書かれる．特に f の全微分は $(df)_{\boldsymbol{x}_0} = \sum_{i=1}^n \left(\frac{\partial f}{\partial x_i}\right)_{\boldsymbol{x}_0} (dx_i)_{\boldsymbol{x}_0}$ と書かれる．接束と同様に $\mathbb{R}^n$ の**余接束**も

$$T^*\mathbb{R}^n = \bigcup_{\boldsymbol{x} \in \mathbb{R}^n} T_{\boldsymbol{x}}^*\mathbb{R}^n$$

と定義され，自然な同一視 $T_{\boldsymbol{x}}^*\mathbb{R}^n = (\mathbb{R}^n)^*$ により $T^*\mathbb{R}^n = \mathbb{R}^n \times (\mathbb{R}^n)^*$ となる．

$\mathbb{R}^n$ と $\mathbb{R}^p$ の開集合の間の写像 $f : U \longrightarrow V$ は $\mathbb{R}^n$ と $\mathbb{R}^p$ の座標成分を使って，

$$f(x_1, \ldots, x_n) = (f_1(x_1, \ldots x_n), \ldots, f_p(x_1, \ldots, x_n))$$

と表されるが，各関数 $f_i(x_1,\ldots,x_n)$ が n 変数関数として C^∞ 級のとき**可微分写像**と呼ばれる．点 $x_0 \in \mathbb{R}^n$ の近傍 U で定義された可微分関数 h に対して，合成関数 $h \circ f$ の点 x_0 における偏微分は

$$\left(\frac{\partial h \circ f}{\partial x_i}\right)_{x_0} = \sum_{j=1}^p \left(\frac{\partial f_j}{\partial x_i}\right)_{x_0} \left(\frac{\partial h}{\partial y_j}\right)_{f(x_0)}$$

である．ただし，$y = (y_1,\ldots,y_p) \in V$ は $\mathbb{R}^p$ での座標を表す．ここで，上式は $\mathbb{R}^n$ における微分作用素 $(\partial/\partial x_i)_{x_0}$ と $\mathbb{R}^p$ における微分作用素 $(\partial/\partial y_j)_{f(x_0)}$ の間の f を通した関係を表している．これらの微分作用素はそれぞれ x_0 と $f(x_0)$ におけるユークリッド空間の接空間の基底ベクトルなので，線形写像 $(f_*)_{x_0} : T_{x_0}\mathbb{R}^n \longrightarrow T_{f(x_0)}\mathbb{R}^p$ を

$$(f_*)_{x_0}\left(\frac{\partial}{\partial x_i}\right)_{x_0} = \sum_{j=1}^p \left(\frac{\partial f_j}{\partial x_i}\right)_{x_0} \left(\frac{\partial}{\partial y_j}\right)_{f(x_0)}$$

と定めると，$(f_*)_{x_0}$ は標準基底 $\{(\partial/\partial x_1)_{x_0},\ldots,(\partial/\partial x_n)_{x_0}\}$ と $\{(\partial/\partial y_1)_{f(x_0)},\ldots,(\partial/\partial y_p)_{f(x_0)}\}$ に対して，ヤコビ行列 $J_f(x_0) = \left(\frac{\partial f_j}{\partial x_i}\right)_{x_0}$ を表現行列とする線形写像となる．$(f_*)_{x_0}$ を点 x_0 における f の**微分写像**と呼ぶ．$(f_*)_{x_0}$ を df_{x_0} と書き表すこともある．特に，$p=1$ の場合，定義から

$$\begin{aligned}
df_{x_0}\left(\frac{\partial}{\partial x_i}\right)_{x_0} &= \left(\frac{\partial f}{\partial x_i}\right)_{x_0}\left(\frac{d}{dy}\right)_{f(x_0)} \\
&= \sum_{k=1}^n \left(\frac{\partial f}{\partial x_k}\right)_{x_0}(dx_k)_{x_0}\left(\frac{\partial}{\partial x_i}\right)_{x_0}\left(\frac{d}{dy}\right)_{f(x_0)}
\end{aligned}$$

となる．ここで，$(d/dy)_{f(x_0)} = 1$ なので，微分写像（関数）$(f_*)_{x_0} = df_{x_0}$ は全微分 $df_{x_0} = \sum_{k=1}^n (\partial f/\partial x_k)_{x_0}(dx_k)_{x_0}$ とみなすことができる．$p>1$ の場合，f の各成分関数 $y_j \circ f = f_j$ に上式を適用すると

$$d(y_j \circ f)_{x_0} = \sum_{k=1}^n \left(\frac{\partial f_j}{\partial x_k}\right)_{x_0}(dx_k)_{x_0}$$

となる．そこで，線形写像 $(f^*)_{x_0} : T^*_{f(x_0)}\mathbb{R}^p \longrightarrow T^*_{x_0}\mathbb{R}^n$ を

$$(f^*)_{x_0}((dy_j)_{f(x_0)}) = \sum_{i=1}^n \left(\frac{\partial f_j}{\partial x_i}\right)_{x_0}(dx_i)_{x_0}$$

と定めると，$(f^*)_{\boldsymbol{x}_0}$ はヤコビ行列 $J_f(\boldsymbol{x}_0)$ を標準基底 $\{(dy_1)_{f(\boldsymbol{x}_0)},\ldots,(dy_p)_{f(\boldsymbol{x}_0)}\}$ と $\{(dx_1)_{\boldsymbol{x}_0},\ldots,(dx_n)_{\boldsymbol{x}_0}\}$ に対する表現行列とする線形写像となる．$(f^*)_{\boldsymbol{x}_0}$ を f の $\boldsymbol{x}_0$ における**双対微分写像**と呼ぶ．

以下の定理は，特異点論において基本的役割を担う．

定理 2.2.3（**逆写像の定理**）　点 $\boldsymbol{x}_0 \in \mathbb{R}^n$ の近傍で定義された可微分写像 $f: W \longrightarrow \mathbb{R}^n$ が $\mathrm{rank}\,(f_*)_{\boldsymbol{x}_0} = n$ を満たせば，$\boldsymbol{x}_0$ のある近傍 $U \subset W$ と $f(\boldsymbol{x}_0)$ のある近傍 V が存在して，$f|_U : U \longrightarrow V$ が微分同相写像となる．ただし，$f|_U$ が**微分同相写像**であるとは $f|_U$ が全単射でその逆写像 $(f|_U)^{-1} : V \longrightarrow U$ も可微分写像となることである．

逆写像の定理は，多様体や可微分写像の特異点論を学ぶうえで基本的な定理である．証明は，多変数の微積分学の本や多様体論の詳しい解説書（例えば，[41] 等）に書いてあるので，本書では省略する．その証明を理解するよりもむしろこの定理を使えるようにするほうが本書では重要である．例えば以下の定理が上の定理を仮定すると成り立つ．

定理 2.2.4（**はめ込み定理**）　$n \leq p$ として，$\mathbb{R}^n$ の開集合 W で定義された可微分写像 $f: W \longrightarrow \mathbb{R}^p$ が点 $\boldsymbol{x}_0 \in W$ で $\mathrm{rank}\,(f_*)_{\boldsymbol{x}_0} = n$ を満たせば，$\boldsymbol{x}_0$ の近傍 $U \subset W$ と，$f(\boldsymbol{x}_0)$ の近傍 $V \subset \mathbb{R}^p$ と，V 上の微分同相写像 $\phi : V \longrightarrow \phi(V) \subset \mathbb{R}^p$ が存在して，任意の $\boldsymbol{x} = (x_1,\ldots,x_n) \in U$ に対して，

$$\phi \circ f(x_1,\ldots,x_n) = (x_1,\ldots,x_n,0,\ldots,0)$$

が成り立つ．

証明　$\boldsymbol{x} = (x_1,\ldots x_n)$ に対して $f(\boldsymbol{x}) = (f_1(\boldsymbol{x}),\ldots,f_p(\boldsymbol{x}))$ と表すと，$(f_*)_{\boldsymbol{x}_0}$ に対応するヤコビ行列は

$$J_f(\boldsymbol{x}_0) = \begin{pmatrix} \frac{\partial f_1}{\partial x_1}(\boldsymbol{x}_0) & \cdots & \frac{\partial f_1}{\partial x_n}(\boldsymbol{x}_0) \\ \vdots & \ddots & \vdots \\ \frac{\partial f_p}{\partial x_1}(\boldsymbol{x}_0) & \cdots & \frac{\partial f_p}{\partial x_n}(\boldsymbol{x}_0) \end{pmatrix}$$

となり，それを行ベクトル分解したとき，仮定から n 本の行ベクトルの組が一次独立となる．必要ならば，$\mathbb{R}^p$ の座標の成分を入れ替えて，第 1 行から第 n 行までの行ベクトルの組が一次独立と仮定する．このとき，$g : W \times \mathbb{R}^{p-n} \longrightarrow \mathbb{R}^p$ を

$$g(\boldsymbol{x}, y_{n+1}, \ldots, y_p) = (f_1(\boldsymbol{x}), \ldots, f_n(\boldsymbol{x}), f_{n+1}(\boldsymbol{x}) + y_{n+1}, \ldots, f_p(\boldsymbol{x}) + y_p)$$

と定める．g は可微分写像で，g の点 $(\boldsymbol{x}_0, 0) \in W \times \mathbb{R}^{p-n}$ におけるヤコビ行列は

$$J_g(\boldsymbol{x}_0, 0) = \begin{pmatrix} \frac{\partial f_1}{\partial x_1}(\boldsymbol{x}_0) & \cdots & \frac{\partial f_1}{\partial x_n}(\boldsymbol{x}_0) & 0 & \cdots & 0 \\ \vdots & \ddots & \vdots & \vdots & \ddots & \vdots \\ \frac{\partial f_n}{\partial x_1}(\boldsymbol{x}_0) & \cdots & \frac{\partial f_n}{\partial x_n}(\boldsymbol{x}_0) & 0 & \cdots & 0 \\ \frac{\partial f_{n+1}}{\partial x_1}(\boldsymbol{x}_0) & \cdots & \frac{\partial f_{n+1}}{\partial x_n}(\boldsymbol{x}_0) & 1 & \cdots & 0 \\ \vdots & \ddots & \vdots & \vdots & \ddots & \vdots \\ \frac{\partial f_p}{\partial x_1}(\boldsymbol{x}_0) & \cdots & \frac{\partial f_p}{\partial x_n}(\boldsymbol{x}_0) & 0 & \cdots & 1 \end{pmatrix}$$

となり，仮定から階数は p である．したがって，定理 2.2.3 から $(\boldsymbol{x}_0, 0)$ の近傍 $\widetilde{V} \subset U \times \mathbb{R}^{p-n}$ と $g(\boldsymbol{x}_0, 0)$ の近傍 $V \subset \mathbb{R}^p$ が存在して $g|_{\widetilde{V}} : \widetilde{V} \longrightarrow V$ が微分同相写像となり，$g|_{\widetilde{V}}(\boldsymbol{x}_0, 0) = f(\boldsymbol{x}_0)$ が成り立つ．

$$\phi = (g|_{\widetilde{V}})^{-1} : V \longrightarrow \widetilde{V}, \quad U = \{\boldsymbol{x} \in \mathbb{R}^n \mid (\boldsymbol{x}, 0) \in \widetilde{V}\}$$

とおくと，U は $\boldsymbol{x}_0$ の近傍で，任意の $\boldsymbol{x} \in U$ に対して，$g(\boldsymbol{x}, 0) = f(\boldsymbol{x})$ が成り立つ．したがって，$\phi \circ f(\boldsymbol{x}) = \phi \circ g(\boldsymbol{x}, 0) = (\boldsymbol{x}, 0)$ となる． □

$\mathbb{R}^n$ の開集合 W 上の可微分写像 $f : W \longrightarrow \mathbb{R}^p$ が点 $\boldsymbol{x}_0 \in W$ において $\operatorname{rank}(f_*)_{\boldsymbol{x}_0} = n$ を満たすとき f は点 $\boldsymbol{x}_0$ で**はめ込み**であるという．さらに以下の定理も成り立つ．

定理 2.2.5（**しずめ込み定理**）　$n \geq p$ として，$\mathbb{R}^n$ の開集合 W で定義された可微分写像 $f : W \longrightarrow \mathbb{R}^p$ が点 $\boldsymbol{x}_0 \in W$ で $\operatorname{rank}(f_*)_{\boldsymbol{x}_0} = p$ を満たせば，$\boldsymbol{x}_0$ の近傍 $U \subset W$ と，U 上の微分同相写像 $\psi : U \longrightarrow \psi(U) \subset \mathbb{R}^p$ が存在して，任意の $\boldsymbol{x} = (x_1, \ldots, x_n) \in \psi(U)$ に対して，

$$f \circ \psi^{-1}(x_1, \ldots, x_n) = (x_1, \ldots, x_p)$$

が成り立つ.

証明 f の点 x_0 におけるヤコビ行列は

$$J_f(x_0) = \begin{pmatrix} \frac{\partial f_1}{\partial x_1}(x_0) & \cdots & \frac{\partial f_1}{\partial x_n}(x_0) \\ \vdots & \ddots & \vdots \\ \frac{\partial f_p}{\partial x_1}(x_0) & \cdots & \frac{\partial f_p}{\partial x_n}(x_0) \end{pmatrix}$$

となり,それを列ベクトル分解したとき,仮定から p 本の列ベクトルの組が一次独立となる.必要なら,$\mathbb{R}^n$ の座標成分の順序を変えて,1列目から p 列目までの列ベクトルの組が一次独立であるとしてよい.$g : W \longrightarrow \mathbb{R}^n$ を

$$g(x) = (f_1(x), \ldots, f_p(x), x_{p+1}, \ldots, x_n)$$

と定めると,g は可微分写像で,その x_0 におけるヤコビ行列は

$$J_g(x_0) = \begin{pmatrix} \frac{\partial f_1}{\partial x_1}(x_0) & \cdots & \frac{\partial f_1}{\partial x_p}(x_0) & \frac{\partial f_1}{\partial x_{p+1}}(x_0) & \cdots & \frac{\partial f_1}{\partial x_n}(x_0) \\ \vdots & \ddots & \vdots & \vdots & \ddots & \vdots \\ \frac{\partial f_p}{\partial x_1}(x_0) & \cdots & \frac{\partial f_p}{\partial x_p}(x_0) & \frac{\partial f_p}{\partial x_{p+1}}(x_0) & \cdots & \frac{\partial f_p}{\partial x_n}(x_0) \\ 0 & \cdots & 0 & 1 & \cdots & 0 \\ \vdots & \ddots & \vdots & \vdots & \ddots & \vdots \\ 0 & \cdots & 0 & 0 & \cdots & 1 \end{pmatrix}$$

となり,正則行列である.したがって,定理 2.2.3 から x_0 の近傍 $U \subset W$ が存在して,$\psi = g|_U : U \longrightarrow g(U) \subset \mathbb{R}^n$ が微分同相写像となる.$x = (x_1, \ldots, x_n) \in g(U)$ に対して $y = (y_1, \ldots, y_n) = \psi^{-1}(x) = (g|_U)^{-1}(x)$ とすると,$x = \psi(y) = g(y)$ で

$$x_1 = f_1(y), \ldots, x_p = f_p(y), x_{p+1} = y_{p+1}, \ldots, x_n = y_n$$

である.言い換えると

$$f \circ \psi^{-1}(x_1, \ldots, x_n) = f(y_1, \ldots, y_n) = (f_1(y), \ldots, f_p(y)) = (x_1, \ldots, x_p)$$

が成り立つ. □

$\mathbb{R}^n$ の開集合 W 上の可微分写像 $f : W \longrightarrow \mathbb{R}^p$ が点 $\boldsymbol{x}_0 \in W$ において $\mathrm{rank}\,(f_*)_{\boldsymbol{x}_0} = p$ を満たすとき f は点 $\boldsymbol{x}_0$ で**しずめ込み**であるという．定理 2.2.4 と定理 2.2.5 は，はめ込みとしずめ込みが局所的には座標を微分同相写像で変換すれば，単純な形となることを示している．点 $\boldsymbol{x}_0$ で f がはめ込みまたはしずめ込みのとき，その点を可微分写像 f の**正則点**と呼び，そうでない点を**特異点**と呼ぶ．言い換えると，点 $\boldsymbol{x}_0 \in W \subset \mathbb{R}^n$ が可微分写像 $f : W \longrightarrow \mathbb{R}^p$ の**特異点**であるとは $\mathrm{rank}\,(f_*)_{\boldsymbol{x}_0} < \min(n, p)$ を満たすことである．

2.3　ベクトル場と微分形式

$\mathbb{R}^n$ から接束 $T\mathbb{R}^n = \mathbb{R}^n \times \mathbb{R}^n$ への写像 $X : \mathbb{R}^n \longrightarrow T\mathbb{R}^n$ で $X(\boldsymbol{x}) = (\boldsymbol{x}, \boldsymbol{v}(\boldsymbol{x}))$ という形のものを，$\mathbb{R}^n$ 上の**ベクトル場**と呼ぶ．さらにユークリッド空間の間の可微分写像となっているとき**可微分ベクトル場**と呼ぶ．すなわち $X(\boldsymbol{x}) = (\boldsymbol{x}, \boldsymbol{v}(\boldsymbol{x}))$ と書いた場合の成分 $\boldsymbol{v} : \mathbb{R}^n \longrightarrow \mathbb{R}^n$ が可微分写像となっていることである．ここで $\boldsymbol{v}(\boldsymbol{x})$ は点 $\boldsymbol{x}$ における接ベクトルなので，$\boldsymbol{v}(\boldsymbol{x}) = \sum_{i=1}^n \xi_i(\boldsymbol{x}) \left(\frac{\partial}{\partial x_i}\right)_{\boldsymbol{x}}$ と書き表されるが，X が可微分ベクトル場であることは，各 $\xi_i(\boldsymbol{x})$ が可微分関数であることを意味する．ベクトル場は簡単のため $X = \sum_{i=1}^n \xi_i \frac{\partial}{\partial x_i}$ とも表示される．$\mathbb{R}^n$ 上の可微分ベクトル場 X と可微分関数 f に対して，

$$(Xf)(\boldsymbol{x}) = X_{\boldsymbol{x}}(f) = \boldsymbol{v}(\boldsymbol{x})(f) = \sum_{i=1}^n \xi_i(\boldsymbol{x}) \left(\frac{\partial f}{\partial x_i}\right)_{\boldsymbol{x}}$$

と定義すると Xf は可微分関数となる．ここで，$\mathbb{R}^n$ 上の可微分ベクトル場全体の集合を $\mathfrak{X}(\mathbb{R}^n)$，可微分関数全体の集合を $C^\infty(\mathbb{R}^n)$ と表し，$X, Y \in \mathfrak{X}(\mathbb{R}^n)$ と $f \in C^\infty(\mathbb{R}^n)$ に対して，**和** $X + Y$ と**スカラー倍** fX を

$$(X + Y)_{\boldsymbol{x}} = X_{\boldsymbol{x}} + Y_{\boldsymbol{y}} \quad (fX)_{\boldsymbol{x}} = f(\boldsymbol{x}) X_{\boldsymbol{x}}$$

と定める．これらの演算に関して，$\mathfrak{X}(\mathbb{R}^n)$ は $\mathbb{R}$ 上のベクトル空間となり，$C^\infty(\mathbb{R}^n)$-加群（2.8 節参照）となる．$\mathbb{R}^n$ 上の可微分関数 f に対して，

$$\mathrm{grad}\, f = \sum_{i=1}^n \frac{\partial f}{\partial x_i} \frac{\partial}{\partial x_i}$$

2.3 ベクトル場と微分形式

で定まるベクトル場を f の**勾配**と呼ぶ.

$\mathbb{R}^n$ から余接束 $T^*\mathbb{R}^n = \mathbb{R}^n \times (\mathbb{R}^n)^*$ への写像 $\Omega : \mathbb{R}^n \longrightarrow T^*\mathbb{R}^n$ で $\Omega(\boldsymbol{x}) = (\boldsymbol{x}, \omega(\boldsymbol{x}))$ という形のものを, $\mathbb{R}^n$ 上の **1 次微分形式**と呼ぶ. 今後, $\omega(\boldsymbol{x})$ を 1 次微分形式と呼ぶ. ここで, $\{(dx_1)_{\boldsymbol{x}}, \ldots, (dx_n)_{\boldsymbol{x}}\}$ が $T^*_{\boldsymbol{x}}\mathbb{R}^n$ の基底なので, $\omega(\boldsymbol{x}) = \sum_{i=1}^n \omega_i(\boldsymbol{x})(dx_i)_{\boldsymbol{x}}$ とただ一通りに書き表される. この, $\omega_i(\boldsymbol{x})$ が可微分関数のとき, すなわち $\omega : \mathbb{R}^n \longrightarrow (\mathbb{R}^n)^*$ が可微分写像のとき 1 次微分形式 ω は可微分であるといわれる. ベクトル場の場合と同様に, $\mathbb{R}^n$ 上の 1 次微分形式は $\omega = \sum_{i=1}^n \omega_i dx_i$ と書かれる. $T_{\boldsymbol{x}_0}\mathbb{R}^n$ 上の**交代双線形形式**とは双線形写像 $\varphi : T_{\boldsymbol{x}_0}\mathbb{R}^n \times T_{\boldsymbol{x}_0}\mathbb{R}^n \longrightarrow \mathbb{R}$ で $\varphi(\boldsymbol{v}, \boldsymbol{w}) = -\varphi(\boldsymbol{w}, \boldsymbol{v})$ を満たすものである. いま, $\varphi_1, \varphi_2 \in T^*_{\boldsymbol{x}_0}\mathbb{R}^n$ と $\boldsymbol{v}_1, \boldsymbol{v}_2 \in T_{\boldsymbol{x}_0}\mathbb{R}^n$ に対して,

$$\varphi_1 \wedge \varphi_2(\boldsymbol{v}_1, \boldsymbol{v}_2) = \varphi_1(\boldsymbol{v}_1)\varphi_2(\boldsymbol{v}_2) - \varphi_1(\boldsymbol{v}_2)\varphi_2(\boldsymbol{v}_1)$$

と定めると, $\varphi_1 \wedge \varphi_2$ は交代双線形形式となる. 特に, $(dx_i)_{\boldsymbol{x}_0} \wedge (dx_j)_{\boldsymbol{x}_0}$ は交代双線形形式である. いま, $T_{\boldsymbol{x}_0}\mathbb{R}^n$ 上の交代双線形形式全体の集合を $\bigwedge^2 T^*_{\boldsymbol{x}_0}\mathbb{R}^n$ と書くと $\bigwedge^2 T^*_{\boldsymbol{x}_0}\mathbb{R}^n$ は $\mathbb{R}$ 上のベクトル空間となり, $\{(dx_i)_{\boldsymbol{x}_0} \wedge (dx_j)_{\boldsymbol{x}_0} \mid i, j = 1, \ldots, n\}$ がその基底となることが知られている [43]. ここでも,

$$\bigwedge^2 T^*\mathbb{R}^n = \bigcup_{\boldsymbol{x} \in \mathbb{R}^n} \bigwedge^2 T^*_{\boldsymbol{x}}\mathbb{R}^n = \mathbb{R}^n \times (\mathbb{R}^n)^* \wedge (\mathbb{R}^n)^*$$

を考え, 写像 $\Omega : \mathbb{R}^n \longrightarrow \bigwedge^2 T^*\mathbb{R}^n$ で $\Omega(\boldsymbol{x}) = (\boldsymbol{x}, \omega(\boldsymbol{x}))$ の形のものを 2 次微分形式と呼ぶ. さらに, $\omega(\boldsymbol{x})$ を 2 次微分形式と呼び, それが可微分写像のとき, **可微分 2 次微分形式**と呼ぶ. 2 次微分形式は上記の基底により,

$$\omega(\boldsymbol{x}) = \sum_{i<j} \omega_{ij}(\boldsymbol{x})(dx_i)_{\boldsymbol{x}} \wedge (dx_j)_{\boldsymbol{x}}$$

と書かれるが, $\omega_{ji} = -\omega_{ij}(i<j)$, $\omega_{ii} = 0$ とおけば

$$\omega(\boldsymbol{x}) = \frac{1}{2}\sum_{i,j=1}^n \omega_{ij}(\boldsymbol{x})(dx_i)_{\boldsymbol{x}} \wedge (dx_j)_{\boldsymbol{x}}$$

と書き表される. この場合も, 簡略化し

$$\omega = \sum_{i<j} \omega_{ij} dx_i \wedge dx_j = \frac{1}{2}\sum_{i,j=1}^n \omega_{ij} dx_i \wedge dx_j$$

と書き表す．ω が可微分 2 次微分形式であることは，各 $\omega_{ij}(\boldsymbol{x})$ が可微分関数であることと同値である．

2 次微分形式と同様に r 次微分形式も定義される．r 重線形写像 $\varphi : T_{\boldsymbol{x}_0}\mathbb{R}^n \times \cdots \times T_{\boldsymbol{x}_0}\mathbb{R}^n \longrightarrow \mathbb{R}$ で，任意の r 次置換 $\sigma \in \mathfrak{S}_r$ に対して $\varphi(\boldsymbol{v}_{\sigma(1)}, \ldots, \boldsymbol{v}_{\sigma(r)}) = \mathrm{sign}\,(\sigma)\varphi(\boldsymbol{v}_1, \ldots, \boldsymbol{v}_n)$ を満たすものを $T_{\boldsymbol{x}_0}\mathbb{R}^n$ 上の**交代 r 次線形形式**と呼ぶ．$T_{\boldsymbol{x}_0}\mathbb{R}^n$ 上の r 個の 1 次微分形式 $\varphi_1, \ldots, \varphi_r \in T_{\boldsymbol{x}_0}^*\mathbb{R}^n$ に対して，

$$(\varphi_1 \wedge \cdots \wedge \varphi_r)(\boldsymbol{v}_1, \ldots, \boldsymbol{v}_r) = \det(\varphi_i(\boldsymbol{v}_j))$$

と定めると，$\varphi_1 \wedge \cdots \wedge \varphi_r$ は $T_{\boldsymbol{x}_0}\mathbb{R}^n$ 上の交代 r 次線形形式となる．以下の命題が知られている [41]．

命題 2.3.1 $T_{\boldsymbol{x}_0}\mathbb{R}^n$ 上の交代 r 次線形形式全体の集合を $\bigwedge^r T_{\boldsymbol{x}_0}^*\mathbb{R}^n$ とおくと，$\bigwedge^r T_{\boldsymbol{x}_0}^*\mathbb{R}^n$ は

$$\{(dx_{i_1})_{\boldsymbol{x}_0} \wedge \cdots \wedge (dx_{i_r})_{\boldsymbol{x}_0} \mid 1 \leq i_1 < \cdots < i_r \leq n\}$$

を基底とする $\mathbb{R}$-ベクトル空間である．

r 次微分形式は，多様体論において重要な対象であるが，本書では主に，2 次以下の微分形式を扱う．一般に外微分は r 次微分形式に対して，$r+1$ 次微分形式を対応させるある種の作用素であるが，ここでは $r \leq 1$ の場合のみに具体的に書き表す．一般論については，多様体に関する教科書を参照してほしい．0 次微分形式である可微分関数 f に対しては，その外微分 df は全微分を対応させる．すなわち

$$df(\boldsymbol{x}) = \sum_{i=1}^n \frac{\partial f}{\partial x_i}(\boldsymbol{x}) dx_i$$

のことである．さらに 1 次微分形式 $\omega = \sum_{i=1}^n \omega_i(\boldsymbol{x}) dx_i$ の外微分は，2 次微分形式

$$d\omega(\boldsymbol{x}) = \sum_{i=1}^n d\omega_i(\boldsymbol{x}) \wedge dx_i = \frac{1}{2} \sum_{1 \leq i,j \leq n} \left(\frac{\partial \omega_i}{\partial x_j} - \frac{\partial \omega_j}{\partial x_i}\right) dx_i \wedge dx_j$$

のことである．$(\partial^2 f/\partial x_i \partial x_j) = (\partial^2 f/\partial x_j \partial x_i) = 0$ なので，$ddf = 0$ が成り立つ．一般にこの逆の主張をポアンカレの補題と呼ぶ．

補題 2.3.2（**ポアンカレの補題**）　$\mathbb{R}^n$ 内の単連結領域 U 上で定義された 1 次微分形式 ω が $d\omega = 0$ を満たすとする．このとき，U 上の可微分関数 f が存在して $\omega = df$ が成り立つ．

証明は参考文献 [41, 43] 等を参照してほしい．

2.4　積分曲線と 1 径数局所変換群

前節では，ユークリッド空間 $\mathbb{R}^n$ 上のベクトル場と微分形式の基本的性質について述べた．可微分ベクトル場は $\mathbb{R}^n$ の各点にその接ベクトルを対応させる可微分写像であったが，その接ベクトルに接する可微分曲線を考えることができる．可微分曲線 $\varphi : (a, b) \longrightarrow \mathbb{R}^n$ が可微分ベクトル場 $X = \sum_{i=1}^n \xi_i \frac{\partial}{\partial x_i}$ の **積分曲線** であるとは，条件

$$\frac{d\varphi}{dt}(t) = X_{\varphi(t)} = \sum_{i=1}^n \xi_i(\varphi(t)) \left(\frac{\partial}{\partial x_i}\right)_{\varphi(t)}$$

を満たすことと定義する．このとき，次の定理が成り立つ．

定理 2.4.1　$\mathbb{R}^n$ 上の可微分ベクトル場 $X = \sum_{i=1}^n \xi_i \frac{\partial}{\partial x_i}$ が与えられたとき，各点 $\boldsymbol{x}_0 \in \mathbb{R}^n$ に対してその近傍 U, 実数 $\varepsilon > 0$ と可微分写像 $\varphi : (-\varepsilon, \varepsilon) \times U \longrightarrow \mathbb{R}^n$ が存在して，以下の条件を満たす：

(i) 任意の $t \in (-\varepsilon, \varepsilon)$ に対して $\varphi(t, \boldsymbol{x}) = \varphi_t(\boldsymbol{x})$ と書くとき，$\varphi_t : U \longrightarrow \varphi_t(U)$ は可微分同相写像である．

(ii) $s, t, s+t \in (-\varepsilon, \varepsilon)$ かつ $\varphi_s(\boldsymbol{x}) \in U$ ならば，$\varphi_t(\varphi_s(\boldsymbol{x})) = \varphi_{s+t}(\boldsymbol{x})$ が成り立つ．

(iii) 任意の $\boldsymbol{x} \in U$ に対して $X_{\boldsymbol{x}} = \left.\dfrac{d\varphi_t}{dt}\right|_{t=0}$ が成り立つ．

証明　$\mathbb{R} \times \mathbb{R}^n$ 上の関数 $f_i(t, \boldsymbol{x})\,(i = 1, \ldots, n)$ に対する常微分方程式系

$$\frac{d\xi}{dt} = \xi_i(f_1, \ldots, f_n)$$

を考えると，常微分方程式系の解の存在定理（例えば [3, 41, 43] 等を参照）から $\varepsilon_1 > 0, \delta_1 > 0$ を十分小さくとると初期条件 $f_i(0, \boldsymbol{x}) = x_i$ を満たす解が

$$U_1 = \{x \in \mathbb{R}^n \mid |x_i| < \delta_1,\ i = 1, \ldots, n\}$$

の任意の点 $\boldsymbol{x} \in U_1$ に対して，$-\varepsilon_1 < t < \varepsilon_1$ で一意的に存在する．このとき，任意の $(t, \boldsymbol{x}) \in (-\varepsilon_1, \varepsilon_1) \times U_1$ に対して，

$$\varphi_t(\boldsymbol{x}) = (f_1(t, \boldsymbol{x}), \ldots, f_n(t, \boldsymbol{x}))$$

と定める．初期条件より，$\varphi_0(\boldsymbol{x}) = \boldsymbol{x}$ なので $\varphi_0 = 1_{U_1}$ である．したがって，$\varepsilon > 0, \delta > 0$ を十分小さくとって $U = \{x \in \mathbb{R}^n \mid |x_i| < \delta,\ i = 1, \ldots, n\}$ を考えると，$|t| < \varepsilon$ に対して，$\varphi_1(U) \subset U_1$ とできる．したがって，$s, t, s+t \in (-\varepsilon, \varepsilon)$ ならば $\varphi_t(\varphi_s(\boldsymbol{x})), \varphi_{s+t}(\boldsymbol{x})$ が任意の $\boldsymbol{x} \in U$ に対して定まる．ここで，$\overline{f}_i(t, \boldsymbol{x}) = f_i(s+t, \boldsymbol{x})$ とおくと，$\overline{f}_i(t, \boldsymbol{x})$ は初期条件 $\overline{f}_i(0, \boldsymbol{x}) = f_i(s, \boldsymbol{x})$ を満たす上記の常微分方程式系の解なので，解の一意性から $\overline{f}_i(s+t, \boldsymbol{x}) = f_i(t, \varphi_s(\boldsymbol{x}))$ が成り立つ．言い換えると，$\varphi_t(\varphi_s(\boldsymbol{x})) = \varphi_{s+t}(\boldsymbol{x})$ が成り立ち，(ii) が示された．さらに $s = -t$ とおけば，$\varphi_t(\varphi_{-t}(\boldsymbol{x})) = \varphi_0(\boldsymbol{x}) = \varphi_{-t}(\varphi_t(\boldsymbol{x}))$ が成り立ち，$\varphi_0 = 1_U$ なので，φ_t は U から $\varphi_t(U)$ への微分同相写像である．したがって，(i) が示された．(iii) は $f_i(t, \boldsymbol{x})$ が上記の常微分方程式系の解であることを意味するので，明らかに成立する． □

この定理で得られた $\{\varphi_t\}_{t \in (-\varepsilon, \varepsilon)}$ をベクトル場 X が定める **1 径数局所変換群** と呼ぶ．定理の証明から，任意の $\boldsymbol{x} \in U$ に対して，$\varphi_{\boldsymbol{x}}(t) = \varphi_t(\boldsymbol{x})$ と定めると $\varphi_{\boldsymbol{x}} : (-\varepsilon, \varepsilon) \longrightarrow \mathbb{R}^n$ は X の積分曲線である．以下の命題は，可微分写像の特異点論における基本的道具を与える．

命題 2.4.2 $f : \mathbb{R}^n \longrightarrow \mathbb{R}^p$ を可微分写像，X を $\mathbb{R}^n$ 上の，Y を $\mathbb{R}^p$ 上の可微分ベクトル場として，任意の点 $\boldsymbol{x} \in \mathbb{R}^n$ において条件

$$df_{\boldsymbol{x}}(X_{\boldsymbol{x}}) = Y_{f(\boldsymbol{x})}$$

を満たすと仮定する．このとき，$\boldsymbol{x}_0 \in \mathbb{R}^n$ と $\boldsymbol{y}_0 = f(\boldsymbol{x}_0) \in \mathbb{R}^p$ に対して，$\varepsilon > 0$ および $\boldsymbol{x}_0$ の近傍 U と X が定める 1 径数局所変換群 $\{\varphi_t\}_{t \in (-\varepsilon, \varepsilon)}$

と y_0 の近傍 V と Y の定める 1 径数局所変換群 $\{\psi_t\}_{t\in(-\varepsilon,\varepsilon)}$ が存在して，$f(\varphi_t(U)) \subset V$ かつ，任意の $x \in U$ に対して $\psi_t \circ f(x) = f \circ \varphi_t(x)$ を満たす．

証明 $\varepsilon > 0$，U, V を十分小さくとると，1 径数局所変換群 $\{\varphi_t\}_{t\in(-\varepsilon,\varepsilon)}$ と Y の定める 1 径数局所変換群 $\{\psi_t\}_{t\in(-\varepsilon,\varepsilon)}$ が存在して $f(\varphi_t(U)) \subset V$ を満たすようにできる．このとき，任意の $x \in U$ に対して，$\varphi_x : (-\varepsilon, \varepsilon) \longrightarrow \mathbb{R}^n$ と $\psi_{f(x)} : (-\varepsilon, \varepsilon) \longrightarrow \mathbb{R}^p$ はそれぞれ X と Y の積分曲線である．一方，関係式 $df_x(X_x) = Y_{f(x)}$ から $f \circ \varphi_x : (-\varepsilon, \varepsilon) \longrightarrow \mathbb{R}^p$ も Y の積分曲線である．ここで，$f \circ \varphi_x(0) = f(x) = \psi_{f(x)}(0)$ なので，積分曲線（常微分方程式系の解）の一意性から $f \circ \varphi_x(t) = \psi_{f(x)}(t)$ が成り立つ．この式は $\psi_t \circ f(x) = f \circ \varphi_t(x)$ を意味する． □

2.5　可微分多様体と可微分写像，接空間

M をハウスドルフ空間とする．M の各点が $\mathbb{R}^n$ の開集合と同相な開近傍をもつとき，M は **n 次元位相多様体** と呼ばれる．このとき，任意の点 $x \in M$ に対して，ある近傍 U と開集合 $V \subset \mathbb{R}^n$，さらに同相写像 $\phi : U \longrightarrow V$ が存在し，その組 (U, ϕ) を **局所座標** と呼ぶ．n 次元位相多様体 M の局所座標の集合 $\{(U_\lambda, \phi_\lambda)\}_{\lambda \in \Lambda}$ が以下の条件を満たすとき C^∞ **局所座標系** という：

(i) $M = \bigcup_{\lambda \in \Lambda} U_\lambda$

(ii) $U_\lambda \cap U_\mu \neq \emptyset$ のとき，$\phi_\mu \circ \phi_\lambda^{-1}|_{\phi_\lambda(U_\lambda \cap U_\mu)} : \phi_\lambda(U_\lambda \cap U_\mu) \longrightarrow \phi_\mu(U_\lambda \cap U_\mu)$ が可微分写像である．

さらに，M 上の二つの C^∞ 局所座標系 $\{(U_\lambda, \phi_\lambda)\}_{\lambda \in \Lambda}$ と $\{(V_i, \psi_i)\}_{i \in I}$ に対してその和集合 $\{(U_\lambda, \phi_\lambda), (V_i, \psi_i)\}_{\lambda \in \Lambda, i \in I}$ が C^∞ 局所座標系となるとき，これらの C^∞ 局所座標系は **同値** であるといわれる．M 上のすべての C^∞ 局所座標系を考え，その一つの同値類を M 上の **可微分構造** と呼び，可微分構造をもつ n 次元位相多様体を **n 次元可微分多様体** と呼ぶ．このとき $n = \dim M$ と表す．可微分多様体としては，$\{(\mathbb{R}^n, 1_{\mathbb{R}^n})\}$ やその開部分集合が簡単な例で

あり，また球面や射影空間等も典型的な例であるが，詳しくは多様体の解説書 [41, 43] 等を参照してほしい．M, N を可微分多様体として，それぞれの局所座標系を $\{(U_i, \phi_i)\}_{i \in I}, \{(V_j, \psi_j)\}_{j \in J}$ とする．積位相空間 $M \times N$ を考えると $\{(U_i \times V_j, \phi_i \times \psi_j)\}_{(i,j) \in I \times J}$ が局所座標系となることを容易に確かめることができる．したがって，$M \times N$ は可微分多様体となりその次元は $\dim M + \dim N$ となる．この多様体を M と N の**積多様体**と呼ぶ．

次に，多様体の間の自然な写像について考える．M を n 次元可微分多様体，$O \subset M$ を開集合とする．実数値関数 $f : O \longrightarrow \mathbb{R}$ が **O における C^∞ 級関数**であるとは $O \cap U \neq \emptyset$ を満たす M の局所座標 (U, ϕ) に対して，$f \circ \phi^{-1}|_{\phi(O \cap U)} : \phi(O \cap U) \longrightarrow \mathbb{R}$ がユークリッド空間 $\mathbb{R}^n$ 内の開集合 $\phi(O \cap U)$ 上の関数として C^∞ 級であることと定義する．O における C^∞ 級関数を O における**可微分関数**とも呼ぶ．$O = M$ の場合は，$f : M \longrightarrow \mathbb{R}$ は M 上の可微分関数である．このように定義することにより，関数の可微分性はその局所座標によらずに定まる概念となり，M 上で微積分が可能となる．さらに，多様体の間の写像にも微分可能性が定義できる．$f : N \longrightarrow P$ を可微分多様体 N と P の間の連続写像とする．点 $x \in N$ に対して，x を含む N の座標近傍 (U, ϕ) と $f(x)$ を含む P の座標近傍 (V, ψ) において，写像

$$\psi \circ f \circ \phi^{-1}|_{\phi(U \cap f^{-1}(V))} : \phi(U \cap f^{-1}(V)) \longrightarrow \psi(\phi(U) \cap V)$$

がユークリッド空間内の開集合上の写像として可微分写像のとき，f は点 x で微分可能であるという．さらに，任意の点 $x \in N$ で微分可能であるとき，f は**可微分写像**と呼ばれる．可微分多様体の定義における条件 (ii) は可微分関数や可微分写像の概念が C^∞ 局所座標のとり方によらないことを保証するために付けられた条件である．多様体の間の可微分写像 $f : N \longrightarrow P$ が**微分同相写像**であるとは f は全単射で $f^{-1} : P \longrightarrow N$ も可微分写像であることと定義する．二つの可微分多様体 N, P が**微分同相**であるとは微分同相写像 $f : N \longrightarrow P$ が存在することと定義する．

M を可微分多様体，$I \subset \mathbb{R}$ を開区間とする．開区間を自然な意味で多様体と考えたとき，可微分写像 $c : I \longrightarrow M$ を M 上の**可微分曲線**と呼ぶ．2.2 節では，$\mathbb{R}^n$ の点 $\boldsymbol{x}_0 \in \mathbb{R}^n$ に対して，$\boldsymbol{x}_0$ を始点とするベクトルを点 $\boldsymbol{x}_0$ における $\mathbb{R}^n$ の接ベクトルと呼んだ．それは，$\boldsymbol{x}_0$ を原点に平行移動することにより原点

2.5 可微分多様体と可微分写像，接空間

を始点とするベクトル $v \in \mathbb{R}^n$ と同一視することができた．したがって，原点を通る直線 $\ell(t) = tv$ を考えると，$\ell(0) = 0$ かつ $v = d\ell/dt|_{t=0}$ となる．一般に $\gamma(0) = 0$ かつ $d\gamma/dt|_{t=0} = v$ を満たす可微分曲線 $\gamma(t)$ はいくらでも存在する．したがって，原点を通る任意の可微分曲線 $\gamma(t)$ について，$\gamma'(0)$ を $\mathbb{R}^n$ の原点における接ベクトルと呼んでもよい．また，二つの原点を通る可微分曲線 $\gamma(t)$ と $\sigma(t)$ が原点で同じ接ベクトルを定めることは $\gamma'(0) = \sigma'(0)$ を満たすことである．可微分多様体に対してもこの考え方を適用すると，その接ベクトルを定義することができる．可微分多様体 M 上の点 x_0 を通る可微分曲線を $c_1 : (a_1, b_1) \longrightarrow M,\ c_2 : (a_2, b_2) \longrightarrow M,\ c_1(t_1) = c_2(t_2) = x_0$ とする．x_0 のまわりの座標近傍を (U, ϕ) とすると，$\mathbb{R}^n$ 内の $\phi(x_0)$ を通る可微分曲線 $\phi \circ c_1(t)$ と $\phi \circ c_2(t)$ が得られる．さらに，(V, ψ) を x_0 のまわりの別の座標近傍とすると，同様に $\mathbb{R}^n$ 内の $\psi(x_0)$ を通る可微分曲線 $\psi \circ c_1(t)$ と $\psi \circ c_2(t)$ が得られる．これらの曲線は $\phi(U \cap V)$ と $\psi(U \cap V)$ 上において関係式

$$\psi \circ c_i(t) = \psi \circ \phi^{-1}(\phi \circ c_i(t))$$

を満たすので，両辺を t で微分すると

$$\frac{d\psi \circ c_i}{dt}(t) = J_{\psi \circ \phi^{-1}}(\phi \circ c_i(t)) \frac{d\phi \circ c_i}{dt}(t)$$

となる．ただし $J_{\psi \circ \phi^{-1}}(\phi \circ c_i(t))$ は $\psi \circ \phi^{-1}$ の点 $\phi \circ c_i(t)$ におけるヤコビ行列を表す．したがって，$\frac{d\psi \circ c_1}{dt}(t_1) = \frac{d\psi \circ c_2}{dt}(t_2)$ であることと $\frac{d\phi \circ c_1}{dt}(t_1) = \frac{d\phi \circ c_2}{dt}(t_2)$ であることは同値である．このとき，多様体の接ベクトルを以下のように定義する．可微分多様体 M の点 x_0 を通る可微分曲線全体の集合を

$$C_{x_0} = \{ c : (a, b) \longrightarrow M \mid \exists t_0 \in (a, b)\ s.t.\ c(t_0) = x_0 \}$$

とする．点 x_0 のまわりの座標近傍 (U, ϕ) をとり，C_{x_0} の元 $c_1 : (a_1, b_1) \longrightarrow M,\ c_2 : (a_2, b_2) \longrightarrow M,\ c_1(t_1) = c_2(t_2) = x_0$ が**等速度**であるとは

$$\frac{d\phi \circ c_1}{dt}(t_1) = \frac{d\phi \circ c_2}{dt}(t_2)$$

を満たすことと定める．等速度であることの定義は座標近傍 (U, ϕ) のとり方によらない．これは明らかに同値関係となり，この C_{x_0} の元 $c : (a_1, b_1) \longrightarrow M$

を含む同値類を $[c]_{x_0}$ と表し M の点 x_0 における**接ベクトル**と呼ぶ. 点 x_0 における M の接ベクトル全体を $T_{x_0}M$ と表す. 点 x_0 のまわりの座標近傍 (U, ϕ) により, 写像 $d\phi : T_{x_0}M \longrightarrow \mathbb{R}^n$ を $d\phi([c]) = (d\phi \circ c/dt)|_{t=0}$ と定めると同値関係の定義から $d\phi$ は単射である. ここで, 任意の $\boldsymbol{v} \in \mathbb{R}^n$ に対して, $c(t) = \phi^{-1}(\phi(x) + t\boldsymbol{v})$ とおけば $d\phi([c]) = \boldsymbol{v}$ となり $d\phi$ は全射であることがわかる. この $d\phi$ により, $T_{x_0}M$ 上に $\mathbb{R}^n$ から誘導される実ベクトル空間の構造を与える. すなわち, $[c_i], [c] \in T_{x_0}M$, $\lambda \in \mathbb{R}$ に対して和とスカラー倍を

$$[c_1] + [c_2] = d\phi^{-1}(d\phi([c_1]) + d\phi([c_2])), \quad \lambda[c] = d\phi^{-1}(\lambda d\phi([c]))$$

と定める. これにより $T_{x_0}M$ は実ベクトル空間となり, $d\phi$ は $\mathbb{R}^n$ との間の $\mathbb{R}$ 同型写像となる. このベクトル空間 $T_{x_0}M$ を M の点 x_0 における**接ベクトル空間**, あるいは単に**接空間**と呼ぶ. 定義から $T_{x_0}M$ は n 次元となるが, $\mathbb{R}^n$ の標準基底 $\{\boldsymbol{e}_1, \ldots, \boldsymbol{e}_n\}$ に対して,

$$\left(\frac{\partial}{\partial x_1}\right)_{x_0} = d\phi^{-1}(\boldsymbol{e}_1), \ldots, \left(\frac{\partial}{\partial x_n}\right)_{x_0} = d\phi^{-1}(\boldsymbol{e}_n)$$

とおくと, $\{(\partial/\partial x_1)_{x_0}, \ldots, (\partial/\partial x_n)_{x_0}\}$ は $T_{x_0}M$ の基底となり, それを**局所座標 (U, ϕ) に付随した標準基底**と呼ぶ. この基底に偏微分の記号を用いるのは以下のように微分作用素とみることができることによる. $f : V \longrightarrow \mathbb{R}$ を点 x_0 の近傍における可微分関数とする. 可微分曲線 $c : (-\varepsilon, \varepsilon) \longrightarrow V$ で $c(0) = x_0$ を満たすものを合成すると, $(-\varepsilon, \varepsilon)$ 上の 1 変数可微分関数 $f \circ c(t)$ が得られる. その $t = 0$ における微分

$$D_c(f) = \frac{df \circ c}{dt}\bigg|_{t=0}$$

を考える. このとき, x_0 を通る可微分曲線 c_1, c_2 に対して, c_1, c_2 が等速度ならば $D_{c_1}(f) = D_{c_2}(f)$ を満たすことを示すことができる. したがって, $D_c(f)$ は接ベクトル $[c] \in T_{x_0}M$ に対して決まり, f の $[c]$ **方向の微分係数**と呼ぶ. ここで, $c(t) = \phi^{-1}(\phi(x_0) + t\boldsymbol{e}_i)$ とすると, $[c] = (\partial/\partial x_i)_{x_0}$ であり, f の $(\partial/\partial x_i)_{x_0}$ 方向の微分係数は

$$D_{(\partial/\partial x_i)_{x_0}}(f) = \frac{df \circ \phi^{-1}(\phi(x_0) + t\boldsymbol{e}_i)}{dt}\bigg|_{t=0} = \frac{\partial f \circ \phi^{-1}}{\partial x_i}(\phi(x_0))$$

となる. これは, n 変数関数 $f \circ \phi^{-1} : \phi(U \cap V) \longrightarrow \mathbb{R}$ の点 $\phi(x_0)$ における, x_i 変数に関する偏微分係数なので, 今後 $D_{(\partial/\partial x_i)_{x_0}}(f) = (\partial/\partial x_i)_{x_0}(f)$ と書く. 次に接ベクトル $\boldsymbol{v} = \sum_{i=1}^n v_i((\partial/\partial x_i)_{x_0})$ に対して, f の $\boldsymbol{v}$ 方向の微分係数を計算する. いま, $\phi(\boldsymbol{v}) = (v_1, \ldots, v_n)$ なので, M 上の x_0 を通る可微分曲線を

$$c(t) = \phi^{-1}(\phi(x_0) + t\phi(\boldsymbol{v}))$$

とすると, 合成関数の微分法から

$$D_c(f) = \frac{df \circ \phi^{-1}(\phi(x_0) + t\phi(\boldsymbol{v}))}{dt}\bigg|_{t=0} = \sum_{i=1}^n v_i \frac{\partial f \circ \phi^{-1}}{\partial x_i}(\phi(x_0))$$

となる. ここで, $\boldsymbol{v}(f) = D_c(f)$ と表すと

$$\boldsymbol{v}(f) = \sum_{i=1}^n v_i \left(\frac{\partial}{\partial x_i}\right)_{x_0}(f) = \sum_{i=1}^n v_i \frac{\partial f \circ \phi^{-1}}{\partial x_i}(\phi(x_0))$$

である. このようにして, 多様体上の接ベクトルもユークリッド空間上の接ベクトルと同様に微分作用素とみなすことができる. ここで, U を $\mathbb{R}^n$ の開集合とすると, 局所座標は $(U, 1_U)$ で与えられるので, この節で与えた接ベクトルの定義は 2.2 節で与えたものと一致することがわかる.

N, P を可微分多様体として, $f : N \longrightarrow P$ を可微分写像とする. 点 $x_0 \in N$ に対して, f の点 x_0 における**微分写像** (略して, **微分**) $(f_*)_{x_0} = df_{x_0} : T_{x_0}N \longrightarrow T_{f(x_0)}P$ を以下のように定義する : $\boldsymbol{v} \in T_{x_0}N$ に対して, $c : (-\varepsilon, \varepsilon) \longrightarrow N$ を $\boldsymbol{v} = [c]$ である x_0 を通る可微分曲線とする. このとき, $f \circ c : (-\varepsilon, \varepsilon) \longrightarrow P$ は $t=0$ で $f(x_0)$ を通る P の可微分曲線である. このとき, $df_{x_0}(\boldsymbol{v}) = [f \circ c]$ と定める. ここで, $[c_1] = [c_2]$ ならば $[f \circ c_1] = [f \circ c_2]$ が成り立つことは, 合成関数の微分を計算すれば簡単に示すことができる. 二つの可微分写像 $f : N \longrightarrow P$ と $g : P \longrightarrow Q$ が与えられるとその合成写像 $g \circ f : N \longrightarrow Q$ も可微分写像となることがわかるが, 定義から, その微分写像は $d(g \circ g)_{x_0} = dg_{f(x_0)} \circ df_{x_0}$ を満たすこともわかる.

ここで, x_0 のまわりの座標近傍 (U, ϕ) と $f(x_0)$ のまわりの座標近傍 (V, ψ) に対して, 合成関数の微分法から線形同型 $d\phi : T_{x_0}N \longrightarrow \mathbb{R}^n$ と $d\psi :$

$T_{f(x_0)}P \longrightarrow \mathbb{R}^p$ によって,

$$\begin{aligned}
d\psi(df_{x_0}(\boldsymbol{v})) &= \frac{d(\psi \circ f \circ c)}{dt}\Big|_{t=0} \\
&= J_{\psi \circ f \circ c}(0) \\
&= J_{(\psi \circ f \circ \phi^{-1}) \circ (\phi \circ c)}(0) \\
&= J_{(\psi \circ f \circ \phi^{-1})}(\phi(x_0)) \circ J_{(\phi \circ c)}(0) \\
&= J_{(\psi \circ f \circ \phi^{-1})}(\phi(x_0)) \circ \frac{d(\phi \circ c)}{dt}\Big|_{t=0} \\
&= J_{(\psi \circ f \circ \phi^{-1})}(\phi(x_0)) d\phi(\boldsymbol{v})
\end{aligned}$$

となる. ここで, $\phi(x) = (x_1, \ldots, x_n) \in \mathbb{R}^n$, $\psi(y) = (y_1, \ldots, y_p) \in \mathbb{R}^p$ とするとこの式は, df_{x_0} は線形写像で, その基底 $\{(\partial/\partial x_1)_{x_0}, \ldots, (\partial/\partial x_n)_{x_0}\}$ と $\{(\partial/\partial y_1)_{f(x_0)}, \ldots, (\partial/\partial y_p)_{f(x_0)}\}$ に対する表現行列がヤコビ行列 $J_{(\psi \circ f \circ \phi^{-1})}(\phi(x_0))$ であることを意味している. したがって, はめ込み, しずめ込み, 特異点の概念が自然に多様体の間の可微分写像に対しても定義される. N, P をそれぞれ次元が n と p の可微分多様体とする. 点 x_0 が可微分写像 $f: N \longrightarrow P$ の**特異点**であるとは, $\operatorname{rank} df_{x_0} < \min(n, p)$ であることと定義する. また, 特異点でない点を f の**正則点**と呼ぶ. 特に $\operatorname{rank} df_{x_0} = n$ のとき, **点 x_0 で f ははめ込み**であるといい, $\operatorname{rank} df_{x_0} = p$ のとき, **点 x_0 で f はしずめ込み**であるという. さらに, すべての点ではめ込みである可微分写像を単に**はめ込み**と呼び, 同様にすべての点でしずめ込みである可微分写像を**しずめ込み**と呼ぶ. また, $n = p$ のときは, はめ込みとしずめ込みは同じ意味となるが, この場合は**局所微分同相写像**ともいう. さらに, $f: N \longrightarrow P$ が微分同相写像のとき, $f \circ f^{-1} = 1_P$ なので, 点 $y_0 = f(x_0) \in P$ における微分写像をとると, $1_{T_{y_0}} = d(1_P)_{y_0} = d(f \circ f^{-1})_{y_0} = df_{x_0} \circ d(f^{-1})_{y_0}$ となる. 同様に $d(f^{-1})_{y_0} \circ df_{x_0} = 1_{T_{x_0}N}$ も成り立ち, f と f^{-1} は局所微分同相写像であることがわかる.

2.6 部分多様体と横断正則性

S, M を可微分多様体とする. $f: S \longrightarrow M$ が**埋め込み**であるとは, ϕ は 1 対 1 はめ込みであり, $f(S) \subset M$ 上に M の部分集合としての位相 (相対位相)

を考えて $f: S \longrightarrow f(S)$ が位相同型であることと定義する.例えば,**レムニスケート** $f: \mathbb{R} \longrightarrow \mathbb{R}^2$ を $f(t) = (t(t^2+1)/(t^4+1), -t(t^2-1)/(t^4+1))$ と定義すると f は 1 対 1 はめ込みであるが埋め込みではない.一般に S がコンパクトな場合は,1 対 1 はめ込みは埋め込みとなることを示すことができる.埋め込み $f: S \longrightarrow M$ が存在するとき,S($f(S)$)は M の**部分多様体**であるという.さらに,1 対 1 はめ込み $f: S \longrightarrow M$ が存在するとき,S($f(S)$)は M の**はめ込まれた部分多様体**であるという.

注意 2.6.1 1 対 1 はめ込みを埋め込みと呼び,はめ込まれた部分多様体を部分多様体と呼んでいる本もあるので,部分多様体に関する記述には注意する必要がある.その場合,本書の意味での部分多様体は**正則部分多様体**と呼ばれる.

M の部分多様体(もしくは,はめ込まれた部分多様体)S に対して,$\dim M - \dim S$ を S の M における**余次元**あるいは単に**余次元**と呼び,$\operatorname{codim} S$ と表す.部分多様体の局所的表示に関しては,陰関数定理の応用として以下の命題が成り立つ.

命題 2.6.2 S を s 次元可微分多様体,M を m 次元可微分多様体として,$f: S \longrightarrow M$ を埋め込みとする.このとき,任意の点 $x_0 \in S$ に対して,$f(x_0)$ のまわりの M の局所座標 (U, ϕ) が存在して,ϕ の $\mathbb{R}^m$ における成分表示を $\phi(y) = (y_1(y), \ldots, y_m(y))$ とすると,

$$f(S) \cap U = \{y \in U \mid y_{s+1}(y) = \cdots = y_m(y) = 0\}$$

が成り立つ.

証明 点 $x_0 \in S$ に対して,f の微分写像 df_{x_0} が単射なので,$f(x_0)$ のまわりの M の局所座標 (U, ϕ) と x_0 のまわりの S の局所座標 (V, ψ) が存在して

$$\operatorname{rank} J_{\phi \circ f \circ \psi^{-1}}(\psi(x_0)) = s$$

が成り立つ.これは,$\phi \circ f \circ \psi^{-1}: \psi(V) \longrightarrow \phi(U)$ がユークリッド空間内の開集合間の可微分写像として点 $\psi(x_0)$ において定理 2.2.4 の意味でのはめ込みであることを意味している.ここで,ϕ の $\mathbb{R}^m$ における成分表示を

$\phi(y) = (y_1(y), \ldots, y_m(y))$ として，ψ の $\mathbb{R}^s$ における座標成分を $\psi(x) = (x_1(x), \ldots, x_s(x))$ とする．必要ならば $(y_1(y), \ldots, y_m(y))$ の座標成分の順番を取り替えることにより，

$$\det\left(\frac{\partial y_i \circ f \circ \psi^{-1}}{\partial x_j}\right)(\psi(x_0)) \neq 0 \quad (1 \leq i, j \leq s)$$

とする．いま f は埋め込みなので，$f^{-1}(U) \cap V$ は S の開集合となり，V を十分小さく選ぶと逆写像の定理（定理 2.2.3）から $(f^{-1}(U) \cap V, \phi \circ f|_{f^{-1}(U) \cap V})$ は S の点 x_0 のまわりの局所座標となる．ここで，$\phi \circ f|_{f^{-1}(U) \cap V}(x) = (y_1(f(x)), \ldots, y_s(f(x)))$ なので，

$$f \circ (\phi \circ f|_{f^{-1}(U) \cap V})^{-1}(y_1(f(x)), \ldots, y_s(f(x)))$$
$$= \tilde{f}(y_1(f(x)), \ldots, y_s(f(x)))$$

と書く．定理 2.2.4 から必要ならば，U を取り替えることにより，局所微分同相 $\tilde{\phi} : \phi(U) \longrightarrow \tilde{\phi} \circ \phi(U)$ が存在して，

$$\tilde{\phi} \circ \phi \circ \tilde{f}(y_1(f(x)), \ldots, y_s(f(x))) = (y_1(f(x)), \ldots, y_s(f(x)), 0, \ldots, 0)$$

とできる．ここで，写像 $\tilde{\phi} \circ \phi : U \longrightarrow \tilde{\phi} \circ \phi(U)$ をあらためて ϕ とおくと (U, ϕ) は点 $f(x_0)$ のまわりの M の局所座標となり，

$$f(S) \cap U = \{y \in U \mid y_{s+1}(y) = \cdots = y_m(y) = 0\}$$

を満たす． $\square$

S を M の部分集合とすると，M の相対位相で，S はハウスドルフ空間となる．以下の命題はこの場合に S が M の部分多様体となる条件を与えている．

命題 2.6.3 $0 \leq s \leq m$ を満たす整数 m, s に対して，M を m 次元可微分多様体とし，$S \subset M$ を部分集合とする．任意の点 $y_0 \in S$ に対して，y_0 のまわりの M の局所座標 (U, ϕ) が存在して，ϕ の $\mathbb{R}^m$ における成分表示を $\phi(y) = (y_1(y), \ldots, y_m(y))$ に対して，

$$S \cap U = \{y \in U \mid y_{s+1}(y) = \cdots = y_m(y) = 0\}$$

が成り立つならば，S は M の相対位相に関して可微分多様体となり，包含写像 $\iota: S \subset M$ は埋め込みである．すなわち S は M の s 次元部分多様体である．

証明 S 上に M の相対位相を考え，$y_0 \in S$ のまわりの M の局所座標 (U, ϕ) が定理の条件を満たすとすると，$\mathbb{R}^s = \{(y_1, \ldots, y_m) \in \mathbb{R}^m \mid y_{s+1} = \cdots = y_m = 0\}$ とみなすことにより，$\phi|_{M \cap U}: M \cap U \longrightarrow \phi(M \cap U) \subset \mathbb{R}^s$ は同相写像であり，S は位相多様体となる．このような局所座標の集合 $\{(U_\lambda, \phi_\lambda)\}_{\lambda \in \Lambda}$ が可微分多様体の条件を満たすことは容易に確かめることができ，S は可微分多様体となる．このとき，包含写像 $\iota: S \subset M$ に対して，定理の仮定からこの局所座標 (U, ϕ) に関して $\phi \circ \iota(y) = (y_1, \ldots, y_s, 0, \ldots, 0)$ となり，ι は 1 対 1 はめ込みとなる．また，S 上の位相は M の相対位相なので，ι は埋め込みである． $\square$

さらに以下の命題も成り立つ．

命題 2.6.4 $0 \leq s \leq m$ を満たす整数 m, s に対して，M を m 次元可微分多様体とし，$S \subset M$ を部分集合とする．任意の点 $y_0 \in S$ に対して，y_0 の M における近傍 U とその上のしずめ込み $f: U \longrightarrow \mathbb{R}^{m-s}$ で $f(y_0) = 0$ を満たすものが存在して，$M \cap U = f^{-1}(0)$ となるとき，S は M の s 次元部分多様体である．

逆に，部分多様体 S に対して，任意の点 $y_0 \in S$ にはいつでも上記のような近傍 U としずめ込み $f: U \longrightarrow \mathbb{R}^{m-s}$ で $M \cap U = f^{-1}(0)$ となるものが存在する．

証明 (V, ψ) を y_0 のまわりの M の局所座標とする．このとき，$f \circ \psi^{-1}: \psi(U \cap V) \longrightarrow \mathbb{R}^{m-s}$ はユークリッド空間 $\mathbb{R}^m$ 内の開集合 $\psi(U \cap V)$ 上のしずめ込みなので，定理 2.2.5 から，$\psi(y_0)$ の近傍 $W \subset \psi(U \cap V)$ とその上の微分同相写像 $\phi: W \longrightarrow \phi(W) \subset \mathbb{R}^m$ が存在して，$f \circ \psi^{-1} \circ \phi^{-1}: \phi(W) \longrightarrow \mathbb{R}^{m-s}$ が
$$f \circ \psi^{-1} \circ \phi^{-1}(y_1, \ldots, y_m) = (y_{s+1}, \ldots, y_m)$$

となる．ここで，
$$\phi \circ \psi(S \cap \psi^{-1}(W)) = \phi \circ \psi(f^{-1}(0)) = (f \circ \psi^{-1} \circ \phi^{-1})^{-1}(0)$$
$$= \{(y_1, \ldots, y_m) \in \phi(W) \mid y_{s+1} = \cdots = y_m = 0\}$$
である．ここで，$(\psi^{-1}(W), \phi \circ \psi|_{\psi^{-1}(W)})$ は y_0 のまわりの M の局所座標なので，命題 2.6.3 から S は M の s 次元部分多様体である．

逆も，命題 2.6.2 から明らかに成立する． □

N, P を可微分多様体，$S \subset P$ を部分多様体とする．可微分写像 $f : N \longrightarrow P$ が点 $x_0 \in N$ で S に**横断正則的**であるとは，
(1) $f(x_0) \notin S$ であるか，
(2) $f(x_0) \in S$ の場合は，
$$df_{x_0}(T_{x_0}N) + T_{f(x_0)}S = T_{f(x_0)}P$$
が成立することと定義する．さらに，f がすべての点 $x_0 \in N$ で S に横断正則的な場合は単に f は S に**横断正則的**であるという．

$f : N \longrightarrow P$ が $f(x_0) \in S$ を満たすとする．S は部分多様体なので，命題 2.6.2 と命題 2.6.4 の主張から，点 $f(x_0)$ の P における近傍 U とその上のしずめ込み $\varphi : U \longrightarrow \mathbb{R}^{p-s}$ で $\varphi(f(x_0)) = 0$ が存在して $P \cap S = \varphi^{-1}(0)$ が成り立つ．このとき以下の命題が成り立つ．

命題 2.6.5 上の状況のもとで，f が点 x_0 で S に横断正則的であるための必要十分条件は $\varphi \circ f$ が点 x_0 でしずめ込みになることである．

証明 f が点 x_0 で S に横断正則的であると仮定すると，
$$df_{x_0}(T_{x_0}N) + T_{f(x_0)}S = T_{f(x_0)}P$$
が成立する．このとき両辺に $d\phi_{f(x_0)}$ を作用させると，
$$d(\varphi \circ f)_{x_0}(T_{x_0}N) + d(\varphi)_{f(x_0)}(T_{f(x_0)}S) = d(\varphi)_{f(x_0)}(T_{f(x_0)}P)$$
が成立する．ここで，$P \cap S = \varphi^{-1}(0)$ なので，$d(\varphi)_{f(x_0)}(T_{f(x_0)}S) = \{0\}$ となり，φ はしずめ込みなので，

$$d(\varphi \circ f)_{x_0}(T_{x_0}N) = T_{\varphi(f(x_0))}\mathbb{R}^{p-s}$$

が成り立つ. この式は $\varphi \circ f$ が点 x_0 でしずめ込みであることを意味している.

逆に, 上記の式が成り立つとき, φ がしずめ込みなので,

$$df_{x_0}(T_{x_0}N) + \operatorname{Ker} d(\varphi)_{f(x_0)} = T_{f(x_0)}P$$

が成り立つ. ここで, $P \cap S = \varphi^{-1}(0)$ から $\operatorname{Ker} d(\varphi)_{f(x_0)} = T_{f(x_0)}S$ が成り立ち, 上記の式は f が点 x_0 で S に横断正則的であることを意味している. □

命題 2.6.4 と命題 2.6.5 から以下の系が成り立つ.

系 2.6.6 N, P を可微分多様体, $S \subset P$ を部分多様体とする. 可微分写像 $f: N \longrightarrow P$ が S に横断正則的なとき, $f^{-1}(S)$ は N の部分多様体となり, $\operatorname{codim} f^{-1}(S) = \operatorname{codim} S$ を満たす.

2.7 多様体の直積とファイバー束

2.5 節でみたように, 二つの可微分多様体 N, P の直積 $N \times P$ もまた可微分多様体となり, 積多様体と呼ばれた. このとき, 標準射影 $\pi_1: P \times N \longrightarrow P$ はしずめ込みである. 局所的に積多様体の構造をもつように概念を一般化したものが可微分ファイバー束である. M を $n+p$ 次元可微分多様体, P を p 次元可微分多様体とする. 写像 $\pi: M \longrightarrow P$ が (もしくは, 四つ組 (M, P, N, π) が) 可微分多様体 N を**ファイバー**とする**可微分ファイバー束**であるとは, P の各点 y に対して, P での開近傍 U が存在し, 逆像 $\pi^{-1}(U)$ と直積 $U \times N$ の間には $\pi_1 \circ \sigma = \pi$ を満たす微分同相写像 $\sigma: \pi^{-1}(U) \longrightarrow U \times N$ が存在することと定義する. ただし, $\pi_1: U \times N \longrightarrow U$ は標準射影とする. M を可微分ファイバー束の**全空間**, P を**底空間**という.

2.2 節では, $\mathbb{R}^n$ の接束 $T\mathbb{R}^n$ を定義し, それが積空間 $\mathbb{R}^n \times \mathbb{R}^n$ と同一視できることを示した. ここでは, 可微分多様体 N に対して,

$$TN = \bigcup_{x \in N} T_xN$$

と定め,射影 $\pi : TN \longrightarrow N$ を $\boldsymbol{v} \in T_xN$ に対して,$\pi(\boldsymbol{v}) = x$ と定める.このとき,$\cup_{x \in N} T_xN$ は,接空間の互いに交わりのない和集合としている.したがって,射影 π は写像として定義可能である.いま,N の局所座標系を $\{(U_\lambda, \phi_\lambda)\}_{\lambda \in \Lambda}$ として,$\phi_\lambda(x) = (x_1, \ldots, x_n)$ とすると 2.2 節と同様に全単射

$$\widetilde{\psi}_\lambda : TU_\lambda \longrightarrow U_\lambda \times \mathbb{R}^n$$

が,

$$\widetilde{\psi}_\lambda \left(x, \sum_{i=1}^n v_i \left(\frac{\partial}{\partial x_i} \right)_x \right) = (x, (v_1, \ldots, v_n))$$

と定まる.このとき,$U_\lambda \cap U_\mu \neq \emptyset$ とするとき,$(x, \boldsymbol{v}) \in (U_\lambda \cap U_\mu) \times \mathbb{R}^n$ に対して,

$$\widetilde{\psi}_\lambda \circ \widetilde{\psi}_\mu^{-1}(x, \boldsymbol{v}) = (\phi_\lambda \circ \phi_\mu^{-1}(x), J_{\phi_\lambda \circ \phi_\mu^{-1}}(x)\boldsymbol{v})$$

が成り立つ.いま TN 上に,各 $\widetilde{\psi}_\phi$ が同相写像となるような位相がただ一つ定まる.また,上の式は,$\{(TU_\lambda, \widetilde{\psi}_\lambda)\}_{\lambda \in \Lambda}$ が TN の可微分多様体としての局所座標系を与えることを意味している.このようにして,$\pi : TN \longrightarrow N$ は $\mathbb{R}^n$ をファイバーとする可微分ファイバー束となる.同様にして,余接束 T^*N も可微分ファイバー束となる.これらの例では,ファイバーがベクトル空間となるので,特に**ベクトル束**とも呼ばれる.

2.8 多元環と加群

この節では,可微分写像の特異点論で必要な代数学における予備知識をまとめる.集合 G と写像 $\mu : G \times G \longrightarrow G$ が与えられているとき G 上に**演算**が与えられているという.簡単のために $\mu(a, b) = ab$ と省略して表す.いま,この演算に関して以下の 3 条件を満たすとき,G を(この演算に関する)**群**と呼ぶ:

(1) G の三つの元 a, b, c に対して,$a(bc) = (ab)c$ が成り立つ(**結合法則**).
(2) ある元 $e \in G$ が存在して,任意の元 $a \in G$ に対して,$ae = ea = a$ が成り立つ.この場合,e は G の中にただ一つだけあることがわかり,G の**単位元**と呼ばれる.

(3) 任意の元 $a \in G$ に対して，ある元 $b \in G$ が存在して $ab = ba = e$ が成り立つ．この場合，b は a に対してただ一つだけあることがわかり，a の**逆元**と呼ばれ，a^{-1} と表す．すなわち $a^{-1}a = aa^{-1} = e$ である．

演算 ab を群 G における a と b の**積**と呼ぶ．さらに，この積に関して $ab = ba$ が成り立つとき，G を**アーベル群**または**可換群**と呼ぶ．アーベル群の演算は通常，積 ab の代わりに**和** $a + b$ と書かれ，単位元も 0，a の逆元も $-a$ と書かれる．この場合 0 は**零元**と呼ばれる．群論は，群の代数的構造を調べる分野であるが，ここではより多くの構造をもつ環や加群の性質について述べる．和 $+$ を演算とするアーベル群 R が，さらに二つの元 $a, b \in R$ の間に積 ab が定義されていて，以下の二つの条件を満たすとき R を**環**と呼ぶ：

(1) R の三つの元 a, b, c に対して，$a(bc) = (ab)c$ が成り立つ（**結合法則**）．
(2) R の三つの元 a, b, c に対して，$a(b+c) = ac + bc$, $(a+b)c = ac + bc$ が成り立つ（**分配法則**）．

さらに，積に関する単位元が存在するとき，それを環 R の**単位元**と呼び 1 で表す．また，積に関して可換なとき，すなわち $a, b \in R$ に対して $ab = ba$ が成り立つとき R を**可換環**と呼ぶ．可換環でない環を**非可換**と呼ぶ．可換環の例としては**多項式環**，非可換の例としては**行列環**があるが，ここでは詳しくは述べない．次に可換環 R から零元を除いた集合 $R \setminus \{0\}$ が積に関して群になるとき，環 R を**体**と呼ぶ．体が環として非可換環のときは，**斜体**と呼ばれる．体の例としては**実数体** $\mathbb{R}$ や**複素数体** $\mathbb{C}$ がある．

二つの環 R と R' の間の写像 $f : R \longrightarrow R'$ が環の**準同型写像**であるとは，任意の元 $a, b \in R$ に対して，$f(a+b) = f(a) + f(b)$ かつ $f(ab) = f(a)f(b)$ を満たすことと定義する．環の準同型写像 $f : R \longrightarrow R'$ が，全単射のとき f は**同型写像**と呼ばれ，同型写像が存在するとき R と R' は**同型**であるといわれる．このとき，$R \cong R'$ と書かれる．環の準同型写像 $f : R \longrightarrow R'$ に対して，$\mathrm{Ker}\, f = \{a \in R \mid f(a) = 0\}$ を f の**核**と呼ぶ．環 R の部分集合 S が R 上の二つの演算を S 上に制限することにより環になる場合，S を R の**部分環**と呼ぶ．環の準同型写像 $f : R \longrightarrow R'$ の像 $\mathrm{Im}\, f = f(R)$ は R' の部分環とな

る．環 R の部分環 I がさらに，任意の元 $r \in R$ と $a \in I$ に対して $ra \in I$ という条件が成り立つとき，I を R の**イデアル**であるという．環の準同型写像 $f : R \longrightarrow R'$ の核 $\mathrm{Ker}\, f$ は R のイデアルである．R のイデアル I が $I \neq R$ のとき，R の**真のイデアル**という．ここで，R のイデアル I を考える．$a, b \in R$ に対して，関係 $a \sim b$ を $a - b \in I$ と定めると，$\sim$ は R 上の同値関係となることが容易にわかる．このとき，$a \in R$ を代表元とする同値類を $a + I$ と表す．また，$\sim$ による同値類全体の集合を R/I と表す．すなわち

$$R/I = \{a + I \mid a \in R\}$$

である．このとき，$a + I$, $b + I \in R/I$ に対して，和と積をそれぞれ $(a + I) + (b + I) = (a + b) + I$, $(a + I)(b + I) = ab + I$ と定義すると，これらの演算は R/I 上で定義可能となり，さらに R/I は環となることがわかる．この環 R/I を R のイデアル I を法とする**剰余環**と呼ぶ．R/I の零元は $0 + I = I$ であり，単位元は $1 + I$ である．以下の定理は環の準同型定理と呼ばれ，環論では基本的な定理である．

定理 2.8.1 環の準同型写像 $f : R \longrightarrow R'$ に対して，

$$R/\mathrm{Ker}\, f \cong \mathrm{Im}\, f$$

が成り立つ．

証明 証明は，ベクトル空間や群の場合と同様である：写像 $\overline{f} : R/\mathrm{Ker}\, f \longrightarrow R'$ を $\overline{f}(a + \mathrm{Ker}\, f) = f(a)$ と定めると，定義可能となり，さらに環の準同型写像となることが容易に示される．また，$\mathrm{Ker}\, \overline{f} = \{0 + \mathrm{Ker}\, f\}$ となることもわかる．このことは $\overline{f}$ が単射であることを意味しており，したがって $\overline{f} : R/\mathrm{Ker}\, f \longrightarrow \mathrm{Im}\, \overline{f} = \mathrm{Im}\, f$ は全単射となる． □

R を環とする．R がさらに体 $\mathbb{K}$ 上のベクトル空間であり，その $\mathbb{K}$ の R への作用（スカラー倍）と環の積が $\alpha \in \mathbb{K}$ と $a, b \in R$ に対して，$\alpha(ab) = (\alpha a)b = a(\alpha b)$ という条件を満たすとき，R を $\mathbb{K}$ 上の**多元環**または $\mathbb{K}$-**多元環**という．$\mathbb{K}$-多元環の間の写像が，環の準同型であり，さらに $\mathbb{K}$ の作用に

関して線形写像のとき，$\mathbb{K}$-**多元環の準同型**であるといわれる．さらに，M をアーベル群として，R を単位元 1 をもつ環とする．環 R の M 上への作用 $\mu : M \times R \longrightarrow M$ がありベクトル空間上へのスカラー倍の作用と同様な 4 つの性質（M の和と作用に関する分配法則，R の和と作用に関する分配法則，作用に関する結合法則，1 の作用は恒等作用）をもつ場合に，M を R **上の加群**または **R-加群**という．R-加群 M の部分群 S が R の同じ作用で R-加群となるとき，S を M の **R-部分加群**と呼ぶ．S を R-加群 M の部分集合とするとき，S を含む最小の R-部分加群（すなわち S を含む R-部分加群すべての共通部分集合）を **S で生成された** M の **R-部分加群**と呼び，$\langle S \rangle_R$ と書き表す．特に，有限集合 $S = \{a_1, \ldots, a_r\}$ の場合は $\langle S \rangle_R$ を $\langle a_1, \ldots, a_r \rangle_R$ と表す．$\{a_1, \ldots, a_r\} \subset M$ が存在して，$M = \langle a_1, \ldots, a_r \rangle_R$ となる場合，M は**有限生成 R-加群**と呼ばれる．このとき，$\{a_1, \ldots, a_r\}$ は M の R **上の生成系**と呼ばれる．二つの R-加群 M と N の間の写像 $f : M \longrightarrow N$ が群としての準同型であり，さらに任意の $\alpha \in R$ と $a \in M$ に対して，条件 $f(\alpha a) = \alpha f(a)$ を満たすとき，f を **R-加群の準同型**，略して **R-準同型**と呼ぶ．

ここで，R を単位元をもつ可換環とする．R がただ一つの極大イデアル $\mathfrak{M}(R)$ をもつとき R を**局所環**であるという．以下の補題は写像の特異点論において重要な役割を担う．

補題 2.8.2（中山の補題） R を局所環とし，$\mathfrak{M}(R)$ をその極大イデアルとする．A, B をある R-加群 M の R-部分加群で，A は R 上有限生成であるとする．このとき，

(1) $A \subset B + \mathfrak{M}(R) A$ ならば $A \subset B$

(2) $A = B + \mathfrak{M}(R) A$ ならば $A = B$

が成り立つ．

証明 最初に $\mathfrak{M}(R)$ が極大イデアルなので，ある $\alpha \in \mathfrak{M}(R)$ に対して，$1 + \alpha \in \mathfrak{M}(R)$ とすると，$1 \in \mathfrak{M}(R)$ となり，$R = \mathfrak{M}(R)$ が成り立つ．これは $\mathfrak{M}(R)$ が極大イデアルであることに矛盾する．したがって，任意の $\alpha \in \mathfrak{M}(R)$ に対して，$1 + \alpha \notin \mathfrak{M}(R)$ となることに注意する．

ここで，$\{a_1, \ldots, a_r\}$ を A の R-加群としての生成系とする．各 a_i について $a_i \in A \subset B + \mathfrak{M}(R)A$ なので，$a_i = b_i + \sum_{j=1}^{r} m_{ij} a_j$ となる $b_i \in B$ と $m_{ij} \in \mathfrak{M}(R)$ が存在する．この式を $\{a_1, \ldots, a_r\}$ を未知数（元）とする連立 1 次方程式

$$\sum_{j=1}^{r}(\delta_{ij} - m_{ij})a_j = b_i, \ i = 1, \ldots, r$$

と考えると係数行列の行列式は $\det(\delta_{ij} - m_{ij}) = 1 + m$ の形をしている．ここで，$\mathfrak{M}(R)$ はイデアルなので $m \in \mathfrak{M}(R)$ である．したがって，$\det(\delta_{ij} - m_{ij}) = 1 + m \notin \mathfrak{M}(R)$ となる．$\mathfrak{M}(R)$ は極大イデアルなので，$a \notin \mathfrak{M}(R)$ ならば，a は積に関する逆元をもつ．したがって $1+m$ は積に関する逆元をもち，線形代数のクラメルの公式（の環論版）から，係数行列 $(\delta_{ij} - m_{ij})$ は逆行列をもち，前記の連立 1 次方程式は解をもつ．したがって，a_i は R 係数による $\{b_1, \ldots, b_r\}$ の一次結合として書き表される．よって，$a_i \in B$ となり，$A \subset B$ が成立する．(1) が示された．さらに $A = B + \mathfrak{M}(R)A$ とすると，(1) から $A \subset B$ が成り立つ．また，$B \subset B + \mathfrak{M}(R)A = A$ なので，$B \subset A$ となり，(2) が成り立つ． □

2.9　リー群とその作用

可微分多様体 G が群であり，その群演算

$$G \times G \longrightarrow G;\ (x, y) \mapsto xy, \quad G \longrightarrow G;\ x \mapsto x^{-1}$$

が可微分写像となるとき，G を**リー群**と呼ぶ．リー群 H がリー群 G の群としての部分群であり，多様体としての部分多様体のとき，H を G の**リー部分群**という．特に H が G の閉集合であるとき，H を G の**リー閉部分群**という．一般に群としての G の部分群 H が閉集合のとき，H は G のリー閉部分群となることが知られている．一般線形群 $GL(n, \mathbb{R})$ は n 次正方行列全体の空間 $M_n(\mathbb{R}) \equiv \mathbb{R}^{n^2}$ の中で，行列式が零でない部分集合なので，行列式の連続性（n 次多項式となる）から開部分集合であり，したがって $\mathbb{R}^{n^2}$ の（開）部分多様体となる．また，行列の積演算は各成分に関する多項式となり，逆演算は分母

（行列式）が零でない有理式で表されるので可微分写像である．したがって，一般線形群はリー群である．また，直交群 $SO(n)$ や特殊線形群 $SL(n,p)$ は一般線形群のリー閉部分群である．一般線形群のリー閉部分群を**線形リー群**または**古典群**を呼ぶ．

H をリー群 G のリー閉部分群とする．$a,b \in G$ に対して，$a \sim b$ を $a^{-1}b \in H$ と定義すると，$\sim$ は同値関係となり，その剰余集合 $G/\sim$ を G/H と表し，G の H による**左剰余集合**と呼ぶ．$a \in G$ が代表する左剰余類は $aH = \{ah \mid h \in H\}$ である．一般に，H が正規部分群のとき G/H は群となるが，本書では詳しくは述べない．抽象代数学の本 [48] 等を参照してほしい．ここで，標準的射影 $\pi : G \longrightarrow G/H$ を $\pi(a) = aH$ と定める．この射影 π による G/H 上の**等化位相**（G/H における**商位相**）を与えたとき，G/H を**等質空間**と呼ぶ．等質空間は可微分多様体となり，標準射影 $\pi : G \longrightarrow G/H$ は可微分写像となることが知られている [40]．

M を可微分多様体，G をリー群とする．可微分写像 $\mu : G \times M \longrightarrow M$ が存在して

(1) 任意の $a, b \in G$ と $x \in M$ に対して $\mu(ab, x) = \mu(a, \mu(b, x))$

(2) $e \in G$ を単位元とするとき，任意の $x \in M$ に対して $\mu(e, x) = x$

が成り立つとき，μ を G の M への**作用**と呼び，G（詳しくは (G, μ)）を多様体 M の**リー変換群**という．$x \in M$ に対して，集合 $G(x) = \{\mu(a, x) \mid a \in G\}$ を点 x を通る G の**軌道**という．軌道 $G(x)$ は M のはめ込まれた部分多様体となることが知られている．この事実は，概ね以下のようにして示される．点 x に対して，写像 $\mu_x : G \longrightarrow M$ を $\mu_x(a) = \mu(a, x)$ と定めると，μ_x は可微分写像となる．ここで，$G_x = \{a \in G \mid \mu(a, x) = x\}$ とおくと，G_x は G の部分群となることが容易にわかる．また定義から G_x は G の閉部分集合となり，G_x は G のリー閉部分群である．このとき，$\overline{\mu}_x : G/G_x \longrightarrow M$ を $\overline{\mu}_x(aG_x) = \mu(a, x)$ と定めると，$a, b \in G$ に対して，$a^{-1}b \in G_x$ のとき，$\mu(a^{-1}g, x) = x$ となり，$\mu(a^{-1}, \mu(b, x)) = x$，したがって $\mu(b, x) = \mu(a, x)$ となる．このことは，$\overline{\mu}_x$ が aG_x の代表元のとり方によらず定まり，定義可能であることを意味している．実はこの写像 $\overline{\mu}_x : G/G_x \longrightarrow M$ が 1 対 1 はめ込

みであることを示すのが証明の概略であるが,そのためには**リー環**の性質が使われるので,ここでは詳しくは述べない.したがって $G(x)$ は,多様体なので接空間 $T_x G(x)$ をもつ.軌道 $G(x)$ は 1 対 1 はめ込み $\overline{\mu}_x : G/G_x \longrightarrow M$ の像なので,その接空間は微分写像 $d(\overline{\mu}_x)_{eG_x} : T_{eG_x} G/G_x \longrightarrow T_x M$ の像である.そこで,可微分曲線 $\gamma : (-\varepsilon, \varepsilon) \longrightarrow G$ で $\gamma(0) = e$ を満たすものを考えると,標準射影 $\pi : G \longrightarrow G/G_x$ は可微分写像なので,$\pi \circ \gamma : (-\varepsilon, \varepsilon) \longrightarrow G/G_x$ も $\pi \circ \gamma(0) = eG_x = G_x$ を満たす可微分曲線である.$T_{eG_x} G/G_x$ の任意の元 v に対して,ある可微分曲線 $\gamma : (-\varepsilon, \varepsilon) \longrightarrow G$ で $\gamma(0) = e$ を満たすものが存在して $v = d(\pi \circ \gamma)/dt|_{t=0}$ となるので,

$$d(\overline{\mu}_x)_{eG_x}(v) = \left.\frac{d(\overline{\mu}_x \circ \pi \circ \gamma)}{dt}\right|_{t=0} = \left.\frac{d\mu(\gamma(t), x)}{dt}\right|_{t=0}$$

となる.したがって,以下の命題が成り立つ.

命題 2.9.1 リー群 G の可微分多様体 M 上への作用 $\mu : G \times M \longrightarrow M$ の $x \in M$ を通る軌道 $G(x)$ の x における接空間は

$$T_x G(x) = \left\{ \left.\frac{d\mu(\gamma(t), x)}{dt}\right|_{t=0} \;\middle|\; \gamma : (-\varepsilon, \varepsilon) \longrightarrow G : 可微分曲線,\; \gamma(0) = e \right\}$$

である.

3

可微分関数芽の開折理論

　波面や焦点集合を記述するために第4章で「ラグランジュ・ルジャンドル特異点論」について解説する．その準備として，この章では，一般の可微分関数の開折理論について解説する．Thom がカタストロフ理論として，特異点論を様々な分野に応用しようとした最初の試みとして発表したのが関数芽の開折理論である．Thom はこの理論を「初等（基本）カタストロフ」と呼んだ．ただし，この対象については，すでにいくつか解説書 [9, 23, 44] も出版されているので，必要最小限の証明を付けるにとどめる．また，ここでは，関数の局所的性質を扱うため，すべてある次元のユークリッド空間 $\mathbb{R}^m$ 上で記述する．いままで，ユークリッド空間上の点は，ベクトルと考えて，その表示は $\boldsymbol{x} = (x_1, \ldots, x_m)$ 等と書かれてきたが，これ以降は，ユークリッド空間上の点とベクトルは同一視し，その表示も $x = (x_1, \ldots, x_m)$ 等と書き表す．

3.1　可微分関数芽の $\mathcal{R}$-同値と $\mathcal{K}$-同値

　可微分関数の特異点の局所的分類理論の解説を行うので，芽の概念が有用である．$\mathbb{R}^n$ の点 $x_0 \in \mathbb{R}^n$ を含む開集合 U, V から $\mathbb{R}^p$ への可微分写像 $f : U \longrightarrow \mathbb{R}^p, g : V \longrightarrow \mathbb{R}^p$ を考える．f と g が点 x_0 で**同じ芽を定める**とい

うことを $U \cap V$ に含まれる x_0 の近傍 $W \subset U \cap V$ が存在して $f|_W = g|_W$ が成り立つことと定義する．点 x_0 で同じ芽を定めるという関係は同値関係であることが容易にわかり，$f : U \longrightarrow \mathbb{R}^p$ を含む同値類を $[f]_{x_0}$ あるいは f_{x_0} 等と書き，写像 f の定める点 x_0 での**写像芽**と呼ぶ．今後，写像芽 $[f]_{x_0}$ を $f : (\mathbb{R}^n, x_0) \longrightarrow \mathbb{R}^p$ や $f : (\mathbb{R}^n, x_0) \longrightarrow (\mathbb{R}^p, f(x_0))$ と表す．また，写像 f を写像芽 $[f]_{x_0}$ の**代表元**であるといい，混乱しない場合は，f 自身で写像芽も表す．特に，$p = 1$ の場合は，写像芽を**関数芽**と呼ぶ．写像芽にはその点のまわりにおける写像の局所的性質がすべて集約されている．$\mathbb{R}^n$ の原点における可微分関数芽全体の集合を $\mathcal{E}_n$ で表す．すなわち，

$$\mathcal{E}_n = \{\, h \mid h : (\mathbb{R}^n, 0) \longrightarrow \mathbb{R},\ 可微分\,\}$$

である．$\mathcal{E}_n \ni f, g$ に対して，関数としての和 $h + g$ と積 $h \cdot g$，スカラー倍 λf から定まる演算が自然に定義され，$\mathcal{E}_n$ は**実多元環**（$\mathbb{R}$-**多元環**）となる．さらに，

$$\mathfrak{M}_n = \{\, h \in \mathcal{E}_n \mid h(0) = 0 \,\}$$

とすると，$\mathfrak{M}_n$ は $\mathcal{E}_n$ のイデアルとなる．また，$f \notin \mathfrak{M}_n$ とすると，$1/f \in \mathcal{E}_n$ となるので，$\mathfrak{M}_n$ は $\mathcal{E}_n$ の非単元全体となり $\mathfrak{M}_n$ は $\mathcal{E}_n$ のただ一つの極大イデアルとなる．したがって，$\mathcal{E}_n$ は**局所環**である．ここで，$f : (\mathbb{R}^n, 0) \longrightarrow (\mathbb{R}^p, 0)$ を可微分写像芽とすると，写像 $f^* : \mathcal{E}_p \longrightarrow \mathcal{E}_n$ が $f^*(h) = h \circ f$ と定義される．この写像は実多元環としての準同型写像であることがわかり，f による**引き戻し準同型**と呼ばれる．また，極大イデアルについて，以下の命題が成立する．

命題 3.1.1 極大イデアル $\mathfrak{M}_n$ は座標関数 $x_1, \ldots, x_n$ で生成される．すなわち $\mathfrak{M}_n = \langle x_1, \ldots, x_n \rangle_{\mathcal{E}_n}$ である．

証明 任意の関数芽 $f \in \mathfrak{M}_n$ について $f(0) = 0$ なので

$$f(x) = \int_0^1 \frac{df(tx_1, \ldots, tx_n)}{dt} dt = \int_0^1 \sum_{i=1}^n \frac{\partial f(tx_1, \ldots, tx_n)}{\partial x_i} x_i \, dt$$

である．ここで

$$h_i(x_1,\ldots,x_n) = \int_0^1 \sum_{i=1}^n \frac{\partial f(tx_1,\ldots,tx_n)}{\partial x_i} dt$$

とおくと，$h_i(x_1,\ldots,x_n)$ は可微分関数芽であり，

$$f(x) = \sum_{i=1}^n h_i(x_1,\ldots,x_n)x_i$$

を満たし，$f \in \langle x_1,\ldots,x_n \rangle_{\mathcal{E}_n}$ となり，$\mathfrak{M}_n \subset \langle x_1,\ldots,x_n \rangle_{\mathcal{E}_n}$ が成り立つ．逆の包含関係は明らかに成り立つ． □

可微分関数芽 $f, g \in \mathfrak{M}_n$ が $\mathcal{R}$-**同値**（**右同値**）であるとは，微分同相芽 $\phi: (\mathbb{R}^n, 0) \longrightarrow (\mathbb{R}^n, 0)$ が存在して $f \circ \phi(x) = g(x)$ を満たすこととする．また，それらが $\mathcal{K}$-**同値**（**触同値**）であるとは，微分同相芽 $\phi: (\mathbb{R}^n, 0) \longrightarrow (\mathbb{R}^n, 0)$ と可微分関数芽 $\lambda \in \mathcal{E}_n$ で $\lambda(0) \neq 0$ なるものが存在して $\lambda(x) \cdot f \circ \phi(x) = g(x)$ を満たすこととする．明らかに，$\mathcal{R}$-同値ならば $\mathcal{K}$-同値なので，分類だけに限れば $\mathcal{R}$-同値による分類だけで十分のようにみえるが，分類を推進していくと違いが現れてくる．関数芽 $f \in \mathfrak{M}_n$ に対して原点が特異点であるとは可微分写像としての特異点のことであり，

$$\mathrm{grad}\, f(0) = \left(\frac{\partial f}{\partial x_1}(0), \frac{\partial f}{\partial x_2}(0), \ldots, \frac{\partial f}{\partial x_n}(0)\right) = (0, 0, \ldots, 0)$$

が成立することである．また，原点が特異点でないときは正則点である．微積分学では関数の特異点は**臨界点**と呼ばれる．正則点はしずめ込み定理（定理2.2.5）から $f(x_1,\ldots,x_n) = x_1$ に $\mathcal{R}$-同値であることがわかるので，原点が特異点の場合の分類が本質的である．$f \in \mathfrak{M}_n$ を原点を特異点としてもつ可微分関数芽とする．前記のように，正則点において可微分関数は1次関数に $\mathcal{R}$-同値となることが陰関数定理の主張であると理解できる．また，定義から特異点では関数芽の1次の項がすべて零である．言い換えると $f \in \mathfrak{M}_n^2$ が成り立つ．ここで $\mathfrak{M}_n^2 = \mathfrak{M}_n \cdot \mathfrak{M}_n$ はイデアルとしての累乗を表す．以下，帰納的に $\mathfrak{M}_n^r = \mathfrak{M}_n \cdot \mathfrak{M}_n^{r-1}$ と定義される．したがって，次に簡単な場合には2次関数が現れるはずである．いま，f の原点における**ヘッセ行列**とは n 次正方行列

$$\left(\frac{\partial^2 f}{\partial x_i \partial x_j}(0)\right)$$

のことである．このヘッセ行列が正則行列のとき，原点は f の**非退化特異点**であるといい，そうでないとき，**退化特異点**であるという．実対称行列の重複度も込めた負の固有値の数をその行列の**指標**と呼び，非退化特異点に対して，ヘッシアンの指標を f の**指標**と呼ぶ．非退化特異点の場合，Morse によって示された以下のモースの補題が特異点の分類を与えている．

定理 3.1.2 (**モースの補題**)　可微分関数芽 $f \in \mathfrak{M}_n$ が原点で指標 λ の非退化特異点をもつとする．このとき，f は以下の関数芽に $\mathcal{R}$-同値となる：

$$-x_1^2 - x_2^2 - \cdots - x_\lambda^2 + x_{\lambda+1}^2 + \cdots + x_n^2.$$

モースの補題の証明はここでは与えない．興味がある読者は参考文献 [23, 44] 等を参照してほしい．さて，次に分類を進めようとすると，ヘッシアンが退化している場合を考えることとなる．実際，Thom は以下の補題を示した．

補題 3.1.3 (**トムの分裂補題**)　可微分関数芽 $f \in \mathfrak{M}_n$ が原点で退化特異点をもち，f のヘッセ行列の階数が $n-r$ であるとする．このとき，ヘッセ行列が零行列であるような可微分関数芽 $g(x_1, \ldots, x_r)$ が存在して，f は以下の関数芽に $\mathcal{R}$ 同値となる：

$$g(x_1, \ldots, x_r) - x_{r+1}^2 - x_{r+2}^2 - \cdots - x_\lambda^2 + x_{\lambda+1}^2 + \cdots + x_n^2.$$

ただし，$\lambda - r$ は f のヘッセ行列の指標である．

トムの分裂補題についてもここでは証明を省略する．同様に，参考文献 [23, 44] 等を参照してほしい．この補題に現れる $g(x_1, \ldots, x_r)$ のヘッセ行列は零行列なので，g は 3 次以上の項からなる可微分関数芽である．言い換えると $g \in \mathfrak{M}_r^3$ が成り立つ．このように f が原点で特異点をもち，そのヘッセ行列の階数が $n-r$ のとき，r を f の**余階数**と呼ぶ．また，g を f の**残余特異性**と呼ぶ．いま，$g, g' \in \mathfrak{M}_r^3$，すなわち g, g' はヘッセ行列が零行列であるような

可微分関数芽とする．g, g' が $\mathcal{R}$ 同値ならば，$g = g' \circ \phi$ となる可微分同相芽 $\phi : (\mathbb{R}^n, 0) \longrightarrow (\mathbb{R}^n, 0)$ が存在する．このとき，

$$f(x_1, \ldots, x_n) = g(x_1, \ldots, x_r) - \sum_{i=r+1}^{r+s} x_i^2 + \sum_{j=r+s+1}^{n} x_j^2$$

$$f'(x_1, \ldots, x_n) = g'(x_1, \ldots, x_r) - \sum_{i=r+1}^{r+s} x_i^2 + \sum_{j=r+s+1}^{n} x_j^2$$

を考えると，$\phi \times id : (\mathbb{R}^r \times \mathbb{R}^{n-r}, 0) \longrightarrow (\mathbb{R}^r \times \mathbb{R}^{n-r}, 0)$ は微分同相芽であり，$f = f' \circ (\phi \times id)$ となる．すなわち，f と f' は $\mathcal{R}$ 同値である．したがって，残余特異性を分類すれば，退化特異点をもつ可微分関数芽を分類することができる．しかし，3次形式の分類は非常に難しく，実際にはすぐにこのような原始的な方法では進めることができなくなり，分類をすすめるためにThomとMatherは代数的な道具を準備した．

3.2　ジェットと関数芽の有限確定性

正則関数芽やモースの補題でみたように，特異点において関数芽を分類するとき，1次関数や2次関数などの多項式関数の芽が，その分類の類の代表元にとれる場合がある．多項式関数芽は昔からなじみの深い関数であり，その振る舞いも比較的わかりやすい．関数芽に対応する多項式として，その点における有限次までのテイラー展開が自然に考えられる．そのようなものを**ジェット**と呼ぶ．自然数 k と $\mathbb{R}^n$ の1点 $a = (a_1, \ldots, a_n) \in \mathbb{R}^n$ が与えられたとする．f と g を $\mathbb{R}^n$ の a を含む開集合から $\mathbb{R}^p$ への可微分写像とする．このとき，f と g が**点 a で同じ k ジェットをもつ**とは，両者の点 a における k 階までの偏微分係数がすべて等しいことである．すなわち，

$$\frac{\partial^{|\alpha|} f}{\partial x^\alpha}(a) = \frac{\partial^{|\alpha|} g}{\partial x^\alpha}(a), \ 0 \leq |\alpha| \leq k$$

が成り立つことである．ここで，$x = (x_1, \ldots, x_n)$ として，$\alpha = (\alpha_1, \ldots, \alpha_n)$ は0以上の整数の組であり，$|\alpha| = \alpha_1 + \cdots + \alpha_n$ である．この関係は a における可微分写像芽の間の同値関係であることがわかり，f を含む同値類

を f の点 a における k ジェットと呼び, $j^k f(a)$ と表す. このとき, 条件 $j^k f(a) = j^k g(a)$ は, f と g が点 a で同じ k ジェットをもつことを意味する. 例えば, 条件 $j^0 f(a) = j^0 g(a)$ は単に $f(a) = g(a)$ を意味する. また, $j^1 f(a) = j^1 g(a)$ は $f(a) = g(a)$ かつ, すべての1階偏微分係数が等しいこと, すなわち, a における f と g のヤコビ行列が等しいことを意味する. f の点 a における k ジェット $j^k f(a)$ は, f の a での芽のみで決まる. テイラーの定理から, a の近傍で

$$f(x) = \sum_{0 \leq |\alpha| \leq k} \frac{(x-a)^\alpha}{\alpha!} \frac{\partial^{|\alpha|} f}{\partial x^\alpha}(a) + o(\|x-a\|^k)$$

が成り立つ. したがって, $j^k f(a) = j^k g(a)$ であるための必要十分条件は,

$$\frac{\|f(x) - g(x)\|}{\|x-a\|^k} \to 0 \quad (x \to a)$$

である. 言い換えれば, f と g の"ずれ"が k 次より高次の無限小なことである. また, $j^k f(a)$ は f のテイラー展開の k 次までの多項式

$$\sum_{0 \leq |\alpha| \leq k} \frac{(x-a)^\alpha}{\alpha!} \frac{\partial^{|\alpha|} f}{\partial x^\alpha}(a)$$

で代表される. 定義から, 写像芽 $f : (\mathbb{R}^n, a) \longrightarrow (\mathbb{R}^p, b)$ と $g : (\mathbb{R}^p, b) \longrightarrow (\mathbb{R}^q, c)$ に対して, その合成写像の偏微分を計算すると $j^k(g \circ f)(a)$ は $j^k f(a)$ と $j^k g(b)$ のみに依存することがわかる.

さて, $\mathbb{R}^n$ の 0 のある開近傍から $\mathbb{R}^p$ への可微分写像 f のうちで $f(0) = 0$ なるものだけ考え, それらの点 $0 \in \mathbb{R}^n$ における k ジェット $j^k f(0)$ の全体を $J^k(n, p)$ で表し, **k ジェット空間**と呼ぶ. すなわち

$$J^k(n, p) = \left\{ j^k f(0) \mid f : (\mathbb{R}^n, 0) \longrightarrow (\mathbb{R}^p, 0); 可微分 \right\}$$

である. k ジェット空間 $J^k(n, p)$ の元 $j^k f(0)$ に対して, テイラー多項式の係数

$$\left(\frac{1}{\alpha!} \frac{\partial^{|\alpha|} f_i}{\partial x^\alpha}(0) \right)_{1 \leq |\alpha| \leq k, 1 \leq i \leq p}$$

3.2 ジェットと関数芽の有限確定性

を対応させることにより,$J^k(n,p)$ と $\mathbb{R}^N$, ただし $N = p({}_{n+k}C_k - 1)$, の間に1対1対応がつく(ここで,${}_{n+k}C_k$ は $n+k$ 個のものから k 個とる組合せの数を表す).この対応により $J^k(n,p)$ とユークリッド空間 $\mathbb{R}^N$ を同一視する.さらに,$\mathbb{R}^n$ から $\mathbb{R}^p$ への写像芽の k ジェット全体の集合を $J^k(\mathbb{R}^n, \mathbb{R}^p)$ と表す.すなわち

$$J^k(\mathbb{R}^n, \mathbb{R}^p) = \left\{ j^k f(a) \,\middle|\, f : \mathbb{R}^n \longrightarrow \mathbb{R}^p; \text{可微分}, \, a \in \mathbb{R}^n \right\}$$

である.ここで,$a \in \mathbb{R}^n$ に対して,平行移動 $T_a : \mathbb{R}^n \longrightarrow \mathbb{R}^n$ を $T_a(x) = x + a$ と定め,可微分写像芽 $f : (\mathbb{R}^n, a) \longrightarrow (\mathbb{R}^p, f(a))$ に対して $\overline{f}(x) = T_{-f(a)} \circ f \circ T_a(x)$ と定めると,$\overline{f}(0) = 0$ を満たし,$j^k \overline{f}(0) \in J^k(n,p)$ となる.そこで,対応 $\Phi : J^k(\mathbb{R}^n, \mathbb{R}^p) \longrightarrow \mathbb{R}^n \times \mathbb{R}^p \times J^k(n,p)$ を $\Phi^k(j^k f(a)) = (a, f(a), j^k \overline{f}(0))$ と定めると,この写像は全単射となり,$J^k(\mathbb{R}^n, \mathbb{R}^p)$ とユークリッド空間 $\mathbb{R}^n \times \mathbb{R}^p \times J^k(n,p)$ が同一視される.特に,$p = 1$ の場合,二つの可微分関数芽 $f, g \in \mathfrak{M}_n$ が同じ k ジェットをもつということは $f - g \in \mathfrak{M}_n^{k+1}$ を満たすことと同値である.

可微分関数芽 $f \in \mathfrak{M}_n$ が $\mathcal{R}$-k-**確定**であるとは,$j^k f(0) = j^k g(0)$ なる $g \in \mathfrak{M}_n$ は,すべて f と $\mathcal{R}$-同値になるときにいう.この場合,k ジェットの立場から,$z = j^k f(0)$ は $\mathcal{R}$-k-**充足**ともいう.また,$\mathcal{R}$-同値の代わりに $\mathcal{K}$-同値に対しても同様に $\mathcal{K}$-k-**確定**や $\mathcal{K}$-k-**充足**も定義される.さらに f がある整数 $k \geq 0$ に対して,$\mathcal{R}$-k-確定のとき $\mathcal{R}$ **有限確定**($\mathcal{K}$-k-確定のとき $\mathcal{K}$ **有限確定**)という.可微分関数芽 $f \in \mathfrak{M}_n$ が正則であれば陰関数定理から $\mathcal{R}$-1-確定であることがわかり,また,モースの補助定理から f が非退化特異点をもつとき,$\mathcal{R}$-2-確定であることもわかる.

ここで,有限確定性を特徴づけるには,さらに準備が必要である.$L^k(n)$ を微分同相芽 $\phi : (\mathbb{R}^n, 0) \longrightarrow (\mathbb{R}^n, 0)$ の k ジェット全体からなる集合とする.すなわち

$$L^k(n) = \{ j^k \phi(0) \mid \phi : (\mathbb{R}^n, 0) \longrightarrow (\mathbb{R}^n, 0); \text{可微分}, \, \det J_\phi(0) \neq 0 \}$$

である.さらに,

$$\Lambda^k(n) = \left\{ j^k \lambda(0) \,\middle|\, \lambda : (\mathbb{R}^n, 0) \longrightarrow \mathbb{R}; \text{可微分}, \, \lambda(0) \neq 0 \right\}$$

と定める.このとき,$j^k\phi(0), j^k\psi(0) \in L^k(n)$ に対して,積を $j^k\phi(0) \cdot j^k\psi(0) = j^k(\phi \circ \psi)(0)$ と定め,$j^k\lambda(0), j^k\gamma(0) \in \Lambda^k(n)$ に対して,積を $j^k\lambda(0) \cdot j^k\gamma(0) = j^k(\lambda \cdot \gamma)(0)$ と定めると,合成関数の微分法や関数の積の微分法(ライプニッツの法則)から,これらの集合 $L^k(n)$ と $\Lambda^k(n)$ はリー群となることがわかる.さらに,リー群 $L^k(n)$ の作用

$$\mu : L^k(n) \times J^k(n,1) \longrightarrow J^k(n,1)$$

を $\mu(j^k\phi(0), j^k f(0)) = j^k(f \circ \phi^{-1})(0)$ と定め,$\Lambda^k(n) \times L^k(n)$ の $J^k(n,1)$ 上への作用

$$\nu : (\Lambda^k(n) \times L^k(n)) \times J^k(n,1) \longrightarrow J^k(n,1)$$

を $\nu((j^k\lambda(0), j^k\phi(0)), j^k f(0)) = j^k\left(\lambda \cdot (f \circ \phi^{-1})\right)(0)$ と定める.さらに,作用 μ によるジェット $z = j^k f(0) \in J^k(n,1)$ の軌道を $\mathcal{R}^k(z)$,作用 ν による z の軌道を $\mathcal{K}^k(z)$ で表す.

補題 3.2.1 可微分関数芽 $f \in \mathfrak{M}_n$ が $\mathcal{R}$-k-確定で,$g \in \mathfrak{M}_n$ が $j^k g(0) \in \mathcal{R}^k(j^k f(0))$ ならば,g も $\mathcal{R}$-k-確定であり,g は f と $\mathcal{R}$-同値となる.また,$f \in \mathfrak{M}_n$ が $\mathcal{K}$-k-確定で $j^k g(0) \in \mathcal{K}^k(j^k f(0))$ ならば,g も $\mathcal{K}$-k-確定であり,g は f と $\mathcal{K}$-同値となる.

証明 $j^k g(0) = j^k h(0)$ なる $h \in \mathfrak{M}_n$ をとると,$j^k g(0) \in \mathcal{R}^k(j^k f(0))$ なので,微分同相芽 $\phi : (\mathbb{R}^n, 0) \longrightarrow (\mathbb{R}^n, 0)$ が存在して,$j^k(h \circ \phi)(0) = j^k(g \circ \phi)(0) = j^k f(0)$ を満たす.いま,f は $\mathcal{R}$-k-確定なので,微分同相芽 $\psi_1, \psi_2 : (\mathbb{R}^n, 0) \longrightarrow (\mathbb{R}^n, 0)$ が存在して,$h \circ \phi = f \circ \psi_1, g \circ \phi = f \circ \psi_2$ を満たす.したがって,h と g は $\mathcal{R}$-同値となり,g は $\mathcal{R}$-k-確定となる.$\mathcal{K}$-同値に関する主張も同様に示される. □

この補題から,軌道 $\mathcal{R}^k(z), \mathcal{K}^k(z)$ の構造を理解することが,これらに対応した同値関係およびその有限確定性を研究するうえで重要であることがわかる.リー群の作用の一般論から,軌道ははめ込まれた部分多様体となるので,その接空間が定まる.ここで,$J^k(n,1)$ はユークリッド空間な

3.2 ジェットと関数芽の有限確定性

ので,その接空間 $T_z J^k(n,1)$ は $J^k(n,1)$ 自身と同一視される.いま,軌道 $\mathcal{R}^k(z), \mathcal{K}^k(z)$ は $J^k(n,1)$ の部分多様体であるので,その接空間 $T_z\mathcal{R}^k(z)$, $T_z\mathcal{K}^k(z)$ も $J^k(n,1)$ の部分ベクトル空間とみなすことができる.この同一視のもとで,線形写像 $\pi_k : \mathfrak{M}_n \longrightarrow J^k(n,1)$ を $\pi_k(f) = j^k f(0)$ と定義する.$V \in T_z J^k(n,1) = J^k(n,1)$ は,ある可微分関数芽 $h \in \mathfrak{M}_n$ によって,$V = j^k h(0) = \pi_k(h)$ と書き表されるので,この写像 π_k は全射である.明らかに,$\mathrm{Ker}\,\pi_k = \mathfrak{M}_n^{k+1}$ であり,同型写像 $\widetilde{\pi}_k : \mathfrak{M}_n/\mathfrak{M}_n^{k+1} \longrightarrow J^k(n,1)$ を誘導する.したがって,原理的には $J^k(n,1)$ の任意の部分多様体の接空間は,$\mathfrak{M}_n/\mathfrak{M}_n^{k+1}$ の部分空間として書き表すことができることになる.

定理 3.2.2 k ジェット $z = j^k f(0) \in J^k(n,1)$ について,

(1) $\pi_k^{-1}(T_z\mathcal{R}^k(j^k f(0))) = \mathfrak{M}_n \left\langle \dfrac{\partial f}{\partial x_1}, \ldots, \dfrac{\partial f}{\partial x_n} \right\rangle_{\mathcal{E}_n} + \mathfrak{M}_n^{k+1}$

(2) $\pi_k^{-1}(T_z\mathcal{K}^k(j^k f(0))) = \mathfrak{M}_n \left\langle \dfrac{\partial f}{\partial x_1}, \ldots, \dfrac{\partial f}{\partial x_n} \right\rangle_{\mathcal{E}_n} + \langle f \rangle_{\mathcal{E}_n} + \mathfrak{M}_n^{k+1}$

が成り立つ.

証明 $\mathcal{R}$-同値について考える.$L^k(n)$ 内の単位元 $j^k 1_{\mathbb{R}^n}(0)$ を通る可微分曲線 $c : (-\varepsilon, \varepsilon) \longrightarrow L^k(n)$ は微分同相芽の1径数族 $\phi_t : (\mathbb{R}^n, 0) \longrightarrow (\mathbb{R}^n, 0)$ で $\phi_0 = 1_{\mathbb{R}^n}$ を満たすものによって $c(t) = j^k \phi_t(0)$ と書かれる.したがって,軌道 $\mathcal{R}^k(j^k f(0))$ の中の $j^k f(0)$ を通る曲線は $\mu(c(t), j^k f(0)) = \mu(j^k \phi_t(0), j^k f(0)) = j^k f \circ \phi_t^{-1}(0)$ となる.いま $z = j^k f(0)$ における軌道 $\mathcal{R}^k(j^k f(0))$ の任意の接ベクトル $\boldsymbol{v} \in T_z \mathcal{R}^k(j^k f(0))$ に対してある曲線 $c : (-\varepsilon, \varepsilon) \longrightarrow L^k(n)$ が存在して,微分の順序交換性から

$$\boldsymbol{v} = \frac{d\mu(c(t), j^k f(0))}{dt}\Big|_{t=0} = \frac{dj^k f \circ \phi_t^{-1}(0)}{dt}\Big|_{t=0} = j^k \left(\frac{df \circ \phi_t^{-1}}{dt}\Big|_{t=0} \right)(0)$$

となる.さらに,$\phi_t^{-1}(x) = (\overline{\phi}_1(t,x), \ldots, \overline{\phi}_n(t,x))$ と座標表示すると,$(\overline{\phi}_1(0,x), \ldots, \overline{\phi}_n(0,x)) = (x_1, \ldots, x_n)$ を満たし,合成関数の微分法から,上の式は

$$j^k\left(\sum_{i=1}^n\left(\frac{\partial f\circ\phi_t^{-1}}{\partial x_i}\frac{\partial\overline{\phi}}{\partial t}\right)|_{t=0}\right)(0)=\widetilde{\pi}_k\left(\sum_{i=1}^n\frac{\partial f}{\partial x_i}\frac{\partial\overline{\phi}}{\partial t}|_{t=0}\right)$$

となる.したがって,

$$v\in\pi_k\left(\mathfrak{M}_n\left\langle\frac{\partial f}{\partial x_1},\ldots,\frac{\partial f}{\partial x_n}\right\rangle_{\mathcal{E}_n}\right)$$

が得られる.一方,任意の $g\in\mathfrak{M}_n\left\langle\frac{\partial f}{\partial x_1},\ldots,\frac{\partial f}{\partial x_n}\right\rangle_{\mathcal{E}_n}$ をとると,可微分関数芽 $g_i\in\mathfrak{M}_n$ $(i=1,\ldots,n)$ が存在して, $g=\sum_{i=1}^n g_i(\partial f/\partial x_i)$ と書かれる.ここで, $\psi_t(x)=(x_1-tg_1(x),\ldots,x_n-tg_n(x))$ と定めると, $\phi_0=1_{\mathbb{R}^n}$ となり,逆写像の定理から,十分小さな t に対して, ϕ_t は微分同相芽を定める.また, $\phi_t(x)=\psi_t^{-1}(x)$ と定めると $j^k\phi_t(0)\in L^k(n)$ である.また, $\phi_t^{-1}(x)=\psi_t(x)=(x_1+tg_1(x),\ldots,x_n+tg_n(x))$ なので, $(d\phi_t^{-1}/dt)|_{t=0}(x)=(g_1(x),\ldots,g_n(x))$ となり,上記の計算と同様にして

$$\pi_k(g)=j^k g(0)=j^k\left(\frac{df\circ\phi_t^{-1}}{dt}|_{t=0}\right)(0)$$
$$=\frac{d\mu(c(t),j^k f(0))}{dt}|_{t=0}\in T_z\mathcal{R}^k(j^k f(0))$$

がわかる. $\operatorname{Ker}\pi_k=\mathfrak{M}_n^{k+1}$ なので,定理の等式 (1) が成り立つ.

次に $\mathcal{K}^k(j^f(0))$ について考える. $\Lambda^k(n)\times L^k(n)$ 内の単位元を通る可微分曲線 $c:(-\varepsilon,\varepsilon)\longrightarrow\Lambda^k(n)\times L^k(n)$ を考えると,1径数関数族芽 $\lambda_t\in\mathcal{E}_n$ で $\lambda_0(x)=1$ と微分同相芽の1径数族 $\phi_t:(\mathbb{R}^n,0)\longrightarrow(\mathbb{R}^n,0)$ で $\phi_0=1_{\mathbb{R}^n}$ を満たすものが存在して, $c(t)=j^k(\lambda_t,\phi_t)(0)$ となる.このとき,

$$\frac{d\nu(c(t),j^k f(0))}{dt}|_{t=0}=j^k\left(\frac{d\lambda\cdot f\circ\phi_t}{dt}|_{t=0}\right)(0)$$

なので, $\mathcal{R}^k(j^f(0))$ の場合と同様に,合成関数の微分法と関数の積の微分の公式(ライプニッツの公式)を用いて,(2) を示すことができる. □

ここに現れるイデアル $\left\langle\frac{\partial f}{\partial x_1},\ldots,\frac{\partial f}{\partial x_n}\right\rangle_{\mathcal{E}_n}$ を f の**ヤコビイデアル**と呼ぶ.この定理から,各軌道の $j^k(n,1)$ 内における余次元が

$$\operatorname{codim}\mathcal{R}^k(j^k f(0)) = \dim \frac{\mathfrak{M}_n}{\mathfrak{M}_n \left\langle \frac{\partial f}{\partial x_1}, \ldots, \frac{\partial f}{\partial x_n} \right\rangle_{\mathcal{E}_n} + \mathfrak{M}_n^{k+1}}$$

$$\operatorname{codim}\mathcal{K}^k(j^k f(0)) = \dim \frac{\mathfrak{M}_n}{\mathfrak{M}_n \left\langle \frac{\partial f}{\partial x_1}, \ldots, \frac{\partial f}{\partial x_n} \right\rangle_{\mathcal{E}_n} + \langle f \rangle_{\mathcal{E}_n} + \mathfrak{M}_n^{k+1}}$$

で与えられることがわかる．このとき，以下のような有限確定性についての代数的必要条件が得られる．

定理 3.2.3 $f \in \mathfrak{M}_n$ に対して，
(1) f が $\mathcal{R}$-k-確定ならば，$\mathfrak{M}_n^{k+1} \subset \mathfrak{M}_n \left\langle \frac{\partial f}{\partial x_1}, \ldots, \frac{\partial f}{\partial x_n} \right\rangle_{\mathcal{E}_n}$ が成り立つ．
(2) f が $\mathcal{K}$-k-確定ならば，$\mathfrak{M}_n^{k+1} \subset \mathfrak{M}_n \left\langle \frac{\partial f}{\partial x_1}, \ldots, \frac{\partial f}{\partial x_n} \right\rangle_{\mathcal{E}_n} + \langle f \rangle_{\mathcal{E}_n}$ が成り立つ．

証明 $\mathcal{R}$-同値について証明する．f が $\mathcal{R}$-k-確定であると仮定する．任意の $r > k$ に対して，自然な射影 $\pi_k^r : J^r(n,1) \longrightarrow J^k(n,1)$ を $\pi_k^r(j^r h(0)) = j^k h(0)$ と定義する．$Z = (\pi_k^r)^{-1}(j^k f(0))$ とすると，Z は $J^r(n,p)$ の部分多様体となり，f が $\mathcal{R}$-確定なので $Z \subset \mathcal{R}^r(j^r f(0))$ が成り立つ．$z = j^r f(0)$ とおくと両者の点 z における接空間は $T_z Z \subset T_z \mathcal{R}^r(j^r f(0))$ を満たす．ここで，

$$\pi_r^{-1}(T_z Z) = \pi_r^{-1}((\pi_k^r)^{-1}(T_{j^k f(0)}(j^k f(0))))$$
$$= (\pi_r \circ \pi_k^r)^{-1}(0) = \pi_k^{-1}(0) = \mathfrak{M}_n^{k+1}$$

である．一方，定理 3.2.2 の (1) から

$$\pi_r^{-1}(T_z \mathcal{R}^r(j^r f(0))) = \mathfrak{M}_n \left\langle \frac{\partial f}{\partial x_1}, \ldots, \frac{\partial f}{\partial x_n} \right\rangle_{\mathcal{E}_n} + \mathfrak{M}_n^{r+1}$$

となり，

$$\mathfrak{M}_n^{k+1} \subset \mathfrak{M}_n \left\langle \frac{\partial f}{\partial x_1}, \ldots, \frac{\partial f}{\partial x_n} \right\rangle_{\mathcal{E}_n} + \mathfrak{M}_n^{r+1}$$

が成り立つ．$r = k+1$ の場合を考えると，中山の補題（補題 2.8.2 の (2)）より，

$$\mathfrak{M}_n^{k+1} \subset \mathfrak{M}_n \left\langle \frac{\partial f}{\partial x_1}, \ldots, \frac{\partial f}{\partial x_n} \right\rangle_{\mathcal{E}_n}$$

となる.

$\mathcal{K}$-同値についても同様に証明できる. □

この定理の逆としては,以下の十分条件が得られる.

定理 3.2.4 $f \in \mathfrak{M}_n$ に対して,以下が成り立つ.

(1) $\mathfrak{M}_n^k \subset \mathfrak{M}_n \left\langle \frac{\partial f}{\partial x_1}, \ldots, \frac{\partial f}{\partial x_n} \right\rangle_{\mathcal{E}_n} + \mathfrak{M}_n^{k+1}$ ならば,f は $\mathcal{R}$-k-確定である.

(2) $\mathfrak{M}_n^k \subset \mathfrak{M}_n \left\langle \frac{\partial f}{\partial x_1}, \ldots, \frac{\partial f}{\partial x_n} \right\rangle_{\mathcal{E}_n} + \langle f \rangle_{\mathcal{E}_n} + \mathfrak{M}_n^{k+1}$ ならば,f は $\mathcal{K}$-k-確定である.

証明 ここでも $\mathcal{R}$-同値について証明する.$g \in \mathfrak{M}_n$ が $j^k g(0) = j^k f(0)$ を満たすとする.言い換えると $g - f \in \mathfrak{M}_n^{k+1}$ が成り立つことを仮定する.ここで,$f_t \in \mathfrak{M}_n$ を $f_t(x) = (1-t)f(x) + tg(x)$,$t \in \mathbb{R}$ と定めると $f_0 = f$,$f_1 = g$ である.ここで,f_0 と f_1 が $\mathcal{R}$-同値であることを示すのが目的であるが,そのためには $[0,1]$ がコンパクトなので,

- 任意の $t_0 \in [0,1]$ に対して,ある $\varepsilon > 0$ が存在して,任意の $t \in (t_0 - \varepsilon, t_0 + \varepsilon)$ に対して f_{t_0} と f_t が $\mathcal{R}$-同値である

を示せばよい.

いま,$g - f \in \mathfrak{M}_n^{k+1}$ なので,任意の $t \in \mathbb{R}$ に対して,

$$\frac{\partial f_t}{\partial x_i} - \frac{\partial f}{\partial x_i} = t \left(\frac{\partial g}{\partial x_i} - \frac{\partial f}{\partial x_i} \right) \in \mathfrak{M}_n^k$$

が成り立ち,

$$\mathfrak{M}_n \left\langle \frac{\partial f}{\partial x_1}, \ldots, \frac{\partial f}{\partial x_n} \right\rangle_{\mathcal{E}_n} + \mathfrak{M}_n^{k+1} = \mathfrak{M}_n \left\langle \frac{\partial f_t}{\partial x_1}, \ldots, \frac{\partial f_t}{\partial x_n} \right\rangle_{\mathcal{E}_n} + \mathfrak{M}_n^{k+1}$$

となる.したがって,

3.2 ジェットと関数芽の有限確定性

$$\mathfrak{M}_n^k \subset \mathfrak{M}_n \left\langle \frac{\partial f_t}{\partial x_1}, \ldots, \frac{\partial f_t}{\partial x_n} \right\rangle_{\mathcal{E}_n} + \mathfrak{M}_n^{k+1}$$

が成り立つ．ゆえに $t_0 = 0$ の場合に上記の主張を示せばよい．言い換えると，十分小さい t に対して f と f_t が $\mathcal{R}$-同値であることを示す．ここで，可微分写像芽 $F : (\mathbb{R}^n \times \mathbb{R}, 0) \longrightarrow (\mathbb{R} \times \mathbb{R}, 0)$ を $F(x,t) = (f_t(x), t)$ と定義する． $U \subset \mathbb{R}^n$ を原点の十分小さな近傍と開区間 $I_\varepsilon = (-\varepsilon, \varepsilon)$ に対して F を代表する可微分写像を同じ記号 $F : U \times I_\varepsilon \longrightarrow \mathbb{R} \times I_\varepsilon$ で表す．このとき，$U \times I_\varepsilon$ 上のベクトル場 X で，条件

$$(1) \quad dF(X(x,t)) = \left(\frac{\partial}{\partial t}\right)_{F(x,t)}$$

$$(2) \quad X(0,t) = \left(\frac{\partial}{\partial t}\right)_{(0,t)}$$

を満たすものが存在したと仮定する．このとき，$t=0$ で $(x,0) \in U \times I_\varepsilon$ を通る X の積分曲線の時刻 t における位置を $(\varphi_t(x), t)$ として，$t=0$ で $(y,0) \in \mathbb{R} \times I_\varepsilon$ を通る $(\partial/\partial t)$ の積分曲線の時刻 t における位置を $(\psi_t(y), t)$ とおくと，命題 2.4.2 より，

$$(\psi_t(f_0(x)), t) = F(\varphi_t(x), t)$$

を満たす．ψ_t は $(\partial/\partial t)$ の積分曲線なので，$\psi_t(f_0(x)) = f_0(x)$ となり，上記の式は $(f_0(x), t) = F(\varphi_t(x), t) = (f_t \circ \varphi_t(x), t)$ となる．φ_t は微分同相なので，f_0 と f_t は $\mathcal{R}$-同値である．したがって性質 (1), (2) を満たすベクトル場 X の存在を示せばよい．ここで，$h(x,t) = f_t(x)$ として，

$$(3) \quad \frac{\partial h}{\partial t}(x,t) = \sum_{j=1}^{n} \frac{\partial h}{\partial x_j}(x,t) \alpha_j(x,t)$$

$$(4) \quad \alpha_j(0,t) = 0$$

を満たす可微分関数芽 $\alpha_1(x,t), \ldots, \alpha_n(x,t)$ が存在したとする．このとき，

$$X(x,t) = \left(\frac{\partial}{\partial t}\right)_{(x,t)} - \sum_{j=1}^{n} \alpha_j(x,t) \left(\frac{\partial}{\partial x_j}\right)_{(x,t)}$$

とおくと，$F(x,t) = (h(x,t), t)$ なので，X は (1), (2) を満たす．したがって，(3), (4) を満たす可微分関数芽 $\alpha_1(x,t), \ldots, \alpha_n(x,t)$ が存在することを示すことが最終目的である．

$\pi : \mathbb{R}^n \times \mathbb{R} \longrightarrow \mathbb{R}^n$ を標準射影 $\pi(x,t) = x$ とする．このとき，引き戻し準同型 $\pi^* : \mathcal{E}_n \longrightarrow \mathcal{E}_{n+1}$ は単射となり，$\mathcal{E}_n$ と $\pi^*(\mathcal{E}_n)$ を同一視することにより，$\mathcal{E}_n$ を $\mathcal{E}_{n+1}$ の部分多元環とみなす．仮定

$$\mathfrak{M}_n^k \subset \mathfrak{M}_n \left\langle \frac{\partial f}{\partial x_1}, \ldots, \frac{\partial f}{\partial x_n} \right\rangle_{\mathcal{E}_n} + \mathfrak{M}_n^{k+1}$$

から

$$\mathfrak{M}_n^k \mathcal{E}_{n+1} \subset \mathfrak{M}_n \left\langle \frac{\partial f}{\partial x_1}, \ldots, \frac{\partial f}{\partial x_n} \right\rangle_{\mathcal{E}_{n+1}} + \mathfrak{M}_n^{k+1} \mathcal{E}_{n+1}$$

が成り立つ．さらに，$\partial g/\partial x_i - \partial f/\partial x_i \in \mathfrak{M}_n^k$ なので，この証明の最初の部分と同様にして，

$$\mathfrak{M}_n^k \mathcal{E}_{n+1} \subset \mathfrak{M}_n \left\langle \frac{\partial h}{\partial x_1}, \ldots, \frac{\partial h}{\partial x_n} \right\rangle_{\mathcal{E}_{n+1}} + \mathfrak{M}_n^{k+1} \mathcal{E}_{n+1}$$

となる．一方，

$$\mathfrak{M}_n \left\langle \frac{\partial h}{\partial x_1}, \ldots, \frac{\partial h}{\partial x_n} \right\rangle_{\mathcal{E}_{n+1}} \subset \left\langle \frac{\partial h}{\partial x_1}, \ldots, \frac{\partial h}{\partial x_n} \right\rangle_{\mathfrak{M}_n \mathcal{E}_{n+1}}$$

なので，

$$\mathfrak{M}_n^k \mathcal{E}_{n+1} \subset \left\langle \frac{\partial h}{\partial x_1}, \ldots, \frac{\partial h}{\partial x_n} \right\rangle_{\mathfrak{M}_n \mathcal{E}_{n+1}} + \mathfrak{M}_n^{k+1} \mathcal{E}_{n+1}$$

が成り立つ．また，$\mathfrak{M}_n^{k+1} \mathcal{E}_{n+1} \subset \mathfrak{M}_{n+1} \mathfrak{M}_n^k \mathcal{E}_{n+1}$ であることに注意して，中山の補題（定理 2.8.2 の (1)）を

$$A = \mathfrak{M}_n^k \mathcal{E}_{n+1}, \ B = \left\langle \frac{\partial h}{\partial x_1}, \ldots, \frac{\partial h}{\partial x_n} \right\rangle_{\mathfrak{M}_n \mathcal{E}_{n+1}}, \ R = \mathcal{E}_{n+1}$$

に適用すると，$A \subset B$，すなわち

$$\mathfrak{M}_n^k \mathcal{E}_{n+1} \subset \left\langle \frac{\partial h}{\partial x_1}, \ldots, \frac{\partial h}{\partial x_n} \right\rangle_{\mathfrak{M}_n \mathcal{E}_{n+1}}$$

が得られた.ここで,$\partial h/\partial t = g - f \in \mathfrak{M}_n^{k+1}\mathcal{E}_{n+1}$ なので,$\alpha_1, \ldots, \alpha_n \in \mathfrak{M}_n\mathcal{E}_{n+1}$ が存在して

$$\frac{\partial h}{\partial t}(x,t) = \sum_{j=1}^n \frac{\partial h}{\partial x_j}(x,t)\alpha_j(x,t)$$

を満たす.$\alpha_j \in \mathfrak{M}_n\mathcal{E}_{n+1}$ なので,$\alpha_j(0,x) = 0$ であり,(3), (4) を満たす $\alpha_1, \ldots, \alpha_n$ が存在することが示された. □

◆ **例 3.2.5** ここで,$\mathcal{R}$-k-確定な関数芽の例をいくつか挙げておく.

(1) モース関数芽 $f(x_1, \ldots, x_n) = \pm x_1^2 \pm \cdots \pm x_n^2$ は,$\mathcal{R}$-2-確定である.実際,そのヤコビイデアルは,$\mathfrak{M}_n$ に一致するので,定理 3.2.4 (1) より,$\mathcal{R}$-2-確定である.

(2) $n = 1$ として,関数芽 $f(x) = x^k$ を考える.この場合,ヤコビイデアルは,x^{k-1} で生成されるイデアルとなり,定理 3.2.4 (1) より,$\mathcal{R}$-k-確定である.

(3) $n = 2$ として,$f(x,y) = x^3 \pm xy^2$ を考える.この場合,$\frac{\partial f}{\partial x} = 3x^2 \pm y^2$, $\frac{\partial f}{\partial y} = \pm 2xy$ なので,そのヤコビイデアルは,$\langle 3x^2 \pm y^2, xy \rangle_{\mathcal{E}_2}$ である.したがって,$\mathfrak{M}_2 \langle 3x^2 \pm y^2, xy \rangle_{\mathcal{E}_2} = \mathfrak{M}_2^3$ となり,定理 3.2.4 (1) より,$\mathcal{R}$-3-確定である.

(4) $n = 2$ として,関数芽 $f(x,y) = x^2 y + ay^{k+1}$ ($a \neq 0$, $k \geq 3$) を考える.この場合,$\frac{\partial f}{\partial x} = 2xy$, $\frac{\partial f}{\partial y} = x^2 + a(k+1)y^k$ なので,そのヤコビイデアルは,$\langle xy, x^2 + a(k+1)y^k \rangle_{\mathcal{E}_2}$ である.したがって,
$\mathfrak{M}_2 \langle xy, x^2 + a(k+1)y^k \rangle_{\mathcal{E}_2} = \langle x^2 y, x^3, xy^2, y^{k+1} \rangle_{\mathcal{E}_2}$ となり,

$$\mathfrak{M}_2^{k+1} \subset \langle x^2 y, x^3, xy^2, y^{k+1} \rangle_{\mathcal{E}_2}$$

を満たす.定理 3.2.4 (1) より,$\mathcal{R}$-$(k+1)$-確定である.

f の $\mathcal{R}$ 有限確定性,$\mathcal{K}$ 有限確定性に関連して,以下のように不変量を定める.

$$\mu(f) = \dim \frac{\mathcal{E}_n}{\left\langle \frac{\partial f}{\partial x_1}, \ldots, \frac{\partial f}{\partial x_n} \right\rangle_{\mathcal{E}_n}}$$

を f の**ミルナー数**もしくは $\mathcal{R}^+$ **余次元**と呼び,

$$\tau(f) = \dim \frac{\mathcal{E}_n}{\left\langle \frac{\partial f}{\partial x_1}, \ldots, \frac{\partial f}{\partial x_n}, f \right\rangle_{\mathcal{E}_n}}$$

を**チュリナ数**もしくは $\mathcal{K}_e$ **余次元**と呼ぶ. 定理3.2.3と定理3.2.4の帰結として,ミルナー数やチュリナ数が有限であることと,それぞれ対応する同値関係のもとで有限確定であることは,必要十分条件であることがわかる.次節で扱う開折の理論においては,ミルナー数やチュリナ数が重要な量となる.

3.3 関数芽の開折

この節では,可微分関数芽の開折理論について述べる.可微分関数芽が原点で特異点をもつとき,その関数芽を含む関数族を考えると特異点は通常,様々な形に変化(**分岐**)する.このとき,その関数族をコントロールするパラメータも一緒に変数に含めた単独の関数芽を考えると,特異点の分岐全体がその関数芽のある種の特異点集合として捉えることができる.これが,関数芽の開折の概念である.この概念は,トムの基本カタストロフ理論の根幹をなす.可微分関数芽 $f : (\mathbb{R}^n, a) \longrightarrow (\mathbb{R}, c)$ に対して, 可微分関数芽 $F : (\mathbb{R}^n \times \mathbb{R}^r, (a, b)) \longrightarrow (\mathbb{R}, c)$ が $F(x, b) = f(x)$ を満たすとき, F のことを f の r **次元開折**といい, r を F の**開折次元**または, r **パラメータ変形族**と呼ぶ. さらに, $\mathbb{R}^n \times \mathbb{R}^r$ の座標系を $(x_1, \ldots, x_n, u_1, \ldots, u_r)$ とするとき, $(x_1, \ldots, x_n)$ を**内部変数**, $(u_1, \ldots, u_r)$ を**外部変数**(または,**パラメータ**)と呼ぶ. 前節までに,可微分関数芽の間の2種類の同値関係について述べてきたが,開折に関しても対応する同値関係が考えられる.

$F, G : (\mathbb{R}^n \times \mathbb{R}^r, (a, b)) \longrightarrow (\mathbb{R}, c)$ を $f : (\mathbb{R}^n, a) \longrightarrow (\mathbb{R}, c)$ の二つの開折とする. このとき, F と G が**狭い意味で** $\mathcal{R}^+$-f **同値**であるとは, 可微分写像芽

$$\Phi : (\mathbb{R}^n \times \mathbb{R}^r, (a, b)) \longrightarrow (\mathbb{R}^n, a)$$

で $\Phi(x,a) = x$ を満たすものと可微分関数芽 $\alpha : (\mathbb{R}^r, b) \longrightarrow (\mathbb{R}, 0)$ が存在して，等式
$$G(x,u) = F(\Phi(x,u), u) + \alpha(u)$$
が成り立つこととする．特に，$\alpha \equiv 0$ のときは，**狭い意味で** $\mathcal{R}\text{-}f$ **同値**であるという．また，F と G が**狭い意味で** $\mathcal{K}\text{-}f$ **同値**であるとは，可微分写像芽
$$\Phi : (\mathbb{R}^n \times \mathbb{R}^r, (a,b)) \longrightarrow (\mathbb{R}^n, a)$$
で $\Phi(x,a) = x$ を満たすものと可微分関数芽 $\lambda : (\mathbb{R}^n \times \mathbb{R}^r, (a,b)) \longrightarrow \mathbb{R}$ で $\lambda(a,b) \neq 0$ を満たすものが存在して，等式
$$G(x,u) = \lambda(x,u) \cdot F(\Phi(x,u), u)$$
が成り立つこととする．

いま，F と G が狭い意味で $\mathcal{R}^+\text{-}f$ 同値であると仮定する．$\widetilde{G}, \widetilde{F}, \widetilde{\Phi}, \widetilde{\alpha}$ をそれぞれ G, F, Φ, α の代表元とすると，a のある近傍と b のある近傍で
$$\widetilde{G}(x,u) = \widetilde{F}(\widetilde{\Phi}(x,u), u) + \widetilde{\alpha}(u)$$
が成り立つ．ここで，$\widetilde{G}_u, \widetilde{F}_u, \widetilde{\Phi}_u$ を
$$\widetilde{G}_u(x) = \widetilde{G}(x,u), \ \widetilde{F}_u(x) = \widetilde{F}(x,u), \ \widetilde{\Phi}_u(x) = \widetilde{\Phi}(x,u)$$
と定義すると，
$$\widetilde{G}_u(x) = \widetilde{F}_u(\widetilde{\Phi}_u(x)) + \widetilde{\alpha}(u)$$
が成り立つ．いま，$\Phi(x,b) = x$ なので，陰関数定理から，u が b に十分近いとき $\widetilde{\Phi}_u(x)$ は微分同相芽を定める．このことは，各パラメータ u に対して，$\widetilde{F}_u$ と $\widetilde{G}_u + \widetilde{\alpha}$ が $\mathcal{R}$-同値であることを意味している．したがって，二つの開折 F, G は可微分関数芽の族として $\mathcal{R}$-同値のもとでは同じであるといえる．同様にして，F と G が狭い意味で $\mathcal{K}\text{-}f$ 同値であるとき，各パラメータ u に対して，$\widetilde{F}_u$ と $\widetilde{G}_u$ が $\mathcal{K}$-同値であることがわかる．このとき，二つの開折 F, G は可微分関数芽の族として $\mathcal{K}$-同値のもとでは同じであるということもできる．さらに，G と F が **P-$\mathcal{R}^+$-同値**であるとは，微分同相芽
$$\Phi : (\mathbb{R}^n \times \mathbb{R}^r, (a,b)) \longrightarrow (\mathbb{R}^n, a)$$

で $\Phi(x,u) = (\phi_1(x,u), \phi(u))$ の形のものと可微分関数芽 $\alpha : (\mathbb{R}^r, b) \longrightarrow$ $(\mathbb{R}, 0)$ が存在して,等式

$$G(x,u) = F \circ \Phi(x,u) + \alpha(u)$$

が成り立つこととする.特に,$\alpha \equiv 0$ のときは,**P-$\mathcal{R}$-同値**であるといわれる.また,G と F が **P-$\mathcal{K}$-同値**であるとは,微分同相芽

$$\Phi : (\mathbb{R}^n \times \mathbb{R}^r, (a,b)) \longrightarrow (\mathbb{R}^n, a)$$

で $\Phi(x,u) = (\phi_1(x,u), \phi(u))$ の形のものと可微分関数芽 $\lambda : (\mathbb{R}^n \times \mathbb{R}^r, (a,b))$ $\longrightarrow \mathbb{R}$ で $\lambda(a,b) \neq 0$ が存在して,等式

$$G(x,u) = \lambda(x,u) F \circ \Phi(x,u)$$

が成り立つこととする.

今後この節では,特に断らない限りは $\mathcal{G}$ で $\mathcal{R}^+$, $\mathcal{R}$, $\mathcal{K}$ のいずれかを表す.定義から,f の開折 F と G が狭い意味で $\mathcal{G}$-f 同値ならば,それらは P-$\mathcal{G}$-同値である.ここで,f の**定値開折** $f^c : (\mathbb{R}^n \times \mathbb{R}^r, (a,b)) \longrightarrow (\mathbb{R}, c)$ を $f^c(x,u) = f(x)$ と定義する.いま,f の開折 $F : (\mathbb{R}^n \times \mathbb{R}^r, (a,b')) \longrightarrow$ $(\mathbb{R}, c')$ が **$\mathcal{G}$ 自明**であるとは,F が定値開折 f^c に P-$\mathcal{G}$-同値なこととする.次に,$F : (\mathbb{R}^n \times \mathbb{R}^r, (a,b)) \longrightarrow (\mathbb{R}, c)$ を $f : (\mathbb{R}^n, a) \longrightarrow (\mathbb{R}, c)$ の開折とし,$\phi : (\mathbb{R}^s, b') \longrightarrow (\mathbb{R}^r, b)$ を可微分写像芽とする.このとき,f の s 次元開折 $\phi^* F : (\mathbb{R}^n \times \mathbb{R}^s, (a,b')) \longrightarrow (\mathbb{R}, c)$ が $\phi^* F(x,v) = F(x, \phi(v))$ によって定まる.これを,**F からの ϕ による誘導開折**と呼ぶ.f の開折 $F :$ $(\mathbb{R}^n \times \mathbb{R}^r, (a,b)) \longrightarrow (\mathbb{R}, c)$ が **f の $\mathcal{G}$ 普遍開折**であるとは,f の任意の開折 G に対して,ある可微分写像芽 $\phi : (\mathbb{R}^s, b') \longrightarrow (\mathbb{R}^r, b)$ によって F から誘導された開折 $\phi^* F$ が G に狭い意味で $\mathcal{G}$-f 同値となることとする.このとき,G から F への **$\mathcal{G}$-f 開折圏射**が存在するという.F が f の $\mathcal{G}$ 普遍開折であるとは,f の開折としての P-$\mathcal{G}$-同値に関して不変な情報をすべてもっていることを意味する.開折理論の主要目的の一つは与えられた関数芽の普遍開折がいつ存在するか,またそのとき,どのようにして求められるかを研究することにある.そのためには,普遍開折の存在条件や特徴づけなどを代数的な道具で記述でき

3.3 関数芽の開折

ることが望まれる．いま，$f \in \mathfrak{M}_n$ の開折 $F : (\mathbb{R}^n \times \mathbb{R}^r, (0,0)) \longrightarrow (\mathbb{R}, 0)$ が**無限小 $\mathcal{R}^+$ 普遍開折**であるとは，

$$\mathcal{E}_n = \left\langle \frac{\partial f}{\partial x_1}, \ldots, \frac{\partial f}{\partial x_n} \right\rangle_{\mathcal{E}_n} + V_F + \langle 1 \rangle_{\mathbb{R}}$$

が成り立つことである．ただし，

$$V_F = \left\langle \left.\frac{\partial F}{\partial u_1}\right|_{\mathbb{R}^n \times \{0\}}, \ldots, \left.\frac{\partial F}{\partial u_r}\right|_{\mathbb{R}^n \times \{0\}} \right\rangle_{\mathbb{R}}$$

とする．また，

$$\mathcal{E}_n = \left\langle \frac{\partial f}{\partial x_1}, \ldots, \frac{\partial f}{\partial x_n} \right\rangle_{\mathcal{E}_n} + V_F$$

が成り立つとき，F は f の**無限小 $\mathcal{R}$ 普遍開折**であるといわれる．さらに，F が f の**無限小 $\mathcal{K}$ 普遍開折**であるとは，

$$\mathcal{E}_n = \left\langle \frac{\partial f}{\partial x_1}, \ldots, \frac{\partial f}{\partial x_n}, f \right\rangle_{\mathcal{E}_n} + V_F$$

が成り立つこととする．無限小 $\mathcal{G}$ 普遍開折は以下の命題により，その存在は簡単にわかる．

命題 3.3.1 $f \in \mathfrak{M}_n$ について，

(1) $\mu(f) = r + 1 < +\infty$ を満たすとする．このとき，$\dfrac{\mathcal{E}_n}{\left\langle \frac{\partial f}{\partial x_1}, \ldots, \frac{\partial f}{\partial x_n} \right\rangle_{\mathcal{E}_n}}$ の $\mathbb{R}$ ベクトル空間としての基底として

$$1, b_1(x), \ldots, b_r(x) \in \mathfrak{M}_n$$

の剰余類がとれたとする．このとき，

$$F(x, u_1, \ldots, u_r) = f(x) + \sum_{i=1}^{r} u_i b_i(x)$$

は，f の無限小 $\mathcal{R}^+$ 普遍開折である．さらに，

$$\bar{F}(x, u_0, \ldots, u_r) = f(x) + u_0 + \sum_{i=1}^{r} u_i b_i(x)$$

は，f の無限小 $\mathcal{R}$ 普遍開折である．

(2) $\tau(f) = r < +\infty$ を満たすとする．このとき，$\dfrac{\mathcal{E}_n}{\left\langle \frac{\partial f}{\partial x_1}, \ldots, \frac{\partial f}{\partial x_n}, f \right\rangle_{\mathcal{E}_n}}$ の
$\mathbb{R}$ ベクトル空間としての基底として

$$b_1(x), \ldots, b_r(x) \in \mathcal{E}_n$$

の剰余類がとれたとする．このとき，

$$F(x, u_1, \ldots, u_r) = f(x) + \sum_{i=1}^{r} u_i b_i(x)$$

は，f の無限小 $\mathcal{K}$ 普遍開折である．

証明は定義から明らかなので，読者の演習問題とする．この命題より，$f \in \mathfrak{M}_n$ の無限小 $\mathcal{G}$-普遍開折が存在するための必要十分条件は f のミルナー数やチュリナ数が有限という条件であることがわかり，それは 3.3 節の最後の注意により，f が $\mathcal{G}$-有限確定と同値であることがわかる．

普遍開折については，Mather による基本定理が知られているが，その証明のためには，以下のマルグランジュの予備定理が必要である．

定理 3.3.2 （マルグランジュの予備定理）　$f: (\mathbb{R}^n, 0) \longrightarrow (\mathbb{R}^p, 0)$ を可微分写像芽とし，A を有限生成 $\mathcal{E}_n$-加群とする．このとき，$A/f^*(\mathfrak{M}_p)A$ が有限次元 $\mathbb{R}$ ベクトル空間ならば，A は f^* を通して有限生成 $\mathcal{E}_p$-加群である．より詳しく，A の元 $a_1, \ldots, a_r$ について，$a_1 + f^*(\mathfrak{M}_p)A, \ldots, a_r + f^*(\mathfrak{M}_p)A$ が $A/f^*(\mathfrak{M}_p)A$ の $\mathbb{R}$ ベクトル空間としての生成系ならば，$a_1, \ldots, a_r$ が $f^*(\mathcal{E}_p)$-加群としての A の生成系である．

このマルグランジュの予備定理は，「可微分写像のトム・マザー理論」における基本定理の一つであるが証明は省略する．興味がある読者は [39, 44] 等を参照してほしい．ここでは，以下の形の主張への言い換えが重要である．

系 3.3.3　$f: (\mathbb{R}^n, 0) \longrightarrow (\mathbb{R}^p, 0)$ を可微分写像芽とし，A を有限生成 $\mathcal{E}_n$-

加群とする.B は f^* を通して A の有限生成 $\mathcal{E}_p$-部分加群,C は A の $\mathcal{E}_n$-部分加群とする.このとき,$B + C + f^*(\mathfrak{M}_p)A = A$ ならば $B + C = A$ である.

証明 $A' = A/C$ とおく.$\pi : A \longrightarrow A'$ を自然な射影とし,$B' = \pi(B)$ とおく.仮定から $B' + f^*(\mathfrak{M}_p)A' = A'$ が成り立つ.A' は f^* を通して $\mathcal{E}_p$-加群と考えることができる.仮定から,B' は有限生成 $\mathcal{E}_p$-加群,したがって $B'/f^*(\mathfrak{M}_p)B'$ は有限次元 $\mathbb{R}$ ベクトル空間となる.また,A' は仮定から $\mathcal{E}_n$ 上有限生成である.したがって定理 3.3.2(マルグランジュの予備定理)より,A' は f^* を通して $\mathcal{E}_p$ 上有限生成である.したがって,中山の補助定理から $B' = A'$ となる.これは $B + C = A$ を意味する. □

以下は普遍開折の代数的特徴づけを与えるマザーの基本定理である.

定理 3.3.4 $f \in \mathfrak{M}_n$ に対して,以下が成り立つ.
(1) f が $\mathcal{G}$ 普遍開折 F をもつための必要十分条件は,f が $\mathcal{G}$ 有限確定であることである.
(2) $F : (\mathbb{R}^n \times \mathbb{R}^r, (0,0)) \longrightarrow (\mathbb{R}, 0)$ を f の開折とする.このとき,F が f の $\mathcal{G}$ 普遍開折であるための必要十分条件は,無限小 $\mathcal{G}$ 普遍開折であることである.

最初に定理の主張の一部である以下の補題を示す.

補題 3.3.5 $f \in \mathfrak{M}_n$ に対して $F : (\mathbb{R}^n \times \mathbb{R}^r, (0,0)) \longrightarrow (\mathbb{R}, 0)$ を f の開折とする.F が f の $\mathcal{G}$ 普遍開折であるならば無限小 $\mathcal{G}$ 普遍開折である.

証明 ここでも,$\mathcal{G} = \mathcal{R}^+$ のときのみを証明する.任意の $h \in \mathcal{E}_n$ に対して,$G : (\mathbb{R}^n \times \mathbb{R}, (0,0)) \longrightarrow (\mathbb{R}, 0)$ を $G(x,t) = f(x) + th(x)$ と定めると,G は f の 1 次元開折となる.F は f の $\mathcal{R}^+$-普遍開折なので可微分写像芽 $\Phi : (\mathbb{R}^n \times \mathbb{R}, (0,0)) \longrightarrow (\mathbb{R}^n, 0)$ で $\Phi(x,0) = x$ を満たすものと可微分写像芽 $\phi : (\mathbb{R}, 0) \longrightarrow (\mathbb{R}^r, 0)$ と可微分関数芽 $\alpha : (\mathbb{R}, 0) \longrightarrow (\mathbb{R}, 0)$ が存在して,

等式
$$G(x,t) = F(\Phi(x,t), \phi(t)) + \alpha(t)$$
が成り立つ．いま，$t=0$ において t に関してこの等式の両辺を微分すると，
$$h(x) = \sum_{i=1}^{n} \frac{\partial F}{\partial x_i}(x,0) \cdot \frac{\partial \Phi_i}{\partial t}(x,0) + \sum_{j=1}^{r} \frac{\partial F}{\partial u_j}(x,0) \cdot \frac{d\phi_j}{dt}(0) + \frac{d\alpha}{dt}(0)$$
が成り立つ．この等式の右辺は $\left\langle \frac{\partial f}{\partial x_1}, \ldots, \frac{\partial f}{\partial x_n} \right\rangle_{\mathcal{E}_n} + V_F + \langle 1 \rangle_{\mathbb{R}}$ の元である．ゆえに，F は無限小 $\mathcal{R}^+$ 普遍開折である．$\mathcal{G}$ が $\mathcal{R}$ または $\mathcal{K}$ のときにも同様にして示すことができる． □

次に，残りの主張を証明するために，以下の幾何学的補題を準備する．

補題 3.3.6 $F : (\mathbb{R}^n \times \mathbb{R}^r, (0,0)) \longrightarrow (\mathbb{R}, 0)$ を $f \in \mathfrak{M}_n$ の開折とする．また，$F_1 : (\mathbb{R}^n \times \mathbb{R}^{r-1}, (0,0)) \longrightarrow (\mathbb{R}, 0)$ を
$$F_1(x, u_2, \ldots, u_r) = F(x, 0, u_2, \ldots, u_r)$$
と定義する．いま，$\mathbb{R}^n \times \mathbb{R}^r$ 上の原点におけるベクトル場芽 X が
$$X = \frac{\partial}{\partial u_1} + \sum_{i=2}^{r} \eta_i(u) \frac{\partial}{\partial u_i} + \sum_{j=1}^{n} \xi_j(x,u) \frac{\partial}{\partial u_j}$$
という形をしているとする．このとき，以下が成り立つ．
(1) 可微分関数芽 $\zeta(u)$ が存在して $X(F) = \zeta(u)$ を満たすとすると，しずめ込み $h : (\mathbb{R}^r, 0) \longrightarrow (\mathbb{R}^{r-1}, 0)$ が存在して $h^* F_1$ と F は狭い意味で $\mathcal{R}^+$-f 同値である．特に，$\zeta(u) \equiv 0$ のときは狭い意味で $\mathcal{R}$-f 同値となる．
(2) 可微分関数芽 $\lambda(x,u)$ が存在して $X(F) = \lambda(x,u) \cdot F(x,u)$ を満たすとすると，しずめ込み $h : (\mathbb{R}^r, 0) \longrightarrow (\mathbb{R}^{r-1}, 0)$ が存在して $h^* F_1$ と F は狭い意味で $\mathcal{K}$-f 同値である．

証明 最初に $\mathcal{G} = \mathcal{R}^+$ のときに証明する．時刻 $t=0$ で (x,u) を通る X の積分曲線を $\Phi_t(x,u)$ で表すと，X の形から，$t = u_1$ で
$$\Phi_{u_1}(x,u) = (\Psi(x,u), u_1, \psi_{u_1}(u_2, \ldots, u_r))$$

が成り立つ．いま，$F \circ \Phi_{u_1}(x, u)$ を u_1 について微分すると $\frac{\partial F \circ \Phi_{u_1}}{\partial u_1}(x, u) = X(F)(\Phi_{u_1}(x, u))$ が成り立つので，(1) の仮定から

$$\frac{\partial F \circ \Phi_{u_1}}{\partial u_1}(x, u) = \zeta(u)$$

となる．ここで，$\Phi_0(x, 0, u_2, \ldots, u_r) = (x, 0, u_2, \ldots, u_r)$ なので，ある可微分関数芽 $\alpha(u)$ が存在して

$$F(\Phi_{u_1}(x, u)) - F_1(x, u_2, \ldots, u_r) = \alpha(u_1, \psi_{u_1}(u_2, \ldots, u_r))$$

が成り立つ．いま，$h : (\mathbb{R}^r, 0) \longrightarrow (\mathbb{R}^{r-1}, 0)$ を

$$h(u_1, u_2, \ldots, u_r) = \psi_{u_1}^{-1}(u_2, \ldots, u_r)$$

と定義すると上の式は F と $h^* F_1$ が狭い意味で $\mathcal{R}^+$-f 同値であることを意味している．明らかに，$\zeta(u) \equiv 0$ のときは狭い意味で $\mathcal{R}$-f 同値である．

次に $\mathcal{G} = \mathcal{K}$ のときを考える．この場合も時刻 $t = 0$ で (x, u) を通る X の積分曲線 $\Phi_{u_1}(x, u)$ を使う．いま，$\mu(x, u) = \exp(-\int_0^{u_1} \lambda(x, u) du_1)$ とおくと，$\frac{\partial \mu(\Phi_t(x, u)) \cdot F(\Phi_t(x, u))}{\partial u_1} = 0$ が成り立つ．このことから

$$\mu(\Phi_t(x, u)) \cdot F(\Phi_t(x, u)) = \mu(x, 0, u_2, \ldots, u_r) \cdot F_1(x, u_2, \ldots, u_r)$$

が得られ，さらに (1) と同じく h を

$$h(u_1, u_2, \ldots, u_r) = \psi_{u_1}^{-1}(u_2, \ldots, u_r)$$

と定めると $h^* F_1$ が F に狭い意味で $\mathcal{K}$-f 同値となる． □

この補題を使うとマザーの基本定理は以下のように証明される．

マザーの基本定理の証明 ここでも $\mathcal{G} = \mathcal{R}^+$ のときに証明する．

$$F : (\mathbb{R}^n \times \mathbb{R}^r, (0, 0)) \longrightarrow (\mathbb{R}, 0)$$

を $f \in \mathfrak{M}_n$ の開折として，F が無限小 $\mathcal{R}^+$ 普遍開折のときに $\mathcal{R}^+$ 普遍開折であることを示せばよい．いま $F(x, 0) = f(x)$ なので，$F(x, u) = f(x) + \bar{f}(x, u)$

と書くことができる.ただし,$\bar{f}(x,0) = 0$.次に,$G : (\mathbb{R}^n \times \mathbb{R}^s, (0,0)) \longrightarrow (\mathbb{R}, 0)$ を f の任意の開折とする.ここでも,$G(x,v) = f(x) + g(x,v)$ (ただし,$g(x,0) = 0$) と書かれているとしてよい.このとき,F, G から以下のように和 $H : (\mathbb{R}^n \times \mathbb{R}^r \times \mathbb{R}^s, 0) \longrightarrow (\mathbb{R}, 0)$ を定める:

$$H(x, u, v) = f(x) + g(x, v) + \bar{f}(x, u).$$

ここで H_i $(i = 1, \ldots, s)$ を

$$H_i(x, u, v_{i+1}, \ldots, v_s) = H(x, u, 0, \ldots, 0, v_{i+1}, \ldots, v_s)$$

と定める.したがって,$H_s = F$ であり,また,$H(x, 0, v) = G(x, v)$ であることを注意しておく.ここで,変数を区別するため,$\mathcal{E}_{x,u,v}$ で (x,u,v) 変数の原点における可微分関数芽全体のつくる局所環を表す($\mathcal{E}_{u,v}$ 等も同様).また,その極大イデアルを $\mathfrak{M}_{x,u,v}$ とする.この方法で書くと,F が f の無限小 $\mathcal{R}^+$ 普遍開折であることは

$$\mathcal{E}_x = \left\langle \frac{\partial f}{\partial x_1}, \ldots, \frac{\partial f}{\partial x_n} \right\rangle_{\mathcal{E}_x} + V_F + \langle 1 \rangle_{\mathbb{R}}$$

と書かれる.いま,任意の元 $h \in \mathcal{E}_{x,u,v}$ について,$h(x,0,0) \in \mathcal{E}_x$ を考えると,無限小 $\mathcal{R}^+$ 普遍開折であるという仮定から,

$$h(x, 0, 0) = \sum_{i=1}^n \xi_i(x) \cdot \frac{\partial f}{\partial x_i}(x) + \sum_{j=1}^r \lambda_j \cdot \frac{\partial F}{\partial u_j}(x, 0) + \mu$$

が成り立つ.そこで

$$\bar{h}(x, u, v) = \sum_{i=1}^n \xi_i(x) \cdot \frac{\partial H}{\partial x_i}(x) + \sum_{j=1}^r \lambda_j \cdot \frac{\partial H}{\partial u_j}(x, 0) + \mu$$

とおくと,$\bar{h}(x,0,0) = h(x,0,0)$ となり,h は

$$\left\langle \frac{\partial H}{\partial x_1}, \ldots, \frac{\partial H}{\partial x_n} \right\rangle_{\mathcal{E}_x} + V_H + \langle 1 \rangle_{\mathbb{R}} + \mathfrak{M}_{u,v} \mathcal{E}_{x,u,v}$$

の元となる.したがって,$\mathbb{R} \subset \mathfrak{M}_{u,v}$ であることから

$$\mathcal{E}_{x,u,v} = \left\langle \frac{\partial H}{\partial x_1}, \ldots, \frac{\partial H}{\partial x_n} \right\rangle_{\mathcal{E}_{x,u,v}} + \left\langle \frac{\partial H}{\partial u_1}, \ldots, \frac{\partial H}{\partial u_r}, 1 \right\rangle_{\mathcal{E}_{u,v}} + \mathfrak{M}_{u,v} \mathcal{E}_{x,u,v}$$

が成り立つ. ここで, マルグランジュの予備定理の言い換え (系 3.3.3) から

$$\mathcal{E}_{x,u,v} = \left\langle \frac{\partial H}{\partial x_1}, \ldots, \frac{\partial H}{\partial x_n} \right\rangle_{\mathcal{E}_{x,u,v}} + \left\langle \frac{\partial H}{\partial u_1}, \ldots, \frac{\partial H}{\partial u_r}, 1 \right\rangle_{\mathcal{E}_{u,v}}$$

が成り立つ.

次に, $\frac{\partial H}{\partial v_1} \in \mathcal{E}_{x,u,v}$ を考えると上の式から

$$\frac{\partial H}{\partial v_1} = \sum_{i=1}^{n} \xi_i(x,u,v) \cdot \frac{\partial H}{\partial x_i} + \sum_{j=1}^{r} \eta(u,v) \frac{\partial H}{\partial u_j} + \alpha(u,v)$$

と書き表される. いま $\mathbb{R}^n \times \mathbb{R}^r \times \mathbb{R}^s$ 上の原点におけるベクトル場芽 X を

$$X = \frac{\partial}{\partial v_1} - \sum_{i=1}^{n} \xi_i(x,u,v) \cdot \frac{\partial}{\partial x_i} - \sum_{j=1}^{r} \eta(u,v) \frac{\partial}{\partial u_j}$$

と定めると, 上の関係式は $X(H) = \alpha(u,v)$ を意味する. ゆえに補題 3.3.6 からしずめ込み芽 $h_1: (\mathbb{R}^r \times \mathbb{R}^s, 0) \longrightarrow (\mathbb{R}^r \times \mathbb{R}^{s-1}, 0)$ が存在して H は $h_1^* H_1$ に狭い意味で $\mathcal{R}^+$-f 同値となる. この論法を帰納法により繰り返すと, 結果的にはしずめ込み芽 $h_s: (\mathbb{R}^r \times \mathbb{R}^s, 0) \longrightarrow (\mathbb{R}^r, 0)$ が存在して H は $h_s^* H_s = h_s^* F$ に狭い意味で $\mathcal{R}^+$-f 同値となる. 言い換えると,

$$H(x,u,v) = h_s^* F(\Phi(x,u,v), u, v) + \alpha(u,v)$$

が成り立つ. ここで, $u = 0$ とすると

$$G(x,v) = H(x,0,v) = h_s^* F(\Phi(x,0,v), 0, v) + \alpha(0,v)$$

となる. このことは $h: (\mathbb{R}^s, 0) \longrightarrow (\mathbb{R}^r, 0)$ を $h(v) = h_s(0,v)$ とすると G は $h^* F$ に狭い意味で $\mathcal{R}^+$-f 同値, すなわち G から F へ $\mathcal{R}^+$-f 開折圏射が存在する. これで, 主張の (2) が証明された.

$\mathcal{G}$ が $\mathcal{R}$, $\mathcal{K}$ のときも補題 3.3.6 を使えば全く平行に証明できるので読者の演習問題とする. □

マザーの基本定理により, F が f の普遍開折であるための代数的特徴づけがわかったが, ではその標準形はどのようにして求められるのであろうか. 補

題3.3.1とマザーの基本定理から与えられた f が $\mathcal{G}$ 有限確定のとき, $\mathcal{G}$ 普遍開折を構成することができる. このとき, できあがった普遍開折は $\mathcal{G} = \mathcal{R}, \mathcal{K}$ の場合は開折の開折次元がそれぞれ $\mu(f), \tau(f)$ に一致している. また $\mathcal{G} = \mathcal{R}^+$ の場合は $\mu(f) - 1$ である. これらの, 開折の開折次元は基本定理から $\mathcal{G}$ 普遍開折の開折次元のとりうる値の中の最小値であることがわかる. $\mathcal{G}$ 有限確定関数芽 $f \in \mathfrak{M}_n$ について, f の $\mathcal{G}$ 普遍開折 $F : (\mathbb{R}^n \times \mathbb{R}^r, (0,0)) \longrightarrow (\mathbb{R}, 0)$ が $\mathcal{G} = \mathcal{R}^+$ の場合 $r = \mu(f) - 1$ ($\mathcal{G} = \mathcal{R}$ の場合 $r = \mu(f)$, $\mathcal{G} = \mathcal{K}$ の場合 $r = \tau(f)$) を満たすとき, F を f の $\mathcal{G}$ **最小普遍開折**と呼ぶ. 最小普遍開折については以下の一意性定理が成り立つ.

定理 3.3.7 $F, G : (\mathbb{R}^n \times \mathbb{R}^r, (0,0)) \longrightarrow (\mathbb{R}, 0)$ を $f \in \mathfrak{M}_n$ の $\mathcal{G}$ 最小普遍開折とする. このとき, F と G は P-$\mathcal{G}$-同値である.

証明 F が $\mathcal{G}$ 普遍開折であることから, 可微分写像芽 $\phi : (\mathbb{R}^r, 0) \longrightarrow (\mathbb{R}^r, 0)$ が存在して, G は $H = \phi^* F$ に狭い意味で $\mathcal{G}$-f 同値となる. いま G も $\mathcal{G}$ 普遍開折なので, 明らかに H も $\mathcal{G}$ 普遍開折である. さらに,

$$\frac{\partial H}{\partial v_i}(x, 0) = \sum_{j=1}^{r} \frac{\partial \phi}{\partial v_i}(0) \cdot \frac{\partial F}{\partial u_j}(x, 0)$$

が成り立つ. いま, マザーの基本定理から F, H は無限小 $\mathcal{G}$ 普遍開折かつ最小普遍開折なので, $\frac{\partial H}{\partial v_1}(x,0), \ldots, \frac{\partial H}{\partial v_r}(x,0)$ と $\frac{\partial F}{\partial u_1}(x,0), \ldots, \frac{\partial F}{\partial u_r}(x,0)$ は $\mathbb{R}$ 上一次独立である. したがって, ϕ のヤコビ行列は正則となり ϕ は微分同相芽である. すなわち, F と G は P-$\mathcal{G}$-同値である. □

この定理の証明と全く同様にして以下の命題が証明される.

命題 3.3.8 $F : (\mathbb{R}^n \times \mathbb{R}^r, (0,0)) \longrightarrow (\mathbb{R}, 0)$ を $f \in \mathfrak{M}_n$ の $\mathcal{G}$ 最小普遍開折とする. さらに, $G : (\mathbb{R}^n \times \mathbb{R}^s, (0,0)) \longrightarrow (\mathbb{R}, 0)$ を f の $\mathcal{G}$ 普遍開折とする. このとき, しずめ込み芽 $h : (\mathbb{R}^s, 0) \longrightarrow (\mathbb{R}^r, 0)$ が存在して, $h^* F$ と G は狭い意味での $\mathcal{G}$-f 同値である.

命題 3.3.8 から，G は F の $s-r$ 次元定値開折とみることができる．すなわち，最小普遍開折を求めればそれ以上に開折の開折次元を増やしても対応する同値関係に対する，それ以上新たな情報は現れないことを意味している．さらに，以下の命題は簡単な演習問題なので，証明は省略する．

命題 3.3.9 $F, G : (\mathbb{R}^n \times \mathbb{R}^r, (0,0)) \longrightarrow (\mathbb{R}, 0)$ を $f \in \mathfrak{M}_n$ の $\mathcal{G}$ 最小普遍開折とする．さらに，$h_i : (\mathbb{R}^s, 0) \longrightarrow (\mathbb{R}^r, 0)$ $(i = 1, 2)$ をしずめ込み芽とするとき，$h_1^* F$ と $h_2^* G$ は狭い意味での $\mathcal{G}$-f 同値である．

定理 3.3.7，命題 3.3.8 と命題 3.3.9 から同じ開折次元をもつ f の普遍開折は以下の意味で一意に定まることがわかる．

定理 3.3.10 $F, G : (\mathbb{R}^n \times \mathbb{R}^r, (0,0)) \longrightarrow (\mathbb{R}, 0)$ を $f \in \mathfrak{M}_n$ の $\mathcal{G}$ 普遍開折とするとき，F と G は P-$\mathcal{G}$-同値である．

3.4 ホモトピー安定性

ここでは，普遍開折のもう一つの言い換えである，**ホモトピー安定性**について述べる．開折のそれぞれの同値関係に対する安定性の定義は，いくつか知られているが，それらはお互いに同値である．ここでは，ジェット横断性定理などを使わないホモトピー安定性を考える．$F : (\mathbb{R}^n \times \mathbb{R}^r, (0,0)) \longrightarrow (\mathbb{R}, 0)$ を $f \in \mathfrak{M}_n$ の r 次元開折とする．F が**ホモトピー $\mathcal{G}$-安定**とは，$s \in (\mathbb{R}, 0)$ をパラメータとする任意の 1 径数可微分関数芽族 $\mathcal{F} : (\mathbb{R}^n \times (\mathbb{R}^r \times \mathbb{R}), 0) \longrightarrow (\mathbb{R}, 0)$ で $\mathcal{F}(x, u, 0) = F(x, u)$ を満たすものに対して，可微分写像芽 $\phi : (\mathbb{R}^r \times \mathbb{R}, 0) \longrightarrow (\mathbb{R}^r, 0)$ が存在して，$\phi^* F$ と $\mathcal{F}$ が f の開折として狭い意味での $\mathcal{G}$-f 同値となることとする．ただし，$\mathcal{F}(x, u, s)$ は $(u, s) \in (\mathbb{R}^r \times \mathbb{R}, 0)$ をパラメータとする f の $r + 1$ 次元開折であると考える．このとき以下の命題が成り立つ．

命題 3.4.1 可微分関数芽 $f : (\mathbb{R}^n, 0) \longrightarrow (\mathbb{R}, 0)$ の r 次元開折 $F : (\mathbb{R}^n \times$

$\mathbb{R}^r, 0) \longrightarrow (\mathbb{R}, 0)$ がホモトピー $\mathcal{G}$-安定であるための必要十分条件は F が f の無限小 $\mathcal{G}$ 普遍開折となることである.

証明 ここでも, $\mathcal{G} = \mathcal{R}^+$ の場合に証明する. 定義から, F が f の $\mathcal{R}^+$ 普遍開折とするとホモトピー $\mathcal{G}$-安定である. したがって, マザーの基本定理から無限小 $\mathcal{R}^+$ 普遍開折ならばホモトピー $\mathcal{R}^+$-安定となる. 逆に, F がホモトピー $\mathcal{R}^+$-安定であるとする. 任意の $h(x) \in \mathcal{E}_n$ に対して, 1径数可微分関数芽族を $\mathcal{F}(x, u, s) = F(x, u) + sh(x)$ と定義する. このとき, 定義から可微分写像芽 $\phi : (\mathbb{R}^r \times \mathbb{R}, 0) \longrightarrow (\mathbb{R}^r, 0)$ と微分同相写像芽 $\widetilde{\Phi} : (\mathbb{R}^n \times \mathbb{R}^r \times \mathbb{R}, 0) \longrightarrow (\mathbb{R}^n \times \mathbb{R}^r \times \mathbb{R}, 0)$ で $\widetilde{\Phi}(x, u, s) = (\phi_1(x, u, s), u, s)$ の形をしたもの, さらに $\alpha(u, s) \in \mathfrak{M}_{r+1}$ が存在して, $\widetilde{\Phi}(x, 0, 0) = (x, 0, 0)$ かつ

$$\begin{aligned} F(x, \phi(u, s)) &= \mathcal{F} \circ \widetilde{\Phi}(x, u, s) + \alpha(u, s) \\ &= F(\phi_1(x, u, s), u) + sh(\phi_1(x, u, s)) + \alpha(u, s) \end{aligned}$$

を満たす. $(u, s) = (0, 0)$ において両辺を s に関して微分すると,

$$\begin{aligned} \sum_{i=1}^r \frac{\partial F}{\partial u_i}(x, 0)\frac{\partial \phi_i}{\partial s}(0, 0) &= \sum_{j=1}^n \frac{\partial F}{\partial x_j}(x, 0)\frac{\partial (\phi_1)_j}{\partial s}(x, 0, 0) + \frac{\partial \alpha}{\partial s}(0, 0) + h(x) \\ &= \sum_{j=1}^n \frac{\partial f}{\partial x_j}(x)\frac{\partial (\phi_1)_j}{\partial s}(x, 0, 0) + \frac{\partial \alpha}{\partial s}(0, 0) + h(x) \end{aligned}$$

となる. したがって,

$$h(x) \in \left\langle \frac{\partial f}{\partial x_1}, \ldots, \frac{\partial f}{\partial x_n} \right\rangle_{\mathcal{E}_n} + V_F + \langle 1 \rangle_{\mathbb{R}}$$

となり,

$$\mathcal{E}_n = \left\langle \frac{\partial f}{\partial x_1}, \ldots, \frac{\partial f}{\partial x_n} \right\rangle_{\mathcal{E}_n} + V_F + \langle 1 \rangle_{\mathbb{R}}$$

が成り立つ. $\mathcal{G} = \mathcal{K}$ の場合も同様にして示すことができる. □

3.5 分岐集合と判別集合

前節までで, 可微分関数芽の開折の理論の基本的枠組みを構成した. ここで

3.5 分岐集合と判別集合

は開折の P-$\mathcal{G}$-同値に付随する重要な集合として,分岐集合と判別集合について述べる.

$F:(\mathbb{R}^n \times \mathbb{R}^r, (0,0)) \longrightarrow (\mathbb{R}, 0)$ を $f \in \mathfrak{M}_n$ の開折とする.F の**カタストロフ集合(芽)** とは,集合芽

$$C(F) = \left\{(x,u) \in (\mathbb{R}^n \times \mathbb{R}^r, 0) \,\middle|\, \frac{\partial F}{\partial x_1}(x,u) = \cdots = \frac{\partial F}{\partial x_n}(x,u) = 0 \right\}$$

のこととする.さらに,F の**分岐集合(芽)** とは,集合芽

$$\mathcal{B}_F = \left\{ u \in (\mathbb{R}^r, 0) \,\middle|\, \exists (x,u) \in C(F);\ \mathrm{rank}\left(\frac{\partial^2 F}{\partial x_i \partial x_j}(x,u)\right) < n \right\}$$

のこととする.次に,$\Sigma_F = F^{-1}(0) \cap C(F)$ とおき,F の**判別集合(芽)** を集合芽

$$\mathcal{D}_F = \{ u \in (\mathbb{R}^r, 0) \mid (x,u) \in \Sigma_F \text{ が存在する} \}$$

と定める.分岐集合と判別集合は上記のように定義されたが,その幾何学的な意味を考えてみる.最初に判別集合を考える.いま,開折 F が原点でしずめ込みであると仮定すると,その零点集合 $F^{-1}(0)$ は,$(\mathbb{R}^n \times \mathbb{R}^r, (0,0))$ の余次元 1 の部分多様体(芽)(**滑らかな超曲面**と呼ぶ)となる.このとき,自然な射影 $\pi_r : (\mathbb{R}^n \times \mathbb{R}^r, (0,0)) \longrightarrow (\mathbb{R}^r, 0)$ の $F^{-1}(0)$ への制限 $\pi_F = \pi|_{F^{-1}(0)} : (F^{-1}(0), (0,0)) \longrightarrow (\mathbb{R}^r, 0)$ は $n+r-1$ 次元の可微分多様体から r 次元多様体への可微分写像芽と考えられる.

命題 3.5.1 F の判別集合は π_F の特異値集合である.

証明 仮定から,$\dfrac{\partial F}{\partial x_i}(0) \neq 0$ か $\dfrac{\partial F}{\partial u_j}(0) \neq 0$ が成り立つ.ここで,$i=1, j=1$ としても一般性を失わない.$\dfrac{\partial F}{\partial x_1}(0) \neq 0$ のとき,陰関数定理から可微分関数芽 $g(x_2, \ldots, x_n, u)$ が存在して,$F^{-1}(0) = \{(x,u) | x_1 = g(x_2, \ldots, x_n, u)\}$ が成り立つ.この場合,$\dfrac{\partial F}{\partial x_1}(0) \neq 0$ であったので,判別集合芽は空集合である.さらに,$\pi_F(x,u)$ は射影 $\tilde{\pi}_r(x_2, \ldots, x_n, u) = u$ とみなせるのでしずめ込みとなり,その特異値集合も空集合である.

一方,$\dfrac{\partial F}{\partial u_1}(0) \neq 0$ のときも陰関数定理から,$F^{-1}(0) = \{(x,u) | u_1 = g(x, u_2, \ldots, u_r)\}$ と書かれる.このとき,

$$F(x,u) = \int_0^1 \frac{dF(x, tu_1 + (1-t)(u_1 - g(x, u_2, \ldots, u_r), u_2, \ldots, u_r)}{dt} dt$$

となる.ここで,

$$\lambda(x,u) = \int_0^1 \frac{\partial F}{\partial u_1}(x, tu_1 + (1-t)(u_1 - g(x, u_2, \ldots, u_r), u_2, \ldots, u_r) dt$$

とおくと,$F(x,u) = \lambda(x,u) \cdot (u_1 - g(x, u_2, \ldots, u_r))$ が成り立つ.いま,$\lambda(0) = 0$ と仮定すると,$\lambda \in \mathfrak{M}_{n+r}$ となり,$F \in \mathfrak{M}_{n+r}^2$ となる.これは F がしずめ込み芽であることに矛盾するので $\lambda(0) \neq 0$ が成り立つ.このとき,

$$\frac{\partial F}{\partial x_i}(x,u) = \frac{\partial \lambda}{\partial x_i}(x,u) \cdot (u_1 - g(x, u_2, \ldots, u_r)) - \lambda(x,u) \cdot \frac{\partial g}{\partial x_i}(x,u)$$

となる.さらに,$F^{-1}(0)$ は,はめ込み芽

$$h(x, u_2, \ldots, u_r) = (x, g(x, u_2, \ldots, u_r), u_2, \ldots, u_r)$$

の像となるので,π_F の特異集合は

$$\left\{ (x, g(x, u_2 \ldots, u_r), u_2 \ldots, u_r) \,\middle|\, \frac{\partial g}{\partial x_i}(x,u) = 0 \ (i = 1, \ldots, n) \right\}$$

である.これは明らかに F の判別集合に等しい. □

ここで,$F(x, u_1, u_2) = x^3 + u_1 x + u_2$ で定義される開折

$$F : (\mathbb{R} \times \mathbb{R}^2, (0,0)) \longrightarrow (\mathbb{R}, 0)$$

について,その判別集合を求めてみる.そのためには連立方程式

$$\begin{cases} x^3 + u_1 x + u_2 = 0 \\ 3x^2 + u_1 = 0 \end{cases}$$

を解けばよいので,$\mathcal{D}_F = \{ (u_1, u_2) \mid u_1 = -3t^2,\ u_2 = -2t^3 \}$ が求める判別集合である.これは,3/2 カスプであり,図 3.1 のように描かれる.

図3.1 3/2カスプ

一方,分岐集合については F の変数 x に関するグラディエント写像

$$\mathrm{grad}_x F(x,u) = \left(\frac{\partial F}{\partial x_1}(x,u), \ldots, \frac{\partial F}{\partial x_n}(x,u)\right)$$

がしずめ込み芽のとき,π_r のカタストロフ集合 $C(F)$ への制限 $\pi_{C(F)}$ を**カタストロフ写像(芽)**と呼ぶと,以下の命題が成り立つ.

命題 3.5.2 F の分岐集合は $\pi_{C(F)}$ の特異値集合である.

さらに,二つの開折 $F,G:(\mathbb{R}^n\times\mathbb{R}^r,(\mathbf{0},\mathbf{0}))\longrightarrow(\mathbb{R},0)$ に対応するカタストロフ写像 $\pi_{C(F)}$ と $\pi_{C(G)}$ が $\mathcal{A}$-同値であるとは,微分同相写像芽 $\widetilde{\Phi}:(\mathbb{R}^n\times\mathbb{R}^r,(\mathbf{0},\mathbf{0}))\longrightarrow(\mathbb{R}^n\times\mathbb{R}^r,(\mathbf{0},\mathbf{0}))$ で $\widetilde{\Phi}(x,u)=(\Phi(x,u),\phi(u))$ の形をしたものが存在して,$\widetilde{\Phi}(C(F))=C(G)$ が成り立つこととする.明らかに,$\pi_{C(G)}\circ\Phi_{C(F)}=\phi\circ\pi_{C(G)}$ が成り立つ.また,命題3.5.2から,$\phi(\mathcal{B}_F)=\mathcal{B}_G$ が成り立つ.このとき,次のことがわかる.

命題 3.5.3 $F,G:(\mathbb{R}^n\times\mathbb{R}^r,(0,0))\longrightarrow(\mathbb{R},0)$ が P-$\mathcal{R}^+$-同値ならば $\pi_{C(F)}$ と $\pi_{C(G)}$ は $\mathcal{A}$-同値である.このとき,微分同相芽 $\phi:(\mathbb{R}^r,0)\longrightarrow(\mathbb{R}^r,0)$ が存在して $\phi(\mathcal{B}_F)=(\mathcal{B}_G)$ が成り立つ.

証明 F,G は P-$\mathcal{R}^+$-同値なので,微分同相芽

$$\widetilde{\Phi}:(\mathbb{R}^n\times\mathbb{R}^r,(a',b'))\longrightarrow(\mathbb{R}^n\times\mathbb{R}^r,(a,b))$$

で,$\widetilde{\Phi}(x,u)=(\Phi(x,u),\phi(u))$ の形をしたものと可微分関数芽 $\alpha:(\mathbb{R}^s,b')\longrightarrow(\mathbb{R},0)$ が存在して,等式

$$F(x,u)=G(\Phi(x,u),\phi(u))+\alpha(u)$$

が成り立つ．この式の両辺を x_i で微分すれば，

$$\frac{\partial F}{\partial x_i}(x,u) = \sum_{k=1}^{n} \frac{\partial G}{\partial x_k}(\tilde{\Phi}(x,u)) \cdot \frac{\partial \Phi_k}{\partial x_i}(x,u)$$

が成り立つ．ここで，行列 $\left(\dfrac{\partial \Phi_k}{\partial x_i}(0)\right)$ は正則行列なので，両辺の零点集合をとることにより，$\tilde{\Phi}(C(F)) = C(G)$ が従う．さらに，もう一度変数 x_j で微分すると，$(x,u) \in \Sigma_F$ に対して，

$$\frac{\partial^2 F}{\partial x_i \partial x_j}(x,u) = \sum_{\ell=1}^{n}\left(\sum_{k=1}^{n} \frac{\partial^2 G}{\partial x_k \partial x_\ell}(\tilde{\Phi}(x,u)) \cdot \frac{\partial \Phi_k}{\partial x_i}(x,u)\right) \cdot \frac{\partial \Phi_\ell}{\partial x_i}(x,u)$$

となる．ここでも，行列 $\left(\dfrac{\partial \Phi_k}{\partial x_i}(0)\right)$ は正則行列なので，

$$\operatorname{rank}\left(\frac{\partial^2 F}{\partial x_i \partial x_j}(x,u)\right) = \operatorname{rank}\left(\frac{\partial^2 G}{\partial x_i \partial x_j}(\tilde{\Phi}(x,u))\right)$$

がわかる．したがって，$\phi(\mathcal{B}_F) = (\mathcal{B}_G)$ もわかる． □

同様にして，以下の命題も証明できる．

命題 3.5.4 $F, G : (\mathbb{R}^n \times \mathbb{R}^r, (0,0)) \longrightarrow (\mathbb{R}, 0)$ が P-$\mathcal{K}$-同値ならば微分同相芽 $\phi : (\mathbb{R}^r, 0) \longrightarrow (\mathbb{R}^r, 0)$ が存在して $\phi(\mathcal{D}_F) = (\mathcal{D}_G)$ が成り立つ．

このように，分岐集合や判別集合は開折の間の P-$\mathcal{G}$ 同値に関して不変な集合である．したがって，開折が P-$\mathcal{G}$ 同値に関して分類ができて，何らかの意味で標準形をもつとすれば，分岐集合や判別集合はその開折の分類表の標準形に関する分岐集合や判別集合の形に微分同相の範囲で分類されるわけである．

3.6 可微分関数芽の分類

ここでは，可微分関数芽およびその普遍開折の分類結果を解説する．モースの補題を思い出すと，非退化特異点では，関数は非退化 2 次形式に $\mathcal{R}$ 同値と

なった.そこで退化している場合の分類を考えることが,この第3章の素朴な出発点であった.単純に考えれば,標準形はより高次の多項式関数芽で与えられることが予想される.ここでは,トムの7つの基本カタストロフィーの分類について紹介する.命題3.1.3から残余特異性を分類することが目的となる.ここで,$\mathrm{corank}\, f = 0$のものを考えると,それは定義から非退化特異点であり,モースの補題で標準形が得られている.簡単な計算から,このとき$\mathcal{R}^+$余次元が1であることもわかる.また,$\mathrm{corank}\, f = 1$のとき,その残余特異点は1変数関数となり,この場合は初等的な方法で分類できる ([38], 定理1.15).実は,$\mu(f) \leq 5$のとき,$\mathrm{corank}\, f \leq 2$であることがわかり,以下のような分類が得られる.これがトムの7つの基本カタストロフィーの定理である.本書では証明は与えないので,興味がある読者は参考文献 [23, 44] 等を参照してほしい.

定理 3.6.1 $f \in \mathfrak{M}_n^2$ が $2 \leq \mu(f) \leq 5$ とすると,f の残余特異点は,以下の可微分関数芽のいずれかと $\mathcal{R}$-同値となる:

(1) x^3 ; $\mathcal{R}^+$ 余次元 1(折り目)
(2) $\pm x^4$; $\mathcal{R}^+$ 余次元 2(カスプ)
(3) x^5 ; $\mathcal{R}^+$ 余次元 3(ツバメの尾)
(4) $\pm x^6$; $\mathcal{R}^+$ 余次元 4(蝶々)
(5) $x^3 - xy^2$; $\mathcal{R}^+$ 余次元 3(楕円的臍)
(6) $x^3 + y^3$; $\mathcal{R}^+$ 余次元 3(双曲的臍)
(7) $x^2 y + y^4$; $\mathcal{R}^+$ 余次元 4(放物的臍)

さらに,以下も得られる.

系 3.6.2 $f \in \mathfrak{M}_n^2$ が $2 \leq \tau(f) \leq 4$ とすると,f の残余特異点は,以下の可微分関数芽のいずれかと $\mathcal{K}$-同値である:

(1) x^3 ; $\mathcal{K}_e$ 余次元 2(カスプ曲面)
(2) $\pm x^4$; $\mathcal{K}_e$ 余次元 3(ツバメの尾)
(3) x^5 ; $\mathcal{K}_e$ 余次元 4(蝶々)

(4) $x^3 - xy^2$; $\mathcal{K}_e$ 余次元 4 (ピラミッド)

(5) $x^3 + y^3$; $\mathcal{K}_e$ 余次元 4 (財布)

このとき，それぞれの関数芽の最小 $\mathcal{R}^+$ 普遍開折および 最小 $\mathcal{K}$ 普遍開折は，命題 3.3.1 から，以下のように求められる．

命題 3.6.3 (A) $f \in \mathfrak{M}_n^2$ が $2 \leq \mu(f) \leq 5$ とすると，f の残余特異点の最小 $\mathcal{R}^+$ 普遍開折は，以下のものに P-$\mathcal{R}^+$ 同値である：

(1) $x^3 + u_1 x$

(2) $\pm x^4 + u_1 x + u_2 x^2$

(3) $x^5 + u_1 x + u_2 x^2 + u_3 x^3$

(4) $\pm x^6 + u_1 x + u_2 x^2 + u_3 x^3 + u_4 x^4$

(5) $x^3 - xy^2 + u_1 x + u_2 y + u_3(x^2 + y^2)$

(6) $x^3 + y^3 + u_1 x + u_2 y + u_3 xy$

(7) $x^2 y + y^4 + u_1 x + u_2 y + u_3 x^2 + u_4 y^2$

(B) $f \in \mathfrak{M}_n^2$ が $2 \leq \tau(f) \leq 4$ とすると，f の残余特異点の最小 $\mathcal{K}$ 普遍開折は，以下のものに P-$\mathcal{K}$ 同値である：

(1) $x^3 + u_1 + u_2 x$

(2) $\pm x^4 + u_1 + u_2 x + u_3 x^2$

(3) $x^5 + u_1 + u_2 x + u_3 x^2 + u_4 x^3$

(4) $x^3 - xy^2 + u_1 + u_2 x + u_3 y + u_4(x^2 + y^2)$

(5) $x^3 + y^3 + u_1 + u_2 x + u_3 y + u_4 xy$

証明 ここでは，(A) (6) および (B) (5) の関数芽についてのみ計算して，残りは読者の演習問題とする．関数芽 $f(x, y) = x^3 + y^3$ に対して

$$\frac{\partial f}{\partial x} = 3x^2, \quad \frac{\partial f}{\partial y} = 3y^2$$

なので，ヤコビイデアル $\left\langle \dfrac{\partial f}{\partial x}, \dfrac{\partial f}{\partial y} \right\rangle_{\mathcal{E}_2}$ は

3.6 可微分関数芽の分類

$$\langle x^2 y^i \ x^i y^2 \ (i \geq 0) \rangle_{\mathcal{E}_2}$$

となるので，実ベクトル空間 $\dfrac{\mathcal{E}_n}{\left\langle \frac{\partial f}{\partial x}, \frac{\partial f}{\partial y} \right\rangle \mathcal{E}_2}$ の基底として $1, x, y, xy$ がとれる．この場合，$f \in \left\langle \dfrac{\partial f}{\partial x}, \dfrac{\partial f}{\partial y} \right\rangle_{\mathcal{E}_2}$ なので，$\mathcal{G} = \mathcal{K}$ の場合のイデアルも同じものとなる．したがって，$\mathcal{R}^+$ 最小普遍開折は

$$x^3 + y^3 + u_1 x + u_2 y + u_3 xy$$

となり，$\mathcal{K}$ 最小普遍開折は

$$x^3 + y^3 + u_1 + u_2 x + u_3 y + u_4 xy$$

である．したがって，最小普遍開折の一意性定理（定理 3.3.4）から，関数芽 $f(x,y) = x^3 + y^3$ に $\mathcal{G}$-同値な関数芽 $f \in \mathfrak{M}_2$ の最小普遍開折は上記のものに P-$\mathcal{G}$-同値であることがわかる． □

以下，2 変数関数芽 $f(x,y)$ の最小普遍開折に対応するカタストロフ写像，分岐集合，判別集合などを求める．

(A) $\mathcal{R}^+$ 最小普遍開折の場合： (1) $G(x, y, u_1, u_2) = x^3 \pm y^2 + u_1 x$ が標準形であり，カタストロフ集合は

$$C(G) = \{(x, 0, -3x^2) \mid x \in (\mathbb{R}, 0) \}$$

である．それは $i(u,v) = (u, 0, -3u^2)$ という径数表示をもち，$\pi_{C(G)}$ は

$$\pi_{C(G)}(x, 0, -3x^2) = -3x^2$$

で与えられるので，π と i の合成は

$$\pi \circ i(u) = -3u^2$$

である．この写像芽は**折り目写像（芽）**と呼ばれる．さらに，分岐集合は原点

$$\mathcal{B}_G = \{0\} \subset \mathbb{R}$$

である．

(2) $G(x,y,u_1,u_2) = \pm x^4 \pm y^2 + u_1 x + u_2 y^2$ が標準形なので,カタストロフ集合は

$$C(G) = \{(x, 0, \mp 4y^3 - 2u_2 x, u_2) \mid x, u_2 \in (\mathbb{R}, 0) \}$$

である.それは,$j(u,v) = (u, 0, \mp 4u^3 - 2vu, v)$ という径数表示をもち,$\pi_{C(G)}$ は,

$$\pi_{C(G)}(x, 0, \mp 4x^3 - 2u_2 x, u_2) = (\mp 4x^3 - 2u_2 x, u_2)$$

で与えられるので,π と i の合成は

$$\pi \circ j(u, v) = (\mp 4u^3 - 2vu, v)$$

である.この写像芽は**カスプ写像(芽)**または**ホイットニーの襞(ひだ)写像(芽)**と呼ばれる.この場合,分岐集合は 3/2 カスプ

$$\mathcal{B}_G = \{(u_1, u_2) \mid 27u_1^2 = \mp 8u_2^3 \}$$

である.

(3) 標準形は $G(x,y,u_1,u_2,u_3) = x^5 \pm y^2 + u_1 x + u_2 x^2 + u_3 x^3$ であり,カタストロフ集合は

$$C(G) = \{(x, 0, -5x^4 - 2u_2 x - 3u_3 x^2, u_2, u_3) \mid x, u_2, u_3 \in (\mathbb{R}, 0) \}$$

である.それは,$j(u,v,w) = (u, 0, -5u^4 - 2vu - 3wu^2, v, w)$ という径数表示をもち,$\pi_{C(G)}$ は

$$\pi_{C(G)}(x, 0, -5x^4 - 2u_2 x - 3u_3 x^2, u_2, u_3) = (-5x^4 - 2u_2 x - 3u_3 x^2, u_2, u_3)$$

なので $\pi \circ j(u,v,w) = (-5u^4 - 2vu - 3wu^2, v, w)$ となる.その分岐集合は

$$\mathcal{B}_G = \{(15u^4 + 3vu^2, -10u^3 - 3vu, v) \mid u, v \in (\mathbb{R}, 0) \}$$

であり,**ツバメの尾**と呼ばれる(図3.2).

(4) 標準形は $G(x,y,u_1,u_2,u_3,u_4) = \pm x^6 \pm y^2 + u_1 x + u_2 x^2 + u_3 x^3 + u_4 x^4$ であり,カタストロフ集合は

$$C(G) = \{(x, 0, \mp 6x^5 - 2u_2 x - 3u_3 x^2 - 4u_4 x^3, u_2, u_3, u_4) \mid x, u_i \in (\mathbb{R}, 0) \}$$

3.6 可微分関数芽の分類

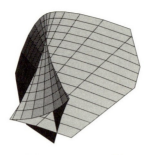

図 3.2　ツバメの尾

である. ゆえに $j(u,v,w,z) = (u, 0, \mp 6u^5 - 2vu - 3wu^2 - 4zu^3, v, w, z)$ がその径数表示を与え,

$$\pi \circ j(u,v,w,z) = (\mp 6u^5 - 2vu - 3wu^2 - 4zu^3, v, w, z)$$

となり, G の分岐集合は

$$\mathcal{B}_G = \{(\pm 24u^5 + 3wu^2 + 8zu^3, \mp 15u^4 - 3wu - 6zu^2, w, z) \mid (u, w, z) \in (\mathbb{R}, 0)\}$$

であり, **蝶々**と呼ばれる. 蝶々は 4 次元空間内にある図形なので, 直接図に描くことはできない.

(5) この場合, 標準形は

$$G(x, y, u_1, u_2, u_3) = \frac{x^3}{3} - xy^2 - u_1 x - u_2 y + u_3(x^2 + y^2)$$

に $P\text{-}\mathcal{R}^+$-同値なので, この開折 G を考える. カタストロフ集合は, $C(G) = \{(x, y, x^2 - y^2 + 2xu_3, -2xy + 2yu_3, u_3) \mid x, y, u_3 \in (\mathbb{R}, 0)\}$ であり, $j(u, v, w) = (u, v, u^2 - v^2 + 2uw, -2uv + 2uw, w)$ がその径数表示となる.

さらに $\pi \circ j(u, v, w) = (u^2 - v^2 + 2uw, -2uv + 2uw, w)$ なので, G の分岐集合は

$$\mathcal{B}_G = \{(u^2 - v^2 + 2uw, -2uv + 2vw, w) \mid w^2 = u^2 + v^2\}$$

であり, **楕円的臍（ピラミッド）**と呼ばれる（図 3.3）.

(6) この場合, 標準形は,

$$G(x, y, u_1, u_2, u_3) = x^3 + y^3 - u_1 x - u_2 y + u_3 xy$$

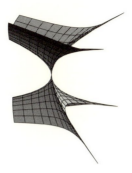

図 3.3 ピラミッド

に $P\text{-}\mathcal{R}^+$-同値なので,開折 G を考えてもよい.カタストロフ集合は

$$C(G) = \{(x, y, 3x^2 + u_3y, 3y^2 + u_3x, u_3) \mid x, y, u_3 \in (\mathbb{R}, 0) \}$$

であり,それは $j(u, v, w) = (u, v, 3u^2 + wv, 3v^2 + wu, w)$ という径数表示をもち,$\pi \circ j(u, v, w) = (3u^2 + wv, 3v^2 + wu, w)$ となる.ゆえに,G の分岐集合は

$$\mathcal{B}_G = \{(3u^2 + wv, 3v^2 + wu, w) \mid w^2 = 36uv \}$$

であり,**双曲的臍(財布)** と呼ばれる(図 3.4).

(7) 標準形は

$$G(x, y, u_1, u_2, u_3, u_4) = x^2 + y^4 - u_1x - u_2y + u_3x^2 + u_4y^2$$

なので,そのカタストロフ集合は

$$C(G) = \{(x, y, 2xy + 2u_3x, x^2 + 4y^3 + 2u_4y, u_3, u_4) \mid x, y, u_j \in (\mathbb{R}, 0) \}$$

図 3.4 財布(小銭入れ)

である．それは $j(u,v,w,z) = (u, v, 2uv+2wu, u^2+4v^3+2zv, w, z)$ という径数表示をもち，

$$\pi \circ j(u,v,w,z) = (2uv+2wu, u^2+4v^3+2zv, w, z)$$

なので，

$$\mathcal{B}_G = \{(2uv+2wu, u^2+4v^3+2zv, w, z) \mid 6uv^2+uz+6wv^2+wz-4u^2 = 0\}$$

である．この図形も4次元空間内にあるので，直接図に描くことはできないが，(5), (6) との対比から**放物的臍**と呼ばれる．

(B) $\mathcal{K}$ 最小普遍開折の場合： (1)の場合はすでに，2.5節で判別集合を求めているので，ここでは(2)以降の関数芽を調べる．

(2) $G(x, y, u_1, u_2, u_3) = x^4 \pm y^2 + u_1 + u_2 x + u_3 x^2$ が標準形であり，

$$\Sigma_G = \{(x, 0, -3x^4 - u_3 x^2, 4x^3 + 2u_3 x, u_3) \mid x, u_j \in (\mathbb{R}, 0)\}$$

である．したがって，判別集合はツバメの尾

$$\mathcal{D}_G = \{(-3u^4 - wu^2, 4u^3 + 2wu, w) \mid u, v, w \in (\mathbb{R}, 0)\}$$

である．

(3) 標準形は $G(x, y, u_1, u_2, u_3) = x^5 \pm y^2 - u_1 - u_2 x + u_3 x^2 + u_4 x^3$ であり，

$$\Sigma_G = \{(x, 0, -4x^4 - u_3 x^2 - 2u_4 x^3, 5x^4 + 2u_3 x + 3u_4 x^2, u_3, u_4) \mid \\ x, u_j \in (\mathbb{R}, 0)\}$$

である．したがって，判別集合は蝶々

$$\mathcal{D}_G = \{(-4u^4 - vu^2 - 2wu^3, 5u^4 + 2vu + 3wu^2, v, w) \mid u, v, w \in (\mathbb{R}, 0)\}$$

である．

(4) 標準形は

$$G(x, y, u_1, u_2, u_3, u_4) = \frac{x^3}{3} - xy^2 - u_1 - u_2 x - u_3 y + u_4(x^2 + y^2)$$

に，P-$\mathcal{K}$-同値なので，この開折 G を考える．この場合，
$$\Sigma_G = \{(x, y, -\frac{2}{3}x^3 + 2xy^2 - (x^2+y^2)u_4, x^2 - y^2 + 2xu_4,$$
$$-2xy + 2yu_4, u_4) \mid x, y, u_4 \in (\mathbb{R}, 0)\}$$

である．したがって，G の判別集合は
$$\mathcal{D}_G = \left\{\left(\frac{2}{3}u^3 + 2uv^2 - (u^2+v^2)w, u^2 - v^2 + 2uw, -2uv + 2uw, w\right) \;\middle|\; u, v, w \in (\mathbb{R}, 0)\right\}$$

である．

(5) 標準形として，開折 $G(x, y, u_1, u_2, u_3, u_4) = x^3 + y^3 - u_1 - u_2 x - u_3 y + u_4 xy$ を考えてもよい．この場合，
$$\Sigma_G = \left\{(x, y, -2x^3 - 2y^3 - u_4 xy, 3x^2 + u_4 y, 3y^2 + u_4 x, u_4) \;\middle|\; x, y, u_4 \in (\mathbb{R}, 0)\right\}$$

である．したがって，G の判別集合は
$$\mathcal{D}_G = \left\{(-2u^3 - 2v^3 - uvw, 3u^2 + vw, 3v^2 + uw, w) \;\middle|\; u, v, w \in (\mathbb{R}, 0)\right\}$$

である．

(4), (5) の図形は 4 次元空間内にあるので，直接図に描くことはできない．

4

ラグランジュ・ルジャンドル特異点論概説

　一般的な焦点集合はラグランジュ特異点論の枠組みで記述され，波面はルジャンドル特異点論の枠組みで記述される．さらにラグランジュ部分多様体はシンプレクティック多様体内に存在し，ルジャンドル部分多様体は接触多様体内に存在する．この章では，ラグランジュ特異点論とルジャンドル特異点論を記述する基本的な枠組みについて解説し，次章で述べられる波面の伝播理論の準備とする．いくつかの主張については，詳しい証明などを省略している場合があるので，その場合は参考文献 [4, 5, 13, 23] 等を参照してほしい．

　今後，考える写像（芽），関数（芽）等は特に断らない限りすべて可微分なものを扱うので可微分写像（芽），可微分関数（芽）等は省略して単に写像（芽），関数（芽）等と書く．

4.1　シンプレクティックベクトル空間

　最初に準備として，線形空間の場合を考える．有限次元ベクトル空間 V とその上に正則な交代形式 $\Omega : V \times V \longrightarrow \mathbb{R}$ が与えられているとき，その組 (V, Ω) を**シンプレクティックベクトル空間**と呼ぶ．ここで，Ω が**交代**であるとは，任意の $v, w \in V$ に対して $\Omega(v, w) = -\Omega(w, v)$ を満たすことである．また，V の基底を $\{v_1, \ldots, v_m\}$ とし，Ω の $\{v_1, \ldots, v_m\}$ に対する**表現**

行列を $A = (\Omega(v_i, v_j))$ と定めるとき，Ω が**正則**とは A が正則行列ということである．Ω が交代であるということは，A が交代行列であることと同値なので，(V, Ω) がシンプレクティックベクトル空間であることは V のある基底 $\{v_1, \ldots, v_m\}$ に対して，

$$A = -{}^t\!A, \quad \det A \neq 0$$

が成り立つことである．実際，上記の条件は V の基底のとり方によらないことを証明できる．いま，V の次元を m とすると，ある基底 $\{v_1, \ldots, v_m\}$ に対して条件 $A = -{}^t\!A$ が成り立つので

$$\det A = \det(-{}^t\!A) = \det(-A) = (-1)^m \det A$$

が成り立つ．$\det A \neq 0$ なので，$(-1)^m = 1$ となり，m は偶数であることがわかる．

◆ **例 4.1.1** $\mathbb{R}^n$ を n 次元の座標空間として，n 次元数ベクトル空間とみなす．このとき，$\mathbb{R}^n$ の双対空間

$$(\mathbb{R}^n)^* = \{\alpha \mid \alpha : \mathbb{R}^n \longrightarrow \mathbb{R}; \text{ 線形写像}\}$$

を考える．$(\mathbb{R}^n)^*$ は n 次元ベクトル空間となるが直和空間 $\mathbb{R}^n \oplus (\mathbb{R}^n)^*$ 上に自然な交代形式

$$\Omega : \mathbb{R}^n \oplus (\mathbb{R}^n)^* \times \mathbb{R}^n \oplus (\mathbb{R}^n)^* \longrightarrow \mathbb{R}$$

を $\Omega((v, \alpha), (w, \beta)) = \alpha(v) - \beta(w)$ と定める．いま，$\{e_1, \ldots, e_n\}$ を $\mathbb{R}^n$ の基底として，その双対基底を $\{f_1, \ldots, f_n\}$ とする．$f_i(e_j) = \delta_{ij}$ なので（ただし，δ_{ij} はクロネッカーのデルタ），Ω の基底 $\{e_1, \ldots, e_n, f_1, \ldots, f_n\}$ に対する表現行列は

$$\begin{pmatrix} 0 & I_n \\ -I_n & 0 \end{pmatrix}$$

となり，Ω が正則であることがわかる．

4.1 シンプレクティックベクトル空間

実は任意の $m = 2n$ 次元シンプレクティックベクトル空間 (V, Ω) に対して,ある基底 $\{v_1, \ldots, v_n, w_1, \ldots, w_n\}$ が存在して,Ω の基底 $\{v_1, \ldots, v_n, w_1, \ldots, w_n\}$ に対する表現行列は

$$\begin{pmatrix} 0 & I_n \\ -I_n & 0 \end{pmatrix}$$

となることが証明できる [23]. この性質をもつ基底 $\{v_1, \ldots, v_n, w_1, \ldots, w_n\}$ をシンプレクティックベクトル空間 (V, Ω) の**シンプレクティック基底**と呼ぶ. シンプレクティック基底 $\{v_1, \ldots, v_n, w_1, \ldots, w_n\}$ に $\mathbb{R}^n \oplus (\mathbb{R}^n)^*$ のシンプレクティック基底 $\{e_1, \ldots, e_n, f_1, \ldots, f_n\}$ を対応させることにより,任意の $m = 2n$ 次元シンプレクティックベクトル空間 (V, Ω) は $\mathbb{R}^n \oplus (\mathbb{R}^n)^*$ と同一視することができる.

W をシンプレクティック空間 V の部分空間とする. このとき,

$$W^s = \{v \in V \mid \text{すべての } w \in W \text{ に対し } \Omega(v, w) = 0\}$$

とおくと W^s は V の部分ベクトル空間となり,

$$\dim W + \dim W^s = \dim V$$

が成り立つ. W^s を W の**歪直交補空間**と呼ぶ. $W \subset W^s$ を満たすとき W を**アイソトロピック部分空間**,$W \supset W^s$ を満たすとき**コアイソトロピック部分空間**,そして,$W = W^s$ のとき**ラグランジュ部分空間**という. W がラグランジュ部分空間であるための条件は W がアイソトロピックであり,$\dim W = \frac{1}{2} \dim V$ であることである.

◆ **例 4.1.2** $\mathbb{R}^n = \{\mathbf{0}\} \oplus \mathbb{R}^n \subset (\mathbb{R}^n)^* \oplus \mathbb{R}^n$ はラグランジュ部分空間である. 実際,$(\mathbf{0}, \boldsymbol{u}), (\mathbf{0}, \boldsymbol{v}) \in \{\mathbf{0}\} \oplus \mathbb{R}^n$ に対して,

$$\Omega((\mathbf{0}, \boldsymbol{u}), (\mathbf{0}, \boldsymbol{v})) = \mathbf{0}(\boldsymbol{u}) - \mathbf{0}(\boldsymbol{v}) = 0$$

である. したがって,$\mathbb{R}^n \subset (\mathbb{R}^n)^s$ を満たす. すなわち,$\mathbb{R}^n$ は n 次元のアイソトロピック部分空間,言い換えるとラグランジュ部分空間であることがわかる.

ラグランジュ部分空間については，以下の重要な性質がある．

補題 4.1.3 $L \subset V$ を $2n$ 次元シンプレクティックベクトル空間 $V = (V, \Omega)$ のラグランジュ部分空間とする．このとき，V のシンプレクティック基底 $\{f_1, \ldots, f_n, e_1, \ldots, e_n\}$ で，$\{e_1, \ldots, e_n\}$ が L の基底であるものが選べる．

証明 まず e_1 を L から選ぶ．$f_1 \in V$ として $\Omega(f_1, e_1) = 1$ となるものを選び $W = \langle f_1, e_1 \rangle_\mathbb{R}$ とする．次に $2n - 2$ 次元シンプレクティックベクトル空間 $(W^s, \Omega|_{W^s})$ において $L' = W^s \cap L$ がラグランジュ部分空間であることが確かめられる．アイソトロピックなのは明らかだから，次元が問題である．

$$L' = W^s \cap L = W^s \cap L^s = (W + L)^s$$

に注意する．$W \cap L$ は 1 次元であるから，$W + L$ は $n + 1$ 次元，したがって，L' は $2n - (n + 1) = n - 1$ 次元である．そこで次のステップで e_2 を L' から選ぶ，という具合に選んでいけばよい．詳しくは，[23] を参照してほしい． □

補題 4.1.4 $V = (\mathbb{R}^n)^* \oplus \mathbb{R}^n$ のラグランジュ部分空間 L に対し，添字集合 $\{1, 2, \ldots, n\}$ の分解 I, J，

$$I \cup J = \{1, 2, \ldots, n\}, \quad I \cap J = \emptyset$$

があって，射影 $\Pi : (\mathbb{R}^n)^* \oplus \mathbb{R}^n \to \mathbb{R}^n$, $(\alpha, u) = ((\alpha_i)_{i \in I}, (u_j)_{j \in J})$ は L に制限すれば線形同型である．ここで，u_j は $\mathbb{R}^n$ の標準基底に関する u の第 j 成分，α_i は $(\mathbb{R}^n)^*$ の標準双対基底に関する α の第 i 成分である．

証明 $\Pi_2 : V = (\mathbb{R}^n)^* \oplus \mathbb{R}^n \to \mathbb{R}^n$ を第 2 成分への射影とする．$\Pi_2(L) \subset \mathbb{R}^n$ が k 次元とすると，k 個の要素からなる添字集合 $J \subset \{1, 2, \ldots, n\}$ があって，$\Pi_2(L)$ の $\mathbb{R}^k$ への射影 $u \mapsto (u_j)_{j \in J}$ は線形同型となる．（このことは，階数 k の $n \times k$ 行列の，ある k 次小行列が正則であることからわか

る). 次に $\mathrm{Ker}\,(\Pi_2|_L)$ の基底を $\{(\alpha_1,0),\ldots,(\alpha_{n-k},0)\}$ とすると, 各 α_i は $\Pi_2(L)$ 上零となる. このことは L がラグランジュ部分空間であることからわかる. $\{e_1,\ldots,e_n\}$ を $\mathbb{R}^n$ の標準基底, $\{f_1,\ldots,f_n\}$ をその双対基底とする. すると, $\{\alpha_1,\ldots,\alpha_{n-k}\}$ に $f_j, j \in J$ をあわせると $(\mathbb{R}^n)^*$ の基底になる. したがって, $I = \{1,\ldots,n\} - J$ とおくと, Π_L は線形同型となる. □

4.2 シンプレクティック多様体

シンプレクティック多様体とは, 各点における接空間がシンプレクティックベクトル空間となるような多様体のことである. 多様体 M 上の**シンプレクティック形式** ω とは非退化な2次閉微分形式のことである. すなわち ω は2次微分形式で $d\omega = 0$ が成り立ち, かつ ω が M の各点 $x \in M$ における接空間 $T_x M$ 上に定める2次交代形式が正則となることである. したがって M は偶数次元となる. シンプレクティック形式 ω をもつような多様体 M を**シンプレクティック多様体**と呼び, ω を M 上の**シンプレクティック構造**と呼ぶ. シンプレクティック多様体の重要な例をいくつか述べておく.

◆ **例 4.2.1** $2n$ 次元の座標空間 $\mathbb{R}^{2n} = \{(x_1,\ldots,x_n,p_n,\ldots,p_n) \mid x_i, p_i \in \mathbb{R}\}$ を考え, その上の1次微分形式を

$$\lambda = p_1 dx_1 + \cdots + p_n dx_n$$

とする. このとき,

$$\omega = d\lambda = dp_1 \wedge dx_1 + \cdots + dp_n \wedge dx_n$$

とすると, $d\omega = dd\lambda = 0$ で閉形式となる. また,

$$\omega\left(\frac{\partial}{\partial p_i}, \frac{\partial}{\partial p_j}\right) = 0, \quad \omega\left(\frac{\partial}{\partial p_i}, \frac{\partial}{\partial x_j}\right) = \delta_{ij}, \quad \omega\left(\frac{\partial}{\partial x_i}, \frac{\partial}{\partial px_j}\right) = 0$$

となり, 2次形式 $\omega : \mathbb{R}^{2n} \times \mathbb{R}^{2n} \longrightarrow \mathbb{R}$ の表現行列は

$$\begin{pmatrix} 0 & I_n \\ -I_n & 0 \end{pmatrix}$$

で与えられ，ω が非退化であることがわかる．すなわち ω は $\mathbb{R}^{2n}$ 上のシンプレクティック構造を与える．このとき，$\mathbb{R}^{2n}$ は**標準的（線形）シンプレクティック多様体**と呼ばれる．

◆ **例 4.2.2** 多様体 N の余接束 $\rho : T^*N \longrightarrow N$ を考える．任意の点 $x \in N$ と $\xi \in T^*N$ に対して，その点における ρ の微分写像

$$d\rho_{(x,\xi)} : T_{(x,\xi)}(T^*N) \to T_x N$$

が得られる．このとき，T^*N 上の**リュウビル（微分）形式** λ を $(x,\xi) \in T^*N$ に対して，1次形式 $\lambda_{(x,\xi)} = \xi \circ d\rho_{(x,\xi)} : T_{(x,\xi)}(T^*N) \to \mathbb{R}$ として定める．すなわち，任意の $v \in T_{(x,\xi)}(T^*N)$ に対して，$\lambda_{(x,\xi)}(v) = \xi(d\rho_{(x,\xi)}(v)) \in \mathbb{R}$ を対応させる線形写像のことである．ここで ρ の局所表示を調べてみる．$(x_1,\ldots,x_n)$ を N のある点の近傍 U における $x \in U$ の局所座標表示として，$(x,\xi) \in \rho^{-1}(U)$ に対して，$(\xi_1,\ldots,\xi_n) \in T^*N$ を $\xi_i = \xi(\partial/\partial x_i)$ と定めると，$(x_1,\ldots,x_n,\xi_1,\ldots,\xi_n)$ は $\rho^{-1}(U)$ の局所座標系である．この座標系を**正準座標系**と呼ぶ．この座標系で λ は

$$\lambda = \xi_1 dx_1 + \cdots + \xi_n dx_n$$

と表される．

すなわち，例 4.2.1 における1次微分形式は $N = \mathbb{R}^n$ の場合のリュウビル形式であることがわかった．ここで，$\omega = d\lambda$ とおくと，正準座標系では

$$\omega = d\xi_1 \wedge dx_1 + \cdots + d\xi_n \wedge dx_n$$

となり，例 4.2.1 の計算から ω は T^*N 上のシンプレクティック構造となることがわかる．ここで与えられた T^*N 上のシンプレクティック構造 ω を T^*N 上の**標準的シンプレクティック構造**と呼ぶ．

(M_1, ω_1) と (M_2, ω_2) をシンプレクティック多様体とする．微分同相写像 $\varphi : M_1 \to M_2$ が $\varphi^* \omega_2 = \omega_1$ を満たすとき**シンプテクテイック微分同相写像**と呼び，シンプレクティック微分同相写像が存在するとき (M_1, ω_1) と

(M_2, ω_2) は**シンプレクティック微分同相である**という．次の定理は，シンプレクティック多様体は局所的にはみなシンプレクティック微分同相であることを示している（証明は [4, 23] 等を参照）．

定理 4.2.3 （**ダルブーの定理**） 同じ次元の任意の二つのシンプレクティック多様体は局所的にシンプレクティック微分同相である．

言い換えると，この定理は，シンプレクティック多様体 (M, ω) の任意の点 $x \in M$ にはある局所座標近傍 U とその上の局所座標系 $(x_1, \ldots, x_n, p_1, \ldots, p_n)$ が存在して
$$\omega|_U = dp_1 \wedge dx_1 + \cdots + dp_n \wedge dx_n$$
と書くことができるということを主張している．

4.3 ラグランジュ部分多様体とラグランジュファイバー束

M を $2n$ 次元シンプレクティック多様体として，ω をシンプレクティック構造とする．M の部分多様体 L が**ラグランジュ部分多様体**であるとは，$\dim L = n$ かつ $\omega|_L = 0$ を満たすこととする．

◆ **例 4.3.1** 多様体 N 上の余接束 $\rho : T^*N \longrightarrow N$ を考えると，T^*N 上には標準的シンプレクティック構造 ω が存在した．このときそのファイバー $\rho^{-1}(x) = T_x N$ は T^*N の n 次元の部分多様体であり，ω の定義から，$\omega|_{T_x N} = 0$ を満たすことがわかる．さらに $f : N \to \mathbb{R}$ を滑らかな関数とすると，埋め込み $Df : N \to T^*N$ が $Df(x) = (x, df_x)$ によって定まる．T^*N の正準座標系 $(x, \xi) = (x_1, \ldots, x_n, \xi_1, \ldots, \xi_n)$ をとると
$$Df(x) = \left(x, \frac{\partial f}{\partial x_1}(x), \ldots, \frac{\partial f}{\partial x_n}(x)\right)$$
と書かれ，リュウビル形式 λ の Df による引き戻しは
$$Df^*\lambda(x) = \sum_{i=1}^n \frac{\partial f}{\partial x_i}(x) dx_i = df_x$$

となる．したがって，$Df^*\omega = Df^*d\lambda = d(Df^*\lambda) = ddf = 0$ が成り立ち，$Df(N)$ は T^*N のラグランジュ部分多様体である．

$\pi: E \to N$ を可微分ファイバー束として，E をシンプレクティック多様体とする．このとき，$\pi: E \to N$ が**ラグランジュファイバー束**であるとは，任意のファイバー $\pi^{-1}(x)$ が E のラグランジュ部分多様体となることと定義する．

◆ **例 4.3.2** 標準的シンプレクティック多様体 $\mathbb{R}^{2n}$ を考え，射影 $\pi: \mathbb{R}^{2n} \to \mathbb{R}^n$ を $\pi(x_1, \ldots, x_n, p_1, \ldots, p_n) = (x_1, \ldots, x_n)$ と定める．このときファイバーは明らかにラグランジュ部分多様体となるので，$\pi: \mathbb{R}^{2n} \to \mathbb{R}^n$ はラグランジュファイバー束である．

例 4.3.1 から余接束 $\rho: T^*N \longrightarrow N$ はラグランジュファイバー束であることがわかる．

二つのラグランジュファイバー束 $\pi: E \to N$ と $\pi': E' \to N'$ が**ラグランジュ微分同相**であるとは，シンプレクティック微分同相写像 $\Phi: E \to E'$ と微分同相写像 $\phi: N \to N'$ が存在して $\pi' \circ \Phi = \phi \circ \pi$ を満たすことと定義する．このとき，Φ は**ラグランジュ微分同相写像**と呼ばれる．このとき，以下の定理が成立する．

定理 4.3.3 同じ次元のすべてのラグランジュファイバー束は局所的にラグランジュ微分同相である．

この証明も本書では与えないので，参考書 [4, 23] 等を参照してほしい．この定理から，ラグランジュファイバー束のラグランジュ微分同相で不変な局所的性質を調べるには，標準的ラグランジュファイバー束 $\rho: T^*\mathbb{R}^n \longrightarrow \mathbb{R}^n$ を考えればよいことがわかる．ここで，微分同相写像 $\phi: \mathbb{R}^n \to \mathbb{R}^n$ を考える．このとき，写像 $\overline{\phi}: T^*\mathbb{R}^n \to T^*\mathbb{R}^n$ を $\overline{\phi}(x, \xi) = (\phi(x), (\phi^{-1})^*_x(\xi))$ と定める．ただし，$(\phi^{-1})^*_x: T^*_x\mathbb{R}^n \to T^*_{\phi(x)}\mathbb{R}^n$ は ϕ^{-1} の双対微分写像である．$T^*\mathbb{R}^n$ の正準座標系 $(x, \xi) = (x_1, \ldots, x_n, \xi_1, \ldots, \xi_n)$ におけるリュウビル形

式 $\lambda = \sum_{i=1}^n \xi_i dx_i$ について,$\phi(x) = (y_1, \ldots, y_n)$ と表すと

$$\overline{\phi}^*(\lambda) = \sum_{i=1}^n \xi_i \sum_{j=1}^n \left(\frac{\partial \phi_i^{-1}}{\partial y_j}\right)_x d\phi_j(x)$$

$$= \sum_{i,j,\ell=1}^n \xi_i \left(\frac{\partial \phi_i^{-1}}{\partial y_j}\right)_x \left(\frac{\partial \phi_j}{\partial x_\ell}\right)_{\phi(x)} dx_\ell = \sum_{i=1}^n \xi_i dx_i = \lambda$$

となる.したがって,

$$\overline{\phi}^*\omega = \overline{\phi}^*(d\lambda) = d\overline{\phi}^*(\lambda) = d\lambda = \omega$$

が成り立ち,$\overline{\phi}$ はシンプレクティック微分同相写像となる.さらに定義から,$\overline{\phi}$ はラグランジュ微分同相写像でもある.この $\overline{\phi}$ を微分同相写像 ϕ の**ラグランジュリフト**と呼ぶ.このようにして,$\mathbb{R}^n$ 上の微分同相写像は $T^*\mathbb{R}^n$ 上のラグランジュ微分同相写像を誘導するが,ϕ を導くラグランジュ微分同相写像は以下の命題でみるように一意的ではない.この点が後に解説するルジャンドル微分同相写像との決定的な違いである.

命題 4.3.4 $\sigma : T^*\mathbb{R}^n \to T^*\mathbb{R}^n$ をラグランジュ微分同相写像として,$\phi : \mathbb{R}^n \to \mathbb{R}^n$ を $\rho \circ \sigma = \phi \circ \rho$ を満たす微分同相写像とする.このとき,$\mathbb{R}^n$ 上の可微分関数 $S : \mathbb{R}^n \to \mathbb{R}$ が存在して,$\mathbb{R}^n$ の任意の点 $x \in \mathbb{R}^n$ で $\sigma|_{T_x^*\mathbb{R}^n} : T_x^*\mathbb{R}^n \to T_{\phi(x)}^*\mathbb{R}^n$ は

$$\sigma((x,\xi)) = (\phi(x), (\phi^{-1})_x^*(\xi + dS(x)))$$

となる.

証明 $\sigma' = (\overline{\phi})^{-1} \circ \sigma$ とおくと,ラグランジュ微分同相写像となり,しかも $\rho \circ \sigma' = \rho$ を満たす.したがって,

$$\sigma'(x,\xi) = (x, \xi + dS(x))$$

を示せばよい.$\rho \circ \sigma' = \rho$ から,$\sigma'(x,\xi) = (x, P(x,\xi))$ の形をしている.このとき,σ' がシンプレクティック微分同相写像なので,$P(x,\xi) =$

$(p_1(x,\xi), \ldots, p_n(x,\xi))$ と表すと

$$\omega = (\sigma')^*\omega = \sum_{i=1}^{n} dp_i(x,\xi) \wedge dx_i = d\left(\sum_{i=1}^{n} p_i(x,\xi)dx_i\right)$$

となり，$\omega = d(\sum_{i=1}^{n} \xi_i dx_i)$ なので，

$$d\left(\sum_{i=1}^{n}(p_i(x,\xi) - \xi_i)dx_i\right) = 0$$

を得る．したがって，ポアンカレの補題から，ある可微分関数 $S: T^*\mathbb{R}^n \longrightarrow \mathbb{R}$ が存在して，$dS = \sum_{i=1}(p_i(x,\xi) - \xi_i)dx_i$ が成り立つ．このとき，

$$\frac{\partial S}{\partial x_i}(x,\xi) = p_i(x,\xi) - \xi_i, \ \frac{\partial S}{\partial \xi_i}(x,\xi) = 0$$

となる．したがって，可微分関数 S は $\mathbb{R}^n$ 上の関数で，$\sigma'(x,\xi) - (x,\xi) = (x, dS(x))$ を満たしている． □

この命題から，微分同相写像 $\phi: \mathbb{R}^n \to \mathbb{R}^n$ のラグランジュリフトと，ラグランジュ微分同相写像 $\sigma: T^*\mathbb{R}^n \to T^*\mathbb{R}^n$ で，$\rho \circ \sigma = \phi \circ \rho$ を満たすものの差は，任意の可微分関数 $S: \mathbb{R}^n \to \mathbb{R}$ だけあるということがわかった．

4.4 ラグランジュ写像と焦点集合

$\pi: E \to N$ を $\dim N = n$ のラグランジュファイバー束とする．ラグランジュ部分多様体 $i: L \subset E$ に対してその射影 $\pi|_L = \pi \circ i: L \longrightarrow N$ を**ラグランジュ写像**と呼ぶ．ラグランジュ特異点とは，このラグランジュ写像の写像としての特異点である．言い換えると点 $p \in L$ が**ラグランジュ特異点**であるとは $\operatorname{rank} d(\pi|_L)_p < n$ を満たすことである．ラグランジュ写像の特異値集合を**焦点集合**または**コースティック**と呼び，C_L で表す．すなわち，

$$C_L = \{\pi(p) \in N \mid \operatorname{rank} d(\pi|_L)_p < n\}$$

である．二つのラグランジュ写像 $\pi|_L: L \longrightarrow N$ と $\pi'|_{L'}: L' \longrightarrow N'$ が**ラグランジュ同値**であるとはラグランジュ微分同相写像 $\Phi: E \to E'$ が存在して

4.4 ラグランジュ写像と焦点集合

$\Phi(L) = L'$ を満たすことと定義する.このとき,**ラグランジュ部分多様体** L **と** L' **がラグランジュ同値**であるともいう.このとき,$\pi' \circ \Phi = \phi \circ \pi$ を満たす微分同相写像 $\phi : N \longrightarrow N'$ により,$\phi(C_L) = C_{L'}$ となる.すなわち,C_L と $C_{L'}$ は微分同相である.

今後,ラグランジュ特異点の局所的性質について考えるので,すべて芽の概念を使って書き表すこととする.ラグランジュ特異点論における基本的結果は,任意のラグランジュ多様体芽はある種の関数族の芽を用いて書き表されることである.定理 4.3.3 から任意のラグランジュファイバー束は局所的に標準ラグランジュファイバー束(余接束)$\rho : T^*\mathbb{R}^n \to \mathbb{R}^n$ にラグランジュ微分同相である.したがって,ここではラグランジュファイバー束として余接束を考える.余接束 $T^*\mathbb{R}^n$ の正準座標系を $(x, p) = (x_1, \ldots, x_n, p_1, \ldots, p_n)$ とする.このとき,$T^*\mathbb{R}^n$ 上のリュウビル形式は $\lambda = \sum_{i=1}^{n} p_i dx_i$ で与えられ,標準的シンプレクティック形式が $\omega = d\lambda$ で与えられる.

ここで,$F : (\mathbb{R}^k \times \mathbb{R}^n, 0) \to (\mathbb{R}, 0)$ を $(\mathbb{R}^k, 0)$ 上の(可微分)関数芽の n 次元開折とし,$\mathbb{R}^k \times \mathbb{R}^n$ の座標を $(q, x) = (q_1, \ldots, q_k, x_1, \ldots, x_n)$ と表す.第 3 章では F に付随してカタストロフ集合(芽)が

$$C(F) = \left\{ (q, x) \in (\mathbb{R}^k \times \mathbb{R}^n, 0) \,\Big|\, \frac{\partial F}{\partial q_1}(q, x) = \cdots = \frac{\partial F}{\partial q_k}(q, x) = 0 \right\}$$

と定められた.さらにその分岐集合も

$$\mathcal{B}_F = \left\{ x \in (\mathbb{R}^n, 0) \,\Big|\, \exists (q, x) \in C(F); \; \mathrm{rank}\left(\frac{\partial^2 F}{\partial q_i \partial q_j}(q, x) \right) < k \right\}$$

と定義された.また,標準射影 $\pi : (\mathbb{R}^k \times \mathbb{R}^n, 0) \to (\mathbb{R}^n, 0)$ の $C(F)$ への制限

$$\pi_{C(F)} : (C(F), 0) \to (\mathbb{R}^n, 0)$$

はカタストロフ写像と呼ばれた.ここで,F が**モース関数族**であるとは,

$$\Delta F(q, x) = \left(\frac{\partial F}{\partial q_1}(q, x), \ldots, \frac{\partial F}{\partial q_k}(q, x) \right)$$

と定義された写像芽 $\Delta F : (\mathbb{R}^k \times \mathbb{R}^n, 0) \to (\mathbb{R}^k, 0)$ がしずめ込み芽となることと定義する.このとき $C(F)$ は $(\mathbb{R}^k \times \mathbb{R}^n, 0)$ の n 次元部分多様体芽となる.

さらに，写像芽 $L(F) : (C(F), 0) \to T^*\mathbb{R}^n$ を

$$L(F)(q, x) = \left(x, \frac{\partial F}{\partial x_1}(q, x), \ldots, \frac{\partial F}{\partial x_n}(q, x)\right)$$

と定義する．

命題 4.4.1 $L(F)$ は，はめ込み芽である．

証明 $C(F) = \Delta F^{-1}(0)$ なので，陰関数定理から，写像芽 $G : (\mathbb{R}^n, 0) \longrightarrow (\mathbb{R}^k, 0)$ が存在して，$\Delta F^{-1}(0) = \{(q, x) \mid G(x) = q\}$ と書き表される．$G(x) - q$ の原点におけるヤコビ行列を計算すると

$$J_{G(x)-q}(0) = (-I_k \ J_G(0))$$

となる．$v = \sum_{j=1}^k \xi_j (\partial/\partial q_j)_0 + \sum_{i=1}^n \eta_i (\partial/\partial x_i)_0 \in T_0(\mathbb{R}^k \times \mathbb{R}^n)$ に対して，$J_{G(x)-q}(0)v = 0$ とすると，$v_1 = J_G(0)v_2$ となる．ただし，$v_1 = \sum_{j=1}^k \xi_j (\partial/\partial q_j)_0$ かつ $v_2 = \sum_{i=1}^n \eta_i (\partial/\partial x_i)_0$ とする．ここで，$C(F) = \Delta F^{-1}(0)$ なので $T_0 C(F) = \operatorname{Ker} d(\Delta F)_0 = \operatorname{Ker} J_{G(x)-q}(0)$ となり，$T_0 C(F)$ に属するベクトルは $v_1 = J_G(0)v_2$ の形をしている．一方，写像 $L(F)$ を $(\mathbb{R}^k \times \mathbb{R}^n, 0)$ 全体に拡張した写像芽 $\widetilde{L}(F) : (\mathbb{R}^k \times \mathbb{R}^n, 0) \longrightarrow T^*\mathbb{R}^n$ のヤコビ行列は

$$J_{\widetilde{L}(F)}(0) = \begin{pmatrix} 0 & I_n \\ \frac{\partial^2 F}{\partial q_j \partial x_i}(0) & \frac{\partial^2 F}{\partial x_j \partial x_i}(0) \end{pmatrix}$$

の形をした行列である．ベクトル v に対して，$J_{\Delta F}(0)v = 0$ ならば $\eta_1 = \cdots = \eta_n = 0$ が成り立ち，$v_2 = 0$ となる．$v \in \operatorname{Ker} d(\Delta F)_0$ について，$v_1 = J_G(0)v_2 = 0$ なので，$v = 0$ となる．このことは $d(L(F))_0$ は単射であることを意味している． □

命題 4.4.1 から $L(F)(C(F))$ は余接束 $T^*\mathbb{R}^n$ 内の n 次元部分多様体芽となる．さらに，

$$L(F)^*\lambda = \sum_{i=1}^n \frac{\partial F}{\partial x_i} dx_i \Big|_{C(F)} = dF|_{C(F)}$$

なので，

$$L(F)^*\omega = L(F)^*d\lambda = dL(F)^*\lambda = d(dF|_{C(F)}) = (ddF)|_{C(F)} = 0$$

となる．このことは $L(F)(C(F))$ が余接束 $T^*\mathbb{R}^n$ 内のラグランジュ部分多様体芽であることを意味する．このときモース関数族 F をラグランジュ部分多様体芽 $L(F)(C(F))$ の**母関数族**と呼ぶ．以下の定理はラグランジュ特異点論における基本定理の一つである．

定理4.4.2 L を余接束 $T^*\mathbb{R}^n$ 内のラグランジュ部分多様体芽とする．このとき，モース関数族 F が存在し，集合芽として $L(F)(C(F)) = L$ が成り立つ．言い換えると，任意のラグランジュ部分多様体芽には母関数族が存在する．

証明 平行移動を考えればよいので，原点におけるラグランジュ部分多様体芽 $(L,0) \subset (T^*\mathbb{R}^n, 0)$ を考えてよい．いま，接空間 $T_oL \subset T_0(T^*\mathbb{R}^n) = (\mathbb{R}^n)^* \oplus \mathbb{R}^n$ はラグランジュ部分空間となる．補題4.1.4から，添字集合 $1, 2, \ldots, n$ の分解 I, J

$$I \cup J = \{1, 2, \ldots, n\}, \ I \cap J = \emptyset$$

が存在して，$\Pi(\alpha, u) = ((\alpha)_{i \in I}, (u_j)_{j \in J})$ で定義される射影 $\Pi : (\mathbb{R}^n)^* \oplus \mathbb{R}^n \longrightarrow \mathbb{R}^n$ を T_0L に制限すれば，線形同型写像となる．ここで，射影 $\pi : T^*\mathbb{R}^n \longrightarrow \mathbb{R}^n$ を $\pi(x_1, \ldots, x_n, p_1, \ldots, p_n) = (p_I, x_J)$ と定める．ただし，$p_I = ((p_i))_{i \in I}, x_J = ((x_j))_{j \in J}$ と表す．逆写像定理から，$\pi|_L : (L, 0) \longrightarrow (\mathbb{R}^n, 0)$ は微分同相写像芽となる．したがって，$(L, 0)$ は

$$f(p_I, x_J) = (x_I(p_I, x_J), x_J, p_I, p_J(p_I, x_J))$$

という形の埋め込み芽 $f : (\mathbb{R}^n, 0) \longrightarrow (T^*\mathbb{R}^n, 0)$ の像となることがわかる．このとき，L がラグランジュ部分多様体芽なので

$$\begin{aligned}0 = f^*\omega &= dx_I(p_I, x_J) \wedge dp_I + dx_J \wedge dp_J(p_I, x_J) \\ &= dx_I(p_I, x_J) \wedge dp_I - dp_J(p_I, x_J) \wedge dx_J \\ &= d(x_I(p_I, x_J)dp_I - p_J(p_I, x_J)dx_J)\end{aligned}$$

が成り立つ．ゆえに，ポアンカレの補題（補題2.3.2）より，関数芽 $S(p_I, x_J)$ が存在して，$dS = x_I(p_I, x_J)dp_I - p_J(p_I, x_J)dx_J$ となる．言い換えると

$$x_I(p_I, x_J) = \frac{\partial S}{\partial p_I}(p_I, x_J), \ p_J(p_I, x_J) = -\frac{\partial S}{\partial x_J}(p_I, x_J)$$

が成り立つ．したがって，

$$(L, 0) = \left\{ \left(\frac{\partial S}{\partial p_I}(p_I, x_J), x_J, p_I, -\frac{\partial S}{\partial x_J}(p_I, x_J) \right) \ \middle| \ (p_I, x_J) \in (\mathbb{R}^n, 0) \right\}$$

となる．ここで，I の元の個数を k として，$F: (\mathbb{R}^k \times \mathbb{R}^n, 0) \longrightarrow (\mathbb{R}, 0)$ を

$$F(p_I, x) = \sum_{i \in I} p_i x_i - S(p_I, x_J)$$

と定義する．$\partial F/\partial p_i = x_i - \partial S/\partial p_i$ なので，F はモース関数族であり，そのカタストロフ集合芽は

$$C(F) = \left\{ (p_I, x) \in (\mathbb{R}^k \times \mathbb{R}^n, 0) \ \middle| \ x_i = \frac{\partial S}{\partial p_i}(p_I, x_J), i \in I \right\}$$

となる．ゆえに，

$$(L(F)(C(F)), 0) = \left\{ \left(x_I, x_J, p_I, -\frac{\partial S}{\partial x_J}(p_I, x_J) \right) \ \middle| \ x_I = \frac{\partial S}{\partial p_I}(p_I, x_J) \right\}$$

となり，$(L(F)(C(F)), 0) = (L, 0)$ が成り立つ． □

注意 4.4.3 $F: (\mathbb{R}^k \times \mathbb{R}^n, 0) \to (\mathbb{R}, 0)$ をモース関数族とする．このとき F の分岐集合 $\mathcal{B}_F$ はカタストロフ写像芽 $\pi_{C(F)}$ の特異値集合芽である．$L(F)$ の定義から $\pi_{C(F)}(q, x) = \pi \circ L(F)(q, x)$ なので，$\mathcal{B}_F$ は焦点集合芽 $C_{L(F)(C(F))}$ に一致する．

このようにして，ラグランジュ部分多様体芽には，常に母関数族が存在することがわかった．したがって，原理的にはラグランジュ部分多様体芽の性質は母関数族の対応する性質に翻訳されるはずである．しかし，一つのラグランジュ部分多様体に対して，対応する母関数族のとり方の自由度がどのくらいあるかを調べる必要がある．$F: (\mathbb{R}^k \times \mathbb{R}^n, 0) \to (\mathbb{R}, 0)$ をモース関数族とする．

このとき，$Q: (\mathbb{R}^{k'}, 0) \to (\mathbb{R}, 0)$ を変数 $q' = (q'_1, \ldots, q'_{k'})$ に関する非退化 2 次形式とする．このとき，$F + Q: (\mathbb{R}^{k+k'} \times \mathbb{R}^n, 0) \to (\mathbb{R}, 0)$ はモース関数族となる．実際 Q が非退化であるとは，Q のヘッセ行列が正則行列となることと同値であり，言い換えると

$$\operatorname{grad} Q(q') = \left(\frac{\partial Q}{\partial q'_1}(q'), \ldots, \frac{\partial Q}{\partial q'_{k'}}(q') \right)$$

が非特異ということを意味する．したがって，$\Delta(F + Q) : (\mathbb{R}^{k+k'} \times \mathbb{R}^n, 0) \to (\mathbb{R}^{k+k'}, 0)$ も非特異となり，$F + Q$ はモース関数族である．さらに，$L(F)(C(F)) = L(F + Q)(C(F + Q))$ が成り立つ．

$F, G : (\mathbb{R}^k \times \mathbb{R}^n, 0) \to (\mathbb{R}, 0)$ をモース関数族とする．F, G が $S.P$-$\mathcal{R}$-**同値**（**狭い意味での** P-**右同値**）であるとは，微分同相写像芽 $\Phi: (\mathbb{R}^k \times \mathbb{R}^n, 0) \to (\mathbb{R}^k \times \mathbb{R}^n, 0)$ で $\Phi(q, x) = (\phi(q, x), x)$ の形のものが存在して $F = G \circ \Phi$ が成り立つことと定義する．このとき，以下の命題が成り立つ．

命題 4.4.4 $F, G : (\mathbb{R}^k \times \mathbb{R}^n, 0) \to (\mathbb{R}, 0)$ をモース関数族とする．F, G が $S.P$-$\mathcal{R}$-同値ならば，芽として $L(F)(C(F)) = L(G)(C(G))$ が成り立つ．

証明 仮定から $F(q, x) = G(\phi(q, x), x)$ なので，

$$\frac{\partial F}{\partial q_i}(q, x) = \sum_{j=1}^{k} \frac{\partial G}{\partial q_j}(\phi(q, x), x) \frac{\partial \phi_j}{\partial q_i}(q, x)$$

が成り立つ．ただし，$\phi(q, x) = (\phi_1(q, x), \ldots, \phi_k(q, x))$ とする．このとき，k 次正方行列 $(\partial \phi_j / \partial q_i)$ は原点 0 で正則行列なので，$C(F) = \Delta F^{-1}(0) = \Phi^{-1}(\Delta G^{-1}(0))$ となり，$\Phi(C(F)) = C(G)$ が成り立つ．一方，

$$\frac{\partial F}{\partial x_i}(q, x) = \sum_{j=1}^{k} \frac{\partial G}{\partial q_j}(\phi(q, x), x) \frac{\partial \phi_j}{\partial x_i}(q, x) + \frac{\partial G}{\partial x_i}(\phi(q, x), x)$$

なので，任意の $(q, x) \in C(F)$ に対して，$(\phi(q, x), x) \in C(G)$ かつ $L(F)(q, x) = L(G)(\phi(q, x), x)$ となり，$L(F)(C(F)) \subset L(G)(C(G))$ が成り立つ．逆の包含関係も同様にして示すことができ，$L(F)(C(F)) = L(G)(C(G))$ が成り立つ． □

さらに，二つの内部変数の次元が異なるモース関数族 $F : (\mathbb{R}^k \times \mathbb{R}^n, 0) \to (\mathbb{R}, 0)$ と $G : (\mathbb{R}^\ell \times \mathbb{R}^n, 0) \to (\mathbb{R}, 0)$ について考える．付加的な内部変数の $q' \in (\mathbb{R}^{k'}, 0)$ と $q'' \in (\mathbb{R}^{\ell''}, 0)$ で $k + k' = \ell + \ell''$ を満たすものについて，それぞれ非退化2次形式 $Q(q')$ と $Q'(q'')$ が存在して，

$$F + Q : (\mathbb{R}^{k+k'} \times \mathbb{R}^n, 0) \to (\mathbb{R}, 0) \text{ と } G + Q' : (\mathbb{R}^{\ell+\ell''} \times \mathbb{R}^n, 0) \to (\mathbb{R}, 0)$$

が $S.P\text{-}\mathcal{R}$-同値となるとき，F と G は**安定 $S.P\text{-}\mathcal{R}$-同値**であると定義する．命題4.4.4とその前の議論から，以下の命題が成立する．

命題4.4.5 $F : (\mathbb{R}^k \times \mathbb{R}^n, 0) \to (\mathbb{R}, 0)$, $G : (\mathbb{R}^\ell \times \mathbb{R}^n, 0) \to (\mathbb{R}, 0)$ をモース関数族とする．F, G が安定 $S.P\text{-}\mathcal{R}$-同値ならば，芽として $L(F)(C(F)) = L(G)(C(G))$ が成り立つ．

この命題4.4.5の主張の逆が成り立つことが，ラグランジュ特異点論におけるもう一つの基本定理である．$F : (\mathbb{R}^k \times \mathbb{R}^n, 0) \to (\mathbb{R}, 0)$ をモース関数族とする．このとき，F が**極小モース関数族**であるとは，$((\partial^2 F/\partial q_i \partial q_j)(0))_{1 \leq i,j \leq k} = O$ が成り立つことと定義する．このとき，モース関数族の定義から，

$$\mathrm{rank}\,((\partial^2 F/\partial q_i \partial x_j)(0)) = k$$

である．このとき，F は $L(F)(C(F))$ の**極小母関数族**であるといわれる．

補題4.4.6 任意のラグランジュ部分多様体芽 L には極小母関数族が存在する．

証明 ラグランジュ部分多様体芽 L の母関数族を $F : (\mathbb{R}^k \times \mathbb{R}^n, 0) \to (\mathbb{R}, 0)$ として，ヘッセ行列

$$\left(\frac{\partial^2 F}{\partial q_i \partial q_\ell}(0)\right)_{1 \leq i, \ell \leq k}$$

の階数が r であると仮定する．このとき，トムの分裂補題（補題3.1.3）から微分同相写像芽 $\Psi : (\mathbb{R}^k, 0) \to (\mathbb{R}^k, 0)$ が存在して

$$F(\Psi(q), x) = F'(q_{r+1}, \ldots, q_k, x) + Q(q_1, \ldots, q_r)$$

と書き表される.ただし,F' は $((\partial^2 F/\partial q_i \partial q_j)(0))_{1 \le i,j \le r} = O$ を満たし,$Q(q_1, \ldots, q_r)$ は非退化2次形式である.F と F' は S.P-$\mathcal{R}$-同値(の特別な場合)なので,命題4.4.4から $L = L(C(F)) = L(C(F'))$ が成り立つ.このことは F' が L の極小母関数族であることを示している. □

上の証明における,極小母関数族 F' は,作り方から与えられた母関数族 F に S.P-$\mathcal{R}$-同値となっている.したがって,命題4.4.5の逆の主張を示すには,極小母関数族に対して,命題4.4.4の逆の主張が成り立つことを示せばよい.

命題 4.4.7 ラグランジュ部分多様体芽 L の極小母関数族 $F, G : (\mathbb{R}^k \times \mathbb{R}^n, 0) \to (\mathbb{R}, 0)$ は S.P-$\mathcal{R}$-同値である.

証明 簡単のため,定理4.4.2における,$\{1, 2, \ldots, n\}$ の分割 I, J が $I = \{1, \ldots, k\}$, $J = \{k+1, \ldots, n\}$ の場合を考える.このとき,F が極小母関数族なので,rank $((\partial^2 F/\partial q_i \partial x_j)(0)) = k$ であり,写像芽 $\Phi : (\mathbb{R}^k \times \mathbb{R}^n, 0) \to (\mathbb{R}^k \times \mathbb{R}^n, 0)$ を

$$\Phi(q, x) = \left(\frac{\partial F}{\partial x_1}(q, x), \ldots, \frac{\partial F}{\partial x_k}(q, x), x \right)$$

と定めると,逆写像定理から Φ は微分同相芽である.$F' = F \circ \Phi^{-1}$ と定義すると,F と F' は S.P-$\mathcal{R}$-同値となり,F' もモース関数族である.このとき,$\Phi^{-1}(q, x) = (\phi(q, x), x)$ とおくと,

$$\frac{\partial F'}{\partial x_i}(q, x) = \sum_{j=1}^{k} \frac{\partial F}{\partial q_j}(\phi(q, x), x) \frac{\partial \phi}{\partial x_i}(q, x) + \frac{\partial F}{\partial x_i}(\phi(q, x), x)$$

なので,$\Phi^{-1}(C(F')) = C(F)$ かつ $L(F') = L(F) \circ \Phi^{-1}$ となる.命題4.4.4から F' も L の母関数族である.さらに,$1 \le i \le k$ に対して $(\partial F/\partial x_i)(\phi(q, x), x) = (\partial F/\partial x_i)(\Phi^{-1}(q, x)) = q_i$ となることより,$(q, x) \in C(F')$ において,

$$L(F')(q, x) = \left(x, q_1, \ldots, q_k, \frac{\partial F'}{\partial x_{k+1}}(q, x), \ldots, \frac{\partial F'}{\partial x_n}(q, x) \right)$$

となる.ここで,射影 $\Pi : T^*\mathbb{R}^n \to \mathbb{R}^k \times \mathbb{R}^n$ を

$$\Pi(x, p_1, \ldots, p_n) = (p_1, \ldots, p_k, x)$$

とすると,$(q, x) \in C(F')$ に対して,$\Pi(L(F')(q, x)) = (q_1, \ldots, q_k, x) = (q, x)$ となり,$\Pi(L) = \Pi(L(F')(C(F'))) = C(F')$ が成り立つ.一方,同様にして G から G と $S.P$-$\mathcal{R}$-同値な L の母関数族 G' をつくると,F の場合と同様に,$\Pi(L) = C(G')$ が成り立つ.したがって,$C(F') = C(G')$ となり,この集合芽を C とおく.このとき,任意の $(q, x) \in C$ に対して,

$$\frac{\partial F'}{\partial x_i}(q, x) = q_i = \frac{\partial G'}{\partial x_i}(q, x), \ (1 \le i \le k)$$

となり,さらに $L(F')(C(F')) = L(G')(C(G')) = L$ なので,

$$\frac{\partial F'}{\partial x_i}(q, x) = \frac{\partial G'}{\partial x_i}(q, x) \quad (k+1 \le i \le n)$$

も成り立つ.また $C = C(F') = C(G')$ なので,

$$\frac{\partial F'}{\partial q_i}(q, x) = 0 = \frac{\partial G'}{\partial q_i}(q, x) \quad (1 \le i \le k)$$

もわかり,C 上の 1 次形式として $dF'(q, x) = dG'(q, x)$ が成り立つ.したがって,C 上 $F' - G'$ は定数となり,$F'(0) = G'(0) = 0$ なので,C 上 $F' \equiv G'$ となる.

ここで,$F_0 = F'$, $F_1 = G'$ とおき,$F_t = (1-t)F_0 + tF_1$ ($t \in \mathbb{R}$) と定めると各 F_t も F' や G' と同じ性質をもつ.すなわち,F_t はモース関数族であり,$C(F_t) = C$ となる.このとき,任意の $t_0 \in [0, 1]$ に対して,ある微分同相芽の族 $\Phi_t(q, x) = (\phi_t(q, x), x)$ が存在して,$F_t \circ \Phi_t = F_{t_0}$ を満たすことを示せばよい.この関係式の両辺を t に関して微分してみると,

$$\frac{\partial F_t}{\partial t} \circ \Phi_t + \sum_{i=1}^{k} \left(\frac{\partial F_t}{\partial q_i} \circ \Phi_t \right) \frac{\partial \phi_{t,i}}{\partial t} = 0$$

となる.ただし,$\phi_t(q, x) = (\phi_{t,1}(q, x), \ldots, \phi_{t,k}(q, x))$ とする.ゆえに $(\mathbb{R}^n \times \mathbb{R}^k, 0)$ 上のベクトル場の族 X_t で

$$X_t(q, x) = a_1(q, x, t) \frac{\partial}{\partial q_1} + \cdots + a_k(q, x, t) \frac{\partial}{\partial q_k}$$

の形をしていて,$X_t(0,0) = 0$ と $X_tF_t = -(\partial F/\partial t)$ を満たすものを見つけて積分すればよい.

各 F_t はモース関数族で $C = C(F_t)$ なので,

$$\frac{\partial F_t}{\partial q_1}(q,x) = \cdots = \frac{\partial F_t}{\partial q_k}(q,x) = 0$$

が C の定義方程式系である.いま,C 上で $F_1 - F_0 = 0$ で C は部分多様体芽なので,ある可微分関数芽 $b_i : (\mathbb{R}^k \times \mathbb{R}^n \times \mathbb{R}, (0,0,t_0)) \to \mathbb{R}$ ($i = 1, \ldots, k$) が存在して $(0,0,t_0)$ の近傍で

$$\frac{\partial F_t}{\partial t} = F_1 - F_0 = b_1(q,x,t)\frac{\partial F_t}{\partial q_1}(q,x) + \cdots + b_k(q,x,t)\frac{\partial F_t}{\partial q_k}(q,x,t)$$

と書き表される.いま,C 上 $F_1 - F_0 = 0$ なので,各 $(q,x) \in C$ において,$d(\partial F_t/\partial t) = d(F_1 - F_0) = 0$ となり,上式の外微分をとると,$(q,x) \in C$ に対して,$b_i(q,x,t) = 0$ ($i = 1, \ldots, k$) が成り立つ.特に $b_i(0,0,t) = 0$ である.したがって,ベクトル場の族として

$$X_t(q,x) = -b_1(q,x,t)\frac{\partial}{\partial q_1} - \cdots - b_k(q,x,t)\frac{\partial}{\partial q_k}$$

をとればよい. □

命題 4.4.5,補題 4.4.6,命題 4.4.7 の主張をまとめると,以下の定理が証明されたこととなる.

定理 4.4.8 $F : (\mathbb{R}^k \times \mathbb{R}^n, 0) \to (\mathbb{R}, 0)$,$G : (\mathbb{R}^\ell \times \mathbb{R}^n, 0) \to (\mathbb{R}, 0)$ をモース関数族とする.芽として $L(F)(C(F)) = L(G)(C(G))$ が成り立つための必要十分条件は F, G が安定 $S.P$-$\mathcal{R}$-同値となることである.

二つの母関数族の内部変数の次元が等しい場合($k = \ell$ の場合)は,証明から以下の形の主張が成り立つことがわかる:$L(F)(C(F)) = L(G)(C(G))$ であるための必要十分条件は F, G が $S.P$-$\mathcal{R}$-同値となることである.

次に,$F : (\mathbb{R}^k \times \mathbb{R}^n, 0) \to (\mathbb{R}, 0)$,$G : (\mathbb{R}^\ell \times \mathbb{R}^n, 0) \to (\mathbb{R}, 0)$ をモース関数族とする.このとき,F, G が**安定 P-$\mathcal{R}^+$-同値**であるとは,付加的な内部

変数の $q' \in (\mathbb{R}^{k'}, 0)$ と $q'' \in (\mathbb{R}^{\ell''}, 0)$ で $k + k' = \ell + \ell''$ を満たすものについて,それぞれ非退化2次形式 $Q(q')$ と $Q'(q'')$ が存在して,

$$F + Q : (\mathbb{R}^{k+k'} \times \mathbb{R}^n, 0) \to (\mathbb{R}, 0) \ \text{と}\ G + Q' : (\mathbb{R}^{\ell+\ell''} \times \mathbb{R}^n, 0) \to (\mathbb{R}, 0)$$

が $P\text{-}\mathcal{R}^+$-同値となることと定義する.通常,以下の定理がラグランジュ特異点論における基本定理と呼ばれる.

定理4.4.9 $F : (\mathbb{R}^k \times \mathbb{R}^n, 0) \to (\mathbb{R}, 0)$, $G : (\mathbb{R}^\ell \times \mathbb{R}^n, 0) \to (\mathbb{R}, 0)$ をモース関数族とする.ラグランジュ部分多様体芽 $L(F)(C(F))$ と $L(G)(C(G))$ がラグランジュ同値であるための必要十分条件は F, G が安定 $P\text{-}\mathcal{R}^+$-同値となることである.

証明 $k = \ell$ の場合に示せばよい.この場合,最初に F, G が $\mathcal{R}^+$-同値であると仮定する.すなわち,微分同相写像芽 $\Phi : (\mathbb{R}^k \times \mathbb{R}^n, 0) \to (\mathbb{R}^k \times \mathbb{R}^n, 0)$ で $\Phi(q, x) = (\Psi(q, x), \phi(x))$ の形のものと可微分関数芽 $\alpha : (\mathbb{R}^n, 0) \to \mathbb{R}$ が存在して,$G(q, x) = F \circ \Phi(q, x) + \alpha(x)$ が成り立つとする.このとき,$\Phi(C(G)) = C(F)$ であり,微分同相写像芽 $\psi = \Phi|_{C(G)} : (C(G), 0) \to (C(F), 0)$ を誘導する.さらに

$$\frac{\partial G}{\partial x_i}(q, x) = \sum_{j=1}^n \frac{\partial F}{\partial x_j}(\Phi(q, x)) \frac{\partial \phi_j}{\partial x_i}(x) + \frac{\partial \alpha}{\partial x_i}(x)$$

なので,ラグランジュ微分同相写像芽

$$\sigma : (T^*\mathbb{R}^n, L(G)(0)) \to (T^*\mathbb{R}^n, L(F)(0))$$

を $\sigma(x, \xi) = (\phi(x), (\phi^{-1})^*(\xi - d\alpha(x)))$ と定めると,$\sigma \circ L(G) = L(F) \circ \psi$ を満たし,$L(G)(C(G))$ と $L(F)(C(F))$ はラグランジュ同値となる.

逆に $L(G)(C(G))$ と $L(F)(C(F))$ がラグランジュ同値と仮定する.ここでも,$k = \ell$ の場合を考えればよい.$L(G)(C(G))$ と $L(F)(C(F))$ の極小母関数族 G' と F' をとると,補題4.4.6の証明から,それぞれ G と F に $S.P\text{-}\mathcal{R}$-同値なので,G と F が最初から極小母関数族であると仮定してよい.仮定か

4.4 ラグランジュ写像と焦点集合

ら,ラグランジュ微分同相芽 $\sigma: (T^*\mathbb{R}^n, L(G)(0)) \to (T^*\mathbb{R}^n, L(F)(0))$ が存在して,$\sigma(L(F)(C(F))) = L(G)(C(G))$ が成り立つ.命題 4.3.4 からこの σ は

$$\sigma(x,\xi) = (\phi(x), (\phi^{-1})^*_x(\xi + d\alpha(x)))$$

の形をしている.ここで,$\widetilde{F}(q,x) = F(q,\phi(x)) - \alpha(x)$ とおくと,$\phi(C(\widetilde{F})) = C(F)$ となり,証明の前半の議論から $L(\widetilde{F})(C(\widetilde{F})) = \sigma(L(F)(C(F))) = L(G)(C(G))$ となる.いま,F は極小母関数族なので,$\widetilde{F}$ も極小母関数族である.したがって,命題 4.4.7 から $\widetilde{F}$ と G は S.P-$\mathcal{R}$-同値となる.F と $\widetilde{F}$ は P-$\mathcal{R}^+$-同値なので,F と G は P-$\mathcal{R}^+$-同値である. □

与えられたラグランジュ部分多様体芽のラグランジュ特異点がそのラグランジュ部分多様体芽をほんの少し摂動してもラグランジュ同値の意味で生き残るとき,そのラグランジュ多様体芽(もしくは,対応するラグランジュ写像芽)は**ラグランジュ安定**であるという.しかし,摂動の意味は,ラグランジュ部分多様体の空間に自然な位相を定め,その位相に対する摂動とするのが自然な発想であり,現実世界に現れる焦点集合などの安定性についてよく記述していると考えられる.しかし,この意味での安定性を記述するためには,写像空間のホイットニー位相やその性質についての詳しい解説が必要となる.その意味でのラグランジュ安定性については,『応用特異点論』[23] が唯一の解説書である.ここでは,ラグランジュ安定性についての詳しい解説は省略して,以下のラグランジュ安定性の特徴づけを与える定理のみを紹介する.ラグランジュ部分多様体芽 $i: (L,p) \subset (T^*\mathbb{R}^n, p)$(または,ラグランジュ写像芽 $\pi \circ i: (L,p) \longrightarrow (\mathbb{R}^n, \pi(p))$)が**ラグランジュ安定**であるとは,$p$ の L の任意の近傍 V における i の代表元 $\bar{i}: V \to T^*\mathbb{R}^n$ に対して,ラグランジュはめ込み写像全体 $L(V, T^*\mathbb{R}^n)$ の空間でのホイットニー C^∞-位相に関する $\bar{i}$ の近傍 W が存在し以下の性質をもつことと定義する:W に属する任意のラグランジュはめ込み $\bar{j}$ に対して,点 $p' \in V$ が存在し,その点における $\bar{j}$ を代表元とするラグランジュ部分多様体芽を $j: (j(L), j(p')) \subset (T^*\mathbb{R}^n, p')$ とするときラグランジュ部分多様体芽 $j: (j(L), j(p')) \subset (T^*\mathbb{R}^n, p')$ と $i: (L,p) \subset (T^*\mathbb{R}^n, p)$ はラグランジュ同値である.ホイットニー位相については,様々な特異点論

の著書（たとえば，[4, 23, 39, 44] 等）を参照してほしい．重要なことは，ホイットニー位相という自然な位相に関して，少しだけ摂動してもラグランジュ同値の意味で変化しない（安定な）ことを意味していることである．このラグランジュ安定性を，母関数族の言葉で特徴づけるのが以下の定理である．

定理 4.4.10 $F : (\mathbb{R}^k \times \mathbb{R}^n, 0) \to (\mathbb{R}, 0)$ をモース関数族とする．このとき，ラグランジュ部分多様体芽 $L(F)(C(F))$ がラグランジュ安定であるための必要十分条件は F が $f = F|_{\mathbb{R}^k \times \{0\}}$ の $\mathcal{R}^+$ 普遍開折となることである．

この定理もラグランジュ特異点論における基本定理の一つであるが，証明のためには，さらに詳しい考察が必要となるので省略する．証明は『応用特異点論』[23] を参照してほしい．本書では，上記の意味でのラグランジュ安定性は取り扱わないが，3.4 節で述べたホモトピー安定性をラグランジュ安定性の定義と理解してもよい．今後，ラグランジュ部分多様体芽 $L(F)(C(F))$ が**ラグランジュ安定**であるとはその母関数族 F がホモトピー $\mathcal{R}^+$-安定であると定義する．このように定義すれば，写像空間の位相を考える必要がなくなり，また命題 3.4.1 から，この意味でラグランジュ安定であることの必要十分条件も F が $f = F|_{\mathbb{R}^k \times \{0\}}$ の $\mathcal{R}^+$ 普遍開折となることとなり，上記の定理とあわせると，この意味でのラグランジュ安定性と前記の意味でのラグランジュ安定性が同じ意味となることがわかる．

定理 4.4.9 と定理 4.4.10 から，ラグランジュ安定なラグランジュ部分多様体芽をラグランジュ同値で分類するには $\mathcal{R}^+$ 普遍開折を P-$\mathcal{R}^+$-同値で分類すればよいこととなる．この分類はすでに，第 3 章で与えられている．注意 4.4.3 から，ラグランジュ部分多様体芽 $L(F)(C(F))$ の焦点集合 $C_{L(F)(C(F))}$ はその母関数族 F の分岐集合 $\mathcal{B}_F$ なので，命題 3.5.3 から F の P-$\mathcal{R}^+$-同値による分類は，対応する焦点集合芽 $C_{L(F)(C(F))}$ の微分同相による分類に対応している．したがって，命題 3.6.3 で与えた $2 \leq \mu(f) \leq 5$ の関数芽の $\mathcal{R}^+$ 普遍開折の分類表に対応する分岐集合が，4 次元以下の空間における，ラグランジュ安定なラグランジュ写像の焦点集合の微分同相による分類を与えている．それらの図は 3.5 節において見ることができる．

4.5 接触多様体

可微分多様体 N に対して,その接束 $\pi : TN \to N$ 上の超平面場 K を考える.言い換えると K は N の各点 $x \in N$ に対して,T_xN の余次元 1 の部分ベクトル空間 K_x を定め,x のまわりの N の座標近傍系 (U,ϕ) に対して,$K|_U = \bigcup_{x \in U} K_x$ と定めると $\pi_U \circ T\phi = \pi$ を満たす微分同相写像 $T\phi : \pi^{-1}(U) \cong U \times \mathbb{R}^{2n+1}$ に対して,$T\phi(K_U) = U \times K_0$ となることである.ただし,K_0 は $\mathbb{R}^{2n+1}$ のある $2n$ 次元部分ベクトル空間とする.このとき,U 上にある微分 1 形式 α が存在して,$\alpha^{-1}(0) = K_U$ となるが,K が**非退化**であるとは,$\alpha \wedge d\alpha^n \neq 0$ を満たすことと定義する.この条件は $d\alpha$ が $\alpha^{-1}(0)$ 上で 2 次微分形式として非退化であることと同値である.このとき,この K を N 上の**接触構造**と呼び,α を**接触形式**と呼ぶ.N 上の接触構造が与えられているとき,(N,K)(または,単に N)を**接触多様体**と呼ぶ.接触多様体はシンプレクティック多様体の奇数次元の類似物と考えられるが,歴史的には Lie により,1 階偏微分方程式の幾何学的研究のために導入されたものである.

◆ **例 4.5.1** $2n+1$ 次元の数空間
$$\mathbb{R}^{2n+1} = \{(x_1, \ldots, x_n, y, p_n, \ldots, p_n) \mid x_i, y, p_i \in \mathbb{R}\}$$
とその上の 1 次微分形式
$$\alpha = dy - \sum_{i=1}^{n} p_i dx_i$$
を考える.このとき,
$$\alpha \wedge d\alpha^n = (-1)^{n(n+1)/2} dx_1 \wedge \cdots \wedge dx_n \wedge dy \wedge dp_1 \wedge \cdots \wedge dp_n \neq 0$$
となり,α は非退化である.言い換えると α は接触形式であり,$\mathbb{R}^{2n+1}$ 上の**標準的接触構造**を定める.

◆ **例 4.5.2** $\mathbb{R}^n$ 上の 1 ジェット空間 $J^1(\mathbb{R}^n, \mathbb{R})$ を考える.この空間は $2n+1$ 次元ユークリッド空間と同一視され,例 4.5.1 で与えた,1 次微分形式

$$\alpha = dy - \sum_{i=1}^{n} p_i dx_i$$

により，接触構造が定まる．この例は，基本的には例 4.5.1 と同じものであるが，1 ジェット空間とみることで以下のように意味付けがされる．$J^1(\mathbb{R}^n, \mathbb{R})$ の座標系として $j^1 f(x) = (x_1, \ldots, x_n, y, p_1, \ldots, p_n)$ をとるということは，1 ジェットの定義から $p_i = (\partial f/\partial x_i)(x)$ であることを意味する．f は点 $x \in \mathbb{R}^b$ における可微分関数芽なので全微分可能であり，

$$df(x) = \sum_{i=1}^{n} \frac{\partial f}{\partial x_i}(x) dx_i$$

が成り立つ．この f により 1 次微分形式 α を引き戻すと

$$(f^* \alpha)_x = df(x) - \sum_{i=1}^{n} \frac{\partial f}{\partial x_i}(x) dx_i = df(x) - df(x) = 0$$

が成り立つ．すなわち，$\mathbb{R}^{2n+1}$ 上で接触構造 $\alpha^{-1}(0)$ を考えるということは，$\mathbb{R}^{2n+1}$ を単なる $2n+1$ 次元の数空間とみなすのみならず，座標系 $(x_1, \ldots, x_n, y, p_1, \ldots, p_n)$ が $p_i = (\partial f/\partial x_i)(x)$ を意味すること，すなわち，1 ジェット空間 $J^1(\mathbb{R}^n, \mathbb{R})$ であることを指定している．さらに，この座標系の一部分 $(x_1, \ldots, x_n, p_1, \ldots, p_n)$ に限ってみると，リュービル形式 $\lambda = \sum_{i=1}^{n} p_i dx_i$ を考えることができ，余接束 $T^*\mathbb{R}^n$ の正準座標系を与えているとみなすことができる．このとき，$T^*\mathbb{R}^n \times \mathbb{R}$ 上の座標系を $(x_1, \ldots, x_n, p_1, \ldots, p_n, y)$ として，1 次微分形式 $dy - \lambda = dy - \sum_{i=1}^{n} p_i dx_i = \alpha$ を考えると $T^*\mathbb{R}^n \times \mathbb{R}$ と $J^1(\mathbb{R}^n, \mathbb{R})$ は接触多様体として同一視することができる．

以上の議論は，可微分多様体 N 上の余接束 T^*N でも同様に成り立ち，1 ジェット束 $J^1(N, \mathbb{R}) \equiv T^*N \times \mathbb{R}$ も接触構造をもつことがわかる．しかし，本書では，主に局所的な性質を扱うので，$J^1(\mathbb{R}^n, \mathbb{R})$ のみを考える．

◆ 例 4.5.3 $\mathbb{R}^n$ 上の**射影的余接束** $\pi : PT^*\mathbb{R}^n \to \mathbb{R}^n$ を以下のように定義する．$\mathbb{R}^n$ の余接束 $T^*\mathbb{R}^n$ は積空間 $\mathbb{R}^n \times (\mathbb{R}^n)^*$ と同一視された．ただし，$(\mathbb{R}^n)^*$ はベクトル空間 $\mathbb{R}^n$ の双対ベクトル空間である．このとき，$(\mathbb{R}^n)^* \setminus \{\mathbf{0}\}$ を考

え,その射影化 $P(\mathbb{R}^n)^*$ を考える.すなわち,$\xi, \eta \in (\mathbb{R}^n)^* \setminus \{\mathbf{0}\}$ に対して,ある $c \in \mathbb{R} \setminus \{0\}$ が存在して $\xi = c\eta$ が成り立つとき,ξ と η は同値であると定義し,この同値関係による $(\mathbb{R}^n)^* \setminus \{\mathbf{0}\}$ の商空間を $P(\mathbb{R}^n)^*$ とする.いま,$T^*\mathbb{R}^n$ と $\mathbb{R}^n \times (\mathbb{R}^n)^*$ との同一視を通して,$PT^*\mathbb{R}^n = \mathbb{R}^n \times P(\mathbb{R}^n)^*$ とし,$\pi : PT^*\mathbb{R}^n \to \mathbb{R}^n$ をその標準的射影 $\pi(x, [\xi]) = x$ とする.このとき,$PT^*\mathbb{R}^n$ は $2n-1$ 次元の可微分多様体となる.その接束を $\tau : T(PT^*\mathbb{R}^n) \to PT^*\mathbb{R}^n$ として,$\pi : PT^*\mathbb{R}^n \to \mathbb{R}^n$ の微分写像を $d\pi : T(PT^*\mathbb{R}^n) \to T\mathbb{R}^n$ とする.任意の接ベクトル $X \in T(PT^*\mathbb{R}^n)$ に対して,$\tau(X) \in PT^*\mathbb{R}^n$ なので,$\tau(X) = (x, [\xi])$ という形をしている.一方,任意の $v = (x, v_x) \in T\mathbb{R}^n$ に対して $\xi(v_x) = 0$ という性質は同値類 $[\xi]$ の代表元 ξ のとり方によらない.したがって,$v = (x, v_x) \in T\mathbb{R}^n$ に対して,$\xi(v_x) = 0$ という条件を $\tau(X)(v) = 0$ と書く.このようにして,$PT^*\mathbb{R}^n$ 上の接平面場 K を

$$K = \{X \in T(PT^*\mathbb{R}^n) \,|\, \tau(X)(d\pi(X)) = 0\}$$

と定める.$(x_1, \ldots, x_n)$ を $\mathbb{R}^n$ の座標として $P(\mathbb{R}^n)^*$ の同次座標系を $[\xi_1 : \cdots : \xi_n]$ とする.このとき

$$((x_1, \ldots, x_n), [\xi_1 : \cdots : \xi_n])$$

を $PT^*\mathbb{R}^n \cong \mathbb{R}^n \times P(\mathbb{R}^n)^*$ の**同次座標系**と呼ぶ.$P(\mathbb{R}^n)^*$ の射影空間としての**アフィン座標系**をとると,$PT^*\mathbb{R}^n$ の多様体としての局所座標系が得られる.任意の $X \in T_{(x,[\xi])}PT^*(\mathbb{R}^n)$ に対して,$\xi = \sum_{i=1}^n \xi_i dx_i$ とすると

$$\tau(X) = (x, [\xi]) = ((x_1, \ldots, x_n), [\xi_1 : \cdots : \xi_n])$$

である.したがって,$X \in K_{(x,[\xi])}$ であるための必要十分条件は $\sum_{i=1}^n \mu_i \xi_i = 0$ となる.ただし,$d\pi(X) = \sum_{i=1}^n \mu_i \frac{\partial}{\partial x_i}$ とする.いま,アフィン座標系の一つとして $V_1 = \{[\xi_1 : \cdots : \xi_n] \,|\, \xi_1 \neq 0\} \subset P(\mathbb{R}^n)^*$ を考え,$\psi_1 : \mathbb{R}^n \times V_1 \to \mathbb{R}^n \times \mathbb{R}^{n-1}$ を

$$\psi_1((x_1, \ldots, x_n), [\xi_1 : \cdots : \xi_n]) = \left((x_1, \ldots, x_n), \left(-\frac{\xi_2}{\xi_1}, \ldots, -\frac{\xi_n}{\xi_1}\right)\right)$$

と定義すると $\mathbb{R}^n \times V_1$ 上のアフィン座標が得られる.さらに,$\mathbb{R}^n \times V_1$ 上の接触形式

$$\alpha = dx_1 - \sum_{i=2}^{n} \frac{\xi_i}{\xi_1} dx_i$$

によって $K|_{V_1} = \alpha^{-1}(0)$ が成り立つ．他のアファイン座標系

$$V_i = \{[\xi_1 : \cdots : \xi_n] \,|\, \xi_i \neq 0\} \quad (i = 2, \ldots, n)$$

に対しても同様な表現が得られる．したがって，接超平面場 K は $PT^*\mathbb{R}^n$ 上の接触構造となる．この接触構造 K を $PT^*\mathbb{R}^n$ 上の**標準的接触構造**と呼ぶ．任意の可微分多様体 N に対しても，射影的余接束 $\pi : PT^*N \to N$ を同様に定義できる．この場合，接超平面場 K も定義できて，N の局所座標系上で，上記と同様な構成を行えば，K が接触構造であることを示すこともできる．

射影的余接束の特別な場合として，$\pi : PT^*(\mathbb{R}^n \times \mathbb{R}) \to \mathbb{R}^n \times \mathbb{R}$ を考える．このとき，$PT^*(\mathbb{R}^n \times \mathbb{R}) \cong (\mathbb{R}^n \times \mathbb{R}) \times P(\mathbb{R}^n \times \mathbb{R})^*$ の射影空間部分 $P(\mathbb{R}^n \times \mathbb{R})^*$ の特別なアファイン座標系

$$U_\tau = \{[\xi_1 : \cdots : \xi_n : \tau] \in P(\mathbb{R}^n \times \mathbb{R})^* \,|\, \tau \neq 0\}$$

を考える．このとき，$p_i = -\xi_i/\tau$, $i = 1, \ldots, n$ とおくことにより，$(\mathbb{R}^n \times \mathbb{R}) \times U_\tau$ における局所座標系 $((x_1, \ldots, x_n, t), (p_1, \ldots, p_n))$ が得られる．この局所座標系における $PT^*(\mathbb{R}^n \times \mathbb{R})$ の標準的接触構造に対応する接触形式は

$$\alpha = dt - \sum_{i=1}^{n} p_i dx_i$$

となる．ゆえに，部分接触多様体 $(\mathbb{R}^n \times \mathbb{R}) \times U_\tau \subset PT^*(\mathbb{R}^n \times \mathbb{R})$ は1ジェット空間 $J^1(\mathbb{R}^n, \mathbb{R})$ と接触多様体として同一視できる．このように，$PT^*(\mathbb{R}^n \times \mathbb{R})$ の特別な局所近傍 $(\mathbb{R}^n \times \mathbb{R}) \times U_\tau$ と同一視した1ジェット空間を特に $J^1_{GA}(\mathbb{R}^n, \mathbb{R})$ と表し $PT^*(\mathbb{R}^n \times \mathbb{R})$ の**グラフ型アファイン座標**と呼ぶ．この場合も任意の可微分多様体 N に対して，$\pi : PT^*(N \times \mathbb{R}) \to N \times \mathbb{R}$ が定まり，グラフ型アファイン座標も定義できる．

(M_1, K_1) と (M_2, K_2) を接触多様体とする．このとき，微分同相写像 $\phi : M_1 \to M_2$ が**接触微分同相写像**であるとは，$d\phi(K_1) = K_2$ を満たすことと

定義する．言い換えると ϕ が接触構造 K_1 を接触構造 K_2 に写すことである．
接触微分同相写像が存在するとき，これら二つの接触多様体は**接触微分同相**で
あるという．接触構造に関しても，ダルブーの定理が成り立つ．

|定理 4.5.4| **(接触多様体に関するダルブーの定理)** 任意の同じ次元の二つの
接触多様体は局所的に接触微分同相である．

証明は [4, 23] を参照してほしい．

4.6 ルジャンドル部分多様体とルジャンドルファイバー束

(M, K) を $2n+1$ 次元接触多様体とする．このとき，M の部分多様体 $\mathscr{L}$ が
ルジャンドル部分多様体であるとは，$\dim \mathscr{L} = n$ かつ任意の点 $p \in \mathscr{L}$ におい
て $T_p \mathscr{L} \subset K_p$ を満たすことと定義する．ルジャンドル部分多様体の例として
は以下のものが挙げられる．

◆ **例 4.6.1** $f : \mathbb{R}^n \to \mathbb{R}$ を可微分関数とする．このとき，1 ジェット写像
$j^1 f : \mathbb{R}^n \to J^1(\mathbb{R}^n, \mathbb{R})$ を $x = (x_1, \ldots, x_n)$ に対して

$$j^1 f(x) = \left(x, f(x), \frac{\partial f}{\partial x_1}(x), \ldots, \frac{\partial f}{\partial x_n}(x) \right)$$

と定めると，埋め込みであることがわかる．さらに標準的接触形式 $\alpha = dy - \sum_{i=1}^n p_i dx_i$ の引き戻しは

$$(j^1 f)^* \alpha = df(x) - \sum_{i=1}^n \frac{\partial f}{\partial x_i}(x) dx_i = df(x) - df(x) = 0$$

となり，その像 $j^1 f(\mathbb{R}^n)$ は $J^1(\mathbb{R}^n, \mathbb{R})$ のルジャンドル部分多様体である．こ
の例から，ルジャンドル部分多様体は可微分関数の 1 次微分の情報まで含んだ
グラフの一般化と考えることができる．

$\pi : E \to N$ を可微分ファイバー束として，E を接触多様体とする．このと

き，$\pi : E \to N$ が**ルジャンドルファイバー束**であるとは，任意のファイバー $\pi^{-1}(x)$ が E のルジャンドル部分多様体となることと定義する．

◆ **例 4.6.2** 標準的接触多様体 $\mathbb{R}^{2n+1}$ を考え，射影 $\pi : \mathbb{R}^{2n+1} \to \mathbb{R}^{n+1}$ を $\pi(x_1,\ldots,x_n,y,p_1,\ldots,p_n) = (x_1,\ldots,x_n,y)$ と定める．このとき，ファイバーは $\{(x,y)\} \times \mathbb{R}^n$ となり，明らかにルジャンドル部分多様体なので，$\pi : \mathbb{R}^{2n+1} \to \mathbb{R}^{n+1}$ はルジャンドルファイバー束である．

◆ **例 4.6.3** 射影的余接束 $\pi : PT^*\mathbb{R}^n \to \mathbb{R}^n$ も $PT^*\mathbb{R}^n = \mathbb{R}^n \times P(\mathbb{R}^n)^*$ のアフィン座標系 $\psi_1 : \mathbb{R}^n \times V_1 \to \mathbb{R}^n \times \mathbb{R}^{n-1}$ を

$$\psi_1((x_1,\ldots,x_n),[\xi_1:\cdots:\xi_n]) = \left((x_1,\ldots,x_n),\left(-\frac{\xi_2}{\xi_1},\ldots,-\frac{\xi_n}{\xi_1}\right)\right)$$

と考えると，その上の接触形式は $p_i = -(\xi_i/\xi_1)$ とおくことにより，

$$\alpha = dx_1 - \sum_{i=2}^{n} p_i dx_i$$

である．$x = (x_1,\ldots,x_n) \in \mathbb{R}^n$ 上のファイバー $\pi^{-1}(x)$ で，$\alpha = 0$ となるのでルジャンドルファイバー束である．特に，$\pi : PT^*(\mathbb{R}^n \times \mathbb{R}) \to \mathbb{R}^n \times \mathbb{R}$ もルジャンドルファイバー束でそのグラフ型アフィン座標 $J_{GA}^1(\mathbb{R}^n,\mathbb{R})$ への射影の制限 $\pi : J_{GA}^1(\mathbb{R}^n,\mathbb{R}) \to \mathbb{R}^n \times \mathbb{R}$ もルジャンドルファイバー束であり，そのファイバーは $J^1(n,1)$ である．

$\pi : E \to N$ と $\pi' : E' \to N'$ をルジャンドルファイバー束とする．接触微分同相写像 $\Psi : E \to E'$ が**ルジャンドル微分同相写像**であるとは，微分同相写像 $\psi : N \to N'$ が存在して $\pi' \circ \Psi = \psi \circ \pi$ を満たすことと定義する．ルジャンドル微分同相写像が存在するとき二つのルジャンドルファイバー束は**ルジャンドル微分同相**であるという．ラグランジュ微分同相の場合と同様に以下の定理も成り立つが，ここでも証明は [4, 23] を参照してほしい．

定理 4.6.4 すべてのルジャンドルファイバー束は局所的にルジャンドル微分同相である．

4.6 ルジャンドル部分多様体とルジャンドルファイバー束

この定理から，ルジャンドルファイバー束は局所的には射影的余接束 $\pi : PT^*\mathbb{R}^n \to \mathbb{R}^n$ と同じとみなしてよいことがわかる．$\phi : \mathbb{R}^n \to \mathbb{R}^n$ を微分同相写像とする．このとき，写像 $\widetilde{\phi} : PT^*\mathbb{R}^n \to PT^*\mathbb{R}^n$ を $\widetilde{\phi}(x, [\xi]) = (\phi(x), [(\phi^{-1})_x^*(\xi)])$ と定める．$[\xi] = [\eta]$ とすると，ある $c \in \mathbb{R} \setminus \{0\}$ が存在して $\xi = c\eta$ なので，$(\phi^{-1})_x^*(\xi) = (\phi^{-1})_x^*(c\eta) = c(\phi^{-1})_x^*(\eta)$ となり，$\widetilde{\phi}$ は定義可能である．ここでも $P(\mathbb{R}^n)^*$ のアファイン座標系 $\psi_1 : \mathbb{R}^n \times V_1 \to \mathbb{R}^n \times \mathbb{R}^{n-1}$ を

$$\psi_1((x_1, \ldots, x_n), [\xi_1 : \cdots : \xi_n]) = (x_1, \ldots, x_n, p_2, \ldots, p_n)$$

として，接触形式

$$\alpha = dx_1 + \sum_{i=2}^n \frac{\xi_i}{\xi_1} dx_i = dx_1 - \sum_{i=2}^n p_i dx_i$$

を考えると，$T^*\mathbb{R}^n$ におけるリューピル形式 $\lambda = \sum_{i=1}^n \xi_i dx_i$ に対して，$\lambda = \xi_1 \alpha$ である．したがって，$K|_{\mathbb{R}^n \times V_1} = \alpha^{-1}(0) = \lambda^{-1}(0)$ であり，したがって，$\mathbb{R}^n \times V_1$ 上で $\widetilde{\phi}^*(\lambda) = \lambda$ なので，$d\widetilde{\phi}(K) = K$ を満たし，$\widetilde{\phi}$ はルジャンドル微分同相写像である．

一方，射影的余接束 $\pi : PT^*\mathbb{R}^n \to \mathbb{R}^n$ は以下のようにも解釈される．点 $x \in \mathbb{R}^n$ において，接空間 $T_x\mathbb{R}^n$ の余次元1の部分ベクトル空間を x における $\mathbb{R}^n$ の**接触要素**と呼ぶ．点 x における $\mathbb{R}^n$ の接触要素は0でないある1次形式 $T_x\mathbb{R}^n \to \mathbb{R}$ の核として表される．この1次形式は双対空間 $T_x^*\mathbb{R}^n \setminus \{0\}$ の元である．いま，$\xi, \eta \in T_x^*\mathbb{R}^n \setminus \{0\}$ が同じ接触要素を定めるのはある $c \in \mathbb{R} \setminus \{0\}$ が存在して $\xi = c\eta$ を満たすことと同値である．すなわち，射影空間 $P(T_x\mathbb{R}^n)^*$ が点 $x \in \mathbb{R}^n$ における接触要素全体と同一視されるわけである．したがって，$PT^*\mathbb{R}^n = \bigcup_{x \in \mathbb{R}^n} P(T_x\mathbb{R}^n)^*$ をすべての点での接触要素全体の空間とみなすことができる．このとき，標準的接触構造も接触要素を用いて以下のように言い表すことができる．いま $(x, [\xi]) \in PT^*\mathbb{R}^n$ とすると，$c = \xi^{-1}(0) \subset T_x\mathbb{R}^n$ が x における接触要素である．このとき，定義から $T_{(x,[\xi])}PT^*\mathbb{R}^n \supset K_{(x,[\xi])}$ は $K_{(x,[\xi])} = d\pi^{-1}(c)$ となる．すなわち，$X \in K_{(x,[\xi])}$ である必要十分条件は $\xi(d\pi_{(x,[\xi])}(X)) = 0$ である．ここで，$\phi : \mathbb{R}^n \to \mathbb{R}^n$ を微分同相写像とする．任意の接触要素 $c \subset T_x R^n$ に

対して，$d\phi_x(c) \in T_{\phi(x)}\mathbb{R}^n$ も接触要素となる．したがって，微分同相写像 $\Phi : PT^*\mathbb{R}^n \to PT^*\mathbb{R}^n$ が $\Phi(c) = d\phi_x(c)$ として定まる．ただし，c は x における $\mathbb{R}^n$ の接触要素である．定義から，$\pi \circ \Phi = \phi \circ \pi$ を満たし，標準接触構造の上記の表現からもし，$X \in K_{(x,[\xi])}$ ならば，$\xi(d\pi_{(x,[\xi])}(X)) = 0$ であり，

$$(\phi^{-1})^*_x(\xi)(d\pi_{\Phi(x,\xi)}(d\Phi_{(x,\xi)}(X))) = \xi \circ d(\phi)^{-1}_{\phi(x)}(d\pi_{\Phi(x,\xi)}(d\Phi_{(x,\xi)}(X)))$$
$$= \xi(d\pi_{(x,[\xi])}(X)) = 0$$

なので，$d\Phi_{(x,\xi)}(X) \in K_{\Phi(x,\xi)}$ となり，Φ は接触微分同相写像であることもわかる．この構成から接触微分同相写像 $\Psi : PT^*\mathbb{R}^n \to PT^*\mathbb{R}^n$ で $\pi \circ \Psi = \phi \circ \pi$ を満たすものは，$\Psi = \Phi$ となることがわかる．このような性質をもつルジャンドル微分同相写像を $\phi : \mathbb{R}^n \to \mathbb{R}^n$ の**ルジャンドルリフト写像**と呼ぶ．このように，微分同相写像 $\phi : \mathbb{R}^n \to \mathbb{R}^n$ のルジャンドルリフト写像はすべて $\widetilde{\phi}$ に一致し，ただ一つ存在することがわかる．この点が，ラグランジュ微分同相写像との顕著な違いである．

4.7 ルジャンドル写像と波面

$\pi : E \to N$ をルジャンドルファイバー束とする．ルジャンドル部分多様体 $i : \mathscr{L} \subset E$ に対して，射影 π の制限 $\pi \circ i = \pi|_{\mathscr{L}} : \mathscr{L} \to N$ を**ルジャンドル写像**と呼ぶ．$i : \mathscr{L} \subset E$ の**波面**（または，**波頭面**）とはルジャンドル写像の像と定義し，$W(i)$ もしくは $W(\mathscr{L})$ と表す．このとき，ルジャンドル部分多様体 $i : \mathscr{L} \subset E$ を波面 $W(\mathscr{L})$ の**ルジャンドルリフト**と呼ぶ．ただし，ルジャンドル部分多様体がはめ込み $i : \mathscr{L} \to E$ の像として与えられた場合も，はめ込まれた部分多様体として同様に扱う．二つのルジャンドル部分多様体 $i : \mathscr{L} \subset E$ と $i' : \mathscr{L}' \subset E'$（または，対応するルジャンドル写像 $\pi|_{\mathscr{L}}$ と $\pi|_{\mathscr{L}'}$）が**ルジャンドル同値**であるとは，ルジャンドル微分同相写像 $\Psi : E \to E'$ が存在して $\Psi(\mathscr{L}) = \mathscr{L}'$ を満たすことと定義する．このとき，定義から，対応する波面 $W(\mathscr{L})$ と $W(\mathscr{L}')$ は微分同相である．

ここでは，局所的な性質のみを考えるので，$E = PT^*\mathbb{R}^n$ として，芽について考える．ラグランジュ部分多様体芽と同様に，ルジャンドル部分多

様体芽にはある関数族が対応することを示す．$F : (\mathbb{R}^k \times \mathbb{R}^n, 0) \to (\mathbb{R}, 0)$ を $(\mathbb{R}^k, 0)$ 上の（可微分）関数族の n 次元開折とし，$\mathbb{R}^k \times \mathbb{R}^n$ の座標系を $(q, x) = (q_1, \ldots, q_k, x_1, \ldots, x_n)$ と表す．F が**モース超曲面族**であるとは

$$\Delta_*(F)(q, x) = \left(F, \frac{\partial F}{\partial q_1}, \ldots, \frac{\partial F}{\partial q_k}\right)(q, x)$$

と定義された写像芽 $\Delta_*(F) : (\mathbb{R}^k \times \mathbb{R}^n, 0) \to (\mathbb{R} \times \mathbb{R}^k, 0)$ がしずめ込み芽となることと定義する．このとき，$\Sigma_F = \Delta_*(F)^{-1}(0)$ は $(\mathbb{R}^k \times \mathbb{R}^n, 0)$ の $(n-1)$ 次元部分多様体芽となる．さらに，写像芽 $\mathscr{L}(F) : (\Sigma_F, 0) \to PT^*\mathbb{R}^n \cong \mathbb{R}^n \times P(\mathbb{R}^n)^*$ を

$$\mathscr{L}(F)(q, x) = \left(x, \left[\frac{\partial F}{\partial x_1}(q, x) : \cdots : \frac{\partial F}{\partial x_n}(q, x)\right]\right)$$

と定義する．ラグランジュ部分多様体に対するモース関数族の場合と同様にして（やや，複雑であるが），$\mathscr{L}(F)$ がはめ込み芽であることを示すことができる．さらに，$PT^*\mathbb{R}^n$ 上の接触構造 K に対応する接触形式は，同次座標系 $((x_1, \ldots, x_n), [\xi_1 : \cdots : \xi_n])$ において $\alpha = \sum_{i=1}^n \xi_i dx_i$ となるので，

$$\mathscr{L}(F)^* \alpha = \sum_{i=1}^n \frac{\partial F}{\partial x_i} dx_i|_{\Sigma_F} = dF|_{\Sigma_F} = d(F|_{\Sigma_F}) = 0$$

が成立する．すなわち $\mathscr{L}(F)(\Sigma_F)$ はルジャンドル部分多様体芽である．このとき，モース超曲面族 F をルジャンドル部分多様体芽 $\mathscr{L}(F)(\Sigma_F)$ の**母関数族**と呼ぶ．ラグランジュ部分多様体芽に対する母関数族と区別したいときには**母超曲面族**と呼ぶこともあるが，通常前後の文脈から母関数族と呼んでも混乱しない．ラグランジュ部分多様体芽の場合と同様に，ルジャンドル部分多様体芽に対しても以下の基本定理が成り立つ．

定理 4.7.1 $\mathscr{L}$ を射影的余接束 $PT^*\mathbb{R}^n$ 内のルジャンドル部分多様体芽とする．このとき，モース超曲面族 F が存在し，集合芽として $\mathscr{L}(F)(\Sigma_F) = \mathscr{L}$ が成り立つ．言い換えると任意のルジャンドル部分多様体芽には母関数族が存在する．

証明 局所的な性質を扱うので,$PT^*\mathbb{R}^n$ のアフィン座標系 $\psi_1 : \mathscr{L} \subset \mathbb{R}^n \times V_1 \to \mathbb{R}^n \times \mathbb{R}^{n-1}$ に対して,$\mathscr{L} \subset \mathbb{R}^n \times V_1$ としてもよい.$\psi_1(\mathscr{L}) \subset \mathbb{R}^n \times \mathbb{R}^{n-1}$ を考えると,標準接触多様体 $\mathbb{R}^{2n-1}$ において,標準座標系を $(x_1, \ldots, x_n, p_2, \ldots, p_n)$ として,接触形式が $\alpha = dx_1 - \sum_{i=2}^n p_i dx_i$ として与えられ,$\mathscr{L}$ が原点 $\{0\}$ におけるルジャンドル部分多様体芽であるとしてよい.このとき,射影 $\Pi : \mathbb{R}^n \times \mathbb{R}^{n-1} \to \mathbb{R}^{n-1} \times \mathbb{R}^{n-1}$ を $\Pi(x_1, \ldots, x_n, p_2, \ldots, p_n) = (x_2, \ldots, x_n, p_2, \ldots, p_n)$ とする.原点では,$K_0 = dx_1^{-1}(0)$ となり,$d\Pi_0|_{K_0}$ は同型写像となる.いま,$T_0\mathscr{L} \subset K_0$ なので,$d\Pi_0|_{T_0\mathscr{L}}$ は単射となり,$\Pi|_{\mathscr{L}} : (\mathscr{L}, 0) \to \mathbb{R}^{n-1} \times \mathbb{R}^{n-1}$ ははめ込み芽となる.したがって,$\Pi(\mathscr{L})$ は $\mathbb{R}^{n-1} \times \mathbb{R}^{n-1}$ の $n-1$ 次元部分多様体芽である.さらに,$\alpha|_{\mathscr{L}} = 0$ なので,$(\Pi|_{\mathscr{L}})^* d\alpha = d(\Pi|_{\mathscr{L}})^* \alpha = 0$ となり,$\Pi(\mathscr{L})$ は 2 次形式 $\sum_{i=2}^n dp_i \wedge dx_i = -d\alpha$ をシンプレクティック構造とするシンプレクティック多様体 $\mathbb{R}^{n-1} \times \mathbb{R}^{n-1}$ のラグランジュ部分多様体芽である.したがって,定理 4.4.2 の証明から $2, \ldots, n$ の分解 $I \subset J = \{2, \ldots, n\}$ で $I \cap J = \emptyset$ を満たすものと,$n-1$ 変数可微分関数芽 $S(p_I, x_J)$ が存在して,

$$x_I = \frac{\partial S}{\partial p_I}, \ p_J = -\frac{\partial S}{\partial x_J}$$

が成り立つ.また,$\mathscr{L}$ 上では

$$d\left(\sum_{i \in I} p_i x_i - S\right) = \sum_{i \in I} x_i dp_i + \sum_{i \in I} p_i dx_i - dS = \sum_{i \in I} x_i dp_i + \sum_{j \in J} p_j dx_j$$

が成り立つ.一方,$\mathscr{L}$ 上では

$$dx_1 = \sum_{i \in I} p_i dx_i + \sum_{j \in J} p_j dx_j$$

なので,

$$dx_1 = d\left(\sum_{i \in I} p_i \frac{\partial S}{\partial p_i} - S\right)$$

が成り立つ.すなわち $x_1 - \left(\sum_{i \in I} p_i \frac{\partial S}{\partial p_i} - S\right)$ は定値関数である.この関数は原点では 0 となるので,

$$x_1 = \sum_{i \in I} p_i \frac{\partial S}{\partial p_i} - S$$

が成り立つ.したがって,$\mathbb{R}^n \times \mathbb{R}^{n-1}$ におけるルジャンドル部分多様体芽 $(\mathscr{L}, 0)$ は,ある分解 $I \subset J = \{2, \ldots, n\}$ によって

$$(\mathscr{L}, 0) = \left\{ \left(p_I \frac{\partial S}{\partial p_I} - S, \frac{\partial S}{\partial p_I}, x_J, p_I, -\frac{\partial S}{\partial x_J} \right) \ \middle| \ (p_I, x_J) \in (\mathbb{R}^{n-1}, 0) \right\}$$

と書き表されることがわかった.このとき,k を I の元の個数として,可微分関数芽 $F : (\mathbb{R}^k \times \mathbb{R}^n, 0) \to \mathbb{R}$ を

$$F(p_I, x_1, x_I, x_J) = x_1 - \sum_{i \in I} p_i x_i + S(p_I, x_J)$$

とする.このとき,$\Delta_*(F) : (\mathbb{R}^k \times \mathbb{R}^n, 0) \to (\mathbb{R}^k \times \mathbb{R})$ は

$$\Delta_*(F)(p_I, x_1, x_I, x_J) = \left(-x_I + \frac{\partial S}{\partial p_I}, x_1 - \sum_{i \in I} p_i x_i + S(p_I, x_J) \right)$$

であり,そのヤコビ行列は明らかに正則となる.すなわち F はモース超曲面族である.この場合,ヤコビ行列の階数を計算するまでもなく,$\Delta_* F$ の零点集合芽は

$$\Sigma_F = \left\{ \left(p_I, p_I \frac{\partial S}{\partial p_I} - S, \frac{\partial S}{\partial p_I}, x_J \right) \ \middle| \ (p_I, x_J) \in (\mathbb{R}^{n-1}, 0) \right\}$$

となり,明らかに $(\mathbb{R}^k \times \mathbb{R}^n, 0)$ の $n-1$ 次元部分多様体芽である.このとき,

$$\frac{\partial F}{\partial x_1} = 1, \ \frac{\partial F}{\partial x_I} = -p_I, \ \frac{\partial F}{\partial x_J} = \frac{\partial S}{\partial x_J}$$

なので,

$$\mathscr{L}(F)(p_I, x_1, x_I, x_J) = \left(x, \left[1 : -p_I : \frac{\partial S}{\partial x_J} \right] \right) = \left(x, \left[-1 : p_I : -\frac{\partial S}{\partial x_J} \right] \right)$$

となる.ただし,$x = (x_1, x_I, x_J)$ とする.このことから,アフィン座標 $\psi_1 : \mathbb{R}^n \times V_1 \to \mathbb{R}^n \times \mathbb{R}^{n-1}$ 上では $(\mathscr{L}(F)(\Sigma_F), 0) = (\mathscr{L}, 0)$ がわかり,F は $\mathscr{L}$ の母関数族となる. $\square$

ラグランジュ部分多様体芽の母関数族の場合と同様に,ルジャンドル部分多様体芽の母関数族のとり方の自由度がどの程度あるかを調べる必要が

ある．$F : (\mathbb{R}^k \times \mathbb{R}^n, 0) \to (\mathbb{R}, 0)$ をモース超曲面族とする．このとき，$Q : (\mathbb{R}^{k'}, 0) \to (\mathbb{R}, 0)$ を変数 $q' = (q'_1, \ldots, q'_{k'})$ に関する非退化2次形式とする．このとき，$F + Q : (\mathbb{R}^{k+k'} \times \mathbb{R}^n, 0) \to (\mathbb{R}, 0)$ もまたモース超曲面族となる．実際，Q は $x = (x_1, \ldots, x_n)$ に依存しない関数芽であり，$\mathrm{grad}\, Q$ は非特異なので，$\Delta_*(F+Q) : (\mathbb{R}^{k+k'} \times \mathbb{R}^n, 0) \to (\mathbb{R}^{k+k'} \times \mathbb{R}, 0)$ も非特異となる．さらに $\mathscr{L}(F)(\Sigma_F) = \mathscr{L}(F+Q)(\Sigma_{F+Q})$ も成り立つ．

ラグランジュ部分多様体芽のラグランジュ同値と対応する母関数族の同値関係は，安定 $P\text{-}\mathcal{R}^+$-同値であったが，ルジャンドル部分多様体芽の場合は，安定 $P\text{-}\mathcal{K}$-同値が対応する．特別な場合として，以下の同値関係も考える．二つのモース超曲面族 $F, G : (\mathbb{R}^k \times \mathbb{R}^n, 0) \to (\mathbb{R}, 0)$ が **$S.P\text{-}\mathcal{K}$-同値**であるとは，微分同相写像芽 $\Phi : (\mathbb{R}^k \times \mathbb{R}^n, 0) \to (\mathbb{R}^k \times \mathbb{R}^n, 0)$ で $\Phi(q, x) = (\phi(q, x), x)$ のものと，可微分関数芽 $\lambda : (\mathbb{R}^k \times \mathbb{R}^n, 0) \to \mathbb{R}$ で $\lambda(0) \neq 0$ を満たすものが存在して，$F(q, x) = \lambda(q, x) G(\Phi(q, x))$ が成り立つことと定義する．定義から，F, G が $S.P\text{-}\mathcal{R}$-同値ならば，それらは $S.P\text{-}\mathcal{K}$-同値である．このとき以下の命題が成り立つ．

命題 4.7.2 $F : (\mathbb{R}^k \times \mathbb{R}^n, 0) \to (\mathbb{R}, 0)$ をモース超曲面族とする．F, G が $S.P\text{-}\mathcal{K}$-同値ならば，芽として $\mathscr{L}(F)(\Sigma_F) = \mathscr{L}(G)(\Sigma_G)$ が成り立つ．

証明 仮定から，$F(q, x) = \lambda(q, x) G(\phi(q, x), x)$ なので，

$$\frac{\partial F}{\partial q_i}(q, x) = \frac{\partial \lambda}{\partial q_i}(q, x) G(\phi(q, x), x) + \lambda(q, x) \sum_{j=1}^{k} \frac{\partial G}{\partial q_j}(\phi(q, x), x) \frac{\partial \phi_j}{\partial q_i}(q, x)$$

となる．ただし，$\phi(q, x) = (\phi_1(q, x), \ldots, \phi_k(q, x))$ とする．このとき，k 次正方行列 $(\partial \phi_j / \partial q_i)$ は原点で正則行列で，$\lambda(0) \neq 0$ なので，$\Sigma_F = \Delta_*(F)^{-1}(0) = \Phi^{-1}(\Delta_*(G)^{-1}(0)) = \Phi^{-1}(\Sigma_G)$ となり，$\Phi(\Sigma_F) = \Sigma_G$ が成り立つ．一方，

$$\frac{\partial F}{\partial x_i}(q, x) = \sum_{j=1}^{k} \frac{\partial G}{\partial q_j}(\phi(q, x), x) \frac{\partial \phi_j}{\partial x_i}(q, x) + \frac{\partial G}{\partial x_i}(q, x)$$

なので，任意の $(q, x) \in \Sigma_F$ に対して，$\Phi(q, x) = (\phi(q, x), x) \in \Sigma_G$ かつ

$\mathscr{L}(F)(q,x) = \mathscr{L}(G)(\phi(q,x),x)$ となり，$\mathscr{L}(F)(\Sigma_F) \subset \mathscr{L}(G)(\Sigma_G)$ が成り立つ．逆の包含関係も同様にして示すことができ，$\mathscr{L}(F)(\Sigma_F) = \mathscr{L}(G)(\Sigma_G)$ が成り立つ． □

ここでも，二つの内部変数の次元が異なるモース超曲面族 $F : (\mathbb{R}^k \times \mathbb{R}^n, 0) \to (\mathbb{R}, 0)$ と $G : (\mathbb{R}^\ell \times \mathbb{R}^n, 0) \to (\mathbb{R}, 0)$ について考える．付加的な内部変数の $q' \in (\mathbb{R}^{k'}, 0)$ と $q'' \in (\mathbb{R}^{\ell''}, 0)$ で $k + k' = \ell + \ell''$ を満たすものについて，それぞれ非退化2次形式 $Q(q')$ と $Q'(q'')$ が存在して，

$F + Q : (\mathbb{R}^{k+k'} \times \mathbb{R}^n, 0) \to (\mathbb{R}, 0)$ と $G + Q' : (\mathbb{R}^{\ell+\ell''} \times \mathbb{R}^n, 0) \to (\mathbb{R}, 0)$

が $S.P\text{-}\mathcal{K}$-同値となるとき，F と G は **安定 $S.P\text{-}\mathcal{K}$-同値** であると定義する．命題4.7.2とその前の議論から，以下の命題が成立する．

命題4.7.3 $F : (\mathbb{R}^k \times \mathbb{R}^n, 0) \to (\mathbb{R}, 0), G : (\mathbb{R}^\ell \times \mathbb{R}^n, 0) \to (\mathbb{R}, 0)$ をモース超曲面族とする．F, G が 安定 $S.P\text{-}\mathcal{K}$-同値ならば，芽として $L(F)(C(F)) = L(G)(C(G))$ が成り立つ．

ここでも，この命題4.7.3の主張の逆が成り立つことが，ルジャンドル特異点論におけるもう一つの基本定理である．

$F : (\mathbb{R}^k \times \mathbb{R}^n, 0) \to (\mathbb{R}, 0)$ をモース超曲面族とする．F が **極小モース超曲面族** であるとは，$(\partial^2 F / \partial q_i \partial q_j)(0) = 0, i, j = 1, \ldots, k$ が成り立つことと定義する．このとき，F は $\mathscr{L}(F)(\Sigma_F)$ の **極小母関数族** であるといわれる．

命題4.7.4 任意のルジャンドル部分多様体芽 $\mathscr{L}$ には極小母関数族が存在する．

証明 ルジャンドル部分多様体芽 $\mathscr{L}$ の母関数族 $F : (\mathbb{R}^k \times \mathbb{R}^n, 0) \to (\mathbb{R}, 0)$ のヘッセ行列

$$\left(\frac{\partial^2 F}{\partial q_i \partial q_j}(0) \right)_{1 \leq i,j \leq k}$$

の階数が r とすると，補題4.4.6と同様に，トムの分裂補題から微分同相写像

芽 $\Psi : (\mathbb{R}^k, 0) \to (\mathbb{R}^k, 0)$ が存在して

$$F(\Psi(q), x) = F'(q_{r+1}, \ldots, q_k, x) + Q(q_1, \ldots, q_r)$$

が成り立つ．ただし，$((\partial^2 F'/\partial q_i \partial q_j)(0))_{r+1 \leq i,j \leq k} = O$ を満たす．定義から，$F(q,x)$ と $F(\Psi(q),x)$ は S.P-$\mathcal{K}$-同値であり，命題4.7.2と Q が非退化2次形式であることから $\mathscr{L}(F)(\Sigma_F) = \mathscr{L}(F'+Q)(\Sigma_{F'+Q}) = \mathscr{L}(F')(\Sigma_{F'})$ が成り立つ．すなわち，F' が $\mathscr{L}(F)(\Sigma_F)$ の極小母関数族である． □

この場合もラグランジュ特異点論の場合と同様に F' は与えられた母関数族 F に S.P-$\mathcal{R}$-同値すなわち S.P-$\mathcal{K}$-同値となっている．したがって，命題4.7.3の主張の逆が成り立つためには，極小母関数族に対して示せばよい．

命題4.7.5 ルジャンドル部分多様体芽 $\mathscr{L} \subset PT^*\mathbb{R}^n$ の極小母関数族 $F, G : (\mathbb{R}^k \times \mathbb{R}^n, 0) \to (\mathbb{R}, 0)$ は S.P-$\mathcal{K}$-同値である．

証明 ここでも，局所的な話なので，アフィン座標系 $\psi_1 : \mathbb{R}^n \times V_1 \to \mathbb{R}^n \times \mathbb{R}^{n-1}$ を考え，$\mathscr{L} \subset \mathbb{R}^n \times V_1$ としてよい．このとき，標準座標は $\psi_1(x, [\xi]) = (x_1, \ldots, x_n, p_2, \ldots, p_n)$ で接触形式は $\alpha = dx_1 - \sum_{i=2}^n p_i dx_i$ と与えられる．仮定から $\mathscr{L}(F)(\Sigma_F) = \mathscr{L}(G)(\Sigma_G) = \mathscr{L} \subset \mathbb{R}^n \times V_1$ なので，$\mathscr{L}(F)(0), \mathscr{L}(G)(0) \in \mathbb{R}^n \times V_1$ から $(\partial F/\partial x_1)(0) \neq 0$ かつ $(\partial/\partial x_1)(0) \neq 0$ を満たす．陰関数定理から $F(q,x) = \lambda(q,x)(x_1 - F'(q,\bar{x}))$ かつ $G(q,x) = \mu(q,x)(x_1 - G'(q,\bar{x}))$ と書かれる．ただし，$\bar{x} = (x_2, \ldots, x_n)$ かつ $\lambda(0) \neq 0, \mu(0) \neq 0$ である．このとき，F について，

$$\frac{\partial F}{\partial q_i}(q,x) = \frac{\partial \lambda}{\partial q_i}(q,x)(x_1 - F'(q,\bar{x})) - \lambda(q,x)\frac{\partial F'}{\partial q_i}(q,\bar{x})$$

なので，

$$\Delta_*(F) = \left(\lambda(x_1 - F'), \frac{\partial \lambda}{\partial q}(x_1 - F') - \lambda\frac{\partial F'}{\partial q}\right)$$

が成り立つ．ただし，

$$\frac{\partial \lambda}{\partial q}(x_1 - F') - \lambda\frac{\partial F'}{\partial q}$$

4.7 ルジャンドル写像と波面

$$= \left(\frac{\partial \lambda}{\partial q_1}(x_1 - F') - \lambda \frac{\partial F'}{\partial q_1}, \ldots, \frac{\partial \lambda}{\partial q_k}(x_1 - F') - \lambda \frac{\partial F'}{\partial q_k}\right)$$

とする. このとき, $\Delta_*(F)$ の原点におけるヤコビ行列は

$$J_{\Delta_*(F)}(0) = \begin{pmatrix} 0 & -\lambda(0)\frac{\partial F'}{\partial \bar{x}}(0) & \lambda(0) \\ -\lambda(0)\frac{\partial^2 F'}{\partial q \partial q}(0) & -\frac{\partial^2 F'}{\partial \bar{x} \partial q}(0) & 0 \end{pmatrix}$$

である. 一方, $\Delta F'$ の原点におけるヤコビ行列は

$$J_{\Delta F'}(0) = \left(\frac{\partial^2 F'}{\partial q \partial q}(0) \;\; -\frac{\partial^2 F'}{\partial \bar{x} \partial q}(0)\right)$$

であり, $\mathrm{rank}\, J_{\Delta_*(F)}(0) = k+1$ であるための必要十分条件は $J_{\Delta F'}(0) = k$ であることがわかる. このことは, F がモース超曲面族であるための必要十分条件が F' がモース関数族であることを示している. また, ヘッセ行列を比較すると, F が極小モース超曲面族であるための必要十分条件も F' が極小モース関数族であることがわかる. また,

$$\Sigma_F = \{(q, F'(q, \bar{x}), \bar{x}) \mid (q, \bar{x}) \in C(F')\}$$

が成り立つ. ここで, $i = 2, \ldots, n$ に対して,

$$\frac{\partial F}{\partial x_i}(q, x) = \frac{\partial \lambda}{\partial x_i}(q, x)(x_1 - F'(q, \bar{x})) - \lambda(q, x)\frac{\partial F'}{\partial x_i}(q, \bar{x})$$

なので, $(q, x) = (q, F'(q, \bar{x}), \bar{x}) \in \Sigma_F$ に対して,

$$\mathscr{L}(F) = \left(x, \left[\lambda : -\lambda\frac{\partial F'}{\partial x_2} : \cdots : -\lambda\frac{\partial F'}{\partial x_n}\right]\right)$$

が成り立つ. $\lambda \neq 0$ なので, $\mathbb{R}^n \times V_1$ 上で

$$\mathscr{L}(F)(q, x) = \left(x, \frac{\partial F'}{\partial x_2}(q, \bar{x}), \ldots, \frac{\partial F'}{\partial x_n}(q, \bar{x})\right)$$

が成り立つ. これは射影 $\Pi : \mathbb{R}^n \times \mathbb{R}^{n-1} \to \mathbb{R}^{n-1} \times \mathbb{R}^{n-1}$ による像 $\Pi(\mathscr{L}(F)(\Sigma_F)) = L(F')(C(F'))$ が F' を極小母関数族とする $\mathbb{R}^{n-1} \times \mathbb{R}^{n-1}$ のラグランジュ部分多様体芽であることを示している. 一方, G に対しても同様な事実が成り立ち, $\Pi(\mathscr{L}(G)(\Sigma_G)) = L(G')(C(G'))$ も G' を極小母関

数族とする $\mathbb{R}^{n-1} \times \mathbb{R}^{n-1}$ のラグランジュ部分多様体芽である．このとき，$\mathscr{L} = \mathscr{L}(F)(\Sigma_F) = \mathscr{L}(G)(\Sigma_G)$ なので，$L(F')(C(F')) = L(G')(C(G'))$ となる．命題 4.4.7 から F' と G' は $S.P\text{-}\mathcal{R}$-同値となる．定義から $F(q,x) = \lambda(q,x)(x_1 - F'(x,\bar{x}))$ と $G(q,x) = \mu(q,x)(x_1 - G'(x,\bar{x}))$ は $S.P\text{-}\mathcal{K}$-同値となる． □

以上の結果をまとめると，以下の定理が成り立つ．

定理 4.7.6 $F : (\mathbb{R}^k \times \mathbb{R}^n, 0) \to (\mathbb{R}, 0)$, $G : (\mathbb{R}^\ell \times \mathbb{R}^n, 0) \to (\mathbb{R}, 0)$ をモース超曲面族とする．F, G が安定 $S.P\text{-}\mathcal{K}$-同値であるための必要十分条件は芽として $L(F)(C(F)) = L(G)(C(G))$ が成り立つことである．

以下の定理が，通常，ルジャンドル特異点論における基本定理と呼ばれる．

定理 4.7.7 $F : (\mathbb{R}^k \times \mathbb{R}^n, 0) \to (\mathbb{R}, 0)$, $G : (\mathbb{R}^\ell \times \mathbb{R}^n, 0) \to (\mathbb{R}, 0)$ をモース超曲面族とする．ルジャンドル部分多様体芽 $\mathscr{L}(F)(\Sigma_F)$ と $\mathscr{L}(G)(\Sigma_G)$ がルジャンドル同値であるための必要十分条件は F, G が安定 $P\text{-}\mathcal{K}$-同値となることである．

証明 $k = \ell$ の場合に示せばよい．この場合，最初に F, G が $P\text{-}\mathcal{K}$-同値であると仮定する．すなわち，微分同相写像芽 $\Phi : (\mathbb{R}^k \times \mathbb{R}^n, 0) \to (\mathbb{R}^k \times \mathbb{R}^n, 0)$ で $\Phi(q,x) = (\Psi(q,x), \phi(x))$ の形のものと可微分関数芽 $\lambda : (\mathbb{R}^n, 0) \to \mathbb{R}$ で $\lambda(0) \neq 0$ なるものが存在して，$G(q,x) = \lambda(q,x) F \circ \Phi(q,x)$ が成り立つとする．このとき，$\Phi(\Sigma_G) = \Sigma_F$ であり，微分同相写像芽 $\psi = \Phi|_{\Sigma_G} : (\Sigma_G, 0) \to (\Sigma_F, 0)$ を誘導する．さらに

$$\frac{\partial G}{\partial x_i}(q,x) = \frac{\partial \lambda}{\partial x_i}(q,x) F(\Phi(q,x)) + \lambda(q,x) \sum_{j=1}^n \frac{\partial F}{\partial x_j}(\Phi(q,x)) \frac{\partial \phi_j}{\partial x_i}(x)$$

なので，$\phi : (\mathbb{R}^n, 0) \to (\mathbb{R}^n, 0)$ のただ一つのルジャンドルリフト $\widetilde{\phi} : (PT^*\mathbb{R}^n, \mathscr{L}(G)(0)) \to (PT^*\mathbb{R}^n, \mathscr{L}(F)(0))$ が

$$\widetilde{\phi}(x, [\xi]) = (\phi(x), [(\phi^{-1})^*_x(\xi)])$$

4.7 ルジャンドル写像と波面

と定まる．この $\widetilde{\phi}$ は $\widetilde{\phi} \circ \mathscr{L}(G) = \mathscr{L}(F) \circ \phi$ を満たし，$\mathscr{L}(G)(\Sigma_G)$ と $\mathscr{L}(F)(\Sigma_F)$ はルジャンドル同値となる．

逆に $\mathscr{L}(G)(\Sigma_G)$ と $\mathscr{L}(F)(\Sigma_F)$ がルジャンドル同値と仮定する．ここでも，$k = \ell$ の場合を考えればよい．$\mathscr{L}(G)(\Sigma_G)$ と $\mathscr{L}(F)(\Sigma_F)$ の極小母関数族 G' と F' をとると，補題 4.7.4 の証明から，それぞれ G と F に S.P-$\mathcal{K}$-同値なので，G と F が最初から極小母関数族であると仮定してよい．仮定から，ルジャンドル微分同相芽 $\widetilde{\phi} : (PT^*\mathbb{R}^n, \mathscr{L}(G)(0)) \to (PT^*\mathbb{R}^n, \mathscr{L}(F)(0))$ が存在して，$\widetilde{\phi}(\mathscr{L}(F)(\Sigma_F)) = \mathscr{L}(G)(\Sigma_G)$ が成り立つ．ここで，$\widetilde{\phi}$ は，微分同相写像芽 $\phi : (\mathbb{R}^n, 0) \to (\mathbb{R}^n, 0)$ により

$$\widetilde{\phi}(x, [\xi]) = (\phi(x), [(\phi^{-1})^*_x(\xi)])$$

の形をしている．ここで，$\phi^* F(q, x) = F(q, \phi(x))$ を考えると，モース超曲面族であり，しかも F と $\phi^* F$ は P-$\mathcal{K}$-同値である．証明の前半の議論から $\mathscr{L}(\phi^* F)(\Sigma_{\phi^* F}) = \widetilde{\phi}(\mathscr{L}(F)(\Sigma_F)) = \mathscr{L}(G)(\Sigma_G)$ となる．いま，F は極小母関数族なので，$\phi^* F$ も極小母関数族である．したがって，命題 4.7.5 から $\phi^* F$ と G は S.P-$\mathcal{K}$-同値となる．F と $\phi^* F$ は P-$\mathcal{K}$-同値なので，F と G は P-$\mathcal{K}$-同値である． □

定理 4.7.7 の証明をみると，以下のことが成り立っていることがわかる．

系 4.7.8 $F : (\mathbb{R}^k \times \mathbb{R}^n, 0) \to (\mathbb{R}, 0)$, $G : (\mathbb{R}^\ell \times \mathbb{R}^n, 0) \to (\mathbb{R}, 0)$ をモース超曲面族とする．このとき，微分同相芽 $\phi : (\mathbb{R}^n, 0) \longrightarrow (\mathbb{R}^n, 0)$ が存在して $\widetilde{\phi}(\mathscr{L}(F)(\Sigma_F)) = \mathscr{L}(G)(\Sigma_G)$ が成り立つための必要十分条件は $\phi^* F, G$ が安定 S.P-$\mathcal{K}$-同値となることである．ただし，$\widetilde{\phi} : PT^*\mathbb{R}^n \longrightarrow PT^*\mathbb{R}^n$ は ϕ の一意的なルジャンドルリフト写像芽である．

定義から，ルジャンドル写像芽 $\pi \circ \mathscr{L}(F) : (\Sigma_F, 0) \longrightarrow \mathbb{R}^n$ の波面は

$$W(\mathscr{L}(F)(\Sigma_F)) = \left\{ x \in (\mathbb{R}^n, 0) \mid \exists q \in (\mathbb{R}^k, 0) \,;\, (q, x) \in (\Sigma_F, 0) \right\}$$

であるが，これは第 3 章で定義された母関数族 F の判別集合 $\mathcal{D}_F$ に一致する．ルジャンドル部分多様体芽 $i : (\mathscr{L}, p) \subset (PT^*\mathbb{R}^n, p)$ または，ルジャ

ンドル写像芽 $\pi \circ i : (\mathscr{L}, p) \subset (\mathbb{R}^n, \pi(p))$ に対してルジャンドル安定という概念もラグランジュ安定と同様に定義されるが，ここでもルジャンドル安定の定義を，母関数族のホモトピー安定性として定義する．すなわち，ルジャンドル写像芽 $\pi \circ \mathscr{L}(F)$ が**ルジャンドル安定**であるとはその母関数族 $F : (\mathbb{R}^k \times \mathbb{R}^n, 0) \longrightarrow (\mathbb{R}, 0)$ がホモトピー$\mathcal{K}$-安定であることと定義する．そうすると，命題 3.4.1 から以下の定理が成り立つ．

定理 4.7.9 $F : (\mathbb{R}^k \times \mathbb{R}^n, 0) \longrightarrow (\mathbb{R}, 0)$ をモース超曲面族とする．ルジャンドル写像芽 $\pi \circ \mathscr{L}(F)$ がルジャンドル安定であるための必要十分条件は F が $f = F|_{\mathbb{R}^k \times \{0\}}$ の $\mathcal{K}$ 普遍開折となることである．

ラグランジュ部分多様体芽の場合と同様にこの定理もルジャンドル特異点論における基本定理の一つであり，写像空間の位相を用いた定義との同値性も成り立つが，証明のためには，さらに詳しい考察が必要となるので本書では省略する．ルジャンドル安定性の詳しい定義や性質については [4, 23] を参照してほしい．

定理 4.7.7 と定理 4.7.9 から，ルジャンドル安定なルジャンドル部分多様体芽をルジャンドル同値で分類するには $\mathcal{K}$ 普遍開折を P-$\mathcal{K}$-同値で分類すればよいこととなる．この分類はすでに，第 3 章で与えられている．ルジャンドル部分多様体芽 $\mathscr{L}(F)(C(F))$ の波面 $W(\mathscr{L}(F)(\Sigma_F))$ はその母関数族 F の判別集合 $\mathcal{D}_F$ なので，命題 3.5.4 から F の P-$\mathcal{K}$-同値による分類は，対応する波面 $W(\mathscr{L}(F)(\Sigma_F))$ の微分同相による分類に対応している．したがって，命題 3.6.3 で与えた $2 \leq \tau(f) \leq 4$ の関数芽の $\mathcal{K}$ 普遍開折の分類表に対応する分岐集合が，4 次元以下の空間における，ルジャンドル安定なルジャンドル写像の波面の微分同相による分類を与えている．それらの図は 3.5 節において見ることができる．

ルジャンドル部分多様体芽とラグランジュ部分多様体芽の顕著な違いは，以下の定理に現れている．

定理 4.7.10 $i_j : (\mathscr{L}_j, p_j) \subset (PT^*\mathbb{R}^n, p_\ell)$ $(j = 1, 2)$ をそれぞれルジャ

ンドル部分多様体芽とする.それぞれの代表元 $\bar{i}_j : U_j \subset PT^*\mathbb{R}^n$ について,ルジャンドル写像 $\pi \circ \bar{i}_j$ がプロパー写像であり,かつその特異点集合が U_j $(j = 1, 2)$ 内でいたるところ非稠密であるような U_j を p_j の近傍が存在すると仮定する.このとき,以下の条件は同値である:

(1) ルジャンドル部分多様体芽 $i_1 : (\mathscr{L}_1, p_1) \subset (PT^*\mathbb{R}^n, p_\ell)$ と $i_2 : (\mathscr{L}_2, p_2) \subset (PT^*\mathbb{R}^n, p_2)$ はルジャンドル同値である.

(2) 波面 $W(i_1(\mathscr{L}_1)), W(i_2(\mathscr{L}_2))$ の芽は微分同相である.

ここで,位相空間 X, Y の間の連続写像 $f : X \longrightarrow Y$ が**プロパー**であるとは,任意のコンパクト集合 $K \subset Y$ の逆像 $f^{-1}(K)$ がコンパクトであることと定義される.今後,写像芽 $f : (\mathbb{R}^n, x_0) \longrightarrow \mathbb{R}^p$ に対して,ある x_0 の近傍 $U \subset \mathbb{R}^n$ が存在して,その代表元 $\bar{f} : U \longrightarrow \mathbb{R}^p$ がプロパーのとき,写像芽自体が**プロパー**であるという.さらに,ある部分集合芽 $(\Sigma, x_0) \subset (\mathbb{R}^n, x_0)$ に対して,x_0 のある近傍 $U \subset \mathbb{R}^n$ が存在して,その代表元 $\Sigma \cap U$ が U 内でいたるところ非稠密である(すなわち,内点をもたない)とき,集合芽 (Σ, x_0) が**いたるところ非稠密**であるという.

証明 ルジャンドル同値の定義から (1) ならば (2) が成り立つ.ここでは,(2) を仮定して (1) が成り立つことを証明する.$\mathbb{R}^n$ 上の微分同相の $PT^*\mathbb{R}^n$ 上のルジャンドルリフトの一意性(4.6 節)から,p_j の開近傍 $V_j \subset U_j$ が存在して $\pi \circ \bar{i}_1(V_1) = \pi \circ \bar{i}_2(V_2)$ を満たすと仮定してよい.さらに V_j は双対コンパクトであり,$\overline{V_j} \subset U_j$ を満たしているものと仮定する.このとき,

$$\pi \circ \bar{i}_1(\overline{V_1}) = \overline{\pi \circ \bar{i}_1(V_1)} = \overline{\pi \circ \bar{i}_2(V_2)} = \pi \circ \bar{i}_2(\overline{V_2})$$

が成立する.仮定から $\pi \circ \bar{i}_j|_{V_j}$ の正則点の集合は V_j 内で稠密である.ここで,$S = \pi \circ \bar{i}_1(\overline{V_1}) = \pi \circ \bar{i}_2(\overline{V_2})$ とおき,

$$Z_j = \{\pi \circ \bar{i}_j(u) \in S \mid u \in \overline{V_j} \text{ は } \pi \circ \bar{i}_j \text{ の特異点}\}$$

とおく.さらに,$Z = Z_1 \cup Z_2$, $R = S \setminus Z$ とする.このとき,任意の $a \in S \setminus Z_j$ に対して $(\pi \circ \bar{i}_j)^{-1}(a)$ は有限集合であることがわかる.実際,無限集合であると仮定すると点列 $\{p_n\}$ で $\pi \circ \bar{i}_j(p_n) = a$ を満たすものが存在

する.このとき,$\pi \circ \bar{i}_j$ はプロパーなので,部分列をとることにより最初から $\{p_n\}$ は点 $p \in \overline{V_j}$ に収束しているとしてよい.連続性から $\pi \circ \bar{i}_j(p) = a$ が成り立つ.$a \in S \setminus Z_\ell$ なので,p の近傍 V が存在して $\pi \circ \bar{i}_\ell|_V$ は埋め込みとなる.十分大きな n をとると $p_n \in V$ かつ $p_n \neq p$ が成り立つ.一方,$\pi \circ \bar{i}_\ell(p_n) = a = \pi \circ i_\ell(p)$ であり,$\pi \circ \bar{i}_\ell|_V$ が埋め込みであることに矛盾する.したがって $(\pi \circ \bar{i}_\ell)^{-1}(a)$ は有限集合である.ゆえに,任意の $a \in R$ に対して,

$$(\pi \circ \bar{i}_1)^{-1}(a) = \{p_1, \ldots, p_m\}, \ (\pi \circ \bar{i}_2)^{-1}(a) = \{q_1, \ldots, q_l\}$$

となる.また,$PT^*\mathbb{R}^n \equiv \mathbb{R}^n \times P(\mathbb{R}^n)^*$ という分解において $\bar{i}_1(p_\ell) = (a, [\nu_\ell])$,$\bar{i}_2(q_k) = (a, [\xi_k])$ とする.ただし,$\nu_\ell, \xi_k \in (\mathbb{R}^n)^*$ であり,$[\nu_\ell], [\xi_k]$ は双対射影空間 $P(\mathbb{R}^n)^*$ における同次座標を表す.$\bar{i}_j \ (j = 1, 2)$ は埋め込みなので,$\nu_1, \ldots, \nu_m$ と $\xi_1, \ldots, \xi_l$ はそれぞれみな異なる.ここで,a は $\bar{i}_j \ (j = 1, 2)$ の正則点であり,したがって ν_ℓ は(同時に,ξ_k も)超曲面 $\pi \circ \bar{i}_1(V_1)$(同時に,$\pi \circ \bar{i}_2(V_2)$)のある成分の a における接空間であるとみなせる.ここで,$\pi \circ \bar{i}_1(\overline{V_1}) = \pi \circ \bar{i}_2(\overline{V_2})$ なので,$m = l$ かつ $\bar{i}_1(p_\ell) = \bar{i}_2(q_\ell) \ (\ell = 1, \ldots, m)$ となる.さらに,$W_j = (\pi \circ \bar{i}_j|_{\overline{V_j}})^{-1}(R) \ (j = 1, 2)$ とおくと,$\bar{i}_1(W_1) = \bar{i}_2(W_2)$ が成り立つ.したがって,$\bar{i}_j \ (j = 1, 2)$ の連続性から $\bar{i}_1(\overline{W_1}) = \bar{i}_2(\overline{W_2})$ となる.ゆえに,W_j が $\overline{V_j}$ 内で稠密であることを示せばよい.そこで,$(\pi \circ i_j|_{\overline{V_j}})^{-1}(Z)$ が内点をもつと仮定する.ここで $\pi \circ \bar{i}_j$ の特異点集合が $\overline{V_j}$ 内でいたるところ非稠密であり,言い換えるとその正則点集合が $\overline{V_j}$ 内で稠密なので,開集合 $O_\ell \subset V_j$ で $\pi \circ \bar{i}_j(O_j) \subset Z$ かつ $\pi \circ \bar{i}_j|_{O_j}$ がはめ込みとなるものが存在する.点 $q_j \in O_j$ に対して,T_j を正則超曲面 $\pi \circ \bar{i}_j(O_j)$ の q_j における接超平面とする.このとき,q_j の近傍において,局所微分同相写像

$$\Phi_j : T_\ell \to \pi \circ L_j(O_j)$$

が存在する.Z_j は $\pi \circ \bar{i}_j$ の特異値集合なので,$\Phi_j(Z_j)$ も $\Phi_j \circ \pi \circ \bar{i}_j \ (j = 1, 2)$ の特異値集合となる.ここで,サードの定理([23, 41, 44] 参照)から $\Phi_j(Z)$ は測度零の集合である.一方 $\Phi_j \circ \pi \circ \bar{i}_j(O_j) \subset \Phi_j(Z)$ なので,これは測度零であることに矛盾する.したがって $(\pi \circ \bar{i}_j|_{V_j})^{-1}(Z)$ は内点をもたない.

$$\overline{Vj} = (\pi \circ \bar{i}_j|V_j)^{-1}(S) = (\pi \circ \bar{i}_j|\overline{V_j})^{-1}(R \cup Z)$$
$$= (\pi \circ \bar{i}_j|\overline{V_j})^{-1}(R) \cup (\pi \circ \bar{i}_j|\overline{V_j})^{-1}(Z)$$

なので, $W_j = (\pi \circ \bar{i}_j|\overline{V_j})^{-1}(R)$ は $\overline{V_j}$ 内で稠密である. □

この定理の仮定は,十分多くのルジャンドル部分多様体芽 $i : (\mathscr{L}, p) \subset PT^*\mathbb{R}^n$ に対して成り立つ性質であることが知られている. 特に $i : (\mathscr{L}, p) \subset PT^*\mathbb{R}^n$ がルジャンドル安定な場合にも成り立つことが知られている.

ここで, 写像芽 $f : (\mathbb{R}^n, 0) \to (\mathbb{R}^p, 0)$ と自然数 r に対して, f の r **次の局所環**を

$$Q_r(f) = \frac{\mathcal{E}_n}{f^*(\mathcal{M}_p)\mathcal{E}_n + \mathcal{M}_n^{r+1}}$$

と定義する. このとき, 以下の命題が成り立つ.

命題 4.7.11 $F, G : (\mathbb{R}^k \times \mathbb{R}^n, (0,0)) \to (\mathbb{R}, 0)$ をモース超曲面族とし, $\pi \circ \mathscr{L}(F)$ と $\pi \circ \mathscr{L}(G)$ はルジャンドル安定であると仮定する. このとき, 以下の命題は同値である:

(1) 波面 $(W(\mathscr{L}(F)(\Sigma_F)), 0)$ と $(W(\mathscr{L}(G)(\Sigma_G)), 0)$ は集合芽として微分同相である.

(2) ルジャンドル部分多様体芽 $\mathscr{L}(F)(\Sigma_F)$ と $\mathscr{L}(G)(\Sigma_G)$ はルジャンドル同値である.

(3) $f = F|_{\mathbb{R}^k \times \{0\}}$ と $g = G|_{\mathbb{R}^k \times \{0\}}$ に対して, 局所環 $Q_{n+1}(f)$ と $Q_{n+1}(g)$ は $\mathbb{R}$-多元環として同型である.

証明 定理 4.7.9 から F と G は, それぞれ f と g の $\mathcal{K}$-普遍開折である. $\pi \circ \mathscr{L}(F)$ と $\pi \circ \mathscr{L}(G)$ はルジャンドル安定なので, 定理 4.7.10 の仮定を満たしている. ゆえに (1) と (2) は同値である. F と G がそれぞれ f と g の $\mathcal{K}$-普遍開折ならば f と g は $(n+1)$-$\mathcal{K}$-確定である ([39] 参照). したがって, (3) が成り立つならば f と g は $\mathcal{K}$-同値となる. $\mathcal{K}$-普遍開折の一意性から F と G は P-$\mathcal{K}$-同値である. 定理 4.7.7 から F と G が P-$\mathcal{K}$-同値ならば (2) が成り立ち, (3) が成り立つならば (2) が成り立つことが証明された. また, 定義から

F と G が P-$\mathcal{K}$-同値ならば f と g は $\mathcal{K}$-同値となり逆も成り立つ. □

|5

波面の伝播と大波面

　　　この章では，本書の主要な目標である波面の伝播理論について述べる．この章に関しては参考文献は [4, 6, 16, 29, 30, 31, 53, 54] 等である．ここでは，波面の1径数変形に沿ったその分岐について述べることが目標である．主たるアイデアは，波面の1径数族に現れるそれぞれの波面の集合をひとまとめにして，1次元高い空間内の波面とみなすことにあり，そのような波面の集まりからなる波面を**大波面**と呼ぶ．大波面も波面の一種なので，その特異点は4章で解説したルジャンドル特異点論の言葉を用いて記述することができる．

5.1　大波面とその特異点

　ここでは $n+1$ 次元の空間を考えるが，1径数方向を時間軸のようにみなし，$\mathbb{R}^{n+1} = \mathbb{R}^n \times \mathbb{R}$ と考え，その座標を $(x,t) = (x_1,\ldots,x_n,t) \in \mathbb{R}^n \times \mathbb{R}$ と表す．ここで，局所的な性質のみを考えるのでルジャンドルファイバー束として $\mathbb{R}^n \times \mathbb{R}$ 上の射影的余接束 $\pi : PT^*(\mathbb{R}^n \times \mathbb{R}) \to \mathbb{R}^n \times \mathbb{R}$ を考える．この場合も以前と同様に，標準的分解

$$PT^*(\mathbb{R}^n \times \mathbb{R}) \cong (\mathbb{R}^n \times \mathbb{R}) \times P(\mathbb{R}^n \times \mathbb{R})^*$$

を考える．第4章で解説したように，その同次座標を

$$((x_1, \ldots, x_n, t), [\xi_1 : \cdots : \xi_n : \tau])$$

とし，$PT^*(\mathbb{R}^n \times \mathbb{R}) \cong (\mathbb{R}^n \times \mathbb{R}) \times P^*(\mathbb{R}^n \times \mathbb{R})$ にはグラフ型アフィン座標系 $(\mathbb{R}^n \times \mathbb{R}) \times U_\tau$ が存在する．ここで，$U_\tau = \{[\xi_1 : \cdots : \xi_n : \tau] \mid \tau \neq 0\} \subset P^*(\mathbb{R}^n \times \mathbb{R})$ であり，

$$((x_1, \ldots, x_n, t), (p_1, \ldots, p_n)) = \left((x_1, \ldots, x_n, t), \left(-\frac{\xi_1}{\tau}, \ldots, -\frac{\xi_n}{\tau}\right)\right)$$

である．また，このグラフ型アフィン座標系上の標準的接触構造に対応する接触形式は $\theta = dt - \sum_{i=1}^n p_i dx_i$ である．第4章に従って，このグラフ型アフィン座標系 $(\mathbb{R}^n \times \mathbb{R}) \times U_\tau$ を特に $J_{GA}^1(\mathbb{R}^n, \mathbb{R})$ と表す．なぜこのように呼ぶかという理由は座標 t が1ジェット空間内における関数芽の値に対応しているからである．今後，この同一視を用いる．

$PT^*(\mathbb{R}^n \times \mathbb{R})$ 内のルジャンドル部分多様体 $i : \mathscr{L} \subset PT^*(\mathbb{R}^n \times \mathbb{R})$ に対して，対応する波面 $\overline{\pi} \circ i(\mathscr{L}) = W(\mathscr{L})$ を**大波面**と呼ぶ．対応して $i : \mathscr{L} \subset PT^*(\mathbb{R}^n \times \mathbb{R})$ を**大ルジャンドル部分多様体**と呼ぶこともある．ここで，座標 t をルジャンドル変形族の径数（パラメータ）とみなして，任意の $t \in \mathbb{R}$ に対して，

$$W_t(\mathscr{L}) = \pi_1(\pi_2^{-1}(t) \cap W(\mathscr{L}))$$

を**瞬間波面**（または，**小波面**）と呼ぶ．ただし，$\pi_1 : \mathbb{R}^n \times \mathbb{R} \to \mathbb{R}^n$ と $\pi_2 : \mathbb{R}^n \times \mathbb{R} \to \mathbb{R}$ はそれぞれ $\pi_1(x, t) = x$ と $\pi_2(x, t) = t$ で定義される標準射影とする．

基底の空間は時間軸と空間軸に分かれているので，大波面に対応する特異点を以下のように2種類に分類することができる．ルジャンドル部分多様体 $\mathscr{L} \subset PT^*(\mathbb{R}^n \times \mathbb{R})$ の点 $p \in \mathscr{L}$ が**空間特異点**であるとは

$$\operatorname{rank} d(\pi_1 \circ \overline{\pi}|_{\mathscr{L}})_p < n$$

を満たすことと定義し，**時間特異点**であるとは

$$\operatorname{rank} d(\pi_2 \circ \overline{\pi}|_{\mathscr{L}})_p = 0$$

を満たすことと定義する．$p \in \mathscr{L}$ がルジャンドル特異点であることの定義は $\operatorname{rank} d(\overline{\pi}|_{\mathscr{L}})_p < n$ を満たすことなので，ルジャンドル特異点は空間特異点で

5.1 大波面とその特異点

ある.しかし,ルジャンドル特異点をもたなくとも,空間特異点をもつ場合がある.この場合は以下の性質をもつ.

補題 5.1.1 $i : \mathscr{L} \subset PT^*(\mathbb{R}^n \times \mathbb{R})$ を大ルジャンドル部分多様体でルジャンドル特異点をもたないものとする.このとき,$p \in \mathscr{L}$ が $\mathscr{L}$ の空間特異点であるならば,p は $\mathscr{L}$ の時間特異点ではない.

証明 仮定から $\overline{\pi}|_{\mathscr{L}}$ ははめ込みである.このとき,任意の接ベクトル $v \in T_p\mathscr{L}$ に対して,$X_v \in T_{\overline{\pi}(p)}(\mathbb{R}^n \times \{0\})$ と $Y_v \in T_{\overline{\pi}(p)}(\{0\} \times \mathbb{R})$ が存在して $d(\overline{\pi}|_L)_p(v) = X_v + Y_v$ と空間方向と時間方向のベクトルに分解される.もし $\mathrm{rank}\, d(\pi_2 \circ \overline{\pi}|_L)_p = 0$ とすると,任意の $v \in T_p\mathscr{L}$ に対して,$d(\overline{\pi}|_L)_p(v) = X_v$ となる.p は $\mathscr{L}$ の空間特異点なので,零でない接ベクトル $v \in T_p\mathscr{L}$ が存在して $X_v = 0$ を満たす.したがって,$d(\overline{\pi}|_{\mathscr{L}})_p(v) = 0$ である.これは $\overline{\pi}|_{\mathscr{L}}$ がはめ込みであることに矛盾する. □

大波面は瞬間波面の族の集まりと考えられるので,その族に付随して,判別集合が定まる.**瞬間波面の族** $\{W_t(\mathscr{L})\}_{t\in(\mathbb{R},0)}$ **の判別集合** $D(W(\mathscr{L}))$ とは $\pi_1|_{W(\mathscr{L})}$ の特異点の像(特異値集合)のことであるが,一般に三つの成分からなる.

(1) **焦点集合** $C_{\mathscr{L}}$: $C_{\mathscr{L}} = \pi_1(\Sigma(W(\mathscr{L})))$. ここで,$\Sigma(W(\mathscr{L}))$ は大波面 $W(\mathscr{L})$ の特異点集合すなわち,ルジャンドル特異点の集合の $\overline{\pi}|_{\mathscr{L}}$ による像である.言い換えると

$$\Sigma(W(\mathscr{L})) = \{\overline{\pi}(p) \mid \mathrm{rank}\, d(\overline{\pi}|_{\mathscr{L}})_p < n+1\}$$

である.すなわち,瞬間波面族の焦点集合 $C_{\mathscr{L}}$ とは,対応する大波面の特異点集合の空間方向への射影のことである.

(2) **マクスウェル集合** $M_{\mathscr{L}}$: $M_{\mathscr{L}}$ は $W(\mathscr{L})$ の自己交差点集合の閉包の空間方向への射影と定義される.

(3) $W(\mathscr{L})$ **の正則部分の特異値集合** $\Delta_{\mathscr{L}}$: $\pi_1|_{W(\mathscr{L})\setminus\Sigma(W(\mathscr{L}))}$ の特異値集合を $\Delta_{\mathscr{L}}$ と表す.言い換えると

$$\Delta_{\mathscr{L}} = \{\pi_1(x) \mid \mathrm{rank}\, d(\pi_1|_{W(\mathscr{L})\setminus\Sigma(W(\mathscr{L}))})_x < n\}$$

のことである.参考文献 [29, 54] では,$\Delta_{\mathscr{L}}$ を**瞬間波面族の包絡面**と呼んでいるが,$\Delta_{\mathscr{L}}$ は滑らかな瞬間波面族 $\bar{\pi}(W_t(\mathscr{L}))$ の包絡面とは限らず,$\pi_2^{-1}(t) \cap W(\mathscr{L})$ が正則でも $\pi_1|_{\pi_2^{-1}(t) \cap W(L)}$ が特異点をもつ場合が存在することがある.第 7 章でそのような例を与える.それゆえに $\Delta_{\mathscr{L}}$ は正則な $W(\mathscr{L}) \setminus \Sigma(W(\mathscr{L}))$ に対する,写像 $\pi_1|_{W(\mathscr{L}) \setminus \Sigma(W(\mathscr{L}))}$ の特異値集合である.瞬間波面の族 $\{W_t(\mathscr{L})\}_{t \in (\mathbb{R},0)}$ の判別集合は,上記の 3 種類の集合の和集合

$$D(W(\mathscr{L})) = C_{\mathscr{L}} \cup M_{\mathscr{L}} \cup \Delta_{\mathscr{L}}$$

として定義される.

大ルジャンドル部分多様体芽 $i : (\mathscr{L}, p_0) \subset (PT^*(\mathbb{R}^n \times \mathbb{R}), p_0)$ はルジャンドル部分多様体芽なので,第 4 章の一般論から母関数族が存在する.$\mathcal{F} : (\mathbb{R}^k \times (\mathbb{R}^n \times \mathbb{R}), 0) \to (\mathbb{R}, 0)$ をモース超曲面族とする.このとき,$\mathcal{F}$ を**大モース超曲面族**と呼ぶ.モース超曲面族なので,$\Sigma_{\mathcal{F}} = \Delta^*(\mathcal{F})^{-1}(0)$ は $(\mathbb{R}^k \times (\mathbb{R}^n \times \mathbb{R}), 0)$ の n 次元部分多様体芽となり,第 4 章の構成方法から大ルジャンドル部分多様体芽 $\mathscr{L}(\mathcal{F})(\Sigma_{\mathcal{F}})$ が得られる.ここで,

$$\mathscr{L}(\mathcal{F})(q, x, t) = \left(x, t, \left[\frac{\partial \mathcal{F}}{\partial x}(q, x, t) : \frac{\partial \mathcal{F}}{\partial t}(q, x, t)\right]\right)$$

かつ

$$\left[\frac{\partial \mathcal{F}}{\partial x}(q, x, t) : \frac{\partial \mathcal{F}}{\partial t}(q, x, t)\right] = \left[\frac{\partial \mathcal{F}}{\partial x_1}(q, x, t) : \cdots : \frac{\partial \mathcal{F}}{\partial x_n}(q, x, t) : \frac{\partial \mathcal{F}}{\partial t}(q, x, t)\right]$$

である.

5.2 様々な同値関係

ここでは,大ルジャンドル部分多様体芽の間の 5 種類の同値関係を考える.$i : (\mathscr{L}, p_0) \subset (PT^*(\mathbb{R}^n \times \mathbb{R}), p_0)$ と $i' : (\mathscr{L}', p_0') \subset (PT^*(\mathbb{R}^n \times \mathbb{R}), p_0')$ を大ルジャンドル部分多様体芽とする.このとき,$i : (\mathscr{L}, p_0) \subset (PT^*(\mathbb{R}^n \times \mathbb{R}), p_0)$ と $i' : (\mathscr{L}', p_0') \subset (PT^*(\mathbb{R}^n \times \mathbb{R}), p_0')$ が

(1) *s*-*S.P*-**ルジャンドル同値**とは微分同相芽 $\Phi : (\mathbb{R}^n \times \mathbb{R}, \bar{\pi}(p_0)) \to (\mathbb{R}^n \times$

$\mathbb{R}, \overline{\pi}(p_0'))$ で $\Phi(x,t) = (\phi_1(x), t)$ という形のものが存在して，芽として $\widetilde{\Phi}(\mathscr{L}) = \mathscr{L}'$ を満たすことと定義する．

(2) (s,t)-**ルジャンドル同値**とは微分同相芽 $\Phi : (\mathbb{R}^n \times \mathbb{R}, \overline{\pi}(p_0)) \to (\mathbb{R}^n \times \mathbb{R}, \overline{\pi}(p_0'))$ で $\Phi(x,t) = (\phi_1(x), \phi_2(t))$ という形のものが存在して，芽として $\widetilde{\Phi}(\mathscr{L}) = \mathscr{L}'$ を満たすことと定義する．

(3) s-$S.P^+$-**ルジャンドル同値**とは微分同相芽 $\Phi : (\mathbb{R}^n \times \mathbb{R}, \overline{\pi}(p_0)) \to (\mathbb{R}^n \times \mathbb{R}, \overline{\pi}(p_0'))$ で $\Phi(x,t) = (\phi_1(x), t + \alpha(x))$ という形のものが存在して，芽として $\widetilde{\Phi}(\mathscr{L}) = \mathscr{L}'$ を満たすことと定義する．

(4) t-P-**ルジャンドル同値**とは微分同相芽 $\Phi : (\mathbb{R}^n \times \mathbb{R}, \overline{\pi}(p_0)) \to (\mathbb{R}^n \times \mathbb{R}, \overline{\pi}(p_0'))$ で $\Phi(x,t) = (\phi_1(x,t), \phi_2(t))$ という形のものが存在して，芽として $\widetilde{\Phi}(\mathscr{L}) = \mathscr{L}'$ を満たすことと定義する．

(5) s-P-**ルジャンドル同値**とは微分同相芽 $\Phi : (\mathbb{R}^n \times \mathbb{R}, \overline{\pi}(p_0)) \to (\mathbb{R}^n \times \mathbb{R}, \overline{\pi}(p_0'))$ で $\Phi(x,t) = (\phi_1(x), \phi_2(x,t))$ という形のものが存在して，芽として $\widetilde{\Phi}(\mathscr{L}) = \mathscr{L}'$ を満たすことと定義する．

ここで，$\widetilde{\Phi} : (PT^*(\mathbb{R}^n \times \mathbb{R}), p_0) \to (PT^*(\mathbb{R}^n \times \mathbb{R}), p_0')$ は Φ のただ一つのルジャンドルリフト写像芽である．

これらの同値関係の中で (s,t)-ルジャンドル同値が大ルジャンドル部分多様体芽の間の同値関係としては一番自然な同値関係のように思える．実際，この同値関係で同値な大ルジャンドル部分多様体芽に対応する瞬間波面の族 $\{W_t(\mathscr{L})\}_{t \in (\mathbb{R}, 0)}$ の分岐が，空間微分同相写像芽と時間微分同相芽により対応している．しかし，この同値関係は基底空間の写像芽の発散図式 $\mathbb{R} \leftarrow \mathbb{R}^n \times \mathbb{R} \to \mathbb{R}^n$ の間の同値関係を誘導し，Damon の意味での $\mathcal{A}$ **または** $\mathcal{K}$ **の幾何学的部分群** [11] とはならないことがわかり，研究対象として非常な困難をともなう．ただし，本書では Damon の意味での $\mathcal{A}$ または $\mathcal{K}$ の幾何学的部分群の詳細には立ち入らないので興味がある読者は原論文 [11] を参照してほしい．この (s,t)-ルジャンドル同値における困難を避けるために，s-$S.P$-ルジャンドル同値を考えることができるが，この場合，非常に低次元の場合から**関数モジュライ**が現れ，分類の同値類が無限次元となることが知られている．この分類の応用と関数モジュライの例については，参考文献 [14],

[34, §5] および本書の第7章を参照してほしい.さらにこの関数モジュライを避けるために,大ルジャンドル部分多様体芽の間の s-$S.P^+$-ルジャンドル同値が考えられる.この同値関係は筆者 [17] と Zakalyukin [54] により,異なる目的のために独立して導入されたものである.定義から,もし大ルジャンドル部分多様体芽の s-$S.P^+$-ルジャンドル同値による分類が与えられると自動的に関数モジュライを許した s-$S.P$-ルジャンドル同値による分類が得られる.s-$S.P^+$-ルジャンドル同値と (s,t)-ルジャンドル同値の間には直接的な関係はないが,s-$S.P$-ルジャンドル同値が (s,t)-ルジャンドル同値より強い同値関係なので,$\{W_t(\mathscr{L})\}_{t\in(\mathbb{R},0)}$ の分岐の分類のために有効である.さらに,この s-$S.P^+$-ルジャンドル同値は 5.3 節におけるグラフ型ルジャンドル開折の理論において重要な役割を担う.これらの同値関係の強弱は,(1) ならば (2) が成り立ち,(2) ならば (4) が成り立つ.また (1) ならば (3) も成り立ち,(3) ならば (5) が成り立つ.(5) はこの中でも最も弱い同値関係の一つであるが,二つの大ルジャンドル部分多様体芽 $i:(\mathscr{L},p_0)\subset(PT^*(\mathbb{R}^n\times\mathbb{R}),p_0)$ と $i':(\mathscr{L}',p_0')\subset(PT^*(\mathbb{R}^n\times\mathbb{R}),p_0')$ が s-P-ルジャンドル同値ならばそれらの判別集合芽 $D(W(\mathscr{L}))$ と $D(W(\mathscr{L}'))$ は微分同相となる.さらにもう一方の最も弱い同値関係である t-P-ルジャンドル同値のもとで,$\{W_t(\mathscr{L})\}_{t\in(\mathbb{R},0)}$ における任意の瞬間波面 $W_t(\mathscr{L})$ $(t\in(\mathbb{R},0))$ は微分同相芽 $\phi_2:(\mathbb{R},0)\longrightarrow(\mathbb{R},0)$ により,瞬間波面 $W_{\phi_2(t)}(\mathscr{L}')$ に微分同相となることがわかる.すなわち,瞬間波面の分岐の微分同相型が保存される.その分類については Zakalyukin [53] を参照してほしい.また,[32] では,世界面の微分幾何学的性質の研究に大ルジャンドル部分多様体芽の間の s-P-ルジャンドル同値が使われているがその内容については第 8 章で解説する.ここでも大ルジャンドル部分多様体芽のこれらの 5 種類の同値関係に関する**安定性**の定義を,第 4 章で定義したラグランジュ同値やルジャンドル同値と同様に定義することができる.

ここで,$\mathcal{P}$ で s-$S.P$, (s,t), s-$S.P^+$, t-P, s-P のどれかを表すものと約束する.前記の 5 種類の同値関係に対応して,大波面の間の以下の同値関係が定まる.$i:(\mathscr{L},p_0)\subset(PT^*(\mathbb{R}^n\times\mathbb{R}),p_0)$ と $i':(\mathscr{L}',p_0')\subset(PT^*(\mathbb{R}^n\times\mathbb{R}),p_0')$ を大ルジャンドル部分多様体芽とする.このとき,大波面 $W(\mathscr{L})$ と $W(\mathscr{L}')$ が **$\mathcal{P}$-微分同相**であるとは,微分同相芽 $\Phi:(\mathbb{R}^n\times\mathbb{R},\overline{\pi}(p_0))\to(\mathbb{R}^n\times\mathbb{R},\overline{\pi}(p_0'))$

で $\mathcal{P}$-ルジャンドル同値に対応する微分同相芽の形をした Φ が存在して,芽として $\Phi(W(\mathscr{L})) = W(\mathscr{L}')$ が成り立つことと定義する. Φ は **$\mathcal{P}$-微分同相芽**と呼ばれる.大波面 $W(\mathscr{L})$ と $W(\mathscr{L}')$ が s-P-微分同相ならば,対応する判別集合 $D(W(\mathscr{L}))$ と $D(W(\mathscr{L}'))$ は芽として微分同相となる.定理4.7.10 の系として以下の命題が成り立つ.

命題 5.2.1 $i : (\mathscr{L}, p_0) \subset (PT^*(\mathbb{R}^n \times \mathbb{R}), p_0)$ と $i' : (\mathscr{L}', p_0') \subset (PT^*(\mathbb{R}^n \times \mathbb{R}), p_0')$ を大ルジャンドル部分多様体芽とし,ルジャンドル写像芽 $\bar{\pi} \circ i, \bar{\pi} \circ i'$ はプロパーでその特異点集合がいたるところ非稠密とする.このとき, $i : (\mathscr{L}, p_0) \subset (PT^*(\mathbb{R}^n \times \mathbb{R}), p_0)$ と $i' : (\mathscr{L}', p_0') \subset (PT^*(\mathbb{R}^n \times \mathbb{R}), p_0')$ が $\mathcal{P}$-ルジャンドル同値であるための必要十分条件は,対応する大波面 $(W(\mathscr{L}), \bar{\pi}(p_0))$ と $(W(\mathscr{L}'), \bar{\pi}(p_0'))$ が $\mathcal{P}$-微分同相となることである.

証明 定義から $i : (\mathscr{L}, p_0) \subset (PT^*(\mathbb{R}^n \times \mathbb{R}), p_0)$ と $i' : (\mathscr{L}', p_0') \subset (PT^*(\mathbb{R}^n \times \mathbb{R}), p_0')$ が $\mathcal{P}$-ルジャンドル同値であるならば基底の空間 $\mathbb{R}^n \times \mathbb{R}$ 上に $\mathcal{P}$-微分同相芽を誘導するので, $(W(\mathscr{L}), \bar{\pi}(p_0))$ と $(W(\mathscr{L}'), \bar{\pi}(p_0'))$ は $\mathcal{P}$-微分同相である.逆を証明する. $\mathcal{P}$-微分同相芽 $\Phi : (\mathbb{R}^n \times \mathbb{R}, \bar{\pi}(p_0)) \to (\mathbb{R}^n \times \mathbb{R}, \bar{\pi}(p_0'))$ で $\Phi(W(\mathscr{L})) = W(\mathscr{L}')$ が成り立つものが存在すると仮定する.このとき, Φ の唯一のルジャンドルリフト写像 $\widetilde{\Phi}$ による像 $\widetilde{\Phi}(\mathscr{L})$ は大ルジャンドル部分多様体芽で $W(\widetilde{\Phi}(\mathscr{L})) = \Phi(W(\mathscr{L})) = W(\mathscr{L}')$ を満たす.このとき,定理4.7.10 から $\widetilde{\Phi}(\mathscr{L}) = \mathscr{L}'$ が成り立つ. □

ルジャンドル部分多様体芽の間のルジャンドル同値は対応する母関数族の P-$\mathcal{K}$-同値を用いて解釈されたが,大ルジャンドル部分多様体芽に対しても,上記の $\mathcal{P}$-ルジャンドル同値を母関数族を用いて解釈することができる.

$\mathcal{F}, \mathcal{G} : (\mathbb{R}^k \times (\mathbb{R}^n \times \mathbb{R}), 0) \longrightarrow (\mathbb{R}, 0)$ を関数芽とする. $\mathcal{F}$ と $\mathcal{G}$ が **$\mathcal{P}$-$\mathcal{K}$-同値**とは微分同相芽 $\Psi : (\mathbb{R}^k \times (\mathbb{R}^n \times \mathbb{R}), 0) \to (\mathbb{R}^k \times (\mathbb{R}^n \times \mathbb{R}), 0)$ で $\Psi(q, x, t) = (\Phi_1(q, x, t), \Phi(x, t))$ の形のものと関数芽 $\lambda : (\mathbb{R}^k \times (\mathbb{R}^n \times \mathbb{R}), 0) \longrightarrow \mathbb{R}$ で $\Phi : (\mathbb{R}^n \times \mathbb{R}, 0) \longrightarrow (\mathbb{R}^n \times \mathbb{R}, 0)$ が $\mathcal{P}$-微分同相芽かつ $\lambda(0) \neq 0$ を満たすものが存在して $\lambda(q, x, t) F \circ \Psi(q, x, t) = G(q, x, t)$ が任

意の $(q,x,t) \in (\mathbb{R}^k \times (\mathbb{R}^n \times \mathbb{R}), 0)$ に対して成り立つことと定義する.また,4.7節の定義と同様にして,関数芽 $\mathcal{F}: (\mathbb{R}^k \times (\mathbb{R}^n \times \mathbb{R}), 0) \to (\mathbb{R}, 0)$ と $\mathcal{G}: (\mathbb{R}^\ell \times (\mathbb{R}^n \times \mathbb{R}), 0) \to (\mathbb{R}, 0)$ の間の**安定 $\mathcal{P}$-$\mathcal{K}$-同値**も定義される.ルジャンドル部分多様体芽の間のルジャンドル同値に関する基本定理(定理4.7.7)と同様にして以下の大ルジャンドル部分多様体芽の間の $\mathcal{P}$-ルジャンドル同値に関する基本定理が得られる.

定理 5.2.2 $\mathcal{F}: (\mathbb{R}^k \times (\mathbb{R}^n \times \mathbb{R}), 0) \to (\mathbb{R}, 0)$ と $\mathcal{G}: (\mathbb{R}^\ell \times (\mathbb{R}^n \times \mathbb{R}), 0) \to (\mathbb{R}, 0)$ を大モース超曲面族とする.このとき, $\mathscr{L}(\mathcal{F})(\Sigma_\mathcal{F})$ と $\mathscr{L}(\mathcal{G})(\Sigma_\mathcal{G})$ が $\mathcal{P}$-ルジャンドル同値であるための必要十分条件は $\mathcal{F}$ と $\mathcal{G}$ が安定 $\mathcal{P}$-$\mathcal{K}$-同値となることである.

証明 母関数族と大ルジャンドル部分多様体芽の関係から, $k = \ell$ の場合に証明すればよいことがわかる.この場合は,母関数族の間の同値関係を安定 $\mathcal{P}$-$\mathcal{K}$-同値の代わりに $\mathcal{P}$-$\mathcal{K}$-同値におきかえて示す. $\mathcal{F}: (\mathbb{R}^k \times (\mathbb{R}^n \times \mathbb{R}), 0) \to (\mathbb{R}, 0)$ と $\mathcal{G}: (\mathbb{R}^k \times (\mathbb{R}^n \times \mathbb{R}), 0) \to (\mathbb{R}, 0)$ が $\mathcal{P}$-$\mathcal{K}$-同値と仮定すると,定義から, $\mathcal{P}$-微分同相芽 $\Phi: (\mathbb{R}^n \times \mathbb{R}, 0) \longrightarrow (\mathbb{R}^n \times \mathbb{R}, 0)$ が存在して, $\Phi^* \mathcal{F}$ と $\mathcal{G}$ が $(x, t) \in (\mathbb{R}^n \times \mathbb{R}, 0)$ を一まとめのパラメータとして $S.\mathcal{P}$-$\mathcal{K}$-同値(4.7節参照)となる.ここで, $\Phi^* \mathcal{F}(q, x, t) = \mathcal{F}(q, \Phi(x, t))$ である.したがって,命題4.7.2から $\mathscr{L}(\Phi^* \mathcal{F})(\Sigma_{\Phi^* \mathcal{F}}) = \mathscr{L}(\mathcal{G})(\Sigma_\mathcal{G})$ が成り立つ.ここで,定理4.7.7の証明から, Φ のただ一つのルジャンドルリフト $\widetilde{\Phi}: PT^*(\mathbb{R}^n \times \mathbb{R}) \longrightarrow PT^*(\mathbb{R}^n \times \mathbb{R})$ によって,

$$\mathscr{L}(\Phi^* \mathcal{F})(\Sigma_{\Phi^* \mathcal{F}}) = \widetilde{\Phi}(\mathscr{L}(\mathcal{F})(\Sigma_\mathcal{F}))$$

が成り立つことがわかる.したがって, $\mathscr{L}(\mathcal{F})(\Sigma_\mathcal{F})$ と $\mathscr{L}(\mathcal{G})(\Sigma_\mathcal{G})$ は $\mathcal{P}$-ルジャンドル同値である.逆に, $\mathscr{L}(\mathcal{F})(\Sigma_\mathcal{F})$ と $\mathscr{L}(\mathcal{G})(\Sigma_\mathcal{G})$ が $\mathcal{P}$-ルジャンドル同値であると仮定すると, $\mathcal{P}$-微分同相芽 $\Phi: (\mathbb{R}^n \times \mathbb{R}, 0) \longrightarrow (\mathbb{R}^n \times \mathbb{R}, 0)$ が存在して,

$$\widetilde{\Phi}(\mathscr{L}(\mathcal{F})(\Sigma_\mathcal{F})) = \mathscr{L}(\mathcal{G})(\Sigma_\mathcal{G})$$

となるが,ここでも,上記と同じ理由で, $\mathscr{L}(\Phi^* \mathcal{F})(\Sigma_{\Phi^* \mathcal{F}}) = \widetilde{\Phi}(\mathscr{L}(\mathcal{F})(\Sigma_\mathcal{F}))$ となるので,

$$\mathscr{L}(\mathcal{G})(\Sigma_{\mathcal{G}}) = \mathscr{L}(\Phi^*\mathcal{F})(\Sigma_{\Phi^*\mathcal{F}})$$

が成り立つ．したがって，定理4.7.6から，$\Phi^*\mathcal{F}$と$\mathcal{G}$が$(x,t) \in (\mathbb{R}^n \times \mathbb{R}, 0)$を一まとめのパラメータとして$S.P\text{-}\mathcal{K}$-同値である．このことは，$\mathcal{F}$と$\mathcal{G}$が$\mathcal{P}\text{-}\mathcal{K}$-同値であることを意味している． $\square$

ここで，$\overline{f}, \overline{g} : (\mathbb{R}^k \times \mathbb{R}, 0) \to (\mathbb{R}, 0)$ を二つの関数芽とする．このとき，変数 $(q, t) \in (\mathbb{R}^k \times \mathbb{R}, 0)$ のうち，t をパラメータとみて，1次元開折とみなす．その意味で，$\overline{f}$ と $\overline{g}$ が **P-$\mathcal{K}$-同値**であるとは，微分同相芽 $\Phi : (\mathbb{R}^k \times \mathbb{R}, 0) \to (\mathbb{R}^k \times \mathbb{R}, 0)$ で，$\Phi(q, t) = (\phi_1(q, t), \phi_2(t))$ の形をしたものと関数芽 $\lambda : (\mathbb{R}^k \times \mathbb{R}, 0) \longrightarrow \mathbb{R}$ で $\lambda(0) \neq 0$ を満たすものが存在して $\lambda(q, t)\overline{f} \circ \Phi(q, t) = \overline{g}(q, t)$ を満たすことである（以前に定義したものと同値）．さらに $\overline{f}$ と $\overline{g}$ が $S.P\text{-}\mathcal{K}$-**同値**であるとは微分同相写像芽 Φ の形が $\Phi(q, t) = (\phi_1(q, t), t)$ であるような P-$\mathcal{K}$-同値のことである．ここで，$\overline{f} : (\mathbb{R}^k \times \mathbb{R}, 0) \to (\mathbb{R}, 0)$ の**拡張された $P\text{-}\mathcal{K}$ 接空間**と**拡張された $S.P^+\text{-}\mathcal{K}$ 接空間**をそれぞれの場合に

$$T_e(P\text{-}\mathcal{K})(\overline{f}) = \left\langle \frac{\partial \overline{f}}{\partial q_1}, \ldots, \frac{\partial \overline{f}}{\partial q_k}, \overline{f} \right\rangle_{\mathcal{E}_{k+1}} + \left\langle \frac{\partial \overline{f}}{\partial t} \right\rangle_{\mathcal{E}_1}$$

$$T_e(S.P^+\text{-}\mathcal{K})(\overline{f}) = \left\langle \frac{\partial \overline{f}}{\partial q_1}, \ldots, \frac{\partial \overline{f}}{\partial q_k}, \overline{f} \right\rangle_{\mathcal{E}_{k+1}} + \left\langle \frac{\partial \overline{f}}{\partial t} \right\rangle_{\mathbb{R}}$$

と定義する．さらに，関数芽 $\mathcal{F} : (\mathbb{R}^k \times (\mathbb{R}^n \times \mathbb{R}), 0) \to (\mathbb{R}, 0)$ が $\overline{f} = F|_{\mathbb{R}^k \times \{0\} \times \mathbb{R}}$ の**無限小 $P\text{-}\mathcal{K}$-普遍開折**であるとは

$$\mathcal{E}_{k+1} = T_e(P\text{-}\mathcal{K})(\overline{f}) + \left\langle \frac{\partial \mathcal{F}}{\partial x_1}\bigg|_{\mathbb{R}^k \times \{0\} \times \mathbb{R}}, \ldots, \frac{\partial \mathcal{F}}{\partial x_n}\bigg|_{\mathbb{R}^k \times \{0\} \times \mathbb{R}} \right\rangle_{\mathbb{R}}$$

を満たすことと定義する．また**無限小 $S.P^+\text{-}\mathcal{K}$-普遍開折**であるとは

$$\mathcal{E}_{k+1} = T_e(S.P^+\text{-}\mathcal{K})(\overline{f}) + \left\langle \frac{\partial \mathcal{F}}{\partial x_1}\bigg|_{\mathbb{R}^k \times \{0\} \times \mathbb{R}}, \ldots, \frac{\partial \mathcal{F}}{\partial x_n}\bigg|_{\mathbb{R}^k \times \{0\} \times \mathbb{R}} \right\rangle_{\mathbb{R}}$$

を満たすことと定義する．この無限小普遍開折という概念は，$\mathcal{R}$-同値や $\mathcal{K}$-同値の場合と同様に，$P\text{-}\mathcal{K}$-**普遍開折**や $S.P^+\text{-}\mathcal{K}$-**普遍開折**という概念が第3章と同様にして定義され，しかもマザーの基本定理と同様（証明はやや複雑にな

る)にして,上記のそれぞれに対応する無限小普遍開折と同値であることが証明される [17, 34, 54]. 実はこの部分は,現在では Damon により与えられたより一般的な普遍開折定理の特別な場合として得られる [11]. その証明で鍵となるのは定理 3.3.10 の類似である以下の一意性定理である.

定理 5.2.3 関数芽 $\mathcal{F}:(\mathbb{R}^k\times(\mathbb{R}^n\times\mathbb{R}),0)\to(\mathbb{R},0)$ と関数芽 $\mathcal{G}:(\mathbb{R}^k\times(\mathbb{R}^n\times\mathbb{R}),0)\to(\mathbb{R},0)$ がそれぞれ $\overline{f}=\mathcal{F}|_{\mathbb{R}^k\times\{0\}\times\mathbb{R}}$ と $\overline{g}=\mathcal{G}|_{\mathbb{R}^k\times\{0\}\times\mathbb{R}}$ の n 次元開折であるとする. このとき,以下が成り立つ:
(1) $\mathcal{F}$ と $\mathcal{G}$ がともに,無限小 P-$\mathcal{K}$-普遍開折であるとするならば,$\mathcal{F}$ と $\mathcal{G}$ が s-P-$\mathcal{K}$-同値であるための必要十分条件は $\overline{f}$ と $\overline{g}$ が P-$\mathcal{K}$-同値となることである.
(2) $\mathcal{F}$ と $\mathcal{G}$ がともに,無限小 $S.P^+$-$\mathcal{K}$-普遍開折であるとするならば,$\mathcal{F}$ と $\mathcal{G}$ が s-$S.P^+$-$\mathcal{K}$-同値であるための必要十分条件は $\overline{f}$ と $\overline{g}$ が $S.P$-$\mathcal{K}$-同値となることである.

実はこの $\mathcal{F}$ が無限小 P-$\mathcal{K}$-普遍開折であることや無限小 $S.P^+$-$\mathcal{K}$-普遍開折であることが,対応する大ルジャンドル部分多様体芽 $\mathscr{L}(\mathcal{F})(\Sigma_\mathcal{F})$ がそれぞれ,s-P-ルジャンドル安定であることや s-$S.P^+$-ルジャンドル安定であることと同値であることを示すことができるが [17, 34, 54], ジェット横断性定理やそれぞれの同値関係に対する安定性についての詳しい議論が必要となるため,ここでは,この事実のみを用いる. すなわち,ここでは,この事実を定義として採用することとする. 言い換えると大ルジャンドル部分多様体芽 $\mathscr{L}(\mathcal{F})(\Sigma_\mathcal{F})$ が **s-P-ルジャンドル安定** であるとは $\mathcal{F}$ が無限小 P-$\mathcal{K}$-普遍開折であることと定義し,さらに,$\mathscr{L}(\mathcal{F})(\Sigma_\mathcal{F})$ が **s-$S.P^+$-ルジャンドル安定** であるとは,$\mathcal{F}$ が無限小 $S.P^+$-$\mathcal{K}$-普遍開折であることと定義する.

5.3 グラフ型ルジャンドル開折

この節では,グラフ型ルジャンドル開折の基本的性質について述べる. グラフ型ルジャンドル開折は,大ルジャンドル部分多様体の特別な場合とし

5.3 グラフ型ルジャンドル開折

て定義される.大ルジャンドル部分多様体 $i: \mathscr{L} \subset PT^*(\mathbb{R}^n \times \mathbb{R})$ が**グラフ型ルジャンドル開折**であるとは $\mathscr{L} \subset J_{GA}^1(\mathbb{R}^n, \mathbb{R})$ を満たすことと定義する.ここで,$J_{GA}^1(\mathbb{R}^n, \mathbb{R}) \subset PT^*(\mathbb{R}^n \times \mathbb{R})$ は 4.5 節で定義されたグラフ型アファイン座標を表す.このとき,$W(\mathscr{L}) = \overline{\pi}(\mathscr{L})$ を $\mathscr{L}$ の**グラフ型波面**と呼ぶ.ただし,$\overline{\pi}: J_{GA}^1(\mathbb{R}^n, \mathbb{R}) \longrightarrow \mathbb{R}^n \times \mathbb{R}$ は標準的射影とする.いま,写像 $\Pi: J_{GA}^1(\mathbb{R}^n, \mathbb{R}) \longrightarrow T^*\mathbb{R}^n$ をグラフ型アファイン座標 $(x, t, p) = (x_1, \ldots, x_n, t, p_1, \ldots, p_n) \in J_{GA}^1(\mathbb{R}^n, \mathbb{R})$ に対して $\Pi(x, t, p) = (x, p)$ と定義する.$J_{GA}^1(\mathbb{R}^n, \mathbb{R})$ 上の標準接触形式 $\theta = dt - \sum_{i=1}^n p_i dx_i$ に対して余接束 $T^*\mathbb{R}^n$ 上の標準シンプレクティック構造を $\omega = \sum_{i=1}^n dp_i \wedge dx_i$ とすると,以下の命題が成り立つ [29].

命題 5.3.1 $\mathscr{L} \subset J_{GA}^1(\mathbb{R}^n, \mathbb{R})$ をグラフ型ルジャンドル開折とする.このとき,$z \in \mathscr{L}$ が $\overline{\pi}|_{\mathscr{L}}: \mathscr{L} \longrightarrow \mathbb{R}^n \times \mathbb{R}$ の特異点であるための必要十分条件は $\pi_1 \circ \overline{\pi}|_{\mathscr{L}}: \mathscr{L} \longrightarrow \mathbb{R}^n$ の特異点であることである.さらに,$\Pi|_{\mathscr{L}}: \mathscr{L} \longrightarrow T^*\mathbb{R}^n$ ははめ込みであり,ゆえに $\Pi(\mathscr{L})$ は $T^*\mathbb{R}^n$ におけるラグランジュ部分多様体である.

証明 点 $p \in \mathscr{L}$ が $\pi_1 \circ \overline{\pi}|_{\mathscr{L}}: \mathscr{L} \longrightarrow \mathbb{R}^n$ の特異点であると仮定すると,零でないベクトル $v \in T_p\mathscr{L}$ が存在して $d(\pi_1 \circ \overline{\pi})_p(v) = 0$ が成り立つ.$J_{GA}^1(\mathbb{R}^n, \mathbb{R})$ における標準座標 $(x_1, \ldots, x_n, t, p_1, \ldots, p_n)$ によって

$$v = \sum_{i=1}^n \alpha_i \frac{\partial}{\partial x_i} + \beta \frac{\partial}{\partial t} + \sum_{j=1}^n \gamma_j \frac{\partial}{\partial p_j}$$

と書き表す.仮定から $\alpha_i = 0 \ (i = 1, \ldots, n)$ が成り立つ.また $\mathscr{L} \subset J_{GA}^1(\mathbb{R}^n, \mathbb{R})$ がルジャンドル部分多様体であることから,$0 = \theta(v) = \beta - \sum_{i=1}^n \gamma_i \alpha_i = \beta$ が成り立つ.したがって,

$$d\overline{\pi}_p(v) = \sum_{i=1}^n \alpha_i \frac{\partial}{\partial x_i} + \beta \frac{\partial}{\partial t} = 0$$

が成り立ち,p は $\pi_1 \circ \overline{\pi}|_{\mathscr{L}}$ の特異点である.逆は定義から明らか.
次に $v \in \mathscr{L}$ が $d\Pi_p(v) = 0$ を満たすと仮定する.上記と同様に v を標準座

標 $(x_1, \ldots, x_n, t, p_1, \ldots, p_n)$ によって表すと,$d\Pi_p(v) = 0$ は $\alpha_i = \gamma_j = 0$ $(i, j = 1, \ldots, n)$ を意味する.このとき,$0 = \theta(v) = \beta - \sum_{i=1}^{n} \gamma_i \alpha_i = \beta$ も成り立ち,$v = 0$ となる.これは $\Pi|_{\mathscr{L}}$ がはめ込みであることを意味している.また $\theta|_{\mathscr{L}} = 0$ と $d\theta = \omega$ から $\Pi(\mathscr{L})$ は $T^*\mathbb{R}^n$ におけるラグランジュ部分多様体であることもわかる. □

瞬間波面の族の判別集合の定義から,以下の命題 5.3.1 の系が得られる.

系 5.3.2 グラフ型ルジャンドル開折 $\mathscr{L} \subset J_{GA}^1(\mathbb{R}^n, \mathbb{R})$ において $\Delta_{\mathscr{L}}$ は空集合となり,したがって瞬間波面の族の判別集合は $C_{\mathscr{L}} \cup M_{\mathscr{L}}$ である.

グラフ型ルジャンドル開折 $\mathscr{L}$ は $PT^*(\mathbb{R}^n \times \mathbb{R})$ 内の大ルジャンドル部分多様体の一種なので,局所的には母関数族 $\mathcal{F} : (\mathbb{R}^k \times (\mathbb{R}^n \times \mathbb{R}), 0) \to (\mathbb{R}, 0)$ をもつ.このとき,条件 $\mathscr{L} \subset J_{GA}^1(\mathbb{R}^n, \mathbb{R}) = \mathbb{R}^n \times \mathbb{R} \times U_\tau \subset PT^*(\mathbb{R}^n \times \mathbb{R})$ から母関数族 $\mathcal{F}$ は $(\partial \mathcal{F}/\partial t)(0) \neq 0$ という条件を満たすことがわかる.ここで,$\mathcal{F} : (\mathbb{R}^k \times (\mathbb{R}^n \times \mathbb{R}), 0) \to (\mathbb{R}, 0)$ を大モース超曲面族とする.$\mathcal{F}$ が**グラフ型モース超曲面族**であるとは $(\partial \mathcal{F}/\partial t)(0) \neq 0$ を満たすことと定義する.このとき,対応するルジャンドル部分多様体芽 $\mathscr{L}(\mathcal{F})(\Sigma_\mathcal{F}) \subset PT^*(\mathbb{R}^n \times \mathbb{R})$ がグラフ型ルジャンドル開折であることは容易に確かめることができる.もちろんすべてのグラフ型ルジャンドル開折芽はこのようにして構成でき,$\mathcal{F}$ をグラフ型ルジャンドル開折芽 $\mathscr{L}(\mathcal{F})(\Sigma_\mathcal{F})$ の**グラフ型母関数族**と呼ぶ.グラフ型ルジャンドル開折とそのグラフ型母関数族は一般的なアイコナール方程式の解として与えられる波面族の分岐を記述することを目的に [16] において筆者が導入した概念である.その場合,もう一つの条件が仮定されていた.グラフ型モース超曲面族 $\mathcal{F} : (\mathbb{R}^k \times (\mathbb{R}^n \times \mathbb{R}), 0) \to (\mathbb{R}, 0)$ が**非退化**であるとは $\mathcal{F}$ がさらに

$$\Delta_*(\mathcal{F})|_{\mathbb{R}^k \times \mathbb{R}^n \times \{0\}} : (\mathbb{R}^k \times \mathbb{R}^n \times \{0\}, 0) \longrightarrow (\mathbb{R} \times \mathbb{R}^k, 0)$$

が非特異(しずめ込み芽)であるという条件を満たすことと定義する.このとき,$\mathcal{F}$ は $\mathscr{L}(\mathcal{F})(\Sigma_\mathcal{F})$ の**非退化グラフ型母関数族**と呼ばれる.以下の命題が成り立つ [34].

5.3 グラフ型ルジャンドル開折

命題 5.3.3 $\mathcal{F}: (\mathbb{R}^k \times (\mathbb{R}^n \times \mathbb{R}), 0) \to (\mathbb{R}, 0)$ をグラフ型モース超曲面族とする.このとき,$\mathcal{F}$ が非退化であるための必要十分条件は $\pi_2 \circ \overline{\pi}|_{\mathscr{L}(\mathcal{F})(\Sigma_\mathcal{F})}$ がしずめ込み芽となることである.

証明 $\mathscr{L}(\mathcal{F})$ の定義から $\pi_2 \circ \overline{\pi}|_{\mathscr{L}(\mathcal{F})(\Sigma_\mathcal{F})} = \pi_2 \circ \pi_{n+1}|_{\Sigma_\mathcal{F}}$ が成り立つ.ただし $\pi_{n+1}: \mathbb{R}^k \times \mathbb{R}^n \times \mathbb{R} \longrightarrow \mathbb{R}^n \times \mathbb{R}$ は標準射影とする.$\Sigma_\mathcal{F} = \Delta_*(\mathcal{F})^{-1}(0) \subset (\mathbb{R}^k \times (\mathbb{R}^n \times \mathbb{R}), 0)$ なので $\pi_2 \circ \pi_{n+1}|_{\Sigma_\mathcal{F}}$ がしずめ込みであるための必要十分条件は

$$\mathrm{rank}\left(\frac{\partial \Delta_*(\mathcal{F})}{\partial q}(0), \frac{\partial \Delta_*(\mathcal{F})}{\partial x}(0)\right) = k+1$$

である.この条件は

$$\Delta_*(\mathcal{F}|_{\mathbb{R}^k \times \mathbb{R}^n \times \{0\}}): (\mathbb{R}^k \times \mathbb{R}^n \times \{0\}, 0) \longrightarrow (\mathbb{R} \times \mathbb{R}^k, 0)$$

が非特異であることを意味している. □

命題 5.3.3 から,グラフ型ルジャンドル開折 $\mathscr{L} \subset J^1_{GA}(\mathbb{R}^n, \mathbb{R})$ が**非退化**であるとは $\pi_2 \circ \overline{\pi}|_{\mathscr{L}}$ がしずめ込みとなることと定義する.[16] において最初にグラフ型ルジャンドル開折が導入された当時は,この非退化性も条件の一つとして仮定されていた.しかし,その後の研究の進展によって,上記のように定義するのが妥当であることがわかってきた.

ここで,より制限された形のグラフ型母関数族に置き換えられることがわかる.$\mathcal{F}$ をグラフ型モース超曲面族とする.条件 $(\partial \mathcal{F}/\partial t)(0) \neq 0$ から陰関数定理を適用すると,関数芽 $F: (\mathbb{R}^k \times \mathbb{R}^n, 0) \to (\mathbb{R}, 0)$ が存在して

$$\mathcal{F}^{-1}(0) = \{(q, x, F(q,x)) \in (\mathbb{R}^k \times (\mathbb{R}^n \times \mathbb{R}), 0) \mid (q,x) \in (\mathbb{R}^k \times \mathbb{R}^n, 0)\}$$

が成り立つ.したがって,

$$\begin{aligned}\mathcal{F}(q, x, t) &= \int_0^1 \frac{d\mathcal{F}(q, x, st + (1-s)F(q,x))}{ds} ds \\ &= \int_0^1 \frac{\partial \mathcal{F}}{\partial t}(q, x, st + (1-s)F(q,x))(t - \mathcal{F}(q,x)) ds\end{aligned}$$

$$= (t - F(q,x)) \int_0^1 \frac{\partial \mathcal{F}}{\partial t}(q, x, st + (1-s)F(q,x))ds$$

なので,
$$\langle \mathcal{F}(q,x,t) \rangle_{\mathcal{E}_{k+n+1}} = \langle F(q,x) - t \rangle_{\mathcal{E}_{k+n+1}}$$

である. このとき以下の命題が成り立つ [34].

命題 5.3.4 $\mathcal{F} : (\mathbb{R}^k \times (\mathbb{R}^n \times \mathbb{R}), 0) \to (\mathbb{R}, 0)$ と $F : (\mathbb{R}^k \times \mathbb{R}^n, 0) \to (\mathbb{R}, 0)$ を関数芽で $\langle \mathcal{F}(q,x,t) \rangle_{\mathcal{E}_{k+n+1}} = \langle F(q,x) - t \rangle_{\mathcal{E}_{k+n+1}}$ を満たすものとする. このとき $\mathcal{F}$ がグラフ型モース超曲面族であるための必要十分条件は F がモース関数族となることである.

証明 仮定から $\lambda(0) \neq 0$ を満たす関数芽 $\lambda(q,x,t) \in \mathcal{E}_{k+n+1}$ が存在して

$$\mathcal{F}(q,x,t) = \lambda(q,x,t)(F(q,x) - t)$$

が成り立つ. このとき $\partial \mathcal{F}/\partial q_i = \partial \lambda/\partial q_i (F-t) + \lambda \partial F/\partial q_i$ なので,

$$\Delta_*(\mathcal{F}) = (\mathcal{F}, d_1 \mathcal{F}) = \left(\lambda(F-t), \frac{\partial \lambda}{\partial q}(F-t) + \lambda \frac{\partial F}{\partial q} \right)$$

となる. ただし,

$$\frac{\partial \lambda}{\partial q}(F-t) + \lambda \frac{\partial F}{\partial q} = \left(\frac{\partial \lambda}{\partial q_1}(F-t) + \lambda \frac{\partial F}{\partial q_1}, \ldots, \frac{\partial \lambda}{\partial q_k}(F-t) + \lambda \frac{\partial F}{\partial q_k} \right)$$

と表す. $\Delta_*(\mathcal{F})$ の 0 におけるヤコビ行列を計算すると

$$J_{\Delta_*(\mathcal{F})}(0) = \begin{pmatrix} 0 & \lambda(0)\frac{\partial F}{\partial x}(0) & -\lambda(0) \\ \lambda(0)\frac{\partial^2 F}{\partial q^2}(0) & \lambda(0)\frac{\partial^2 F}{\partial x \partial q}(0) & 0 \end{pmatrix}$$

であることがわかる. ここで, ΔF のヤコビ行列は

$$J_{\Delta F} = \begin{pmatrix} \frac{\partial^2 F}{\partial q^2} & \frac{\partial^2 F}{\partial x \partial q} \end{pmatrix}$$

であることに注意すると rank $J_{\Delta_*(\mathcal{F})}(0) = k+1$ であるための必要十分条件は rank $J_{\Delta F}(0) = k$ であることがわかる. □

ここで，上記の事実から $\mathcal{F}(q,x,t) = \lambda(q,x,t)(F(q,x) - t)$ というグラフ型モース超曲面族を考える．この場合，F のカタストロフ集合 $C(F) = \Delta F^{-1}(0)$ に対して，

$$\Sigma_\mathcal{F} = \{(q,x,F(q,x)) \in (\mathbb{R}^k \times (\mathbb{R}^n \times \mathbb{R}), 0) \mid (q,x) \in C(F)\}$$

となる．さらに F がモース関数族なので，4.4節の構成方法により，ラグランジュ部分多様体芽 $L(F)(C(F)) \subset T^*\mathbb{R}^n$ が存在する．ただし，

$$L(F)(q,x) = \left(x, \frac{\partial F}{\partial x_1}(q,x), \ldots, \frac{\partial F}{\partial x_n}(q,x)\right)$$

であった．また $\mathcal{F}$ がグラフ型モース超曲面族なので，グラフ型ルジャンドル開折芽 $\mathscr{L}(\mathcal{F})(\Sigma_\mathcal{F}) \subset J^1_{GA}(\mathbb{R}^n, \mathbb{R})$ が構成される．ただし，

$$\mathscr{L}(\mathcal{F}): (\Sigma_\mathcal{F}, 0) \to J^1_{GA}(\mathbb{R}^n, \mathbb{R})$$

は

$$\mathscr{L}(\mathcal{F})(q,x,t) = \left(x, t, -\frac{\frac{\partial \mathcal{F}}{\partial x_1}(q,x,t)}{\frac{\partial \mathcal{F}}{\partial t}(q,x,t)}, \ldots, -\frac{\frac{\partial \mathcal{F}}{\partial x_n}(q,x,t)}{\frac{\partial \mathcal{F}}{\partial t}(q,x,t)}\right) \in J^1_{GA}(\mathbb{R}^n, \mathbb{R})$$

と定義される．さらに写像芽 $\mathfrak{L}_F : (C(F), 0) \to J^1_{GA}(\mathbb{R}^n, \mathbb{R})$ を

$$\mathfrak{L}_F(q,x) = \left(x, F(q,x), \frac{\partial F}{\partial x_1}(q,x), \ldots, \frac{\partial F}{\partial x_n}(q,x)\right)$$

と定義すると，$\partial \mathcal{F}/\partial x_i = \partial \lambda/\partial x_i (F-t) + \lambda \partial F/\partial x_i$ と $\partial \mathcal{F}/\partial t = \partial \lambda/\partial t (F-t) - \lambda$ から $(q,x,t) \in \Sigma_\mathcal{F}$ に対して，

$$\frac{\partial \mathcal{F}}{\partial x_i}(q,x,t) = \lambda(q,x,t)\frac{\partial F}{\partial x_i}(q,x,t) \text{ と } \frac{\partial \mathcal{F}}{\partial t}(q,x,t) = -\lambda(q,x,t)$$

が成り立つ．したがって，$\mathfrak{L}_F(C(F)) = \mathscr{L}(\mathcal{F})(\Sigma_\mathcal{F})$ が得られる．定義から $\Pi(\mathscr{L}(\mathcal{F})(\Sigma_\mathcal{F})) = \Pi(\mathfrak{L}_F(C(F))) = L(F)(C(F))$ が成り立ち，グラフ型ルジャンドル開折 $\mathfrak{L}_F(C(F)) = \mathscr{L}(\mathcal{F})(\Sigma_\mathcal{F})$ のグラフ型波面は関数芽 $F|_{C(F)}$ のグラフとなることがわかった．この事実が $\mathscr{L}(\mathcal{F})(\Sigma_\mathcal{F})$ をグラフ型ルジャンドル開折と呼ぶ理由である．非退化グラフ型モース超曲面族に対しては以下の命題が成り立つ [34]．

命題 5.3.5 命題 5.3.4 と同じ記号のもとで,$\mathcal{F}$ が非退化グラフ型モース超曲面族であるための必要十分条件は F がモース超曲面族となることである. この場合, F はモース関数族で, 条件

$$\left(\frac{\partial F}{\partial x_1}(0), \ldots, \frac{\partial F}{\partial x_n}(0)\right) \neq \mathbf{0}$$

を満たすものである.

証明 命題 5.3.4 と全く同様な計算により,$\Delta_*(\mathcal{F}|_{\mathbb{R}^k \times \mathbb{R}^n \times \{0\}})$ のヤコビ行列は

$$J_{\Delta_*(\mathcal{F}|_{\mathbb{R}^k \times \mathbb{R}^n \times \{0\}})}(0) = \begin{pmatrix} 0 & \lambda(0)\frac{\partial F}{\partial x}(0)) \\ \lambda(0)\frac{\partial^2 F}{\partial q^2}(0) & \lambda(0)\frac{\partial^2 F}{\partial x \partial q}(0) \end{pmatrix}$$

となることがわかる. 一方, $\Delta_*(F)$ のヤコビ行列は

$$J_{\Delta_*(F)}(0) = \begin{pmatrix} 0 & \frac{\partial F}{\partial x}(0)) \\ \frac{\partial^2 F}{\partial q^2}(0) & \frac{\partial^2 F}{\partial x \partial q}(0) \end{pmatrix}$$

なので, 最初の主張が成り立つ. さらに, $\operatorname{rank} J_{\Delta_*(\mathcal{F}|_{\mathbb{R}^k \times \mathbb{R}^n \times \{0\}})}(0) = k+1$ ならば $\operatorname{rank} J_{\Delta F}(0) = k$ かつ $\partial F/\partial x(0) \neq \mathbf{0}$ なので, 後半の主張が証明された. □

任意の $t \in (\mathbb{R}, 0)$ に対して,瞬間波面は $W_t(\mathscr{L}) = \pi_1(\pi_2^{-1}(t) \cap W(\mathscr{L}))$ と定義された. ここで, 標準的な同一視 $J_{GA}^1(\mathbb{R}^n, \mathbb{R}) \cong T^*\mathbb{R}^n \times \mathbb{R}$ のもとで

$$\mathscr{L}_t = \mathscr{L} \cap (\pi_2 \circ \overline{\pi})^{-1}(t) = \mathscr{L} \cap (T^*\mathbb{R}^n \times \{t\})$$

と定義する. このとき, $\Pi(\mathscr{L}) \subset T^*\mathbb{R}^n$ かつ $\widetilde{\pi} \circ \Pi(\mathscr{L}_t) \subset PT^*\mathbb{R}^n$ である. ただし, $\widetilde{\pi} : T^*\mathbb{R}^n \longrightarrow PT^*(\mathbb{R}^n)$ は標準的射影である. また, $\varpi : T^*\mathbb{R}^n \longrightarrow \mathbb{R}^n$ と $\overline{\varpi} : PT^*\mathbb{R}^n \longrightarrow \mathbb{R}^n$ を標準的射影とすると $\pi_1 \circ \overline{\pi} = \varpi \circ \Pi$ かつ $\overline{\varpi} \circ \widetilde{\pi} = \varpi$ を満たす. このとき, 以下の命題が成り立つ [34].

命題 5.3.6 $\mathscr{L} \subset J_{GA}^1(\mathbb{R}^n, \mathbb{R})$ を非退化グラフ型ルジャンドル開折とする. このとき,$\widetilde{\pi} \circ \Pi(\mathscr{L}_t)$ は $PT^*(\mathbb{R}^n)$ のルジャンドル部分多様体である.

証明 $\mathscr{L}$ は $J^1_{GA}(\mathbb{R}^n, \mathbb{R})$ の非退化グラフ型ルジャンドル開折なので,少なくとも局所的には非退化グラフ型母関数族 $\mathcal{F}$ をもつ.このことは,集合芽として $\mathscr{L} = \mathscr{L}(\mathcal{F})(\Sigma_\mathcal{F})$ が成り立つことを意味している.$\mathcal{F}$ はグラフ型モース超曲面族なので,$\mathcal{F}(q, x, t) = \lambda(q, x, t)(F(q, x) - t)$ という形で書き表される.したがって $\mathscr{L}(\mathcal{F})(\Sigma_\mathcal{F}) = \mathfrak{L}_F(C(F))$ となる.定義から $\Pi \circ \mathfrak{L}_F(C(F)) = L(F)(C(F))$ となり,F はラグランジュ部分多様体 $\Pi(\mathscr{L})$ の局所的な母関数族である.命題 5.3.5 から F はまたモース超曲面族でもある.したがって,$\mathscr{L}(F)(\Sigma_F)$ は $PT^*(\mathbb{R}^n)$ のルジャンドル部分多様体芽である.ここで,$t = 0$ の場合を考えればよい.$\Sigma_F = C(F) \cap F^{-1}(0)$ なので,

$$\mathscr{L}(F)(\Sigma_F) = \tilde{\pi} \circ \Pi(\mathcal{L}_F(C(F)) \cap (\pi_2 \circ \bar{\pi})^{-1}(0)) = \tilde{\pi} \circ \Pi(\mathscr{L}_0)$$

が成り立ち,$\tilde{\pi} \circ \Pi(\mathscr{L}_0)$ がルジャンドル部分多様体芽であることがわかった.ルジャンドル部分多様体かどうかという性質は任意の点のまわりの局所的な性質なので,証明が得られたこととなる. □

大ルジャンドル部分多様体 $\mathscr{L} \subset PT^*(\mathbb{R}^n \times \mathbb{R})$ の瞬間波面 $W_t(\mathscr{L})$ は,一般には通常の意味での波面とはならないが,$J^1_{GA}(\mathbb{R}^n, \mathbb{R})$ 内の非退化グラフ型ルジャンドル開折に対して,以下の系が成り立つ [34].

系 5.3.7 $\mathscr{L} \subset J^1_{GA}(\mathbb{R}^n, \mathbb{R})$ を非退化グラフ型ルジャンドル開折とする.このとき,瞬間波面 $W_t(\mathscr{L})$ はルジャンドル部分多様体 $\tilde{\pi} \circ \Pi(\mathscr{L}_t) \subset PT^*(\mathbb{R}^n)$ の波面である.さらに,焦点集合 $C_\mathscr{L}$ はラグランジュ部分多様体 $\Pi(\mathscr{L}) \subset T^*\mathbb{R}^n$ の焦点集合である.言い換えると,$W_t(\mathscr{L}) = \varpi(\tilde{\pi} \circ \Pi(\mathscr{L}_t))$ であり,$C_\mathscr{L}$ はラグランジュ写像 $\varpi|_{\Pi(\mathscr{L})}$ の特異値集合である.

証明 定義から $\bar{\pi}(\mathscr{L}_t) = \bar{\pi}(\mathscr{L} \cap (\pi_2 \circ \bar{\pi})^{-1}(t)) = W(\mathscr{L}) \cap \pi_2^{-1}(t)$ が成り立ち,

$$W_t(\mathscr{L}) = \pi_1(W(\mathscr{L} \cap \pi_2^{-1}(t))) = \pi_1 \circ \bar{\pi}(\mathscr{L}_t) = \varpi \circ \Pi(\mathscr{L}_t) = \varpi(\tilde{\pi} \circ \Pi(\mathscr{L}_t))$$

である.

$\pi_1 \circ \bar{\pi} = \varpi \circ \Pi$ なので,命題 5.3.1 から,$p \in \mathscr{L}$ が $\bar{\pi}|_\mathscr{L} : \mathscr{L} \longrightarrow \mathbb{R}^n \times \mathbb{R}$

の特異点であるための必要十分条件は p が $\varpi|_{\Pi(\mathscr{L})} : \Pi(\mathscr{L}) \longrightarrow \mathbb{R}^n$ の特異点となることである．このことは $C_{\mathscr{L}}$ が $\varpi|_{\Pi(\mathscr{L})}$ の特異値集合であることを意味している． □

5.4 s-$S.P^+$-ルジャンドル同値とラグランジュ同値

大ルジャンドル部分多様体芽の分類定理（定理5.2.2）において，$\mathcal{P} = s$-$S.P^+$ の場合を考える．グラフ型モース超曲面族 $\mathcal{F}(q, x, t) = \lambda(q, x, t)(F(q, x) - t)$ について，定理4.7.6から $\mathcal{F}$ と $\overline{F}(q, x, t) = F(q, x) - t$ は同じグラフ型ルジャンドル開折を定めるので，$\overline{F}(q, x, t) = F(q, x) - t$ を $\mathscr{L}(\mathcal{F})(\Sigma_{\mathcal{F}})$ のグラフ型母関数族として採用する．さらに $\mathcal{F}$ が非退化のとき，$F(q, x)$ はモース関数族となる．いま，非退化とは限らないグラフ型モース超曲面族 $\overline{F}(q, x, t) = F(q, x) - t$ を考える．このとき，$\mathscr{L}(\overline{F})(\Sigma_{\overline{F}}) = \mathfrak{L}_F(C(F))$ であり，以下の定理が成り立つ [29, 35]．

定理5.4.1 $\mathcal{F} : (\mathbb{R}^k \times \mathbb{R}^n \times \mathbb{R}, 0) \longrightarrow (\mathbb{R}, 0)$ と $\mathcal{G} : (\mathbb{R}^{k'} \times \mathbb{R}^n \times \mathbb{R}, 0) \longrightarrow (\mathbb{R}, 0)$ をグラフ型モース超曲面族で $\mathcal{F}(q, x, t) = \lambda(q, x, t)(F(q, x) - t)$ かつ $\mathcal{G}(q', x, t) = \mu(q', x, t)(G(q', x) - t)$ という形をしているものとする．このとき，$T^*\mathbb{R}^n$ のラグランジュ部分多様体芽 $L(F)(C(F))$ と $L(G)(C(G))$ がラグランジュ同値であるための必要十分条件は $J^1_{GA}(\mathbb{R}^n, \mathbb{R})$ のグラフ型ルジャンドル開折 $\mathscr{L}(\mathcal{F})(\Sigma_{\mathcal{F}})$ と $\mathscr{L}(\mathcal{G})(\Sigma_{\mathcal{G}})$ が s-$S.P^+$-ルジャンドル同値となることである．

証明 定理4.4.9から，$L(F)(C(F))$ と $L(G)(C(G))$ がラグランジュ同値とすると，F と G は安定 P-$\mathcal{R}^+$-同値である．ここで，$k = k'$ の場合を考えればよいので，F と G は P-$\mathcal{R}^+$-同値とする．定義から，微分同相芽 $\Psi : (\mathbb{R}^k \times \mathbb{R}^n, 0) \longrightarrow (\mathbb{R}^k \times \mathbb{R}^n, 0)$ で $\Psi(q, x) = (\psi_1(q, x), \psi(x))$ という形をしたものと関数芽 $\alpha : (\mathbb{R}^n, 0) \longrightarrow \mathbb{R}$ が存在して $G(q, x) = F \circ \Psi(q, x) + \alpha(x)$ を満たす．ここで，微分同相芽 $\overline{\Psi} : (\mathbb{R}^k \times \mathbb{R}^n \times \mathbb{R}, 0) \longrightarrow (\mathbb{R}^k \times \mathbb{R}^n \times \mathbb{R}, 0)$

5.4 s-$S.P^+$-ルジャンドル同値とラグランジュ同値

を
$$\overline{\Psi}(q,x,t) = (\psi_1(q,x), \psi(x), -t + \alpha(x))$$
と定義するならば,
$$\overline{G}(q,x,t) = G(q,x) - t = F \circ \Psi(q,x) - t + \alpha(x) = \overline{F} \circ \overline{\Psi}(q,x,t)$$
が成り立つ. この式は $\mathcal{G}$ と $\mathcal{F}$ が s-$S.P^+$-$\mathcal{K}$-同値であることを意味している. 定理 5.2.2 の $\mathcal{P} = s$-$S.P^+$ の場合の主張から $\mathscr{L}(\mathcal{F})(\Sigma_\mathcal{F})$ と $\mathscr{L}(\mathcal{G})(\Sigma_\mathcal{G})$ は s-$S.P^+$-ルジャンドル同値となる.

逆の主張の証明のために $\mathscr{L}(\mathcal{F})(\Sigma_\mathcal{F})$ と $\mathscr{L}(\mathcal{G})(\Sigma_\mathcal{G})$ が s-$S.P^+$-ルジャンドル同値であると仮定する. したがって, 微分同相芽 $\Phi : (\mathbb{R}^n \times \mathbb{R}, 0) \longrightarrow (\mathbb{R}^n \times \mathbb{R}, 0)$ で $\Phi(x,t) = (\phi_1(x), t + \alpha(x))$ の形をしたものが存在して $\widetilde{\Phi}(\mathscr{L}(\mathcal{F})(\Sigma_\mathcal{F})) = \mathscr{L}(\mathcal{G})(\Sigma_\mathcal{G})$ が成り立つ. このとき,
$$\Phi^{-1}(x,t) = (\phi_1^{-1}(x), t - \alpha(\phi_1^{-1}(x)))$$
なので, そのヤコビ行列は
$$J_{\Phi^{-1}}(\Phi(x)) = \begin{pmatrix} \dfrac{\partial \phi_1^{-1}}{\partial x}(\phi_1(x)) & 0 \\ -\dfrac{\partial \alpha \circ \phi_1^{-1}}{\partial x}(\phi_1(x)) & 1 \end{pmatrix}$$
となる. ゆえに
$$\widetilde{\Phi}((x,t),[\xi:\tau]) = \left(\Phi(x,t), \left[\xi \dfrac{\partial \phi_1^{-1}}{\partial x}(\phi_1(x)) - \tau \dfrac{\partial \alpha \circ \phi_1^{-1}}{\partial x}(\phi_1(x)) : \tau \right] \right)$$
である. $\tau \neq 0$ なので,
$$\left[\xi \dfrac{\partial \phi_1^{-1}}{\partial x}(\phi_1(x)) - \tau \dfrac{\partial \alpha \circ \phi_1^{-1}}{\partial x}(\phi_1(x)) : \tau \right]$$
$$= \left[-\dfrac{\xi}{\tau} \dfrac{\partial \phi_1^{-1}}{\partial x}(\phi_1(x)) + \dfrac{\partial \alpha \circ \phi_1^{-1}}{\partial x}(\phi_1(x)) : -1 \right]$$
となる. ただし,
$$\xi = (\xi_1,\ldots,\xi_n),\ \dfrac{\partial \phi_1^{-1}}{\partial x} = {}^t\!\!\left(\dfrac{\partial (\phi_1^{-1})_i}{\partial x_j} \right)_{1 \le i \le k, 1 \le j \le n}$$

とする.

$p = -\dfrac{\xi}{\tau}$ とするグラフ型アファイン座標 $((x,t),p) \in J_{GA}^1(\mathbb{R}^n, \mathbb{R})$ を考えると, $\widetilde{\Phi}(J_{GA}^1(\mathbb{R}^n, \mathbb{R})) = J_{GA}^1(\mathbb{R}^n, \mathbb{R})$ かつ

$$\widetilde{\Phi}((x,t),p) = \left(\phi_1(x), t + \alpha(x), p \cdot \frac{\partial \phi_1^{-1}}{\partial x}(\phi_1(x)) + \frac{\partial \alpha \circ \phi_1^{-1}}{\partial x}(\phi_1(x))\right)$$

が成り立つ. さらに, 写像 $\widetilde{\phi_1} : T^*\mathbb{R}^n \longrightarrow T^*\mathbb{R}^n$ を

$$\widetilde{\phi_1}(x,p) = \left(\phi_1(x), p\frac{\partial \phi_1^{-1}}{\partial x}(\phi_1(x)) + \frac{\partial \alpha \circ \phi_1^{-1}}{\partial x}(\phi_1(x))\right)$$

と定義する. $\widetilde{\Phi}$ は接触微分同相芽なので, 関数芽 $\mu : J_{GA}^1(\mathbb{R}^n, \mathbb{R}) \longrightarrow \mathbb{R}$ で $\mu(x,t,p) \neq 0$ を満たすものが存在して $\widetilde{\Phi}^*\theta = \mu\theta$ となる. したがって,

$$dt + d\alpha - \widetilde{\phi_1}^*(pdx) = \mu(dt - p \cdot dx) = \mu dt - \mu(pdx)$$

が成り立ち $\mu \equiv 1$ を得る. このことより, $-pdx = d\alpha - \widetilde{\phi_1}^*(pdx)$ であり,

$$\widetilde{\phi_1}^*(\omega) = \widetilde{\phi_1}^*(d(pdx)) = d\widetilde{\phi_1}^*(pdx) = d(pdx) = \omega$$

が成り立つ. このことは, $\widetilde{\phi_1}$ がシンプレクティック微分同相芽であることを意味しており, したがってラグランジュ微分同相芽である. $\Pi \circ \widetilde{\Phi}|_{J_{GA}^1(\mathbb{R}^n, \mathbb{R})} = \widetilde{\phi_1} \circ \Pi|_{J_{GA}^1(\mathbb{R}^n, \mathbb{R})}$ から

$$\begin{aligned}L(G)(C(G)) &= \Pi(\mathscr{L}(\mathcal{G})(\Sigma_{\mathcal{G}})) = \Pi \circ \widetilde{\Phi}(\mathscr{L}(\mathcal{F})(\Sigma_{\mathcal{F}})) \\ &= \widetilde{\phi_1}(\Pi(\mathscr{L}(\mathcal{F})(\Sigma_{\mathcal{F}}))) = \widetilde{\phi_1}(L(F)(C(F)))\end{aligned}$$

が得られ, $L(F)(C(F))$ と $L(G)(C(G))$ はラグランジュ同値である. □

定義からグラフ型ルジャンドル開折 $\mathscr{L}(\mathcal{F})(\Sigma_{\mathcal{F}})$ のルジャンドル特異点集合は $\pi \circ L(F) : C(F) \longrightarrow \mathbb{R}^n$ の特異点集合に等しいので, $\mathscr{L}(\mathcal{F})(\Sigma_{\mathcal{F}})$ のグラフ型波面の特異点集合は $L(F)$ の焦点集合に射影される. ここで, 命題 5.2.1 をグラフ型ルジャンドル開折の間の s-$S.P^+$-ルジャンドル同値に適用すると次の系が得られる [35].

系 5.4.2 グラフ型ルジャンドル開折 $\mathscr{L}(\mathcal{F})(\Sigma_{\mathcal{F}})$ と $\mathscr{L}(\mathcal{G})(\Sigma_{\mathcal{G}})$ に対して，対応するルジャンドル写像芽 $\overline{\pi}|_{\mathscr{L}(\mathcal{F})(\Sigma_{\mathcal{F}})}$ と $\overline{\pi}|_{\mathscr{L}(\mathcal{G})(\Sigma_{\mathcal{G}})}$ がプロパーでその特異点集合がいたるところ非稠密であると仮定する．このとき，ラグランジュ部分多様体芽 $L(F)(C(F))$ と $L(G)(C(G))$ がラグランジュ同値である必要十分条件はグラフ型波面 $W(\mathscr{L}(\mathcal{F})(\Sigma_{\mathcal{F}}))$ と $W(\mathscr{L}(\mathcal{G})(\Sigma_{\mathcal{G}}))$ が s-$S.P^{+}$-微分同相となることである．

定理 5.4.1 では，$L(F)(C(F))$ と $L(G)(C(G))$ のラグランジュ同値であることとグラフ型ルジャンドル開折 $\mathscr{L}(\mathcal{F})(\Sigma_{\mathcal{F}})$ と $\mathscr{L}(\mathcal{G})(\Sigma_{\mathcal{G}})$ の s-$S.P^{+}$-ルジャンドル同値であることが必要十分条件であることを示した．このような場合，対応する安定性はやはり必要十分条件となることが，安定性の定義からわかる．ただし，本書では，安定性についてはその定義等を詳しくは述べていないので，事実として使用するのみとする．さらに，グラフ型ルジャンドル開折は，一般の大ルジャンドル部分多様体芽がグラフ型アフィン座標 $J_{AG}^{1}(\mathbb{R}^{n},\mathbb{R})$ という $PT^{*}(\mathbb{R}^{n}\times\mathbb{R})$ の開部分集合に属しているという条件を満たすことなので，グラフ型ルジャンドル開折の安定性は大ルジャンドル部分多様体芽としての安定性である．したがって，第 4 章で述べたように，グラフ型ルジャンドル開折 $\mathscr{L}(\mathcal{F})(\Sigma_{\mathcal{F}})$ が s-$S.P^{+}$-ルジャンドル安定とは $\mathcal{F}$ が $\overline{f}=\mathcal{F}|_{\mathbb{R}^k\times\{0\}\times\mathbb{R}}$ の無限小 $S.P^{+}$-$\mathcal{K}$-普遍開折であることと理解（定義）される．さらに対応するラグランジュ部分多様体芽 $L(F)(C(F))$ がラグランジュ安定であることは，F が $f=F|_{\mathbb{R}^k\times\{(0,0)\}}$ の無限小 $\mathcal{R}^{+}$-普遍開折であるという事実（第 3 章）を認めると以下の形にまとめられる．

系 5.4.3 $\mathcal{F}(q,x,t)=\lambda(q,x,t)(F(q,x)-t)$ をグラフ型モース超曲面族とする．このとき，$\mathscr{L}(\mathcal{F})(\Sigma_{\mathcal{F}})$ が s-$S.P^{+}$-ルジャンドル安定であるための必要十分条件は $L(F)(C(F))$ がラグランジュ安定となることである．

ラグランジュ部分多様体芽 $L(F)(C(F))$ がラグランジュ安定であるとき，対応するグラフ型ルジャンドル開折のルジャンドル写像芽 $\overline{\pi}|_{\mathscr{L}(\mathcal{F})(\Sigma_{\mathcal{F}})}$ はそれを代表するルジャンドル写像が系 5.4.2 の仮定を満たすことを証明できるが，

ここでは安定性の定義について詳しく述べていないので，事実として用いる．その結果，グラフ型ルジャンドル開折とラグランジュ特異点との関係を記述する以下の定理が得られる [34]．

定理 5.4.4 $\mathcal{F}: (\mathbb{R}^k \times \mathbb{R}^n \times \mathbb{R}, 0) \longrightarrow (\mathbb{R}, 0)$ と $\mathcal{G}: (\mathbb{R}^{k'} \times \mathbb{R}^n \times \mathbb{R}, 0) \longrightarrow (\mathbb{R}, 0)$ をグラフ型モース超曲族で $\mathcal{F}(q, x, t) = \lambda(q, x, t)(F(q, x) - t)$ と $\mathcal{G}(q', x, t) = \mu(q', x, t)(G(q', x) - t)$ という形をしたものであるとする．さらに，$\mathscr{L}(\mathcal{F})(\Sigma_\mathcal{F})$ と $\mathscr{L}(\mathcal{G})(\Sigma_\mathcal{G})$ は s-$S.P^+$-ルジャンドル安定であると仮定する．このとき，以下の条件は同値である：

(1) $\mathscr{L}(\mathcal{F})(\Sigma_\mathcal{F})$ と $\mathscr{L}(\mathcal{G})(\Sigma_\mathcal{G})$ は s-$S.P^+$-ルジャンドル同値である．
(2) $\mathcal{F}$ と $\mathcal{G}$ は安定 s-$S.P^+$-$\mathcal{K}$-同値である．
(3) $\overline{f}(q, t) = F(q, 0) - t$ と $\overline{g}(q', t) = G(q', 0) - t$ は安定 $S.P$-$\mathcal{K}$-同値である．
(4) $f(q) = F(q, 0)$ と $g(q') = G(q', 0)$ は安定 $\mathcal{R}$-同値である．
(5) $F(q, x)$ と $G(q', x)$ は安定 P-$\mathcal{R}^+$-同値である．
(6) $L(F)(C(F))$ と $L(G)(C(G))$ はラグランジュ同値である．
(7) $W(\mathscr{L}(\mathcal{F})(\Sigma_\mathcal{F}))$ と $W(\mathscr{L}(\mathcal{G})(\Sigma_\mathcal{G}))$ は s-$S.P^+$-微分同相である．

証明 系 5.4.3 から，グラフ型ルジャンドル開折 $\mathscr{L}(\mathcal{F})(\Sigma_\mathcal{F})$ と $\mathscr{L}(\mathcal{G})(\Sigma_\mathcal{G})$ に関する仮定は，対応するラグランジュ部分多様体芽 $L(F)(C(F))$ と $L(G)(C(G))$ がラグランジュ安定であることと同値である．定理 5.4.1 より，(1) と (6) は同値である．また，定理 5.2.2 から (1) と (2) が同値であることがわかる．さらに定理 5.2.3 から (2) と (3) が同値となる．一方，定理 4.4.9（ラグランジュ特異点論の基本定理）から (6) と (5) は同値である．また定義から (5) ならば (4) が成り立つ．さらに，$\mathcal{R}^+$-普遍開折の一意性（定理 3.3.10）から (4) ならば (5) が成り立つ．最後に系 5.4.2 から，(1) と (7) が同値となり，証明が完成する． □

注意 5.4.5 (a) 定理 5.4.4 において $k = k'$ かつ $q = q'$ の場合は，(2), (3), (4), (5) において「安定」を取り除くことができる．

5.4 s-$S.P^+$-ルジャンドル同値とラグランジュ同値

(b) 定理 5.4.4 において (1), (2), (5), (6) は「$\mathscr{L}(\mathcal{F})(\Sigma_\mathcal{F})$ と $\mathscr{L}(\mathcal{G})(\Sigma_\mathcal{G})$ は s-$S.P^+$-ルジャンドル安定である」という仮定なしでも同値であることが示されている.

(c) 定理 5.4.4 において, 条件 (3) と (4) の同値性は仮定なしでも成り立つ.

ここで, 母関数族に関するもう一つの幾何学的条件について考える. 関数芽 $f : (\mathbb{R}^k, 0) \longrightarrow (\mathbb{R}, 0)$ に対して f の**等高線葉層芽**は

$$\mathscr{F}_f = \{ f^{-1}(c) \mid c \in (\mathbb{R}, 0) \}$$

と定義される. 二つの関数芽 $f, g : (\mathbb{R}^k, 0) \longrightarrow (\mathbb{R}, 0)$ に対して, 等高線葉層芽 $\mathscr{F}_f$ と $\mathscr{F}_g$ が**狭い意味で微分同相**であるとは, 微分同相芽 $\psi : (\mathbb{R}^k, 0) \longrightarrow (\mathbb{R}^k, 0)$ が存在して任意の $c \in (\mathbb{R}, 0)$ に対して, 集合芽として $\psi(f^{-1}(c)) = g^{-1}(c)$ となることと定義する. このとき, 以下の命題が成り立つ.

命題 5.4.6 関数芽 $f, g : (\mathbb{R}^k, 0) \longrightarrow (\mathbb{R}, 0)$ に対して, 等高線葉層芽 $\mathscr{F}_f$ と $\mathscr{F}_g$ が狭い意味で微分同相であるための必要十分条件は f と g が $\mathcal{R}$-同値となることである.

証明 定義から f と g が $\mathcal{R}$-同値とすると $\mathscr{F}_f$ と $\mathscr{F}_g$ は狭い意味での微分同相である. 逆に $\mathscr{F}_f$ と $\mathscr{F}_g$ が狭い意味での微分同相であるとすると, 微分同相芽 $\psi : (\mathbb{R}^k, 0) \longrightarrow (\mathbb{R}^k, 0)$ が存在して, 任意の $c \in (\mathbb{R}, 0)$ に対して集合芽として $\psi(f^{-1}(c)) = g^{-1}(c)$ が成り立つ. ここで, 微分同相芽 $\psi \times 1_\mathbb{R} : (\mathbb{R}^k \times \mathbb{R}, 0) \longrightarrow (\mathbb{R}^k \times \mathbb{R}, 0)$ を考えると, 任意の $(q, f(q)) \in \overline{f}^{-1}(0)$ に対して $(\psi \times 1_\mathbb{R})(q, f(q)) = (\psi(q), f(q))$ となる. ここで, $c = f(q)$ とすると $\psi(q) \in g^{-1}(c) = \overline{g}^{-1}(0) \cap (\mathbb{R}^k \times \{c\})$ となり, したがって $(\psi \times 1_\mathbb{R})(q, f(q)) \in \overline{g}^{-1}(0)$ となる. ゆえに, 集合芽として $(\psi \times 1_\mathbb{R})(\overline{f}^{-1}(0)) = \overline{g}^{-1}(0)$ が成り立つ. 任意の $q \in (\mathbb{R}^k, 0)$ に対して, $(q, f(q)) \in \overline{f}^{-1}(0)$ であり,

$$0 = \overline{g}((\psi \times 1_\mathbb{R})(q, f(q))) = \overline{g}(\psi(q), f(q)) = g \circ \psi(q) - f(q)$$

が成り立つ. このことは $g \circ \psi = f$ を意味する. □

二つの関数芽 $f : (\mathbb{R}^k, 0) \longrightarrow (\mathbb{R}, 0)$ と $g : (\mathbb{R}^{k'}, 0) \longrightarrow (\mathbb{R}, 0)$ について,

等高線葉層芽 $\mathscr{F}_f$ と $\mathscr{F}_g$ が**狭い意味での安定微分同相**であるとは，新たな変数 q_i と q_i' に関する非退化 2 次形式を f, g に加えることにより，同じ次元の空間からの関数芽としたものの等高線葉層芽が狭い意味での微分同相となることと定義する．このとき，以下の命題が成り立つ．

命題 5.4.7　関数芽 $f : (\mathbb{R}^k, 0) \longrightarrow (\mathbb{R}, 0)$ と $g : (\mathbb{R}^{k'}, 0) \longrightarrow (\mathbb{R}, 0)$ に対して，以下の条件は同値である：
(1) f と g は安定 $\mathcal{R}$-同値である，
(2) $\mathscr{F}_f$ と $\mathscr{F}_g$ は狭い意味での安定微分同相である，
(3) $\overline{f}$ と $\overline{g}$ は安定 $S.P\text{-}\mathcal{K}$-同値である．

さらに，定理 5.4.4 と命題 5.4.6 の系として，以下の定理が成り立つ．

定理 5.4.8　定理 5.3.12 と同じ仮定のもとで，以下の条件 (8) は，定理 5.4.4 の条件 (1)～(7) に同値である：
(8) $\mathscr{F}_f$ と $\mathscr{F}_g$ は狭い意味での安定微分同相である．

ここでは，グラフ型ルジャンドル開折のもう一つの幾何学的性質について述べる．$(\mathscr{L}, p)$ をグラフ型ルジャンドル開折芽として，$\overline{\pi}(p) \in \mathbb{R}^n \times \mathbb{R}$ のある開近傍 $W \subset \mathbb{R}^n \times \mathbb{R}$ を考え $\overline{\pi}^{-1}(W)$ 上での芽 $(\mathscr{L}, p)$ の代表元を $\widetilde{\mathscr{L}}$ とする．ここで，$\widetilde{\mathscr{L}} \cap \overline{\pi}^{-1}(W)$ のパラメータ表示 $\mathcal{L} : U \longrightarrow J_{GA}^1(\mathbb{R}^n, \mathbb{R})$ を

$$\mathcal{L}(u) = (x_1(u), \ldots, x_n(u), t(u), p_1(u), \ldots, p_n(u))$$

で $\mathcal{L}(u_0) = p$ を満たすものとする．$\widetilde{\mathscr{L}}$ はグラフ型ルジャンドル開折なので，$0 = \mathcal{L}^*\theta = dt(u) - \sum_{i=1}^n p_i(u)dx_i(u)$ を満たす．$\mathbb{R}^n \times \mathbb{R}$ における標準内積を考えるとこの式は，ベクトル $\nu(u) = (p_1(u), \ldots, p_n(u), -1)$ が $W(\mathscr{L}) \cap W$ の正則点における法線ベクトルであることを意味している．$\nu(u)$ は U 上の任意の点で定まっているので，たとえ $W(\mathscr{L}) \cap W$ の特異点上でも，定義されている．ゆえに，$W(\mathscr{L}) \cap W$ の接空間が任意の点で定まる（$\nu(u)$ の直交補空間をとる）．任意の点 $u \in U$ に対して，

5.4 s-$S.P^+$-ルジャンドル同値とラグランジュ同値

$$\theta(u) = \angle(\overrightarrow{\overline{\pi}(p)\overline{\pi}(\mathcal{L}(u))}, \nu(u_0))$$

とおくと，θ は $\lim_{u \to u_0} \theta(u) = \pi/2$ を満たす連続関数である．このとき，以下の補題が成り立つ．

補題 5.4.9 グラフ型ルジャンドル開折芽 $(\mathcal{L}, p)$ を代表する $\widetilde{\mathscr{L}}$ について，$\overline{\pi}|_{\widetilde{\mathscr{L}}}$ がプロパーであると仮定する．このとき，十分小さな近傍 W に対して，$W(\widetilde{\mathscr{L}}) \cap W \cap (\{\pi_1 \circ \overline{\pi}(p)\} \times \mathbb{R})$ は離散集合である．

証明 点列 $\{u_i\}_{i=1}^{\infty} \subset U$ で $\lim_{i \to \infty} u_i = u_0$ かつ任意の $i \in \mathbb{N}$ に対して，

$$\overline{\pi}(\mathcal{L}(u_i)) \in W(\widetilde{\mathscr{L}}) \cap W \cap (\{\pi_1 \circ \overline{\pi}(p)\} \times \mathbb{R})$$

が成り立つものが存在すると仮定する．このとき，$\overrightarrow{\overline{\pi}(p)\overline{\pi}(\mathcal{L}(u_i))}$ はベクトル $\partial/\partial t$ に平行となる．必要ならば，W を十分小さくとり，$\{u_i\}_{i=1}^{\infty}$ の部分列に置き換えることにより，

$$\lim_{i \to \infty} \frac{\overrightarrow{\overline{\pi}(p)\overline{\pi}(\mathcal{L}(u_i))}}{\|\overrightarrow{\overline{\pi}(p)\overline{\pi}(\mathcal{L}(u_i))}\|}$$

が存在する．したがって，$\partial/\partial t$ と $\nu(u_0)$ は垂直である．この事実は，$\nu(u)$ が $(p_1(u), \ldots, p_n(u), -1)$ であり，かつ $W(\mathscr{L})$ がグラフ型波面であることに矛盾する． □

この補題から，さらに必要ならば，十分小さな $\overline{\pi}(p)$ の近傍 W をとれば，任意の $x \in \pi_1(W)$ に対して，$W(\widetilde{\mathscr{L}}) \cap W \cap (\{x\} \times \mathbb{R})$ は有限集合となる．したがって，以下の 2 種類の集合が定義可能である：

$$\mathrm{Max}(W(\widetilde{\mathscr{L}}) \cap W) = \bigcup_{x \in \pi_1(W)} \{\max(W(\widetilde{\mathscr{L}}) \cap (\{x\} \times \mathbb{R}))\},$$

$$\mathrm{Min}(W(\widetilde{\mathscr{L}}) \cap W) = \bigcup_{x \in \pi_1(W)} \{\min(W(\widetilde{\mathscr{L}}) \cap (\{x\} \times \mathbb{R}))\}.$$

ここで，$\max(W(\widetilde{\mathscr{L}}) \cap (\{x\} \times \mathbb{R}))$ は有限集合 $W(\widetilde{\mathscr{L}}) \cap (\{x\} \times \mathbb{R})$ の最大値を表し $\min(W(\widetilde{\mathscr{L}}) \cap (\{x\} \times \mathbb{R}))$ は最小値を表す．上記の 2 種類の集

合が代表する芽をそれぞれ $(\mathrm{Max}(W(\mathscr{L})), p)$, $(\mathrm{Min}(W(\mathscr{L})), p)$ と表す. $(\mathrm{Max}(W(\mathscr{L})), p)$ をグラフ型波面集合芽 $W(\mathscr{L})$ の**極大グラフ**と呼び $(\mathrm{Min}(W(\mathscr{L})), p)$ をグラフ型波面集合芽 $W(\mathscr{L})$ の**極小グラフ**と呼ぶ. ここで, $\Phi: (\mathbb{R}^n \times \mathbb{R}, 0) \longrightarrow (\mathbb{R}^n \times \mathbb{R}, 0)$ を $\Phi(x, t) = (\phi_1(x), t + \alpha(x))$ という形の $s\text{-}S.P^+$-微分同相芽とする. Φ を原点の近傍 $U_1, U_2 \subset \mathbb{R}^n \times \mathbb{R}$ で代表する微分同相写像を $\widetilde{\Phi}: U_1 \longrightarrow U_2$ とすると $\widetilde{\Phi}(x, t) = (\widetilde{\phi}_1(x), t + \widetilde{\alpha}(x))$ という形をしている. もし $t_1 \geq t_2$ ならば 任意の $x \in \pi_1(U_1)$ に対して $t_1 + \widetilde{\alpha}(x) \geq t_2 + \widetilde{\alpha}(x)$ となるので, 以下の補題が成り立つ.

補題 5.4.10 任意の $s\text{-}S.P^+$-微分同相芽 $\Phi: (\mathbb{R}^n \times \mathbb{R}, q_1) \longrightarrow (\mathbb{R}^n \times \mathbb{R}, q_2)$ に対して, 集合芽として $\Phi(\mathrm{Max}(W(\mathscr{L}))) = \mathrm{Max}(\Phi(W(\mathscr{L})))$ かつ $\Phi(\mathrm{Min}(W(\mathscr{L}))) = \mathrm{Min}(\Phi(W(\mathscr{L})))$ が成り立つ.

系 5.4.2 と補題 5.4.10 の系として以下の主張が成り立つ.

系 5.4.11 $(\mathscr{L}_1, p_1)$ と $(\mathscr{L}_2, p_2)$ をグラフ型ルジャンドル開折でその代表元 $\widetilde{\mathscr{L}_i}$ の射影 $\widetilde{\pi}|_{\widetilde{\mathscr{L}_i}}$ $(i = 1, 2)$ がプロパーとなるものがとれると仮定する. このとき, もし $(\Pi(\mathscr{L}_1), \Pi(p_1))$ と $(\Pi(\mathscr{L}_2), \Pi(p_2))$ がラグランジュ同値ならば $s\text{-}S.P^+$-微分同相芽 $\Phi: (\mathbb{R}^n \times \mathbb{R}, \overline{\pi}(p_1)) \longrightarrow (\mathbb{R}^n \times \mathbb{R}, \overline{\pi}(p_2))$ が存在して, 集合芽として $\Phi(\mathrm{Max}(W(\mathscr{L}_1))) = \mathrm{Max}(W(\mathscr{L}_2))$ かつ $\Phi(\mathrm{Min}(W(\mathscr{L}_1))) = \mathrm{Min}(W(\mathscr{L}_2))$ となる.

以下のよく知られた例はグラフ型ルジャンドル開折の間の同値関係の違いを明らかにするものである.

◆ **例 5.4.12** 関数芽の2次元開折の中で $\mathcal{R}^+$-普遍開折であるものの一つであるカスプを考える (第3章参照). 標準形は

$$F_1(q, x_1, x_2) = \mp q^4 \mp x_2(q^2 + 1) - x_1 q$$

で与えられる. このとき,

5.4 s-S.P$^+$-ルジャンドル同値とラグランジュ同値

$$C(F_1) = \{(q, \mp(4q^3 + 2qx_2), x_2) \in \mathbb{R}^3 \mid (q, x_2) \in (\mathbb{R}^2, 0)\}$$

である．$\partial F_1/\partial x_1 = -q$ かつ $\partial F_1/\partial x_2 = \mp(q^2 + 1)$ なので，

$$L(F_1)(C(F_1)) = \{(\mp(4q^3 + 2qx_2), x_2, -q, \mp(q^2 + 1)) \mid (q, x_2) \in (\mathbb{R}^2, 0)\}$$

が対応するラグランジュ部分多様体芽となる．ここで，$u = \mp q$ かつ $v = x_2$ とおくと，ラグランジュ埋め込み $\mathcal{L}_1^\pm : U \longrightarrow T^*\mathbb{R}^2 \cong \mathbb{R}^2 \times (\mathbb{R}^2)^*$ が

$$\mathcal{L}_1^\pm(u, v) = ((4u^3 + 2uv, v), (\pm u, \mp(u^2 + 1)))$$

と与えられる．ここで，$U \subset \mathbb{R}^2$ はある開集合とする．したがって，$L_1^\pm = \mathcal{L}_1^\pm(U)$ は $T^*\mathbb{R}^2$ のラグランジュ部分多様体である．さらに，グラフ型モース超曲面族を

$$\overline{F}(q, x_1, x_2, t) = \mp q^4 \mp x_2(q^2 + 1) - x_1 q - t$$

とすると，対応するグラフ型ルジャンドル開折は

$$\mathfrak{L}_1^\pm(u, v) = ((4u^3 + 2uv, v), \pm(3u^4 + u^2 v - v), (\pm u, \mp(u^2 + 1)))$$

として定義される二つの埋め込み $\mathfrak{L}_1^\pm : U \longrightarrow J^1_{GA}(\mathbb{R}^2, \mathbb{R})$ の像として定まる．したがって，$\mathscr{L}_1^\pm = \mathfrak{L}_1^\pm(U)$ が $\Pi(\mathscr{L}_1^\pm) = L_1^\pm$ を満たすグラフ型ルジャンドル開折である．この場合，それぞれのグラフ型ルジャンドル開折のグラフ型波面は図 5.1 にもあるように，点 $(u, v) = (0, 0)$ での芽はツバメの尾となる．

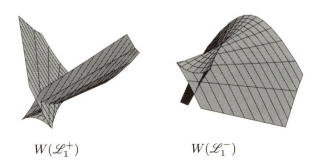

$W(\mathscr{L}_1^+)$ $\qquad$ $W(\mathscr{L}_1^-)$

図 5.1 グラフ型波面

図 5.2 　$\mathrm{Max}\,(W(\mathscr{L}_1^\pm))$ の図

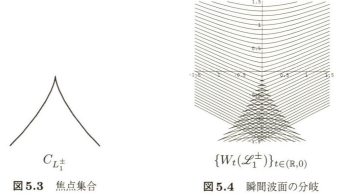

$C_{L_1^\pm}$

図 5.3 　焦点集合

$\{W_t(\mathscr{L}_1^\pm)\}_{t\in(\mathbb{R},0)}$

図 5.4 　瞬間波面の分岐

ここで，図 5.2 に見るように $(\mathrm{Max}(W(\mathscr{L}_1^+)),0)$ は連続関数芽のグラフとなるが，$(\mathrm{Max}(W(\mathscr{L}_1^-)),0)$ は不連続 1 価関数のグラフとなり，それらは集合芽として微分同相とはならない．ゆえに系 5.4.11 から L^+ と L^- の定める集合芽はラグランジュ同値とはならない．一方，L^+ と L^- の定める焦点集合芽は通常尖点（3/2 カスプ）であり，もちろんそれらは集合芽として微分同相である（図 5.3 参照）．

一方，それぞれのグラフ型ルジャンドル開折の瞬間波面族の分岐を考える．$\Phi(x,t)=(x,-t)$ で定義される微分同相芽 $\Phi:(\mathbb{R}^2\times\mathbb{R},0)\longrightarrow(\mathbb{R}^2\times\mathbb{R},0)$ に対して，$\Phi(W(\mathscr{L}_1^+))=W(\mathscr{L}_1^-)$ が成り立つ．したがって，$W(\mathscr{L}_1^+)$ と $W(\mathscr{L}_1^-)$ は (s,t)-微分同相であるが $s\text{-}S.P^+$-微分同相ではない．しかし，上で言及したように L_1^+ と L_1^- はラグランジュ同値ではない．また，瞬間波面族 $\{W_t(\widetilde{L}_1^\pm)\}_{t\in(\mathbb{R},0)}$ の分岐は図 5.4 のようになる．この図では，両方の焦点集

合は通常尖点（3/2カスプ）となることが観察される．このように，この例は焦点集合が微分同相であるが，対応するラグランジュ多様体芽がラグランジュ同値とならない例となっている．

さらに，関数芽の$\mathcal{R}^+$-普遍開折

$$F_2(q,x_1,x_2) = \mp q^4 \mp x_2(q^2-1) - x_1 q$$

を考える．これは，$\mp q^4$ の2次元普遍開折なので，その一意性から前記の $F_1(q,x_1,x_2)$ に P-$\mathcal{R}^+$-同値である．前記と同様な計算により，開集合 $U \subset \mathbb{R}^2$ からの埋め込み $\mathcal{L}_2^\pm : U \longrightarrow T^*\mathbb{R}^2 \equiv \mathbb{R}^2 \times (\mathbb{R}^2)^*$ を

$$\mathcal{L}_2^\pm(u,v) = ((4u^3 + 2uv, v), (\pm u, \mp(u^2-1)))$$

と定義する．このとき，$L_2^\pm = \mathcal{L}_2^\pm(U)$ はラグランジュ部分多様体となる．さらに，対応するグラフ型ルジャンドル開折を定義する埋め込み $\mathfrak{L}_2^\pm : U \longrightarrow J_{GA}^1(\mathbb{R}^2, \mathbb{R})$ が

$$\mathfrak{L}_2^\pm(u,v) = ((4u^3 + 2uv, v), \pm(3u^4 + u^2 v + v), (\pm u, \mp(u^2-1)))$$

で与えられる．前記の場合と同様な理由により，L_2^+ と L_2^- はラグランジュ同値ではない．しかし，$\Phi^\pm(x_1, x_2, t) = (x_1, x_2, t \pm 2x_2)$ で定義される微分同相芽 $\Phi^\pm : (\mathbb{R}^2 \times \mathbb{R}, 0) \longrightarrow (\mathbb{R}^2 \times \mathbb{R}, 0)$ を考えると集合芽として $\Phi^\pm(W(\mathscr{L}_1^\pm)) = W(\mathscr{L}_2^\pm)$ となる．系5.4.2からそれぞれ L_1^+ と L_2^+ および L_1^- と L_2^- がラグランジュ同値である．図5.1と図5.5を見ると $W(\mathscr{L}_2^\pm)$ と $W(\mathscr{L}_1^\pm)$ は同じように見える．さらに，焦点集合は図5.3のものと同じであ

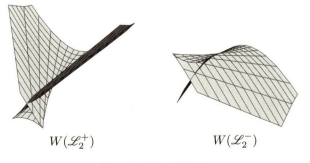

図5.5 グラフ型波面

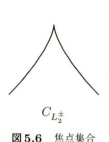

図 5.6　焦点集合　　　　　図 5.7　瞬間波面の分岐

る（図 5.6）．しかし，瞬間波面族 $\{W_t(\mathscr{L}_2^\pm)\}_{t\in(\mathbb{R},0)}$ の分岐は図 5.7 で観察されるように $\{W_t(\mathscr{L}_1^\pm)\}_{t\in(\mathbb{R},0)}$ の分岐とは異なることがわかる（図 5.4）．実際，[14] で開発された判定法を用いると $W(\mathscr{L}_1^\pm)$ と $W(\mathscr{L}_2^\pm)$ は集合芽として s-$S.P$-微分同相でないことがわかるが，ここでは詳しくは述べない．

5.5　s-P-ルジャンドル同値

前節では，グラフ型ルジャンドル開折の間の s-$S.P^+$-ルジャンドル同値であることの必要十分条件が，対応するラグランジュ部分多様体芽の間のラグランジュ同値であることを示した．ルジャンドル同値は特殊な場合を除いて，対応する波面の微分同相型で決まるので，この事実は，s-$S.P^+$-ルジャンドル同値がラグランジュ同値の幾何学的言い換えであると解釈される．一方，s-P-ルジャンドル同値は s-$S.P^+$-ルジャンドル同値より弱い同値関係なので，対応するラグランジュ同値は s-P-ルジャンドル同値より強い同値関係である．しかし，s-P-ルジャンドル同値も何らかの重要な情報を保存していると思われる．この節では，[15, 49] の結果を応用することにより，s-P-ルジャンドル同値のより詳しい性質について述べる．ここでは，$\mathcal{F}(q,x,t) = \lambda(q,x,t)(F(q,x)-t)$ という形のグラフ型モース超曲面族を考える．$\mathcal{F}(q,x,t)$ と $\overline{F}(q,x,t) = F(q,x)-t$ は s-$S.P$-$\mathcal{K}$-同値なので，$\overline{F}(q,x,t) = F(q,x)-t$ をグラフ型モース超曲

面族として考える.このとき,命題 5.3.4 から $F(q,x)$ はモース関数族である.ここで,モース超曲面族 $\overline{F}(q,x,t) = F(q,x) - t$ は非退化とは限らない.このとき,グラフ型ルジャンドル開折 $\mathscr{L}(\overline{F})(\Sigma_{\overline{F}}) = \mathfrak{L}_F(C(F))$ が定まる.さらに,任意の $f \in \mathfrak{M}_k$ に対して,$\overline{f}(q,t) = f(q) - t$ と定める.関数芽 $f,g : (\mathbb{R}^k, 0) \longrightarrow (\mathbb{R}, 0)$ が $\mathcal{A}$-同値であるとは,微分同相芽 $\phi : (\mathbb{R}^k, 0) \longrightarrow (\mathbb{R}^k, 0)$ と $\psi : (\mathbb{R}, 0) \longrightarrow (\mathbb{R}, 0)$ が存在して $\psi \circ f = g \circ \phi$ となることと定義する.さらに関数芽 $F, G : (\mathbb{R}^k \times \mathbb{R}^n, 0) \longrightarrow (\mathbb{R}, 0)$ が P-$\mathcal{A}$-同値であるとは $\Phi(q,x) = (\phi_1(q,x), \phi_2(x))$ という形の微分同相芽 $\Phi : (\mathbb{R}^k \times \mathbb{R}^n, 0) \longrightarrow (\mathbb{R}^k \times \mathbb{R}^n, 0)$ と $\Psi(t,x) = (\psi(t,x), x)$ という形の微分同相芽 $\Psi : (\mathbb{R} \times \mathbb{R}^n, 0) \longrightarrow (\mathbb{R} \times \mathbb{R}^n, 0)$ が存在して,任意の $(q,x) \in (\mathbb{R}^k \times \mathbb{R}^n, 0)$ に対して

$$\Psi(F(q,x), x) = (G \circ \Phi(q,x), x)$$

を満たすことと定義する.もし F, G が P-$\mathcal{A}$-同値ならば $f = F|_{\mathbb{R}^k \times \{0\}}$ と $g = G|_{\mathbb{R}^k \times \{0\}}$ は $\mathcal{A}$-同値となることに注意する.このとき,以下の命題が成り立つ.

命題 5.5.1 $F, G : (\mathbb{R}^k \times \mathbb{R}^n, 0) \longrightarrow (\mathbb{R}, 0)$ を関数芽とする.このとき,$\overline{F}(q,x,t) = F(q,x) - t$, $\overline{G}(q,x,t) = G(q,x) - t$ が s-P-$\mathcal{K}$-同値であるための必要十分条件は F, G が P-$\mathcal{A}$-同値となることである.

証明 $\overline{F}, \overline{G}$ が s-P-$\mathcal{K}$-同値であると仮定する.定義から $\overline{\Psi}(q,t,x) = (\overline{\psi}(q,t,x), \psi_1(t,x), \psi_2(x))$ という形の微分同相芽 $\overline{\Psi} : (\mathbb{R}^k \times (\mathbb{R} \times \mathbb{R}^n), 0) \longrightarrow (\mathbb{R}^k \times (\mathbb{R} \times \mathbb{R}^n), 0)$ が存在して $\langle \overline{F} \circ \overline{\Psi} \rangle_{\mathcal{E}_{k+1+n}} = \langle \overline{G} \rangle_{\mathcal{E}_{k+1+n}}$ を満たす.したがって,$\overline{\Psi}(G^{-1}(0)) = F^{-1}(0)$ となる.このとき,

$$\overline{F}^{-1}(0) = \{(q, F(q,x), x) \mid (q,x) \in (\mathbb{R}^k \times \mathbb{R}^n, 0)\},$$
$$\overline{G}^{-1}(0) = \{(q, G(q,x), x) \mid (q,x) \in (\mathbb{R}^k \times \mathbb{R}^n, 0)\}$$

であり,$\overline{\Psi}(q, G(q,x), x) = (\overline{\psi}(q, G(q,x), x), \psi_1(G(q,x), x), \psi_2(x)) = (\overline{q}, F(\overline{q}, \overline{x}), \overline{x})$ を得る.よって,$\overline{q} = \overline{\psi}(q, G(q,x), x)$, $\overline{x} = \psi_2(x)$ と

$$\psi_2(G(q,x), x) = F(\overline{q}, \overline{x}) = F(\overline{\psi}(q, G(q,x), x), \psi_2(x))$$

が成り立つ．ここで，$\Phi : (\mathbb{R}^k \times \mathbb{R}^n, 0) \longrightarrow (\mathbb{R}^k \times \mathbb{R}^n, 0)$ を $\Phi(q, x) = (\overline{\psi}(q, G(q,x), x), \psi_2(x))$ と定義すると Φ は微分同相芽である．さらに，$\Psi : (\mathbb{R} \times \mathbb{R}^n, 0) \longrightarrow (\mathbb{R} \times \mathbb{R}^n, 0)$ を $\Psi(t, x) = (\psi_2(t, x), x)$ と定義する．このとき，前記の式は $\Psi(G(q, x), x) = (F \circ \Phi(q, x), x)$ を意味して，F, G は P-$\mathcal{A}$-同値となる．

逆に $\Phi(q, x) = (\phi_1(q, x), \phi_2(x))$ という形の微分同相芽 $\Phi : (\mathbb{R}^k \times \mathbb{R}^n, 0) \longrightarrow (\mathbb{R}^k \times \mathbb{R}^n, 0)$ と $\Psi(t, x) = (\psi(t, x), x)$ という形の微分同相芽 $\Psi : (\mathbb{R} \times \mathbb{R}^n, 0) \longrightarrow (\mathbb{R} \times \mathbb{R}^n, 0)$ が存在して，任意の $(q, x) \in (\mathbb{R}^k \times \mathbb{R}^n, 0)$ について

$$\Psi(F(q, x), x) = (G \circ \Phi(q, x), x)$$

を満たすと仮定する．このとき，$\overline{\Psi} : (\mathbb{R}^k \times (\mathbb{R} \times \mathbb{R}^n), 0) \longrightarrow (\mathbb{R}^k \times (\mathbb{R} \times \mathbb{R}^n), 0)$ を $\overline{\Psi}(q, t, x) = (\phi_1(q, x), \psi(t, x), \phi_2(x))$ と定義すると，$\overline{\Psi}$ は微分同相芽である．$\psi(F(q, x), x) = G(\phi_1(q, x), \phi_2(x))$ なので，

$$\begin{aligned}\overline{\Psi}(q, F(q, x), x) &= (\phi_1(q, x), \psi(F(q, x), x), \phi_2(x)) \\ &= (\phi_1(q, x), G(\phi_1(q, x), \phi_2(x)), \phi_2(x))\end{aligned}$$

が成り立ち，したがって集合芽として $\overline{\Psi}(\overline{F}^{-1}(0)) = \overline{G}^{-1}(0)$ となる．ゆえに $\overline{F}^{-1}(0) = (\overline{G} \circ \overline{\Psi})^{-1}(0)$ が成り立つ．$\overline{F}, \overline{G}$ はしずめ込み芽なので，$\langle \overline{F} \rangle_{\mathcal{E}_{k+1+n}} = \langle \overline{G} \circ \overline{\Psi} \rangle_{\mathcal{E}_{k+1+n}}$ が得られる． □

以下の自明な系が成り立つ．

系5.5.2 関数芽 $f, g : (\mathbb{R}^k, 0) \longrightarrow (\mathbb{R}, 0)$ が $\mathcal{A}$-同値であるための必要十分条件は $\overline{f}(q, t) = f(q) - t$, $\overline{g}(q, t) = g(q) - t$ が P-$\mathcal{K}$-同値となることである．

$\mathcal{F}(q, x, t) = \lambda(q, x, t)(F(q, x) - t)$ と $\mathcal{G}(q', x, t) = \mu(q', x, t)(G(q', x) - t)$ を変数 $(q, t, x) \in (\mathbb{R}^k \times \mathbb{R} \times \mathbb{R}^n, 0)$ と $(q', t, x) \in (\mathbb{R}^{k'} \times \mathbb{R} \times \mathbb{R}^n, 0)$ をもつグラフ型モース超曲面族とする．定理5.2.2と命題5.5.1から以下の定理が成り立つ．

定理5.5.3 グラフ型ルジャンドル開折 $\mathscr{L}(\mathcal{F})(\Sigma_\mathcal{F})$ と $\mathscr{L}(\mathcal{G})(\Sigma_\mathcal{G})$ が s-P-ル

ジャンドル同値であるための必要十分条件は $F(q,x)$ と $G(q',x)$ が安定 P-$\mathcal{A}$-同値となることである.

安定 P-$\mathcal{A}$-同値の定義は安定 P-$\mathcal{R}^+$-同値などの定義と同様なので，ここでは省略する.

ここで，グラフ型ルジャンドル開折の s-P-ルジャンドル同値に対する安定性について述べる．これまでの安定性に関する記述と同様に，ここでも写像空間の位相については述べないので，グラフ型ルジャンドル開折 $\mathscr{L}(\mathcal{F})(\Sigma_{\mathcal{F}})$ が s-P-**ルジャンドル安定**であるとは $\mathcal{F}$ が $\mathcal{F}|_{\mathbb{R}^k \times \{0\} \times \mathbb{R}}$ の無限小 P-$\mathcal{K}$-普遍開折であることと定義する．この定義は，本来の写像空間のホイットニー位相を用いた定義と同値な条件であることを示すことができるが，そのためには膨大な準備が必要なので，ここではこの条件を定義として採用する．グラフ型モース超曲面族は $\mathcal{F}(q,x,t) = \lambda(q,x,t)(F(q,x) - t)$ という形をしているので，P-$\mathcal{K}$-同値に関する $\overline{f} : (\mathbb{R}^k \times \mathbb{R}, 0) \longrightarrow (\mathbb{R}, 0)$ の拡張された接空間は

$$T_e(P\text{-}\mathcal{K})(\overline{f}) = \left\langle \frac{\partial f}{\partial q_1}(q), \ldots, \frac{\partial f}{\partial q_k}(q), f(q) - t \right\rangle_{\mathcal{E}_{k+1}} + \langle 1 \rangle_{\mathcal{E}_1}$$

である．この場合，$\overline{f}(q,t)$ の開折 $\overline{F}(q,x,t) = F(q,x) - t$ が無限小 P-$\mathcal{K}$-普遍開折であるとは

$$\mathcal{E}_{k+1} = T_e(P\text{-}\mathcal{K})(\overline{f}) + \left\langle \frac{\partial F}{\partial x_1}|_{\mathbb{R}^k \times \{0\} \times \mathbb{R}}, \ldots, \frac{\partial F}{\partial x_n}|_{\mathbb{R}^k \times \{0\} \times \mathbb{R}} \right\rangle_{\mathbb{R}}$$

を満たすことである．また，$\overline{F}$ が $\overline{f}$ の P-$\mathcal{K}$-**普遍開折**であるとは，$\overline{f}$ の任意の開折 $\overline{G} : (\mathbb{R}^k \times \mathbb{R}^m \times \mathbb{R}, 0) \longrightarrow (\mathbb{R}, 0)$ に対して，写像芽 $\psi : (\mathbb{R}^m, 0) \longrightarrow (\mathbb{R}^n, 0)$, $\widetilde{\Phi}(q,u,t) = (\phi_1(q,u,t), u, \widetilde{\phi}(u,t))$ という形の微分同相芽 $\widetilde{\Phi} : (\mathbb{R}^k \times \mathbb{R}^m \times \mathbb{R}, 0) \longrightarrow (\mathbb{R}^k \times \mathbb{R}^m \times \mathbb{R}, 0)$ と関数芽 $\lambda(q,u,t) \in \mathcal{E}_{k+m+1}$ で $\widetilde{\Phi}(q,0,t) = (q,0,t)$ と $\lambda(q,0,t) = 1$ を満たすものが存在して

$$\psi^* \overline{F}(q,u,t) = \lambda(q,u,t) \overline{G} \circ \widetilde{\Phi}(q,u,t)$$

が成り立つことと定義する．ただし，$\psi^* F : (\mathbb{R}^k \times \mathbb{R}^m \times \mathbb{R}, 0) \longrightarrow (\mathbb{R}, 0)$ は $\psi^* \overline{F}(q,y,t) = \overline{F}(q, \psi(y), t)$ と定義される $\overline{f}$ の ψ によって**誘導された**

開折である.上記の条件を満たす $(\psi, \widetilde{\Phi}, \lambda)$ を G から F への P-K-$\bar{f}$ 開折圏射と呼ぶ.すなわち,$\overline{F}$ が $\bar{f}$ の P-K-普遍開折であるとは,$\bar{f}$ の任意の開折 $\overline{G} : (\mathbb{R}^k \times \mathbb{R}^m \times \mathbb{R}, 0) \longrightarrow (\mathbb{R}, 0)$ に対して G から F への P-K-$\bar{f}$ 開折圏射が存在することである.$\mathcal{R}^+$-同値や $\mathcal{K}$-同値に関する普遍開折に関するマザーの基本定理(定理 3.3.4)と同様に以下の定理が成り立つことが知られている([11, 15] 参照).

定理 5.5.4 $\overline{F} : (\mathbb{R}^k \times \mathbb{R}^n \times \mathbb{R}, 0) \longrightarrow (\mathbb{R}, 0)$ が $\bar{f} : (\mathbb{R}^k \times \mathbb{R}, 0) \longrightarrow (\mathbb{R}, 0)$ の P-K-普遍開折であるための必要十分条件は $\overline{F}$ が $\bar{f}$ の無限小 P-K-普遍開折となることである.

次に,P-K-同値に関するホモトピー安定性について述べる.$\overline{F}$ が**ホモトピー P-K-安定**であるとは,任意の 1 径数変形族 $\mathcal{F} : (\mathbb{R}^k \times (\mathbb{R}^n \times \mathbb{R}) \times \mathbb{R}, 0) \longrightarrow (\mathbb{R}, 0)$ で $\mathcal{F}(q, x, 0, t) = \overline{F}(q, x, t)$ を満たすものに対して,$\mathcal{F}(q, x, s, t)$ を $(x, s) \in (\mathbb{R}^n \times \mathbb{R}, 0)$ をパラメータとする $\bar{f}$ の $n+1$ 次元開折とみて,$\mathcal{F}$ から $\overline{F}$ への P-K-$\bar{f}$ 開折圏射が存在することと定義する.定義から,明らかに P-K-普遍開折であるための条件が強いので,$\overline{F}$ が $\bar{f}$ の P-K-普遍開折ならばホモトピー P-K-安定である.ここで,$\overline{F}$ がホモトピー P-K-安定であると仮定する.任意の $h(q, t) \in \mathcal{E}_{k+1}$ に対して,1 径数関数族を $\mathcal{F}(q, x, s, t) = \overline{F}(q, x, t) + sh(q, t)$ と定義する.このとき,ホモトピー安定性の定義から写像芽 $\psi : (\mathbb{R}^n \times \mathbb{R}, 0) \longrightarrow (\mathbb{R}^n, 0)$,$\widetilde{\Phi}(q, x, s, t) = (\phi_1(q, x, s, t), x, s, \widetilde{\phi}(x, s, t))$ という形の微分同相芽 $\widetilde{\Phi} : (\mathbb{R}^k \times (\mathbb{R}^n \times \mathbb{R}) \times \mathbb{R}, 0) \longrightarrow (\mathbb{R}^k \times (\mathbb{R}^n \times \mathbb{R}) \times \mathbb{R}, 0)$ と関数芽 $\lambda(q, x, s, t) \in \mathcal{E}_{k+n+1+1}$ が存在して $\widetilde{\Phi}(q, 0, 0, t) = (q, 0, 0, t)$ と $\lambda(q, 0, 0, t) = 1$ かつ

$$\begin{aligned}\overline{F}(q, \psi(x, s), t) &= \lambda(q, x, s, t) \mathcal{F} \circ \widetilde{\Phi}(q, x, s, t) \\ &= \lambda(q, x, s, t) \overline{F}(\phi_1(q, x, s, t), x, \widetilde{\phi}(x, s, t)) \\ &\quad + sh(\phi_1(q, x, s, t), \widetilde{\phi}(x, s, t))\end{aligned}$$

を満たす.両辺を $(x, s) = (0, 0)$ において s に関して微分すると,

$$\sum_{i=1}^{n}\frac{\partial \overline{F}}{\partial x_i}(q,0,t)\frac{\partial \psi_i}{\partial s}(0,0) = \frac{\partial \lambda}{\partial s}(q,0,0,t)\overline{F}(q,0,t)$$
$$+\sum_{j=1}^{k}\frac{\partial \overline{F}}{\partial q_j}(q,0,t)\frac{\partial (\phi_1)_j}{\partial s}(q,0,0,t)$$
$$+\frac{\partial \overline{F}}{\partial t}(q,0,t)\frac{\partial \widetilde{\phi}}{\partial s}(0,0,t)+h(q,t)$$

を得る．ゆえに

$$h(q,t) \in T_e(P\text{-}\mathcal{K})(\overline{f}) + \left\langle \frac{\partial F}{\partial x_1}|_{\mathbb{R}^k \times \{0\} \times \mathbb{R}}, \ldots, \frac{\partial F}{\partial x_n}|_{\mathbb{R}^k \times \{0\} \times \mathbb{R}} \right\rangle_{\mathbb{R}}$$

となり，したがって，

$$\mathcal{E}_{k+1} = T_e(P\text{-}\mathcal{K})(\overline{f}) + \left\langle \frac{\partial F}{\partial x_1}|_{\mathbb{R}^k \times \{0\} \times \mathbb{R}}, \ldots, \frac{\partial F}{\partial x_n}|_{\mathbb{R}^k \times \{0\} \times \mathbb{R}} \right\rangle_{\mathbb{R}}$$

が成り立つ．この条件は $\overline{F}$ が $\overline{f}$ の無限小 $P\text{-}\mathcal{K}$-普遍開折であることを意味しており，定理 5.4.4 から，$P\text{-}\mathcal{K}$-普遍開折である．したがって，以下の命題が成り立つ．

命題 5.5.5 $\overline{f} : (\mathbb{R}^k \times \mathbb{R}, 0) \longrightarrow (\mathbb{R}, 0)$ の開折 $\overline{F} : (\mathbb{R}^k \times \mathbb{R}^n \times \mathbb{R}, 0) \longrightarrow (\mathbb{R}, 0)$ がホモトピー $P\text{-}\mathcal{K}$-安定であるための必要十分条件は $\overline{F}$ が $\overline{f}$ の $P\text{-}\mathcal{K}$-普遍開折となることである．

Wasserman は学位論文 [49] において，関数芽の開折の $\mathcal{A}$-同値に関する安定性と普遍性について研究した．関数芽については，第 3 章で述べたように，$\mathcal{R}$-同値や $\mathcal{K}$-同値の研究が主流であり，$\mathcal{A}$-同値に関しては Wasserman の研究以外ほとんど扱われていない．実際，ラグランジュ特異点やルジャンドル特異点の研究には $\mathcal{R}$-同値や $\mathcal{K}$-同値で十分であり，また，分類も $\mathcal{A}$-同値にすることのメリットがあるわけではない．そのような事情から，最近ではこの $\mathcal{A}$-同値に関する研究はほとんど顧みられなくなってきている．$\mathcal{A}$-同値がその本領を発揮するのはターゲットの次元が高い写像の場合である．しかし，定理 5.5.3 から，グラフ型ルジャンドル開折の間の $s\text{-}P$-ルジャンドル同値との関係

が示唆され，Wasserman の研究のルジャンドル特異点論やラグランジュ特異点論との新たな関係が見出される．ここでは，Wasserman に従い，$\mathcal{A}$-同値に関する安定開折や普遍開折について述べる．関数芽 $f:(\mathbb{R}^k,0) \longrightarrow (\mathbb{R},0)$ の $\mathcal{A}$-同値に関する**拡張された接空間**を

$$T_e(\mathcal{A})(f) = J_f + f^*(\mathcal{E}_1)$$

と定義する．ただし，$f^*(\mathcal{E}_1) = \{h \circ f \in \mathcal{E}_k \mid h \in \mathcal{E}_1\}$ である．このとき，$F:(\mathbb{R}^k \times \mathbb{R}^n,0) \longrightarrow (\mathbb{R},0)$ が $f:(\mathbb{R}^k,0) \longrightarrow (\mathbb{R},0)$ の無限小 $\mathcal{A}$-普遍開折であるとは，

$$\mathcal{E}_k = T_e(\mathcal{A})(f) + \left\langle \frac{\partial F}{\partial x_1}\bigg|_{\mathbb{R}^k \times \{0\}}, \ldots, \frac{\partial F}{\partial x_n}\bigg|_{\mathbb{R}^k \times \{0\}} \right\rangle_{\mathbb{R}}$$

を満たすことと定義する．さらに，$G:(\mathbb{R}^k \times \mathbb{R}^m,0) \longrightarrow (\mathbb{R},0)$ を f の開折とするとき，G から F への **$\mathcal{A}$-f 開折圏射**とは写像芽 $\psi:(\mathbb{R}^m,0) \longrightarrow (\mathbb{R}^n,0)$，$\Phi(q,u) = (\phi_1(q,u),u)$ という形の微分同相芽 $\Phi:(\mathbb{R}^k \times \mathbb{R}^m,0) \longrightarrow (\mathbb{R}^k \times \mathbb{R}^m,0)$ と関数芽 $\phi:(\mathbb{R} \times \mathbb{R}^m,0) \longrightarrow (\mathbb{R},0)$ で $\Phi(q,0) = (q,0)$，$\phi(y,0) = y$ かつ $\phi(\psi^*F(q,u),u) = G \circ \Phi(q,u)$ を満たすものの三つ組 (ψ,Φ,ϕ) のことと定義する．いま $f:(\mathbb{R}^k,0) \longrightarrow (\mathbb{R},0)$ の開折 $F:(\mathbb{R}^k \times \mathbb{R}^n,0) \longrightarrow (\mathbb{R},0)$ が **$\mathcal{A}$-普遍開折**であるとは，任意の f の開折に対して，G から F への $\mathcal{A}$-f 開折圏射が存在することと定義する．Wasserman は [49] において，以下の定理を示した．

定理 5.5.6 関数芽 $f:(\mathbb{R}^k,0) \longrightarrow (\mathbb{R},0)$ の開折 $F:(\mathbb{R}^k \times \mathbb{R}^n,0) \longrightarrow (\mathbb{R},0)$ が $\mathcal{A}$-普遍開折であるための必要十分条件は F が f の無限小 $\mathcal{A}$-普遍開折となることである．

証明は，$\mathcal{R}^+$-普遍開折や $\mathcal{K}$-普遍開折に関するマザーの基本定理の証明と似ているが，$T_e(\mathcal{A})(f)$ の加群構造がやや複雑なため，マルグランジュの予備定理をもう少し一般化したものを用いる．しかし，この場合も，Damon の意味での幾何学的部分群となるため，現在では [11] によって与えられた一般的な枠組みのもとでの普遍性定理の系として扱われる．次に $\mathcal{A}$-同値に関す

る安定性について述べるが,ここでも,写像空間の位相の考察を避けるためにホモトピー安定性について述べる.関数芽 $f : (\mathbb{R}^k, 0) \longrightarrow (\mathbb{R}, 0)$ の開折 $F : (\mathbb{R}^k \times \mathbb{R}^n, 0) \longrightarrow (\mathbb{R}, 0)$ が**ホモトピー P-$\mathcal{A}$-安定**であるとは,$\mathcal{F}(q, x, 0) = F(q, x)$ を満たす任意の 1 径数関数族 $\mathcal{F} : (\mathbb{R}^k \times (\mathbb{R}^n \times \mathbb{R}), 0) \longrightarrow (\mathbb{R}, 0)$ に対して,$\mathcal{F}$ を f の $(x, s) \in (\mathbb{R}^n \times \mathbb{R}, 0)$ をパラメータとする $n+1$ 次元開折とみなして $\mathcal{F}$ から F への $\mathcal{A}$-f 開折圏射が存在することと定義する.定義から F が f の $\mathcal{A}$-普遍開折ならば,ホモトピー P-$\mathcal{A}$-安定である.さらに F が f のホモトピー P-$\mathcal{A}$-安定開折であると仮定する.任意の $h(q) \in \mathcal{E}_k$ に対して,1 径数関数族を $\mathcal{F}(q, x, s) = F(q, x) + sh(q)$ と定める.このとき,定義から写像芽 $\psi : (\mathbb{R}^n \times \mathbb{R}, 0) \longrightarrow (\mathbb{R}^n, 0)$, $\Phi(q, x, s) = (\phi_1(q, x, s), x, s)$ の形をした微分同相芽 $\Phi : (\mathbb{R}^k \times (\mathbb{R}^n \times \mathbb{R}), 0) \longrightarrow (\mathbb{R}^k \times (\mathbb{R}^n \times \mathbb{R}), 0)$ と関数芽 $\phi(y, x, s) \in \mathfrak{M}_{1+n+1}$ で $\Phi(q, 0, 0) = (q, 0, 0)$, $\phi(y, 0, 0) = y$ かつ

$$\phi(F(q, \psi(x, s)), x, s) = \mathcal{F} \circ \Phi(q, x, s) = F(\phi_1(q, x, s), x) + sh(\phi_1(q, x, s))$$

を満たすものが存在する.この式の両辺を $(x, s) = (0, 0)$ において s に関して微分すると

$$\sum_{i=1}^n \frac{\partial F}{\partial x_i}(q, 0) \frac{\partial \psi_i}{\partial s}(0, 0) + \frac{\partial \phi}{\partial s}(f(q), 0, 0)$$
$$= \sum_{j=1}^k \frac{\partial F}{\partial q_j}(q, 0) \frac{\partial (\phi_1)_j}{\partial s}(q, 0, 0) + h(q)$$

を得る.したがって,

$$h(q) \in T_e(\mathcal{A})(f) + \left\langle \frac{\partial F}{\partial x_1} \big|_{\mathbb{R}^k \times \{0\} \times \mathbb{R}}, \ldots, \frac{\partial F}{\partial x_n} \big|_{\mathbb{R}^k \times \{0\} \times \mathbb{R}} \right\rangle_{\mathbb{R}}$$

となり,

$$\mathcal{E}_k = T_e(\mathcal{A})(f) + \left\langle \frac{\partial F}{\partial x_1} \big|_{\mathbb{R}^k \times \{0\} \times \mathbb{R}}, \ldots, \frac{\partial F}{\partial x_n} \big|_{\mathbb{R}^k \times \{0\} \times \mathbb{R}} \right\rangle_{\mathbb{R}}$$

が成立する.言い換えると,F は f の無限小 $\mathcal{A}$-普遍開折である.定理 5.5.6 から F は f の $\mathcal{A}$-普遍開折となり,以下の命題が証明された.

命題5.5.7 関数芽 $f : (\mathbb{R}^k, 0) \longrightarrow (\mathbb{R}, 0)$ の開折 $F : (\mathbb{R} \times \mathbb{R}^n, 0) \longrightarrow (\mathbb{R}, 0)$ がホモトピー P-$\mathcal{A}$-安定であるための必要十分条件は F が f の $\mathcal{A}$-普遍開折となることである.

以下の命題が成り立つ.

命題5.5.8 関数芽 $f : (\mathbb{R}^k, 0) \longrightarrow (\mathbb{R}, 0)$ の開折 $F : (\mathbb{R}^k \times \mathbb{R}^n, 0) \longrightarrow (\mathbb{R}, 0)$ に対して,以下の条件は同値である:
(1) $\overline{F} : (\mathbb{R}^k \times \mathbb{R}^n \times \mathbb{R}, 0) \longrightarrow (\mathbb{R}, 0)$ はホモトピー P-$\mathcal{K}$-安定である.
(2) $F : (\mathbb{R}^k \times \mathbb{R}^n, 0) \longrightarrow (\mathbb{R}, 0)$ はホモトピー $\mathcal{A}$-安定である

証明 F がホモトピー $\mathcal{A}$-安定であると仮定する.$\mathcal{G}(q, x, 0, t) = \overline{F}(q, x, t)$ を満たす任意の1径数変形族 $\mathcal{G} : (\mathbb{R}^k \times (\mathbb{R}^n \times \mathbb{R}) \times \mathbb{R}, 0) \longrightarrow (\mathbb{R}, 0)$ に対して,$\partial \mathcal{G}/\partial t(0) \neq 0$ が成り立つので,関数芽 $G(q, x, s)$ と $\mu(q, x, s, t)$ で $\mu(0) \neq 0$ を満たすものが存在して $\mathcal{G}(q, x, s, t) = \mu(q, x, s, t)(G(q, x, s) - t)$ となる.したがって,$F(q, x) - t = \mathcal{G}(q, x, t, 0) = \mu(q, x, 0, t)(G(q, x, 0) - t)$ となり,命題 5.5.1 から,$F(q, x)$ と $G(q, x, 0)$ は P-$\mathcal{A}$-同値である.ゆえに,$G(q, x, 0)$ はホモトピー $\mathcal{A}$-安定開折である.定義から,写像芽 $\psi : (\mathbb{R}^n \times \mathbb{R}, 0) \longrightarrow (\mathbb{R}^n, 0)$, $\Phi(q, x, s) = (\phi_1(q, x, s), x, s)$ の形をした微分同相芽 $\Phi : (\mathbb{R}^k \times (\mathbb{R}^n \times \mathbb{R}), 0) \longrightarrow (\mathbb{R}^k \times (\mathbb{R}^n \times \mathbb{R}), 0)$ と関数芽 $\phi(t, x, s) \in \mathfrak{M}_{1+n+1}$ で $\Phi(q, 0, 0) = (q, 0, 0)$ かつ $\phi(t, 0, 0) = t$ を満たすものが存在して,

$$\phi(G(q, \psi(x, s), 0), x, s) = G(\Phi(q, x, s)) = G(\phi_1(q, x, s), x, s)$$

が成り立つ.ここで,微分同相芽 $\widehat{\Phi} : (\mathbb{R}^k \times \mathbb{R}^n \times \mathbb{R} \times \mathbb{R}, 0) \longrightarrow (\mathbb{R}^k \times \mathbb{R}^n \times \mathbb{R} \times \mathbb{R}, 0)$ を $\widehat{\Phi}(q, x, s, t) = (\phi_1(q, x, s), x, s, \phi(t, x, s))$ と定義すると,上記の式は

$$\widehat{\Phi}(q, x, s, G(q, \psi(x, s), 0)) = (\phi_1(q, x, s), x, s, G(\phi_1(q, x, s), x, s))$$

を意味する.ここで $G(q, x, 0) = G_0(q, x)$ と表すと,$\psi^* G_0(q, x, s) = G(q, \psi(x, s), 0)$ となり,$\widehat{\Phi}(\overline{\psi^* G_0}^{-1}(0)) = \overline{G}^{-1}(0)$ が成り立つ.したがっ

て,$\lambda(0) \neq 0$ を満たす関数芽 $\lambda(q,x,s,t) \in \mathcal{E}_{k+n+1+1}$ が存在して

$$\overline{G} \circ \widehat{\Phi}(q,x,s,t) = \lambda(q,x,s,t)\overline{\psi^*G_0}(q,x,s,t)$$

となる.ここで,$\widehat{\Phi}(q,0,0,t) = (q,0,0,t)$ かつ

$$\begin{aligned}G_0(q,0) - t &= \overline{G} \circ \widehat{\Phi}(q,0,0,t) \\ &= \lambda(q,0,0,t)\overline{\psi^*G_0}(q,0,0,t) \\ &= \lambda(q,0,0,t)(G_0(q,0) - t)\end{aligned}$$

なので,$\lambda(q,0,0,t) = 1$ である.このことは,$\overline{G}(q,x,t)$ がホモトピー P-$\mathcal{K}$-安定であることを意味する.ゆえに,$\overline{F}$ はホモトピー P-$\mathcal{K}$-安定である.

逆に,$\overline{F}$ がホモトピー P-$\mathcal{K}$-安定であると仮定し,$G(q,x,s) \in \mathfrak{M}_{k+n+1}$ を $G(q,x,0) = F(q,x)$ という条件を満たす関数芽とする.このとき,$\overline{G}(q,x,s,t) = G(q,x,s) - t$ を考えると,$\overline{F}$ はホモトピー P-$\mathcal{K}$-安定なので,関数芽 $\psi : (\mathbb{R}^n \times \mathbb{R}, 0) \longrightarrow (\mathbb{R}^n, 0), \widehat{\Phi}(q,x,s,t) = (\phi_1(q,x,s,t), x, s, \widehat{\phi}(x,s,t))$ という形の微分同相芽 $\widehat{\Phi} : (\mathbb{R}^k \times (\mathbb{R}^n \times \mathbb{R}) \times \mathbb{R}, 0) \longrightarrow (\mathbb{R}^k \times (\mathbb{R}^n \times \mathbb{R}) \times \mathbb{R}, 0)$ と関数芽 $\lambda(q,x,s,t) \in \mathcal{E}_{k+n+1+1}$ で $\widehat{\Phi}(q,0,0,t) = (q,0,0,t)$ かつ $\lambda(q,0,0,t) = 1$ を満たすものが存在して

$$\begin{aligned}\overline{F}(q,\psi(x,s),t) &= \lambda(q,x,s,t)\overline{G} \circ \widehat{\Phi}(q,x,s,t) \\ &= \lambda(q,x,s,t)(G(\phi_1(q,x,s,t),x,s) - \widehat{\phi}(x,s,t))\end{aligned}$$

が成り立つ.したがって,$\overline{\psi^*F}^{-1}(0) = \widehat{\Phi}^{-1}(\overline{G}^{-1}(0))$ となる.ただし,

$$\begin{aligned}\overline{\psi^*F}^{-1}(0) &= \{(q,x,s,\psi^*F(q,x,s)) \mid (q,x,s) \in \mathbb{R}^k \times \mathbb{R}^n \times \mathbb{R}\}, \\ \overline{G}^{-1}(0) &= \{(q,x,s,G(q,x,s)) \mid (q,x,s) \in \mathbb{R}^k \times \mathbb{R}^n \times \mathbb{R}\}\end{aligned}$$

である.定義から

$$\begin{aligned}&\widehat{\Phi}(q,x,s,\psi^*F(q,x,s)) \\ &= (\phi_1(q,x,s,\psi^*F(q,x,s)), x, s, \widehat{\phi}(x,s,\psi^*F(q,x,s)))\end{aligned}$$

が成り立ち,ここで,$\overline{q} = \phi_1(q,x,s,\psi^*F(q,x,s))$,$\overline{x} = x$,$\overline{s} = s$ とおくと

$$\widehat{\phi}(x,s,\psi^*F(q,x,s)) = G(\overline{q},\overline{x},\overline{s}) = G(\phi_1(q,x,s,\psi^*F(q,x,s)),x,s)$$

が成り立つ．$\phi : (\mathbb{R} \times (\mathbb{R}^n \times \mathbb{R}), 0) \longrightarrow (\mathbb{R} \times (\mathbb{R}^n \times \mathbb{R}), 0)$ を $\phi(t, x, s) = (\widehat{\phi}(x, s, t), x, s)$ と定義すると，上記の式は

$$\phi(\psi^* F(q, x, s), x, s) = G(\phi_1(q, x, s, \psi^* F(q, x, s)), x, s)$$

と書かれる．$\widehat{\Phi}(q, 0, 0, t) = (q, 0, 0, t)$ なので，$\phi_1(q, 0, 0, \psi^* F(q, 0, 0)) = q$ かつ $\phi(t, 0, 0) = \widehat{\phi}(0, 0, t) = t$ が成り立ち，F はホモトピー $\mathcal{A}$-安定であることがわかり，証明が終わる． □

上記の議論から以下の定理が示される．

定理 5.5.9 $\mathcal{F}(q, x, t) = \lambda(q, x, t)(F(q, x) - t)$ をグラフ型モース超曲面族とする．このとき，以下の条件は同値である：
(1) グラフ型ルジャンドル開折 $\mathscr{L}(\mathcal{F})(\Sigma_{\mathcal{F}})$ は s-$\mathcal{P}$-ルジャンドル安定である．
(2) $\overline{F}(q, x, t) = F(q, x) - t$ は $\overline{f}(q) = \overline{F}(q, 0) = F(q, 0) - t$ の $\mathcal{P}$-$\mathcal{K}$-普遍開折である．
(3) $F(q, x)$ は $f(q) = F(q, 0)$ の $\mathcal{A}$-普遍開折である．

証明 本書では (1) と (2) の同値性は，s-$\mathcal{P}$-ルジャンドル安定性の定義を $\mathcal{F}$ の無限小 $\mathcal{P}$-$\mathcal{K}$-普遍開折と定義しているので，定理 5.5.4 から得られる．また，命題 5.5.5 と定理 5.5.6 から (2) と (3) は同値である． □

定理 5.5.9 から，関数芽の間の $\mathcal{A}$-同値はグラフ型ルジャンドル開折の間の s-$\mathcal{P}$-ルジャンドル同値の研究に重要な役割を担うことがわかる．ここで，関数芽の間の $\mathcal{A}$-同値に関する幾何学的性質について考える．関数芽 $f : (\mathbb{R}^k, 0) \longrightarrow (\mathbb{R}, 0)$ の等高線葉層芽 $\mathscr{F}_f$ を考える．関数芽 $f, g : (\mathbb{R}^k, 0) \longrightarrow (\mathbb{R}, 0)$ に対して，$\mathscr{F}_f$ と $\mathscr{F}_g$ が**微分同相**であるとは，微分同相芽 $\psi : (\mathbb{R}^k, 0) \longrightarrow (\mathbb{R}^k, 0)$ と $\phi : (\mathbb{R}, 0) \longrightarrow (\mathbb{R}, 0)$ が存在して，任意の $c \in (\mathbb{R}, 0)$ に対して，集合芽として $\psi(f^{-1}(c)) = g^{-1}(\phi(c))$ が成り立つことと定義する．このとき，以下の定理が成り立つ．

命題 5.5.10 関数芽 $f, g : (\mathbb{R}^k, 0) \longrightarrow (\mathbb{R}, 0)$ に対して，等高線葉層芽 $\mathscr{F}_f$

と $\mathscr{F}_g$ が微分同相であるための必要十分条件は f と g が $\mathcal{A}$-同値となることである.

証明 定義から, f と g が $\mathcal{A}$-同値なら $\mathscr{F}_f$ と $\mathscr{F}_g$ は微分同相である. 逆に $\mathscr{F}_f$ と $\mathscr{F}_g$ が微分同相であると仮定する. 言い換えると微分同相芽 $\psi:(\mathbb{R}^k,0)\longrightarrow (\mathbb{R}^k,0)$ と $\phi:(\mathbb{R},0)\longrightarrow(\mathbb{R},0)$ が存在して任意の $c\in(\mathbb{R},0)$ に対して集合芽として $\psi(f^{-1}(c))=g^{-1}(\phi(c))=(\phi^{-1}\circ g)^{-1}(c)$ が成り立つ. このことは $\mathscr{F}_f$ と $\mathscr{F}_{\phi^{-1}\circ g}$ が狭い意味での微分同相であることを意味する. したがって, 命題 5.4.6 から f と $\phi^{-1}\circ g$ は $\mathcal{R}$-同値である. ゆえに f と g は $\mathcal{A}$-同値である. □

関数芽 $f:(\mathbb{R}^k,0)\longrightarrow(\mathbb{R},0)$ と $g:(\mathbb{R}^{k'},0)\longrightarrow(\mathbb{R},0)$ に対して, 等高線葉層芽 $\mathscr{F}_f$ と $\mathscr{F}_g$ が**安定微分同相**であることの定義も狭い意味での安定微分同相と同様に定義される. このとき, 以下の分類定理が成り立つ.

定理 5.5.11 $\mathcal{F}:(\mathbb{R}^k\times\mathbb{R}^n\times\mathbb{R},0)\longrightarrow(\mathbb{R},0)$ と $\mathcal{G}:(\mathbb{R}^{k'}\times\mathbb{R}^n\times\mathbb{R},0)\longrightarrow(\mathbb{R},0)$ をグラフ型モース超曲面族でそれぞれが $\mathcal{F}(q,x,t)=\lambda(q,x,t)(F(q,x)-t)$ と $\mathcal{G}(q',x,t)=\mu(q',x,t)(G(q',x)-t)$ という形をしていて, さらに $\mathscr{L}(\mathcal{F})(\Sigma_\mathcal{F})$ と $\mathscr{L}(\mathcal{G})(\Sigma_\mathcal{G})$ は s-P-ルジャンドル安定であると仮定する. このとき, 以下の条件は同値である:

(1) $\mathscr{L}(\mathcal{F})(\Sigma_\mathcal{F})$ と $\mathscr{L}(\mathcal{G})(\Sigma_\mathcal{G})$ は s-P-ルジャンドル同値である.
(2) $\mathcal{F}$ と $\mathcal{G}$ は安定 s-P-$\mathcal{K}$-同値である.
(3) $\overline{f}(q,t)=F(q,0)-t$ と $\overline{g}(q',t)=G(q',0)-t$ は安定 P-$\mathcal{K}$-同値である.
(4) $f(q)=F(q,0)$ と $g(q')=G(q',0)$ は安定 $\mathcal{A}$-同値である.
(5) $F(q,x)$ と $G(q',x)$ は安定 P-$\mathcal{A}$-同値である.
(6) $W(\mathscr{L}(\mathcal{F})(\Sigma_\mathcal{F}))$ と $W(\mathscr{L}(\mathcal{G})(\Sigma_\mathcal{G}))$ は s-P-微分同相である.
(7) $\mathscr{F}_f$ と $\mathscr{F}_g$ は安定微分同相である.

証明 定理 5.2.2 から (1) と (2) は同値である. 命題 5.5.1 から (2) と (5) が同値である. さらに, 系 5.5.2 から (3) と (4) は同値となる. また, 命題 5.5.10 か

ら (4) と (7) は同値である．定義から，(1) ならば (6) が成り立つ．命題 5.2.1 から，(6) ならば (1) となる．再び，定義から (2) ならば (3) である．最後に，P-$\mathcal{K}$-普遍開折の一意性から，(3) ならば (2) が成り立つ． □

注意 5.5.12　(a) 定理 5.5.11 において，$k = k'$ かつ $q = q'$ のときは，条件 (2), (3), (4), (5) と (7) における「安定」は除いてよい．
(b) 定理 5.2.2 と命題 5.5.1 から，条件 (1), (2) と (5) は，仮定なしでいつでも同値であることがわかる．
(c) 系 5.5.2 と命題 5.5.10 から，条件 (3), (4) と (7) は，仮定なしでいつでも同値であることがわかる．
(d) 命題 5.2.1 の仮定は，任意の次元 n において，生成的に成り立つ（ちょっと摂動すれば成り立つ）ことが知られているので，(1) と (6) はグラフ型ルジャンドル開折が s-P-安定であるという仮定なしでもほとんどすべてのグラフ型ルジャンドル開折に対して同値である．

6

ハミルトン系から導かれる
波面の伝播と焦点集合

 Thom がカタストロフ理論を提唱した直後に，Thom のアイデアに従って，Jänich [37] と Wassermann [50] は多様体上の余接空間上に与えられたハミルトン関数に依存する波面の伝播について研究した．しかし，当時はまだラグランジュ特異点論やルジャンドル特異点論が未整理で彼らの論文にはいくつか曖昧な部分が見られる．ここでは，基本的には [37, 50] に従って，ハミルトン系に依存した波面の伝播について述べる．また，詳しい証明は省略し，理論の枠組みだけを解説するので，詳しい証明に興味がある読者には原論文を読むことを勧める．さらに特別な場合として，第1章で例に挙げた平面上の平行曲線の場合の一般次元のユークリッド空間内での一般化である平行超曲面や縮閉超曲面の概念が，このハミルトン系によって記述される波面の伝播の特別な場合として理解できることを解説する．

6.1 ハミルトンベクトル場と波面の伝播

 $H : T^*\mathbb{R}^n \setminus 0 \longrightarrow \mathbb{R}$ を可微分関数とするとき，H を**ハミルトン関数**と呼ぶ．ここで $0 = \mathbb{R}^n \times \{0\}$ は余接束 $T^*\mathbb{R}^n \cong \mathbb{R}^n \times (\mathbb{R}^n)^*$ の**零切断**である．ここで，H は任意の点で正値で**正一次斉次**と仮定する．すなわち任意の実数 $\lambda > 0$ と $(x, \xi) \in T^*\mathbb{R}^n \setminus 0$ に対して，$H(x, \lambda \xi) = \lambda H(x, \xi)$ を満たすことと

仮定する．ここで，$(x_1,\ldots,x_n,p_1,\ldots,p_n)$ を $T^*\mathbb{R}^n \cong \mathbb{R}^n \times (\mathbb{R}^*)^n$ の正準座標系として，$(x,\xi) = (x_1,\ldots,x_n,p_1,\ldots,p_n)$ と表す．このとき，H に付随した $T^*\mathbb{R}^n \setminus 0$ 上の**ハミルトンベクトル場** X_H を

$$X_H = \sum_{i=1}^n \left(\frac{\partial H}{\partial p_i} \frac{\partial}{\partial x_i} - \frac{\partial H}{\partial x_i} \frac{\partial}{\partial p_i} \right)$$

と定義する．このベクトル場は任意の $Y \in TT^*\mathbb{R}^n$ に対して関係式 $\omega(X_H,Y) = dH(Y)$ を満たす．ただし $\omega = \sum_{i=1}^n dp_i \wedge dx_i$ は $T^*\mathbb{R}^n$ 上の標準的シンプレクティック構造である．H は正一次斉次なので，

$$\sum_{i=1}^n p_i \frac{\partial H}{\partial p_i} = H$$

が成り立ち，ゆえに任意の $(x,\xi) \in H^{-1}(1)$ に対して，

$$\sum_{i=1}^n p_i \frac{\partial H}{\partial p_i}(x,\xi) = H(x,\xi) = 1$$

となる．したがって，$H(x,\xi) = 1$ のとき $\mathrm{grad}_p H(x,\xi) \neq 0$ が成り立つ．この事実は $H^{-1}(1)$ が $T^*\mathbb{R}^n$ 内の正則な超曲面であることを意味する．$dH(X_H) = \omega(X_H,X_H) = 0$ なので，$X_H|_{H^{-1}(1)}$ はこの超曲面 $H^{-1}(1)$ に接している．余接束の射影 $\pi : T^*\mathbb{R}^n \longrightarrow \mathbb{R}^n$ を考えると，$H^{-1}(1)$ 上で $\mathrm{grad}_p H(x,p) \neq 0$ なので，$\pi|_{H^{-1}(1)} : H^{-1}(1) \longrightarrow \mathbb{R}^n$ はファイバーが $n-1$ 次元球面である可微分ファイバー束である．この場合は，$H^{-1}(1) \cong \mathbb{R}^n \times S^{n-1}$ であり，π は標準射影 $\mathbb{R}^n \times S^{n-1} \longrightarrow \mathbb{R}^n$ に対応している．ベクトル場 $X_H|_{H^{-1}(1)}$ の積分曲線の π による像を H の**光線**と呼ぶ．ベクトル場 $X_H|_{H^{-1}(1)}$ の $H^{-1}(1)$ における積分曲線は少なくとも $\{0\} \times H^{-1}(1) \subset \mathbb{R}_+ \times H^{-1}(1)$ のある近傍上で写像 $\rho : \mathbb{R}_+ \times H^{-1}(1) \longrightarrow H^{-1}(1)$ を誘導する．このとき，**指数写像** $\exp : \mathbb{R}_+ \times H^{-1}(1) \longrightarrow \mathbb{R}^n$ を $\exp = \pi \circ \rho$ と定義する．この写像は少なくとも $\{0\} \times H^{-1}(1)$ のある近傍上で定義される．V_0 を $\mathbb{R}^n$ 内の超曲面でそれに沿った法線ベクトル場（**余法向き付け**）が矛盾なく定まっているものとする．このとき V_0 を**初期波面**とみなす．このことは以下のように解釈できる．V_0 が余法向き付け可能なので，零でない $\mathbb{R}^n$ 上の 1 形式

$\overline{\xi}$ で任意の点 $x \in X_0$ において, $\overline{\xi}(x) \in T_x^*\mathbb{R}^n \setminus 0$ で $\mathrm{Ker}\,\overline{\xi}(x) = T_xV_0$ となるものが存在する. 一般に, そのようなものは正の値をとるものと負の値をとるものの2種類存在するが, ここでは, 正の値をとるものを選び, V_0 の**余法方向**とする. すなわち, $\boldsymbol{n}$ を V_0 の向きをさだめる法線ベクトルとすると, 任意の点 $x \in V_0$ において $\overline{\xi}(x)(\boldsymbol{n}(x)) > 0$ を満たすように $\overline{\xi}$ の向きを決める.

ここで, H は正一次斉次なので, $H(x,\overline{\xi}(x)) = \eta(x) > 0$ とおくと, $H(x,\overline{\xi}(x)/\eta(x)) = H(x,\overline{\xi}(x))/\eta(x) = 1$ を満たすので, $\xi(x) = \overline{\xi}(x)/\eta(x)$ とすると $H(x,\xi(x)) = 1$ である. このようにして, $n-1$ 次元の $H^{-1}(1)$ の部分多様体 $\ell(V_0) = \{(x,\xi(x)) \mid x \in V_0\} \subset H^{-1}(1)$ を得る. いま, $T^*\mathbb{R}^n$ 上のリュウビル1形式を $\lambda = \sum_{i=1}^n p_i dx_i$ とすると, $\omega = d\lambda$ となる. $\overline{\xi}$ の決め方から $\mathrm{Ker}\,\xi(x) = T_xV_0$ であり, $\lambda|_{\ell(V_0)} = \sum_{i=1}^n p_i dx_i|_{\ell(V_0)} = 0$ が成り立ち, したがって, $\omega|_{\ell(V_0)} = 0$ を満たす. このことは $\ell(V_0)$ がシンプレクティック構造 ω のイソトロピック部分多様体 (ω の積分多様体) であることを意味している. さらに, もし X_H がある点 $(x,\xi(x))$ で $\ell(V_0)$ に接しているとすると

$$0 = \sum_{i=1}^n p_i dx_i(X_H) = \sum_{i=1}^n p_i \frac{\partial H}{\partial p_i} = H(x,\xi(x)) = 1$$

を満たし, 矛盾が導かれる. したがって, 任意の点で X_H は $\ell(V_0)$ に接していない. いま, ある $t > 0$ に対して, $\exp(t,\xi(x))$ が任意の点 $x \in V_0$ において, 定義可能であると仮定する. このとき, $V_t = \{\exp(t,\xi(x)) \mid x \in V_0\}$ を時間 t における**波面**と呼ぶ. また, このとき $x \mapsto \exp(t,\xi(x))$ によって定義される写像 $V_0 \longrightarrow V_t$ を時間 t における**光線写像**と呼ぶ.

注意 6.1.1 リュウビル1形式 λ の $H^{-1}(1)$ 上への制限は $H^{-1}(1)$ 上に接触構造を与えることがわかり, さらに射影 $\pi|_{H^{-1}(1)} : H^{-1}(1) \longrightarrow \mathbb{R}^n$ はルジャンドルファイバー束となることも示すことができる. 上記の議論から $\lambda|_{\ell(V_0)} = 0$ だったので, $\ell(V_0)$ は $H^{-1}(1)$ 内のルジャンドル部分多様体である. さらに, $\ell(V_t) = \{\rho(t,(x,\xi(x))) \mid x \in V_0\}$ も $H^{-1}(1)$ のルジャンドル部分多様体となり, したがって $V_t = \pi(\ell(V_t))$ は 4.7 節の意味での波面である. これらの事実は, ハミルトンベクトル場のもつ基本的性質から示すことができるが, ここでは省略する. 興味がある読者は [1, 2] 等を参照してほしい.

時刻 t における光線写像の特異値集合 C_t は**時刻 t における焦点集合**と呼ばれる．定義から
$$C_t = \{\exp(t,\xi(x)) \mid \operatorname{rank} d(\exp)_x(t,\xi(x)) < n-1\}$$
である．光線写像が定義可能な時間の区間は初期波面 V_0 からある時刻 t における波面 V_t の伝播が可能な区間である．このような時間 t の区間を**伝播可能時間帯**と呼ぶ．伝播可能時間帯にあるすべての時刻 t における焦点集合の和集合を**伝播の焦点集合**と呼ぶ．

Jänich と Wassermann は [37, 50] において，そのようにして与えられた伝播の焦点集合の芽の安定性について研究した．彼らは，この伝播の焦点集合を開折理論における分岐集合として記述した．

$t_0 \in \mathbb{R}_+$ と $\xi_0 \in H^{-1}(1)$ を $\exp(t_0,\xi_0)$ が定義可能な点であり，かつ (t_0,ξ_0) は写像
$$(\pi, \exp) : \mathbb{R}_+ \times H^{-1}(1) \longrightarrow \mathbb{R}^n \times \mathbb{R}^n; (t,\xi) \mapsto (\pi(\xi), \exp(t,\xi))$$
の正則点であるとする．$x_0 = \pi(\xi_0)$ かつ $u_0 = \exp(t_0,\xi_0)$ とすると，上記の仮定から $(\pi, \exp)$ は点 (t_0,ξ_0) の近傍において，局所微分同相である．したがって，$s(x_0, u_0) = (t_0, \xi_0)$ を満たす $(\pi, \exp)$ の局所逆写像 $s : X \times U \longrightarrow \mathbb{R}_+ \times H^{-1}(1)$ が存在する．ここで，X と U はそれぞれ x_0 と u_0 の $\mathbb{R}^n$ における近傍である．このとき，標準射影 $\pi_{\mathbb{R}_+} : \mathbb{R}_+ \times H^{-1}(1) \longrightarrow \mathbb{R}_+$ を考えると，関数 $\tau = \pi_{\mathbb{R}_+} \circ s : X \times U \longrightarrow \mathbb{R}_+$ が定義される．この関数 τ を (t_0, ξ_0) に付随した**光線距離関数**と呼ぶ．ここで，与えられた H に対して，点 (x_0, u_0) における τ が定める関数芽は点 (t_0, ξ_0) にのみ依存しており，局所逆写像 s の選び方によらない．さらに，X と U が**十分に小さい**とは，$s(X \times U)$ が二つの点 (t, ξ) と $(t, -\xi)$ 両方を同時に含むことがないことと定義する．ここで，$x_0 \in V_0$ かつ $\xi(x_0) = \xi_0$ であるとする．このとき，V_0 と $\varepsilon > 0$ が s に対して，**十分小さい**とは $(t_0 - \varepsilon, t_0 + \varepsilon) \times \ell(V_0) \subset s(X \times U)$ を満たすことと定義する．Jänich [37] は以下の定理が成り立つことを示した．

定理 6.1.2 点 (t_0, ξ_0) が写像 $(\pi, \exp)$ の正則点であり，$s : X \times U \longrightarrow \mathbb{R}_+ \times H^{-1}(1)$ を点 (t_0, ξ_0) の近傍におけるその局所逆写像として，τ を

6.1 ハミルトンベクトル場と波面の伝播

付随した光線距離関数とする.$V_0 \subset \mathbb{R}^n$ を余法向き付けされた超曲面で $x_0 = \pi(\xi_0) \in V_0$ かつ $\xi(x_0) = \xi_0$ を満たすものとする.さらに,関数 $F : V_0 \times U \longrightarrow \mathbb{R}$ を $F = (\tau - t_0)|_{V_0 \times U}$ と定義する.X と U は十分に小さいとし,V_0 と $\varepsilon > 0$ が s に対して十分小さいと仮定する.このとき,$t_0 - \varepsilon < t < t_0 + \varepsilon$ に対して,以下の主張が成り立つ:

(a) $V_t = \{u \in U \mid \exists x \in V_0;\ F(x,u) = t - t_0,\ \Delta F(x,u) = 0\}$,
(b) $C_t = \{u \in V_t \mid \exists x \in V_0;\ \det(\partial^2 F / \partial x_i \partial x_j(x,u)) = 0\ \}$.

ここで,$\Delta F(x,u)$ は F の x 変数に関する勾配ベクトル(u は固定)で $\partial^2 F / \partial x_i \partial x_j (x,u)$ は F の x 変数に関するヘッセ行列を表す.

✎ **注意6.1.3** 注意することは,F は区間 $(-\varepsilon, \varepsilon)$ の外でも値をとりうるので,**全焦点集合**を $C = \bigcup_{t_0 - \varepsilon < t < t_0 + \varepsilon} C_t$ と定義すると,それは F の全分岐集合

$$B_F = \{u \in U \mid \exists x \in V_0;\ \Delta F(x,u) = 0 \text{ かつ } \det(\partial^2 F / \partial x_i \partial x_j (x,u)) = 0\}$$

に一致するとは限らない.定理6.1.2の主張はあくまで,固定された時刻 t における主張である.しかし,F が代表する関数芽の十分小さな開集合上の代表元としての関数を F' とすると $B_{F'} \subset C \subset B_F$ が成り立ち,さらに,集合芽 V_0 の十分小さな代表元と十分小さな t_0 の近くの開区間に対する全焦点集合を C' とすると $C' \subset B_{F'} \subset C$ という関係を満たす.この意味で,F が全焦点集合の局所的生成に関する情報を与えると言うことができる.

定理6.1.2の主張 (a) により,任意の $t_0 - \varepsilon < t < t_0 + \varepsilon$ に対して,

$$\ell(V_t) = \{\pi_{H^{-1}(1)} \circ s(x,u) \in H^{-1}(1) \mid F(x,u) = t - t_0 \text{ かつ } \Delta F(x,u) = 0\}$$

となる.ここで,$\pi_{H^{-1}(1)} : \mathbb{R}_+ \times H^{-1}(1) \longrightarrow H^{-1}(1)$ は標準射影である.さらに,

$$L(V_0; (t_0, \xi_0), \varepsilon) = \bigcup_{t_0 - \varepsilon < t < t_0 + \varepsilon} \ell(V_t)$$

は $H^{-1}(1) \subset T^*\mathbb{R}^n$ に含まれるラグランジュ部分多様体である.ここで,$T_{\xi_0} L(V_0; (t_0, \xi_0), \varepsilon) = T_{\xi_0} \ell(V_t) \oplus \langle X_H \rangle_{\mathbb{R}}$ なので,rank $d(\pi|_L)_{\xi_0} < n$ であ

るための必要十分条件は $\mathrm{rank}\, d(\pi|_{\ell(V_t)})_{\xi_0} = d(\exp)_{x_0} < n-1$ となることであり，したがって $C = C_{L(V_0;(t_0,\xi_0),\varepsilon)}$ が成り立つ．ただし，$C_{L(V_0;(t_0,\xi_0),\varepsilon)}$ は第4章で定義されたラグランジュ部分多様体 $L(V_0;(t_0,\xi_0),\varepsilon)$ の焦点集合である．このことから，$\ell(V_t)$, $t_0 - \varepsilon < t < t_0 + \varepsilon$ は対応するグラフ型ルジャンドル開折の瞬間波面であると考えられる．実際，集合 $\mathscr{L}(V_0;(t_0,\xi_0),\varepsilon)$ を

$$\{s(x,u) \mid t_0 - \varepsilon < t < t_0 + \varepsilon,\ F(x,u) = t - t_0 \text{ かつ } \Delta F(x,u) = 0\}$$

と定義すると，これは $\mathcal{F}(x,u,t) = F(x,u) - (t - t_0)$ を母関数族とするグラフ型ルジャンドル開折であり，その瞬間波面が $\ell(V_t)$ である．

Jänich は [37] で，F と τ の定義する関数芽の言葉で焦点集合 C の安定性について研究している．焦点集合 C が時刻 t_0 で **$\mathcal{A}$-普遍焦点集合**であるとは，(t_0,ξ_0) が $(\pi,\exp)$ の正則点であり，$(t_0,\xi(x_0))$ に付随した光線距離関数 $\tau: X \times U \longrightarrow \mathbb{R}$ に対して，点 (x_0,u_0) における関数芽 $F = (\tau - t_0)|_{(V_0 \cap X) \times U}$ を $F(x,u_0)$ の点 $x_0 \in V_0$ における開折とみなして，無限小 $\mathcal{A}$-普遍であることと定義する．Jänich は C が $\mathcal{A}$-普遍焦点集合のとき，単に**普遍焦点集合**と呼んでいるが，ラグランジュ同値と P-$\mathcal{R}^+$-同値との対応関係を考えると $\mathcal{A}$-普遍焦点集合の代わりに $\mathcal{R}^+$-普遍焦点集合という概念も自然に考えることができる．C が時刻 t_0 で **$\mathcal{R}^+$-普遍焦点集合**であるとは点 (x_0,u_0) における関数芽 $F = (\tau - t_0)|_{(V_0 \cap X) \times U}$ を $F(x,u_0)$ の点 $x_0 \in V_0$ における開折とみなして，無限小 $\mathcal{R}^+$-普遍であることと定義する．Jänich が無限小 $\mathcal{R}^+$-普遍開折ではなく無限小 $\mathcal{A}$-普遍開折を論文 [37] において採用した理由は，1970年代当時はまだ，ラグランジュ特異点論がようやく整備され始めたころで，関数芽のどの同値条件と対応しているかが，あまり明確ではなかったからだと推測される．実際，それらの対応を記述した Zakalyukin [51] や Duistermaat [12] の論文はほとんど同じ時期に出版されている．

ところで，この $\mathcal{A}$-普遍焦点集合という概念は，非常に強い安定性の条件である．単純に考えると，$\mathcal{A}$-普遍焦点集合とは初期波面 V_0 の微小な摂動ばかりかハミルトン関数 H の微小な摂動に対する焦点集合の安定性である．しかし，考えている空間は与えられたハミルトン関数によって統制されているので，ハミルトン関数を摂動すると空間自体の摂動も行っている

ことになる．JänichはこのA-普遍焦点集合という概念は，実際には初期波面 V_0 の微小な摂動のみに対応する安定性ではないだろうかという予想を与えた．それに対して，Wassermanは，[50]において，このJänichの予想が正しいことを示した．Wassermanは以下のより一般的な枠組みを考えた：$\tau : (\mathbb{R}^m \times \mathbb{R}^n, 0) \longrightarrow (\mathbb{R}, 0)$ を関数芽として，$\iota : (\mathbb{R}^k, 0) \longrightarrow (\mathbb{R}^m, 0)$ を埋め込み芽とする．このとき，Wassermanは対 (τ, ι) が ι の摂動のもとで安定という概念を写像空間のトポロジーに関して定式化し，その意味での安定性がJänichの意味でのA-普遍であることの必要十分条件を与えることを証明している．しかし，ここでは，写像空間の位相の概念を避けるためにホモトピー安定性に言い換えた定義を与える．(τ, ι) が ι の**摂動のもとでホモトピー P-$\mathcal{A}$-安定**であるとは任意の1径数族 $\iota_s : (\mathbb{R}^k, 0) \longrightarrow (\mathbb{R}^m, 0),\ s \in (\mathbb{R}, 0)$ で $\iota_0 = \iota$ を満たすものに対して，関数芽 $\mathcal{F} : (\mathbb{R}^k \times (\mathbb{R}^n \times \mathbb{R}), 0) \longrightarrow (\mathbb{R}, 0)$ を $\mathcal{F}(q, x, s) = \tau(\iota_s(q), x)$ とするとき，$\mathcal{F}$ を $f(q) = \mathcal{F}(q, 0, 0) = \tau(\iota(q), 0)$ の $n+1$ 次元開折とみなして，$\mathcal{F}$ から $F(q, x) = \tau(\iota(q), x)$ への $\mathcal{A}$-f 開折圏射が存在することと定義する．このとき，以下の定理が成り立つ．

定理 6.1.4 $\tau : (\mathbb{R}^m \times \mathbb{R}^n, 0) \longrightarrow (\mathbb{R}, 0)$ を制限関数芽 $\tau|_{\mathbb{R}^m \times \{0\}}$ がしずめ込み芽であるような関数芽とする．埋め込み芽 $\iota : (\mathbb{R}^k, 0) \longrightarrow (\mathbb{R}^m, 0)$ に対して，関数芽 $F : (\mathbb{R}^k \times \mathbb{R}^n, 0) \longrightarrow (\mathbb{R}, 0)$ を $F(q, x) = \tau(\iota(q), x)$ と定義する．このとき，(τ, ι) が ι の摂動のもとでホモトピー P-$\mathcal{A}$-安定であるための必要十分条件は F が $f(q) = F(q, 0)$ の $\mathcal{A}$-普遍開折となることである．

証明 命題5.5.7から F が f の $\mathcal{A}$-普遍開折であるための必要十分条件は F がホモトピー P-$\mathcal{A}$-安定となることである．定義から F がホモトピー P-$\mathcal{A}$-安定ならば，ι の摂動のもとでホモトピー P-$\mathcal{A}$-安定なので，F が f の $\mathcal{A}$-普遍開折ならば ι の摂動のもとでホモトピー P-$\mathcal{A}$-安定である．ここでは，逆の命題が成り立つことを示す．定理5.5.6から，F が ι の摂動のもとでホモトピー P-$\mathcal{A}$-安定であると仮定するとき，F が f の無限小 $\mathcal{A}$-普遍開折であることを示せばよい．$\tau|_{\mathbb{R}^m \times \{0\}}$ がしずめ込み芽なので，一般性を失うことなく，$(\partial \tau / \partial y_1)(0, 0) \neq 0$ と仮定してよい．$\iota(q) = (\iota_1(q), \ldots, \iota_m(q))$ と座標成分

表示するとき,任意の $h(q) \in \mathcal{E}_k$ に対して,1径数埋め込み芽を

$$\iota_s(q,x) = \left(\iota_1(q) + s\frac{h(q)}{\frac{\partial \tau}{\partial y_1}(\iota(q),0)}, \iota_2(q), \ldots, \iota_m(q)\right)$$

と定める.このとき,(τ, ι) が ι の摂動のもとでホモトピー P-$\mathcal{A}$-安定であることの定義から写像芽 $\psi: (\mathbb{R}^n \times \mathbb{R}, 0) \longrightarrow (\mathbb{R}^n, 0)$,$\Phi(q,x,s) = (\phi_1(q,x,s), x, s)$ の形をした微分同相芽 $\Phi: (\mathbb{R}^k \times (\mathbb{R}^n \times \mathbb{R}), 0) \longrightarrow (\mathbb{R}^k \times (\mathbb{R}^n \times \mathbb{R}), 0)$ と関数芽 $\phi(y,x,s) \in \mathfrak{M}_{1+n+1}$ で $\Phi(q,0,0) = (q,0,0)$,$\phi(y,0,0) = y$ かつ

$$\phi(F(q,\psi(x,s)),x,s) = \mathcal{F} \circ \Phi(q,x,s) = \tau(\iota_s(\phi_1(q,x,s)),x)$$

を満たすものが存在する.ここで,

$$\phi_1(q,x,s) = ((\phi_1)_1(q,x,s), \ldots, (\phi_1)_k(q,x,s))$$

と座標成分で表し,上記の等式の両辺を点 $(x,s) = (0,0)$ において s に関して微分すると

$$\sum_{i=1}^{n} \frac{\partial F}{\partial x_i}(q,0)\frac{\partial \psi_i}{\partial s}(0,0) + \frac{\partial \phi}{\partial s}(f(q),0,0)$$

$$= \sum_{j=1}^{m} \frac{\partial \tau}{\partial y_j}(\iota(q),0) \left(\frac{\partial (\iota_s)_j}{\partial s}(q) + \sum_{\ell=1}^{k} \frac{\partial (\iota)_j}{\partial q_\ell}(q) \frac{\partial (\phi_1)_\ell}{\partial s}(q,0,0)\right)$$

$$= h(q) + \sum_{\ell}^{k} \frac{\partial F}{\partial q_\ell}(q,0) \frac{\partial (\phi_1)_\ell}{\partial s}(q,0,0)$$

を得る.したがって,

$$h(q) \in T_e(\mathcal{A})(f) + \left\langle \frac{\partial F}{\partial x_1}|_{\mathbb{R}^k \times \{0\} \times \mathbb{R}}, \ldots, \frac{\partial F}{\partial x_n}|_{\mathbb{R}^k \times \{0\} \times \mathbb{R}} \right\rangle_{\mathbb{R}}$$

となり,

$$\mathcal{E}_k = T_e(\mathcal{A})(f) + \left\langle \frac{\partial F}{\partial x_1}|_{\mathbb{R}^k \times \{0\} \times \mathbb{R}}, \ldots, \frac{\partial F}{\partial x_n}|_{\mathbb{R}^k \times \{0\} \times \mathbb{R}} \right\rangle_{\mathbb{R}}$$

が成立する.言い換えると,F は f の無限小 $\mathcal{A}$-普遍開折である.定理 5.5.6 から F は f の $\mathcal{A}$-普遍開折となり定理が証明された. □

6.1 ハミルトンベクトル場と波面の伝播

注意 6.1.5 Wassermann [50] は (τ, ι) が ι の摂動のもとで P-$\mathcal{A}$-安定のとき，**焦点集合に対して r-安定**と呼んだが，P-$\mathcal{A}$-同値が対応するラグランジュ部分多様体芽の間のラグランジュ同値に対応していないので，ι の摂動のもとで P-$\mathcal{R}^+$-同値を用いるほうがより自然であることに注意する．したがって，本書では以下の安定性の定義を採用する．対 (τ, ι) が **ι の摂動のもとでホモトピー P-$\mathcal{R}^+$-安定**であるとは上記の定義で P-$\mathcal{A}$-同値を P-$\mathcal{R}^+$-同値に変えたものとする．このとき，以下の定理が定理 6.1.4 と全く同様な証明を用いて示すことができる．

定理 6.1.6 $\tau : (\mathbb{R}^m \times \mathbb{R}^n, 0) \longrightarrow (\mathbb{R}, 0)$ をその制限関数芽 $\tau|_{\mathbb{R}^m \times \{0\}}$ がしずめ込み芽であるような関数芽とする．埋め込み芽 $\iota : (\mathbb{R}^k, 0) \longrightarrow (\mathbb{R}^m, 0)$ に対して，関数芽 $F : (\mathbb{R}^k \times \mathbb{R}^n, 0) \longrightarrow (\mathbb{R}, 0)$ を $F(q, x) = \tau(\iota(q), x)$ と定義する．このとき，(τ, ι) が ι の摂動のもとでホモトピー P-$\mathcal{R}^+$-安定であるための必要十分条件は F が $f(q) = F(q, 0)$ の無限小 $\mathcal{R}^+$-普遍開折となることである．

ここで，上記の一般的な枠組みを我々の考えている場合に適用する．この場合も ι は埋め込み芽である．V_0 を $\mathbb{R}^n$ 内の余法向き付け可能な超曲面（初期波面）として，点 $x_0 \in V_0$ と実数 $t_0 > 0$ を考える．$\xi_0 \in T^*_{x_0}\mathbb{R}^n$ を V_0 の点 x_0 における余法向き付けを与える余接ベクトルとする．このとき，点 x_0 で，**V_0 が t_0 において $\mathcal{A}$-安定焦点集合を生成する**（同様に，**t_0 において $\mathcal{R}^+$-安定焦点集合を生成する**）とは (t_0, ξ_0) が $(\pi, \exp)$ の正則点であり，そのときに与えられる光線距離関数芽 $\tau : (\mathbb{R}^n \times \mathbb{R}^n, (x_0, u_0)) \longrightarrow \mathbb{R}$ （ここで，$u_0 = \exp(t_0, \xi_0)$）と包含写像芽 $\iota : (V_0, x_0) \subset (\mathbb{R}^n, x_0)$ に対して，(τ, ι) が ι の摂動のもとでホモトピー P-$\mathcal{A}$-安定（同様に，ι の摂動のもとでホモトピー P-$\mathcal{R}^+$-安定）であることと定義する．

注意 6.1.7 Wassermann の原論文 [50] では，ホモトピー安定性の代わりに，V から X への写像全体の空間 $C^\infty(V, X)$ とその部分空間としての埋め込み全体の空間 $\mathrm{Emb}(V, X)$ を考え，その上の弱位相についての安定性について記述している．この場合，鍵となる方法は，横断正則性定理を用いることで，そのためには

弱位相やホイットニー位相についての準備が必要となる．本書では，写像空間の位相についての解説は省略しているので，ここでもホモトピー安定性についてのみ考えている．実はこれらの安定性の概念は同値であることが知られている．また，Jänich や Wassermann は焦点集合に関して，$\mathcal{A}$-安定性を考察しているが，ラグランジュ同値との関係から，P-$\mathcal{R}^+$-安定性についても調べることが重要である．

以下の定理は定理 6.1.4 の系として得られる．それは Wassermann [50] による定理のホモトピー安定性による言い換えであり，Jänich [37] の予想に対する肯定的な解答を与えている．

定理 6.1.8 上記と同じ記号のもとで，点 x_0 での初期波面芽 V_0 に対する t_0 における焦点集合が $\mathcal{A}$-普遍焦点集合となるための必要十分条件は点 x_0 で V_0 が t_0 において $\mathcal{A}$-安定焦点集合を生成することである．

同様に，$\mathcal{R}^+$-普遍焦点集合についても以下の定理が定理 6.1.6 の系として得られる．

定理 6.1.9 上記と同じ記号のもとで，点 x_0 での初期波面芽 V_0 に対する t_0 における焦点集合が $\mathcal{R}^+$-普遍焦点集合となるための必要十分条件は点 x_0 で V_0 が t_0 において $\mathcal{R}^+$-安定焦点集合を生成することである．

このとき，以下の定理が成り立つ．

定理 6.1.10 上記と同じ記号と仮定のもとで以下の性質は同値である：
(1) 点 x_0 で V_0 が t_0 において $\mathcal{R}^+$-安定焦点集合を生成する．
(2) 点 x_0 での初期波面芽 V_0 に対する t_0 における焦点集合が $\mathcal{R}^+$-普遍焦点集合となる．
(3) $L(V_0;(t_0,\xi_0),\varepsilon)$ はラグランジュ安定である．
(4) $\mathscr{L}(V_0;(t_0,\xi_0),\varepsilon)$ は s-$S.P^+$-ルジャンドル安定である．

一方,元々 Jänich と Wassermann は $\mathcal{R}^+$-同値の代わりに $\mathcal{A}$-同値について同様なことを考えたので,対応する以下の定理が得られる.

定理 6.1.11 上記と同じ記号と仮定のもとで以下の性質は同値である:
(1) 点 x_0 で V_0 が t_0 において $\mathcal{A}$-安定焦点集合を生成する.
(2) 点 x_0 での初期波面芽 V_0 に対する t_0 における焦点集合が $\mathcal{A}$-普遍焦点集合となる.
(3) $\mathscr{L}(V_0;(t_0,\xi_0),\varepsilon)$ は s-P-ルジャンドル安定である.

定理 6.1.11 では,定理 6.1.10 の (4) に対応する性質は述べられていないが,これは s-P-ルジャンドル同値に対応するラグランジュ部分多様体芽の間の自然な同値関係がわからないことが原因である.しかし,5.2 節でみたように,s-P-ルジャンドル同値は少なくとも瞬間波面族の判別集合芽 $D(W(\mathscr{L}))$ の微分同相型を保存しているので,焦点集合芽やマクスウェル集合芽の微分同相型という重要な情報は保存している.

6.2 ユークリッド空間内の超曲面の平行曲面と縮閉超曲面

この節では,ハミルトン系の特別な場合として,ユークリッド空間内の平行超曲面族を考える.第 1 章で解説したユークリッド平面上の平行曲線族はこの特別な場合である.$\mathbb{R}^n$ を数ベクトル空間として,$x=(x_1,\ldots,x_n)$ と $y=(y_1,\ldots,y_n)\in\mathbb{R}^n$ の標準内積 $x\cdot y=\sum_{i=1}^n x_i y_i$ を考える.ここで,与えられた $n-1$ 個のベクトル $a^{(i)}=(a_1^{(i)},\ldots,a_n^{(i)})$ $(i=1,\ldots,n-1)$ に対して,その**外積**を

$$a^{(1)}\times\cdots\times a^{(n-1)} = \begin{vmatrix} e_1 & \cdots & e_n \\ a_1^{(1)} & \cdots & a_n^{(1)} \\ \vdots & \ddots & \vdots \\ a_1^{(n-1)} & \cdots & a_n^{(n-1)} \end{vmatrix}$$

と定義する.ただし,$\{e_1,\ldots,e_n\}$ は $\mathbb{R}^n$ の標準基底である.定義から $a^{(1)}\times\cdots\times a^{(n-1)}$ は各 $a^{(i)}$ に直交している.

ここで，点 $x \in \mathbb{R}^n$ 上の余接空間 $T_x^*\mathbb{R}^n$ 上に内積が $dx_i \cdot dx_j = \delta_{ij}$ と誘導される．この意味で余接空間 $T_x^*\mathbb{R}^n$ は n 次元ユークリッド空間となる．任意の点 $(x,\xi) \in T^*\mathbb{R}^n$ に対して，この同一視のもとで $\xi \in \mathbb{R}^n \cong T_x^*\mathbb{R}^n$ とする．いま，ハミルトン関数 $H : T^*\mathbb{R}^n \setminus 0 \longrightarrow \mathbb{R}$ を $T_x^*\mathbb{R}^n$ の正準座標系 $(x,\xi) = (x_1,\ldots,x_n,p_1,\ldots,p_n)$ に対して，$H(x,\xi) = \sqrt{\sum_{i=1}^n p_i^2} = \|\xi\|$ と定義する．このとき，

$$\frac{\partial H}{\partial x_i} = 0, \ \frac{\partial H}{\partial p_i} = \frac{p_i}{\sqrt{\sum_{i=1}^n p_i^2}}$$

であり，このハミルトンベクトル場に対応する常微分方程式系は

$$(*) \quad \begin{cases} \dfrac{dx_i}{dt} = \dfrac{p_i}{\sqrt{\sum_{i=1}^n p_i^2}}, \\ \dfrac{dp_i}{dt} = 0 \end{cases}$$

で与えられる．任意の点 $(x,\xi) \in H^{-1}(1) \cong \mathbb{R}^n \times S^{n-1}$ において，初期条件 $x(0) = x$ と $\xi(0) = \xi$ に対して，$(*)$ を解くと

$$x(t) = t\xi + x, \ \xi(t) = \xi$$

が解となる．ゆえに，積分曲線から定まる写像 $\rho : \mathbb{R}_+ \times H^{-1}(1) \longrightarrow H^{-1}(1)$ は $\rho(t,(x,\xi)) = (t\xi + x, \xi)$ である．したがって指数写像は $\exp(t,(x,\xi)) = \pi \circ \rho(t,(x,\xi)) = t\xi + x$ となる．ここで，$V_0 \subset \mathbb{R}^n$ を初期波面とする．すなわち，V_0 は $\mathbb{R}^n$ の超曲面である．そのパラメータ表示を $\boldsymbol{x} : U \longrightarrow \mathbb{R}^n$ とする．言い換えると，$\boldsymbol{x}$ はある開集合 $U \subset \mathbb{R}^{n-1}$ からの埋め込みで，$\boldsymbol{x}(U) = V_0$ を満たすものである．また U の座標を $u = (u_1,\ldots,u_{n-1})$ と表すとき，埋め込みの局所座標表示は $\boldsymbol{x}(u) = (x_1(u),\ldots,x_n(u))$ で与えられるものとする．いま，V_0 上の**単位法線ベクトル場**を

$$\boldsymbol{n}(u) = \frac{\boldsymbol{x}_{u_1}(u) \times \cdots \times \boldsymbol{x}_{u_{n-1}}(u)}{\|\boldsymbol{x}_{u_1}(u) \times \cdots \times \boldsymbol{x}_{u_{n-1}}(u)\|}$$

と定義する．ただし，$\boldsymbol{x}_{u_i}(u) = (\partial \boldsymbol{x}/\partial u_i)(u)$ である．この単位法線ベクトル場により，V_0 上のガウス写像 $G : U \longrightarrow S^{n-1}$ を $G(u) = \boldsymbol{n}(u)$ と定義する．

このガウス写像はよく知られている3次元ユークリッド空間内の曲面の古典的微分幾何学の場合と同様に超曲面の微分幾何学において主要な役割を担う.

ここで, $\mathrm{Ker}\,\xi(\boldsymbol{x}(u)) = T_{\boldsymbol{x}(u)}V_0$ と $H(\boldsymbol{x}(u), \xi(\boldsymbol{x}(u))) = 1$ を満たすような1次微分形式 $(\boldsymbol{x}(u), \xi(\boldsymbol{x}(u))) \in T^*\mathbb{R}^n$ を選ぶ. このことは $\xi(\boldsymbol{x}(u)) = \pm \boldsymbol{n}(u)$ と選べることを意味しているが,必要ならばパラメータを適当に変換することにより $\xi(\boldsymbol{x}(u)) = \boldsymbol{n}(u)$ とできる. さらに,$t \in \mathbb{R}_+$ を固定すると光線写像 $V_0 \longrightarrow V_t$ は $\boldsymbol{x}(u) \mapsto \exp,(t, \xi(\boldsymbol{x}(u))) = \boldsymbol{x}(u) + t\xi(\boldsymbol{x}(u)) = \boldsymbol{x}(u) + t\boldsymbol{n}(u)$ となる. ゆえに

$$V_t = \{\boldsymbol{x}(u) + t\boldsymbol{n}(u) \in \mathbb{R}^n \mid u \in U\}$$

となり,これは,古典的微分幾何学では V_0 の**平行超曲面**と呼ばれる [10, 24, 36]. $n = 2$ の場合が,第1章で解説した平行曲線である. このとき,写像 $(\pi, \exp) : \mathbb{R}_+ \times H^{-1}(1) \longrightarrow \mathbb{R}^n \times \mathbb{R}^n$ は $(\pi, \exp)(t, (x, \xi)) = (x, x+t\xi)$ で与えられるので,$\mathbb{R}^n \times \mathbb{R}^n$ 内のある開集合 W 上への微分同相である. したがって,逆写像 $s : W \longrightarrow \mathbb{R}_+ \times H^{-1}(1)$ と光線距離関数 $\tau(x, v) = \pi_{\mathbb{R}_+} \circ s(x, v)$ が定まる. $s(x, v) = (t, (x, \xi))$ とすると,$v = x + t\xi$ となり,ゆえに $t = \|x - v\|$ である. この事実は,$\tau(x, v) = \|x - v\|$ であることを意味する. このことから,ユークリッド空間としての V_0 上の**距離関数** $F : U \times \mathbb{R}^n \longrightarrow \mathbb{R}$ が自然に $F(u, v) = \|\boldsymbol{x}(u) - v\| = \tau(\boldsymbol{x}(u), v)$ と定義される. さらに**拡張された距離関数**を $\overline{F}(u, v, t) = F(u, v) - t$ と定義すると,グラフ型モース超曲面族となり,その判別集合 $D_{\overline{F}}$ は瞬間波面族として平行超曲面族 $\{V_t\}_{t \in \mathbb{R}_+}$ をもつグラフ型大波面である.

一方,距離関数の代わりに $D(u, v) = \|\boldsymbol{x}(u) - v\|^2 = (\boldsymbol{x}(u) - v) \cdot (\boldsymbol{x}(u) - v)$ と定義される**距離2乗関数** $D : U \times \mathbb{R}^n \longrightarrow \mathbb{R}$ を考えると,計算が距離関数より簡単になるばかりか,距離関数では v が V_0 にある場合,一般にそこで微分可能とは限らないが,距離2乗関数ではどの点でも微分可能となるという利点がある. 実際,特異点論の古典的微分幾何学への応用では,通常,距離関数ではなく,距離2乗関数が使われる [24, 36].

ここで,ユークリッド空間内の超曲面の微分幾何学について,簡単に復習する. 以後,超曲面を V_0 の代わりに M で表し,そのパラメータ表示を $\boldsymbol{x} : U \to \mathbb{R}^n$ とする. 言い換えると $\boldsymbol{x}$ はある開集合 $U \subset \mathbb{R}^{n-1}$ からの埋め込

みで $M = \boldsymbol{x}(U)$ を満たすものである．しばしば，M と U は埋め込み $\boldsymbol{x}$ を通して同一視される．超曲面 M の点 $p = \boldsymbol{x}(u)$ における接空間は

$$T_pM = \langle \boldsymbol{x}_{u_1}(u), \boldsymbol{x}_{u_2}(u), \ldots, \boldsymbol{x}_{u_{n-1}}(u) \rangle_\mathbb{R}$$

となる．すでに定義したように，M 上の単位法線ベクトル場 $\boldsymbol{n}(u)$ と対応するガウス写像 $G : U \longrightarrow S^{n-1}$ が定まる．このとき，点 $p = \boldsymbol{x}(u) \in M$ における，ガウス写像の微分写像 $dG(u)$ は M と $\boldsymbol{x}(U)$ の同一視のもとで，線形写像 $T_pM \longrightarrow T_{\boldsymbol{n}(u)}S^{n-1}$ を与える．ここで，T_pM のベクトルはその点における単位法線ベクトル $\boldsymbol{n}(u)$ と直交している．一方，単位超球面 S^{n-1} 上の点 $\boldsymbol{n}(u)$ における S^{n-1} の接ベクトルはその点の位置ベクトルとしての $\boldsymbol{n}(u)$ に直交したベクトル全体なので，この意味で $T_pM = T_{\boldsymbol{n}(u)}S^{n-1}$ が成り立つ．すなわちガウス写像の微分写像は T_pM 上の線形変換であると解釈できる．その意味で，$M = \boldsymbol{x}(U)$ の点 $p = \boldsymbol{x}(u)$ における**型作用素**（または，**ワインガルテン写像**）を $S_p = -dG(u) : T_pM \longrightarrow T_pM$ と定義する．型作用素 S_p は T_pM 上の線形変換なので，その固有値が定まる．この場合，すべての固有値が実数であることが知られており，その一つを $\kappa_p = \kappa(u)$ と書き，点 $p = \boldsymbol{x}(u)$ における M の**主曲率**と呼ぶ．M の次元は $n-1$ なので，一般に任意の点で主曲率は重複を許すと $n-1$ 個存在する．定義から κ_p が主曲率（の一つ）であることは $\det(S_p - \kappa_p I) = 0$ が成立することである．このとき，点 $p = \boldsymbol{x}(u)$ における $M = \boldsymbol{x}(U)$ の**ガウス・クロネッカー曲率**は $K(u) = \det S_p$ と定義される．言い換えると，$K(u)$ はその点における，重複を許した $n-1$ 個の主曲率の積である．

一方，$\{\boldsymbol{x}_{u_1}, \ldots, \boldsymbol{x}_{u_{n-1}}\}$ は一次独立なので，$M = \boldsymbol{x}(U)$ 上の誘導されたリーマン曲率（**第一基本形式**）$ds^2 = \sum_{i=1}^{n-1} g_{ij} du_i du_j$ が任意の $u \in U$ に対して $g_{ij}(u) = \boldsymbol{x}_{u_i}(u) \cdot \boldsymbol{x}_{u_j}(u)$ と定義される．このとき，$g_{ij}(u)$ を**第一基本量**と呼ぶ．さらに**第二基本量**が，任意の $u \in U$ に対して $h_{ij}(u) = -\boldsymbol{n}_{u_i}(u) \cdot \boldsymbol{x}_{u_j}(u)$ と定義される．

命題 6.2.1 このとき，以下の**ワインガルテンの公式**

6.2 ユークリッド空間内の超曲面の平行曲面と縮閉超曲面

$$\bm{n}_{u_i}(u) = -\sum_{j=1}^{n-1} h_i^j(u)\bm{x}_{u_j}(u)$$

が成り立つ. ただし, $(h_i^j(u)) = (h_{ik}(u))(g^{kj}(u))$ かつ $(g^{kj}(u)) = (g_{kj}(u))^{-1}$ とする.

証明 $\{\bm{x}_{u_1}(u), \ldots, \bm{x}_{u_{n-1}}(u), \bm{n}(u)\}$ が各点 $u \in U$ でベクトル空間 $\mathbb{R}^n$ の基底なので,

$$\bm{n}_{u_i}(u) = \sum_{j=1}^{n-1} \alpha_i^j(u)\bm{x}_{u_j}(u) + \beta(u)\bm{n}(u)$$

と書き表される. ここで, $\bm{n}(u) \cdot \bm{n}(u) = 1$ なので, 両辺を u_i で偏微分することにより, $\bm{n}(u) \cdot \bm{n}_{u_i}(u) = 0$ を得る. また, $\bm{x}_{u_i}(u) \cdot \bm{n}(u) = 0$ も成り立ち, したがって, $\beta(u) = 0$ である. さらに, 両辺と $\bm{x}_{u_k}(u)$ との内積をとると,

$$\begin{aligned} -h_{ik}(u) &= \bm{n}_{u_i}(u) \cdot \bm{x}_{u_k}(u) \\ &= \sum_{j=1}^{n-1} \alpha_i^j(u)(\bm{x}_{u_j}(u) \cdot \bm{x}_{u_k}(u)) = \sum_{j=1}^{n-1} \alpha_i^j(u) g_{jk}(u) \end{aligned}$$

が任意の $1 \leq i, k \leq n$ に対して成り立つ. $(g_{jk}(u))$ は正則行列なので, 上の式を行列の等式とみたときの両辺にその逆行列を掛けると, $(\alpha_i^j(u)) = (h_{ik}(u))(g^{kj}(u))$ となり, ワインガルテンの公式が得られる. □

ワインガルテンの公式の意味は, T_uU の標準的基底 $\{\partial/\partial u_1, \ldots, \partial/\partial u_{n-1}\}$ に対応する, T_pM の基底が $\{\bm{x}_{u_1}(u), \ldots, \bm{x}_{u_{n-1}}(u)\}$ なので, その基底に対するワインガルテン写像の行列表現を与えるものと理解できる. したがって, 主曲率やガウス・クロネッカー曲率などの計算には, このワインガルテンの公式を用いる. 実際ガウス・クロネッカー曲率は

$$K(u) = \frac{\det(h_{ij}(u))}{\det(g_{\alpha\beta}(u))}$$

となることがわかる.

ここで, 点 $p = \bm{x}(u) \in M$ が**臍点**であるとは $S_p = k_p 1_{T_pM}$ が成り立つことと定義する. さらに M が**全臍的**であるとはすべての点が臍点であることと定義する. このとき, 以下の定理はよく知られている [36].

命題6.2.2 連結な超曲面 $M = \boldsymbol{x}(U)$ が全臍的であると仮定する．このとき，κ_p は p に依存せずに定数 $\kappa \in \mathbb{R}$ であり，M は以下の2種類に分類される：
1) $\kappa \neq 0$ のとき，M はある超球面の一部である，
2) $\kappa = 0$ のとき，M はある超平面の一部である．

証明 ワインガルテンの公式から，$-\boldsymbol{n}_{u_i}(u) = \kappa(u)\boldsymbol{x}_{u_i}(u)$ が成り立つ．この式の両辺を u_j で偏微分すると，

$$-\boldsymbol{n}_{u_i u_j}(u) = \kappa_{u_j}\boldsymbol{x}_{u_i}(u) + \kappa(u)\boldsymbol{x}_{u_i u_j}(u)$$

となり，$\boldsymbol{x}_{u_i u_j}(u) = \boldsymbol{x}_{u_j u_i}(u)$，$\boldsymbol{n}_{u_i u_j}(u) = \boldsymbol{n}_{u_j u_i}(u)$ から

$$\kappa_{u_j}\boldsymbol{x}_{u_i}(u) = \kappa_{u_i}\boldsymbol{x}_{u_j}(u)$$

が成り立つ．$\{\boldsymbol{x}_{u_1},\ldots,\boldsymbol{x}_{u_{n-1}}\}$ は1次独立なので，$\kappa_{u_i}(u) = 0$ が任意の $i = 1,\ldots,n-1$ と $u \in U$ に対して成り立つ．したがって $\kappa(u) = \kappa$ は定数である．いま，$\kappa = 0$ とすると，ワインガルテンの公式の意味するところは，$\boldsymbol{n}(u) = \boldsymbol{n}$ が定ベクトルであるということである．したがって，$\boldsymbol{x}_{u_i}(u) \cdot \boldsymbol{n} = \boldsymbol{x}_{u_i}(u) \cdot \boldsymbol{n}(u) = 0$ となり，ある実数 $c \in \mathbb{R}$ が存在して，$\boldsymbol{x}(u) \cdot \boldsymbol{n} = c$ となる．このことは，$M = \boldsymbol{x}(U)$ が方程式 $\boldsymbol{x} \cdot \boldsymbol{n} = c$ で定義される超平面の一部であることを意味している．次に $\kappa \neq 0$ と仮定する．このとき，

$$\boldsymbol{e}(u) = \boldsymbol{x}(u) + \frac{1}{\kappa}\boldsymbol{n}(u)$$

とおくと，ワインガルテンの公式から $\boldsymbol{e}_{u_i}(u) = \boldsymbol{0}$ が任意の $u \in U$ で成り立ち，$\boldsymbol{e}(u) = \boldsymbol{e}$ は定ベクトルとなることがわかる．したがって，

$$\|\boldsymbol{x}(u) - \boldsymbol{e}\|^2 = \frac{1}{\kappa^2}$$

を満たす．このことは $M = \boldsymbol{x}(U)$ が半径 $1/|\kappa|$ で中心が $\boldsymbol{e}$ の球面の一部であることを意味する． □

ユークリッド空間の部分多様体に関する微分幾何学では，一般に全臍的超曲面がモデル超曲面と考えられ，部分多様体がどの程度モデル超曲面と近いかま

たは遠いかを測る不変量として，様々な「曲率」が導入され，その性質が研究される．ここでは，超曲面に対して，主曲率やガウス・クロネッカー曲率が考えられる．

M 上の点 $p = \bm{x}(u)$ が任意の $1 \leq i, j \leq n-1$ に対して，$h_{ij}(u) = 0$ を満たすときその点を**平坦点**と呼ぶ．言い換えると $p = \bm{x}(u)$ が平坦点であるとは，その点が臍点であり，かつ主曲率が零であることを意味する．さらに，M 上の点 $p = \bm{x}(u) \in M$ が**放物点**であるとはその点でのガウス・クロネッカー曲率が零，すなわち $K(u) = 0$ を満たすことと定義する．定義から，平坦点は放物点の特別な場合である．

ところで，平面曲線の場合，その曲率が零でない定数のときは，命題 6.2.2 において $n = 2$ とすると，その曲線は円の一部であることがわかり，その中心は曲線から曲率の逆数だけ移動した平行曲線（この場合は一点に縮退している）である．したがって，平面曲線のモデル曲線を円とした場合，曲線上の与えられた点でその曲線をもっともよく近似する円は，曲線のその点での曲率の逆数を半径として曲線に接する円（**曲率円**）である．平面曲線の縮閉線はその曲率円の中心の軌跡として定義されていた．この考え方を超曲面の場合に当てはめ，超曲面 $M = \bm{x}(U)$ の**縮閉超曲面**を

$$\mathrm{Ev}_M = \left\{ \bm{x}(u) + \frac{1}{\kappa(u)} \bm{n}(u) \,\bigg|\, \kappa(u) : \text{点 } p = \bm{x}(u) \text{ における主曲率の一つ} \right\}$$

と定義する．ここで，各点 $p = \bm{x}(u)$ における主曲率は重複を込めて $n-1$ 個あるので，Ev_M は一般に最大 $n-1$ 個の成分のパラメータ表示された（特異点を許す）超曲面の和集合として表される．その一つの成分を表すため，U 上の主曲率関数 $\kappa(u)$ を一つ固定して，写像 $\varepsilon_\kappa : U \setminus \kappa^{-1}(0) \longrightarrow \mathbb{R}^n$ を

$$\varepsilon_\kappa(u) = \bm{x}(u) + \frac{1}{\kappa(u)} \bm{e}(u)$$

と定義する．また，任意の実数 $r \in \mathbb{R}$ に対して $M = \bm{x}(U)$ の**平行超曲面** $\bm{p}_{M,r} : U \longrightarrow \mathbb{R}^n$ を

$$\bm{p}_{M,r}(u) = \bm{x}(u) + r\bm{n}(u)$$

と定義する．このとき以下の命題が成り立つ．

命題 6.2.3 $M = \boldsymbol{x}(U)$ を $\mathbb{R}^n$ 内の正則超曲面として，M 上には放物点が存在しないと仮定する．このとき，以下の条件は同値である：

(1) M は $\kappa \neq 0$ の全臍的超曲面，
(2) M の縮閉超曲面 Ev_M は $\mathbb{R}^n$ の点である，
(3) M はある超球面の一部分である．

証明 命題 6.2.2 から (1) と (3) は同値である．(1) を仮定すると，命題 6.2.2 から主曲率関数 $\kappa(u)$ は定数 κ である．このとき，縮閉超曲面は定義から

$$\boldsymbol{\varepsilon}_\kappa(u) = \boldsymbol{x}(u) + \frac{1}{\kappa}\boldsymbol{n}(u)$$

と径数表示される．ゆえに，ワインガルテンの公式から

$$(\boldsymbol{\varepsilon}_\kappa)_{u_i}(u) = \boldsymbol{x}_{u_i}(u) + \frac{1}{\kappa}\boldsymbol{n}_{u_i}(u) = \boldsymbol{x}_{u_i}(u) - \boldsymbol{x}_{u_i}(u) = \boldsymbol{0}$$

となり，M の縮閉長曲面 Ev_M は $\mathbb{R}^n$ の点である．ゆえに (1) ならば (2) が示された．(2) を仮定する．このとき，$\kappa_i(u)$ $(i = 1, \ldots, n-1)$ を点 $p = \boldsymbol{x}(u)$ における主曲率とすると，任意の i, j に対して，

$$\boldsymbol{x}(u) + \frac{1}{\kappa_i(u)}\boldsymbol{n}(u) = \boldsymbol{x}(u) + \frac{1}{\kappa_j(u)}\boldsymbol{n}(u)$$

が成り立つ．このことは $\kappa_i(u) = \kappa_j(u)$ を意味しており，$M = \boldsymbol{x}(U)$ は全臍的で $\kappa \neq 0$ である．したがって，(2) ならば (1) が示された． □

距離 2 乗関数と平行超曲面や縮閉超曲面の間には以下の関係がある．

命題 6.2.4 $M = \boldsymbol{x}(U)$ を超曲面とする．このとき，$(\partial D/\partial u_i)(u, v) = 0$ $(i = 1, \ldots, n-1)$ が成り立つための必要十分条件は $v = \boldsymbol{x}(u) + \lambda \boldsymbol{n}(u)$ を満たす実数 $\lambda \in \mathbb{R}$ が存在することである．

証明 定義から

$$\frac{\partial D}{\partial u_i}(u, v) = 2(\boldsymbol{x}(u) - v) \cdot \boldsymbol{x}_{u_i}(u)$$

なので，任意の $i = 1, \ldots, n-1$ に対して $(\partial D/\partial u_i)(u, v) = 0$ を満たす必要十分条件は $v - \boldsymbol{x}(u)$ がその点での単位法線ベクトル $\boldsymbol{n}(u)$ に平行ということ

6.2 ユークリッド空間内の超曲面の平行曲面と縮閉超曲面

である.言い換えると,$v = \boldsymbol{x}(u) + \lambda \boldsymbol{n}(u)$ を満たす実数 $\lambda \in \mathbb{R}$ が存在することである. □

ここで,D を $\mathbb{R}^n$ をパラメータとみた開折とみなすと,命題 6.2.4 はそのカタストロフ集合が

$$C(D) = \left\{(u,v) \in U \times \mathbb{R}^n \,\middle|\, v = \boldsymbol{x}(u) + \lambda \boldsymbol{n}(u), \lambda \in \mathbb{R}\right\}$$

となることを主張している.さらに,$(u,v) = (u, \boldsymbol{x}(u) + \lambda \boldsymbol{n}(u)) \in C(D)$ に対して,

$$\frac{\partial^2 D}{\partial u_i \partial u_j}(u,v) = 2\boldsymbol{x}_{u_i u_j}(u) \cdot (\boldsymbol{x}(u) - v) + \boldsymbol{x}_{u_j}(u) \cdot (\boldsymbol{x}_{u_j}(u))$$
$$= 2(-\lambda h_{ij}(u) + g_{ij}(u))$$

なので,以下の命題が成り立つ.

命題 6.2.5 $(u,v) = (u, \boldsymbol{x}(u) + \lambda \boldsymbol{n}(u)) \in C(D)$ に対して,

$$\det\left(\frac{\partial^2 D}{\partial u_i \partial u_j}(u,v)\right) = 0$$

であるための必要十分条件は,ある主曲率 $\kappa(u)$ によって $\lambda = 1/\kappa(u)$ となることである.

証明 上の計算式から,

$$\det\left(\frac{\partial^2 D}{\partial u_i \partial u_j}(u,v)\right) = 0$$

となるのは $\det(\lambda(h_{ij}(u)) - (g_{ij}(u))) = O$ が成り立つことと同値である.したがって,$\lambda \neq 0$ であり,両辺に $\det(g^{ij})$ と $1/\lambda^{n-1}$ を掛けると

$$\det\left((h^i_j(u)) - \frac{1}{\lambda}I\right) = 0$$

となる.したがって,$1/\lambda$ は $(h^i_j(u))$ の固有値としての,ある主曲率 $\kappa(u)$ に一致する.逆も明らかに成り立つ. □

命題 6.2.5 を開折のことばで解釈すると,距離 2 乗関数 D の分岐集合 $\mathcal{B}_D$ が $M = \boldsymbol{x}(U)$ の縮閉超曲面に一致するということである.すなわち,

$$\mathcal{B}_D = \mathrm{Ev}_M$$

が成り立つ.さらに,距離 2 乗関数は以下の重要な性質をもつ.

命題 6.2.6 超曲面 $M = \boldsymbol{x}(U)$ 上の距離 2 乗関数 $D : U \times \mathbb{R}^n \longrightarrow \mathbb{R}$ はモース関数族である.

証明 任意の $v = (v_1, \ldots, v_n) \in \mathbb{R}^n$ に対して,$\boldsymbol{x}(u) = (x_1(u), \ldots, x_n(u))$ という成分表示のもとで $D(u,v) = \sum_{i=1}^n (x_i(u) - v_i)^2$ と表される.写像

$$\Delta D = \left(\frac{\partial D}{\partial u_1}, \ldots, \frac{\partial D}{\partial u_{n-1}} \right)$$

が任意の点で正則であることを示す.$A_{ij} = 2(\boldsymbol{x}_{u_i u_j}(u) \cdot (\boldsymbol{x}(u) - \boldsymbol{v}) + \boldsymbol{x}_{u_i}(u) \cdot \boldsymbol{x}_{u_j}(u))$ とおくと,ΔD のヤコビ行列は

$$\begin{pmatrix} A_{11} & \cdots & A_{1(n-1)} & -2x_{1u_1}(u) & \cdots & -2x_{nu_1}(u) \\ \vdots & \vdots & \vdots & \vdots & \vdots & \vdots \\ A_{(n-1)1} & \cdots & A_{(n-1)(n-1)} & -2x_{1u_{n-1}}(u) & \cdots & -2x_{nu_{n-1}}(u) \end{pmatrix}$$

と書かれる.$\boldsymbol{x} : U \longrightarrow \mathbb{R}^n$ は埋め込みなので行列

$$X = \begin{pmatrix} 2x_{1u_1}(u) & \cdots & -2x_{nu_1}(u) \\ \vdots & \vdots & \vdots \\ 2x_{1u_{n-1}}(u) & \cdots & -2x_{nu_{n-1}}(u) \end{pmatrix}$$

の階数は任意の点 $u \in U$ において $n-1$ である.したがって ΔD のヤコビ行列の階数も任意の点で $n-1$ となり,ΔD は正則写像である. □

$M = \boldsymbol{x}(U)$ 上の距離 2 乗関数 D がモース関数族であることがわかったので,D を母関数族とする $T^*\mathbb{R}^n \cong \mathbb{R}^n \times (\mathbb{R}^n)^*$ 内のラグランジュ部分多様体が構成できる.実際,写像 $L(D) : C(D) \longrightarrow T^*\mathbb{R}^n$ を $v = (v_1, \ldots, v_n) \in \mathbb{R}^n$ と $u \in U$ に対して

$$L(D)(u,v) = (v, -2(x_1(u) - v_1), \ldots, -2(x_n(u) - v_n))$$

6.2 ユークリッド空間内の超曲面の平行曲面と縮閉超曲面

と定めると,はめ込みとなり,その像は(はめ込まれた)ラグランジュ部分多様体となる.

一方,$M = \boldsymbol{x}(U)$ 上の拡張された距離 2 乗関数 $\overline{D} : U \times (\mathbb{R}^n \times \mathbb{R}) \longrightarrow \mathbb{R}$ を

$$\overline{D}(u,(v,r)) = D(u,v) - r = \|\boldsymbol{x}(u) - v\|^2 - r$$

と定義すると,命題 5.3.4 と命題 6.2.6 から,$\overline{D}$ はグラフ型モース超曲面族となる.このとき,はめ込み $\mathfrak{L}_D : C(D) \longrightarrow J^1_{GA}(\mathbb{R}^n, \mathbb{R})$ が

$$\mathfrak{L}_D(u,v) = (\boldsymbol{v}, D(u,v), -2(x_1(u) - v_1), \ldots, -2(x_n(u) - v_n))$$

と定義され,その像が(はめ込まれた)グラフ型ルジャンドル開折となる.ラグランジュ特異点論の一般論から,$L(D)$ に対応する焦点集合 $C_{L(D)(C(D))}$ は D の分岐集合 $\mathcal{B}_D$ なので,

$$C_{L(D)(C(D))} = \mathcal{B}_D = \mathrm{Ev}_M$$

が得られる.さらに,グラフ型ルジャンドル開折 $\mathfrak{L}_D(C(D))$ の任意の $r \in \mathbb{R}$ における瞬間波面は,$M = \boldsymbol{x}(U)$ からの距離がちょうど $|r|$ の平行超曲面 $p_{M,r}(U)$ である.

ここで $n = 2$ の場合,M は正則曲線なので,開区間 I 上でパラメータ表示された単位速度曲線 $\boldsymbol{\gamma} : I \longrightarrow \mathbb{R}^2$ と考えられる.第 1 章でみたように,単位接ベクトル $\boldsymbol{t}(s) = \boldsymbol{\gamma}'(s)$ と単位法線ベクトル $\boldsymbol{n}(s)$ による曲線 $\boldsymbol{\gamma}$ に沿ったフルネ枠 $\{\boldsymbol{t}(s), \boldsymbol{n}(s)\}$ が得られ,フルネの公式

$$\begin{cases} \boldsymbol{t}'(s) = \kappa(s)\boldsymbol{n}(s), \\ \boldsymbol{n}'(s) = -\kappa(s)\boldsymbol{t}(s) \end{cases}$$

が成立する.この場合,平行超曲面は平行曲線で

$$\boldsymbol{P}_{\gamma,r}(s) = \boldsymbol{\gamma}(s) + r\boldsymbol{n}(s)$$

とパラメータ表示される.さらに縮閉超曲面も縮閉線で

$$\boldsymbol{\varepsilon}_\gamma(s) = \boldsymbol{\gamma}(s) + \frac{1}{\kappa(s)}\boldsymbol{n}(s)$$

とパラメータ表示される．これらは，第1章で与えた定義に一致している．第1章で観察したように，楕円や放物線の縮閉線は曲線の頂点に対応して $3/2$ カスプ曲線が現れるが，これは，第4章で解説したラグランジュ特異点の分類において，2次元空間上に現れる安定な焦点集合は直線（正則な場合）か $3/2$ カスプに微分同相であるという事実に対応している．

7

様々な1階微分方程式の幾何学的解と波面の伝播

　前章では,ハミルトン系から定まる波面の伝播と焦点集合の一般論と,その特別な場合として,古典的微分幾何に現れる平行超曲面や縮閉超曲面について解説した.本章では,様々な1階微分方程式の解とその特異性が波面の伝播理論から解釈できることを解説する.ただし,ここでも詳しい証明は省略するので,証明を知りたい読者には原論文を読むことを勧める.

7.1　1階常微分方程式の完全解の分岐

　この節では,一階の陰関数型常微分方程式

$$F\left(x, y, \frac{dy}{dx}\right) = 0$$

について考える.この型の常微分方程式は,$p = dy/dx$と考えることにより,1ジェット空間$J^1(\mathbb{R}, \mathbb{R})$における,方程式$F(x, y, p) = 0$が定める曲面であると解釈される.ここで,$(x, y, p)$は$J^1(\mathbb{R}, \mathbb{R})$の標準座標で,その上の標準接触構造が1次微分形式$\theta = dy - pdx$で定められているとする.話を単純化するため,この曲面は正則曲面であると仮定する.すなわち,Fは可微分関数で,任意の$(x, y, p) \in F^{-1}(0)$に対して,$\mathrm{grad}\, F(x, y, p) \neq 0$を満たすものとする.ここでは,この方程式の局所的な性質を考える.陰関数定理か

ら，正則曲面は局所的にはパラメータ表示をもつので，はめ込み芽の像であるとする．すなわち，**常微分方程式芽**とははめ込み芽 $f\colon(\mathbb{R}^2,0)\longrightarrow J^1(\mathbb{R},\mathbb{R})$ のことであると定義する．さらに，常微分方程式芽 $f\colon(\mathbb{R}^2,0)\longrightarrow J^1(\mathbb{R},\mathbb{R})$ が**完全積分可能**であるとは，しずめ込み芽 $\mu\colon(\mathbb{R}^2,0)\longrightarrow(\mathbb{R},0)$ が存在して $f^*\theta\in\langle d\mu\rangle_{\mathcal{E}_2}$ を満たすことと定義する．このとき，ただ一つの $h\in\mathcal{E}_2$ が存在して $f^*\theta=hd\mu$ を満たすことがわかる．また，μ は f の**完全積分**と呼ばれる．ここでは，点変換という同値関係での分類について解説する．二つの常微分方程式芽 $f,g\colon(\mathbb{R}^2,0)\longrightarrow J^1(\mathbb{R},\mathbb{R})\subset PT^*(\mathbb{R}\times\mathbb{R})$ が**微分方程式として同値**であるとは，微分同相芽 $\psi\colon(\mathbb{R}^2,0)\longrightarrow(\mathbb{R}^2,0)$ と $\Phi\colon(\mathbb{R}\times\mathbb{R},0)\longrightarrow(\mathbb{R}\times\mathbb{R},0)$ で $\widetilde{\Phi}\circ f=g\circ\psi$ を満たすものが存在することと定義する．ここで，$\widetilde{\Phi}\colon PT^*(\mathbb{R}\times\mathbb{R})\longrightarrow PT^*(\mathbb{R}\times\mathbb{R})$ は Φ のルジャンドルリフト写像である．このような同値関係を与える写像 $\widetilde{\Phi}$ はルジャンドル特異点論の文脈ではルジャンドル同値写像と呼ばれたが，伝統的な言い方では**点変換**と呼ばれる．これは，$PT^*(\mathbb{R}\times\mathbb{R})$ 上の接触微分同相は，接触要素の変換を与える事実に対応して，ルジャンドル同値写像は基底空間 $\mathbb{R}\times\mathbb{R}$ の点の変換（微分同相）からただ一つ誘導されるものであるということに由来している．

論文 [14] では，上記の同値関係に関して，完全積分可能な常微分方程式芽の分類の研究をしているが，ここではその結果の概要と波面の伝播理論との関係について解説する．証明は与えないので，詳しい証明や定義などに興味をもった読者には原論文を読むことを勧める．$J^1(\mathbb{R},\mathbb{R})$ の標準座標 (x,y,p) での f の成分を，$(u_1,u_2)\in U$ に対して $f(u_1,u_2)=(x(u_1,u_2),y(u_1,u_2),p(u_1,u_2))$ と表す．f の完全積分 $\mu\colon(\mathbb{R}^2,0)\longrightarrow\mathbb{R}$ が存在すると仮定するとき，はめ込み芽 $\ell_{(\mu,f)}\colon(\mathbb{R}^2,0)\longrightarrow J^1(\mathbb{R}\times\mathbb{R},\mathbb{R})$ を

$$\ell_{(\mu,f)}(u_1,u_2)=(\mu(u_1,u_2),x(u_1,u_2),y(u_1,u_2),h(u_1,u_2),p(u_1,u_2))$$

と定める．このとき，1ジェット空間 $J^1(\mathbb{R}\times\mathbb{R},\mathbb{R})$ の標準座標 (t,x,y,q,p) に対して，標準的接触形式 $\Theta=dy-pdx-qdt$ を考えると，$\ell^*_{(\mu,f)}\Theta=0$ が成り立つので，$\ell_{(\mu,f)}$ の像は $J^1(\mathbb{R}\times\mathbb{R},\mathbb{R})$ のルジャンドル部分多様体芽である．ここで，成分 t を時間パラメータと考えると，接触構造は標準接触形式 $\Theta=dy-pdx-qdt$ で定まっているので，1ジェット空間 $J^1(\mathbb{R}\times\mathbb{R},\mathbb{R})$ は射影余接束 $PT^*(\mathbb{R}\times\mathbb{R}\times\mathbb{R})$ の一つのアフィン座標系であるが，グラフ型

アファイン座標系 $J^1_{AG}(\mathbb{R}\times\mathbb{R},\mathbb{R}) \subset PT^*(\mathbb{R}\times\mathbb{R}\times\mathbb{R})$ ではないことに注意する. 上記から写像芽の発散図式

$$\mathbb{R} \xleftarrow{\pi_1\circ\overline{\pi}\circ\ell_{(\mu,f)}} (\mathbb{R}^2,0) \xrightarrow{\pi_2\circ\overline{\pi}\circ\ell_{(\mu,f)}} (\mathbb{R}\times\mathbb{R},0)$$

が対応する. ただし, $\overline{\pi}: J^1(\mathbb{R}\times\mathbb{R},\mathbb{R}) \longrightarrow \mathbb{R}\times\mathbb{R}\times\mathbb{R}$ は $\overline{\pi}(t,x,y,q,p) = (t,x,y)$, $\pi_1: (\mathbb{R}\times\mathbb{R}\times\mathbb{R},0) \longrightarrow \mathbb{R}$ は $\pi_1(t,x,y) = t$, さらに $\pi_2: (\mathbb{R}\times\mathbb{R}\times\mathbb{R},0) \longrightarrow \mathbb{R}\times\mathbb{R}$ は $\pi_2(t,x,y) = (x,y)$ と定義される. 実際, $\pi_1\circ\overline{\pi}\circ\ell_{(\mu,f)} = \mu$ かつ $\pi_2\circ\overline{\pi}\circ\ell_{(\mu,f)} = \widehat{\pi}\circ f$ が成り立つ. ただし, $\widehat{\pi}: J^1(\mathbb{R},\mathbb{R}) \longrightarrow \mathbb{R}\times\mathbb{R}$ は射影 $\widehat{\pi}(x,y,p) = (x,y)$ である. ここで, 完全積分可能常微分方程式は大ルジャンドル部分多様体で $\pi_1\circ\overline{\pi}$ のその上への制限写像が正則であるものと同一視される. さらに,

$$\mathbb{R} \xleftarrow{\mu} (\mathbb{R}^2,0) \xrightarrow{g} (\mathbb{R}\times\mathbb{R},0)$$

によって与えられる写像芽の発散図式 (μ,g) が**積分図式**であるとは, 写像芽 $f:(\mathbb{R}^2,0) \longrightarrow J^1(\mathbb{R},\mathbb{R})$ と f の完全積分 $\mu:(\mathbb{R}^2,0) \longrightarrow \mathbb{R}$ が存在して $g = \widehat{\pi}\circ f$ を満たすことと定義する. 文献 [14] では, 以下の命題が証明された.

命題 7.1.1 f_i $(i=1,2)$ を完全積分 μ_i をもつ完全積分可能常微分方程式芽とし, 対応する積分図式を (μ_i, g_i) とする. 対応する大ルジャンドル部分多様体芽 $\ell_{(\mu_i,f_i)}(\mathbb{R}^2)$ $(i=1,2)$ のルジャンドル特異点集合がいたるところ非稠密であると仮定する. このとき, 以下の条件は同値である:
(1) f_1, f_2 は微分方程式として同値.
(2) $\Phi(t,x,y) = (\phi_1(t), \phi_2(x,y), \phi_3(x,y))$ という形の微分同相芽 $\Phi:(\mathbb{R}\times\mathbb{R}\times\mathbb{R},0) \longrightarrow (\mathbb{R}\times\mathbb{R}\times\mathbb{R},0)$ が存在して $\widehat{\Phi}(\ell_{(\mu_1,f_1)}(\mathbb{R}^2)) = \ell_{(\mu_2,f_2)}(\mathbb{R}^2)$ を満たす.
(3) 微分同相芽 $\phi:(\mathbb{R},0) \longrightarrow (\mathbb{R},0)$, $\Phi:(\mathbb{R}^2,0) \longrightarrow (\mathbb{R}^2,0)$ と $\Psi:(\mathbb{R}\times\mathbb{R},0) \longrightarrow (\mathbb{R}\times\mathbb{R},0)$ が存在して, $\phi\circ\mu_1 = \mu_2\circ\Phi$ かつ $\Psi\circ g_1 = g_2\circ\Phi$ を満たす.

命題 7.1.1 の (3) を満たすとき二つの積分図式 (μ_1, g_1) と (μ_2, g_2) は**積分図式として同値**であると定義する. 命題 7.1.1 は対応する大ルジャンドル部分多

様体芽が5.2節で導入した (s,t)-ルジャンドル同値と積分図式が同値であることが必要十分条件であることを示している.しかし,積分図式は発散図式なので,この分類はほとんど不可能であることが知られている.そこで,命題7.1.1の(3)において $\phi = 1_{\mathbb{R}}$ が成り立つとき,(μ_1, g_1) と (μ_2, g_2) は**積分図式として狭義の同値**であると定義する.この同値関係は,対応する大ルジャンドル多様体芽 $\ell_{(\mu, f)}(\mathbb{R}^2)$ に対する s-$S.P$-ルジャンドル同値に対応している.微分方程式としての同値関係で分類するのが,本来の目的ではあるが,その分類はこのようにほとんど不可能なので,[14] ではより強い同値関係である s-$S.P$-ルジャンドル同値で分類している.論文 [14] で用いた証明方法は若干複雑で難しかったが,[17] では,代わりに s-$S.P^+$-ルジャンドル同値が使われている.5.2節で指摘したように $\ell_{(\mu, f)}(\mathbb{R}^2)$ を s-$S.P^+$-ルジャンドル同値で分類すると,自動的に積分図式の狭い意味での同値関係による分類が得られる.その分類表は以下によって与えられる [14, 17].

定理 7.1.2 完全積分 $\mu: (\mathbb{R}^2, 0) \longrightarrow \mathbb{R}$ をもつ完全積分可能常微分方程式 $f: (\mathbb{R}^2, 0) \longrightarrow J^1(\mathbb{R}, \mathbb{R})$ の対応する大ルジャンドル多様体芽 $\ell_{(\mu, f)}(\mathbb{R}^2)$ が s-$S.P^+$-ルジャンドル安定であると仮定する.このとき,対応する積分図式 (μ, g) は以下の積分図式のいずれかに狭い意味での同値である:

(1) $\mu = u_2$, $g = (u_1, u_2)$,

(2) $\mu = \dfrac{2}{3} u_1^3 + u_2$, $g = (u_1^2, u_2)$,

(3) $\mu = u_2 - \dfrac{1}{2} u_1$, $g = (u_1, u_2^2)$,

(4) $\mu = \dfrac{3}{4} u_1^4 + \dfrac{1}{2} u_1^2 u_2 + u_2 + \alpha \circ g$, $g = (u_1^3 + u_2 u_1, u_2)$,

(5) $\mu = u_2 + \alpha \circ g$, $g = (u_1, u_2^3 + u_1 u_2)$,

(6) $\mu = -3u_2^2 + 4u_1 u_2 + u_1 + \alpha \circ g$, $g = (u_1, u_2^3 + u_1 u_2^2)$.

ただし,$\alpha(v_1, v_2)$ は可微分関数芽で,**関数モジュライ**と呼ばれる.

注意 7.1.3 (1) 完全積分 $\mu: (\mathbb{R}^2, 0) \longrightarrow \mathbb{R}$ をもつ十分多くの常微分方程式 $f: (\mathbb{R}^2, 0) \longrightarrow J^1(\mathbb{R}, \mathbb{R})$ に対して,対応する大ルジャンドル多様体芽 $\ell_{(\mu, f)}(\mathbb{R}^2)$ は s-$S.P^+$-ルジャンドル安定であることが [14] で示されている.

7.1　1階常微分方程式の完全解の分岐

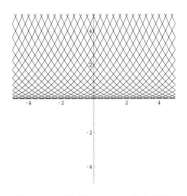

図 7.1　折り目クレロー型方程式

(2) 完全積分可能1階ホロノミー偏微分方程式系についても同様な分類がある [17, 19].

定理 7.1.2 における分類表の中で，(3) と (5) の標準形をもつ積分図式に対応する完全積分可能常微分方程式を**クレロー型**と呼ぶ．(3) に対応する方程式を考えるとき，完全積分 $\mu = u_2 - \frac{1}{2}u_1$ の等高線 $\mu^{-1}(t)$ は $\{(u_1, t+\frac{1}{2}u_1) \mid u_1 \in (\mathbb{R},0)\}$ となり，この方程式の完全解は非特異な解の族 $\{(u_1, (t+\frac{1}{2}u_1)^2) \mid u_1 \in (\mathbb{R},0)\}$ である．この族を**完全解**と呼んで，その一つ一つのメンバーを**特殊解**と呼ぶ．言い換えると瞬間波面が特殊解である．$t \in \mathbb{R}$ を動かして，図で描くと図 7.1 のようになる．この解の族の包絡線は x 軸 $\{(x,0) \mid x \in (\mathbb{R},0)\}$ となり，その f による像は $J^1(\mathbb{R},\mathbb{R})$ のルジャンドル部分多様体芽となり，常微分方程式の解となる．この解は完全解に含まれない解なので**特異解**である．このように，この方程式 (3) は完全解が非特異な解の族でその包絡線が特異解を与えるという特徴をもっている．このような性質をもつ常微分方程式をクレロー型と呼ぶ．すなわち完全積分 $\mu : (\mathbb{R}^2, 0) \longrightarrow \mathbb{R}$ をもつ常微分方程式 $f : (\mathbb{R}^2, 0) \longrightarrow J^1(\mathbb{R},\mathbb{R})$ が**クレロー型**であるとは任意の $t \in \mathbb{R}$ について $\widehat{\pi} \circ f|_{\mu^{-1}(t)}$ がルジャンドル非特異であることと定義する．このとき大波面 $\overline{\pi} \circ \ell_{(\mu,f)}(\mathbb{R}^2)$ も非特異となり，瞬間波面の族 $\{W_t(\ell_{(\mu,f)}(\mathbb{R}^2))\}_{t \in (\mathbb{R},0)}$ の判別集合 $D(W(\mathscr{L}))$ は完全解の包絡線 $\Delta_{\ell_{(\mu,f)}(\mathbb{R}^2)}$ に一致する．ここで，瞬間波面は完全解 $\{\widehat{\pi} \circ f(\mu^{-1}(t))\}_{t \in \mathbb{R}}$ の特殊解である．この場合は，大波面も瞬間波面も特異点をもたない場合に対応しており，またその包絡線である特異解は

空間的特異値集合なので，命題 5.3.1 からグラフ型アフィン座標とは共通部分をもち得ないこととなり $\ell_{(\mu,f)}(\mathbb{R}^2) \cap J^1_{GA}(\mathbb{R}\times\mathbb{R},\mathbb{R}) = \emptyset$ を満たす．また (5) も図 7.3 に描かれているように完全解は非特異な曲線族となり，この場合もクレロー型である．

一方，標準形 (2), (4) は**接触正則型**と呼ばれる．これらの場合 $f^*\theta \neq 0$ であり，$\ell_{(\mu,f)}(\mathbb{R}^2) \subset J^1_{GA}(\mathbb{R}\times\mathbb{R},\mathbb{R})$ を満たす．すなわち，$\ell_{(\mu,f)}(\mathbb{R}^2)$ はグラフ型ルジャンドル開折である．したがって，瞬間波面の族 $\{W_t(\ell_{(\mu,f)}(\mathbb{R}^2))\}_{t\in(\mathbb{R},0)}$ の判別集合は $C_{\ell_{(\mu,f)}(\mathbb{R}^2)} \cup M_{\ell_{(\mu,f)}(\mathbb{R}^2)}$ となる．最後に残った標準形 (6) は**混合折り目型**と呼ばれる．この場合，$\ell_{(\mu,f)}(\mathbb{R}^2) \subset J^1(\mathbb{R}\times\mathbb{R},\mathbb{R})$ であるが $\ell_{(\mu,f)}(\mathbb{R}^2) \not\subset J^1_{GA}(\mathbb{R}\times\mathbb{R},\mathbb{R})$ である．実際，$\ell_{(\mu,f)}(0) \in \overline{J^1_{GA}(\mathbb{R}\times\mathbb{R},\mathbb{R})}$ と

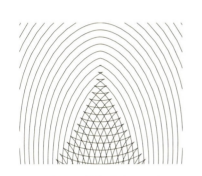

図 7.2 接触正則カスプ

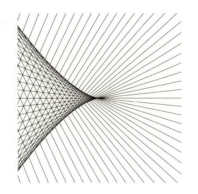

図 7.3 クレローカスプ

図 7.4 混合折り目

なる．ここで $\overline{X}$ は集合 X の閉包を表す．標準形 (4), (5), (6) の完全解（瞬間波面）の族の図は図 7.2, 7.3, 7.4 に描かれている．(4) の場合，瞬間波面の族 $\{W_t(\ell_{(\mu,f)}(\mathbb{R}^2))\}_{t\in(\mathbb{R},0)}$ の判別集合が $C_{\ell_{(\mu,f)}(\mathbb{R}^2)} \cup M_{\ell_{(\mu,f)}(\mathbb{R}^2)}$ であること，(5) の場合は $\Delta_{\ell_{(\mu,f)}(\mathbb{R}^2)}$ であり，(6) の場合は $C_{\ell_{(\mu,f)}(\mathbb{R}^2)} \cup \Delta_{\ell_{(\mu,f)}(\mathbb{R}^2)}$ であることがそれぞれ観察される．さらに (4) の $C_{\ell_{(\mu,f)}(\mathbb{R}^2)}$ と (5) の $\Delta_{\ell_{(\mu,f)}(\mathbb{R}^2)}$ は両方とも 3/2 カスプであり，それらは微分同相であるが，分類の同値関係から $s\text{-}S.P^+$-微分同相ではないことがわかる．

7.2 準線形 1 階偏微分方程式の幾何学的解

この節では，時間に依存した準線形 1 階偏微分方程式

$$\frac{\partial y}{\partial t} + \sum_{i=1}^{n} a_i(x,y,t)\frac{\partial y}{\partial x_i} - b(x,y,t) = 0$$

を考える．ここで，$a_i(x,y,t)$ と $b(x,y,t)$ は変数 $(x,y,t) = (x_1,\ldots,x_n,y,t)$ に関する可微分関数とする．準線形の偏微分方程式は非線形偏微分方程式の中でも，線形偏微分方程式に近いものであるが，線形の場合との顕著な違いはたとえ初期条件が可微分関数のグラフとして与えられても，それを時間 t に沿って延長していくと一般には解の微分が無限大に発散する点が現れることにある．このような点を解の導関数の**爆発**と呼ぶ．解の導関数の爆発が起こるとその後，解を延長しようとすると多価になることがあるので，導関数の爆発後どのような一価解を選べば，初期条件に関する一意性や安定性が得られるかを問うのが非線形偏微分方程式論における主要な問題の一つである．そのような一価解は，もはや微分可能性どころか連続性ももたないものとなる場合があって，一般に**弱解**と呼ばれる．この節では，弱解を構成することを目的とするわけではなく，その前段階として**幾何学的解**（多価解）を求めるための幾何学的枠組みを構成する（文献 [21] 参照）．**時間に依存した準線形 1 階偏微分方程式** $E(1,a_1,\ldots,a_n,b)$ とは幾何学的には

$$\{((x,y,t),[\xi:\eta:\sigma]) \mid \sigma + \sum_{i=1}^{n} a_i(x,y,t)\xi_i + b(x,y,t)\eta = 0\}$$

で定義される $PT^*((\mathbb{R}^n \times \mathbb{R}) \times \mathbb{R})$ 内の超曲面である.さらに $E(1, a_1, \ldots, a_n, b)$ の**幾何学的解**とは $PT^*((\mathbb{R}^n \times \mathbb{R}) \times \mathbb{R})$ のルジャンドル部分多様体 $\mathscr{L}$ で $E(1, a_1, \ldots, a_n, b)$ に含まれ,$\bar{\pi}|_{\mathscr{L}}$ が埋め込みとなるものと定義する.ここで,$\bar{\pi} : PT^*((\mathbb{R}^n \times \mathbb{R}) \times \mathbb{R}) \longrightarrow (\mathbb{R}^n \times \mathbb{R}) \times \mathbb{R}$ は標準射影である.いま,S を $(\mathbb{R}^n \times \mathbb{R}) \times \mathbb{R}$ 内の正則超曲面とする.このとき,定理 4.7.10 の特別な場合として $PT^*((\mathbb{R}^n \times \mathbb{R}) \times \mathbb{R})$ 内のルジャンドル部分多様体 $\widehat{S}$ がただ一つ存在して $\bar{\pi}(\widehat{S}) = S$ を満たす.実際,局所的には $\widehat{S}$ は以下のように構成される.S は正則な超曲面なので任意の点 $(x_0, y_0, t_0) \in S$ に対して,しずめ込み芽 $f : ((\mathbb{R}^n \times \mathbb{R}) \times \mathbb{R}, (x_0, y_0, t_0)) \longrightarrow (\mathbb{R}, 0)$ が存在して集合芽として $(f^{-1}(0), (x_0, y_0, t_0)) = (S, (x_0, y_0, t_0))$ を満たす.このとき,ベクトル $\tau \partial/\partial t + \sum_{i=1}^n \mu_i \partial/\partial x_i + \lambda \partial/\partial y$ が点 $(x, y, t) \in (S, (x_0, y_0, t_0))$ で S に接するための必要十分条件は (x, y, t) で $\tau \partial f/\partial t + \sum_{i=1}^n \mu_i \partial f/\partial x_i + \lambda \partial f/\partial y = 0$ を満たすことである.したがって,$(\widehat{S}, ((x_0, y_0, t_0), [\sigma_0 : \xi_0 : \eta_0]))$ は

$$\left\{ \left((x, y, t), \left[\frac{\partial f}{\partial x} : \frac{\partial f}{\partial y} : \frac{\partial f}{\partial t} \right] \right) \Big| (x, y, t) \in (S, (x_0, y_0, t_0)) \right\}$$

に一致する.このように書き表すと $\widehat{S} \subset E(1, a_1, \ldots, a_n, b)$ であるための必要十分条件は

$$\frac{\partial f}{\partial t} + \sum_{i=1}^n a_i(x, y, t) \frac{\partial f}{\partial x_i} + b(x, y, t) \frac{\partial f}{\partial y} = 0$$

を満たすこととなる.特に $f(x, y, t) = g(x, t) - y$ の場合,g は可微分な一価解であることを意味する.このように,幾何学的解の概念は,通常の意味での可微分関数としての解(**古典解**)の一般化となっていることがわかる.さらに,$E(1, a_1, \ldots, a_n, b)$ の幾何学的解 $\mathscr{L}$ に対してその波面 $W(\mathscr{L}) = \bar{\pi}(\mathscr{L})$ は多価解としてのグラフを表していると解釈できる.上記に現れたベクトル場

$$X(1, a_1, \ldots, a_n, b) = \frac{\partial}{\partial t} + \sum_{i=1}^n a_i(x, y, t) \frac{\partial}{\partial x_i} + b(x, y, t) \frac{\partial}{\partial y}$$

を $E(1, a_1, \ldots, a_n, b)$ の**特性ベクトル場**と呼ぶ.この特性ベクトル場によって,解の特徴づけが得られる [21].

7.2 準線形 1 階偏微分方程式の幾何学的解

定理 7.2.1 S を $(\mathbb{R}^n \times \mathbb{R}) \times \mathbb{R}$ 内の正則超曲面とする.このとき,$\widehat{S}$ が $E(1, a_1, \ldots, a_n, b)$ の幾何学的解であるための必要十分条件は特性ベクトル場 $X(1, a_1, \ldots, a_n, b)$ が S に接することである.

証明 上記の説明と同様に,任意の点 $(x_0, y_0, t_0) \in S$ に対して,しずめ込み芽 $f : ((\mathbb{R}^n \times \mathbb{R}) \times \mathbb{R}, (x_0, y_0, t_0)) \longrightarrow (\mathbb{R}, 0)$ で $(f^{-1}(0), (x_0, y_0, t_0)) = (S, (x_0, y_0, t_0))$ となるものを考える.このとき,f の勾配ベクトル

$$\mathrm{grad}\, f = \left(\frac{\partial f}{\partial t}, \frac{\partial f}{\partial x_1}, \ldots, \frac{\partial f}{\partial x_n}, \frac{\partial f}{\partial y} \right)$$

は $(S, (x_0, y_0, t_0)) = (f^{-1}(0), (x_0, y_0, t_0))$ に直交している.f が微分可能な解であることは,

$$\frac{\partial f}{\partial t} + \sum_{i=1}^{n} a_i(x, y, t) \frac{\partial f}{\partial x_i} + b(x, y, t) \frac{\partial f}{\partial y} = 0$$

という関係式を満たすことであり,これは取りも直さず特性ベクトル場 $X(1, a_1, \ldots, a_n, b)$ と勾配ベクトル $\mathrm{grad}\, f(x, y, t)$ が直交することを意味している.したがってそれは,特性ベクトル場 $X(1, a_1, \ldots, a_n, b)$ が S に (x, y, t) で接することを意味しており,上記の説明から $\widehat{S} \subset E(1, a_1, \ldots, a_n, b)$ であることに同値である.$\square$

ここで,$\mathscr{L}$ を $E(1, a_1, \ldots, a_n, b)$ の幾何学的解とすると定義から $W(\mathscr{L}) = \overline{\pi}(\mathscr{L})$ は $\mathbb{R}^n \times \mathbb{R} \times \mathbb{R}$ の正則超曲面となるのでその一意的なルジャンドルリフト $\widehat{\overline{\pi}(\mathscr{L})}$ が定まり $\mathscr{L} = \widehat{\overline{\pi}(\mathscr{L})}$ となる.

一方,初期値を可微分関数 ϕ とするコーシー問題

$$\begin{cases} \dfrac{\partial y}{\partial t} + \displaystyle\sum_{i=1}^{n} a_i(x, y, t) \dfrac{\partial y}{\partial x_i} - b(x, y, t) = 0, \\ y(0, x_1, \ldots, x_n) = \phi(x_1, \ldots, x_n) \end{cases}$$

を考える.このとき,$\{0\} \times \mathbb{R}^n \times \mathbb{R}$ 内の正則な超曲面

$$S_{\phi,0} = \{(o, x, \phi(x)) \in \{0\} \times \mathbb{R}^n \times R \mid x \in \mathbb{R}^n\}$$

を考えると，特性ベクトル場 $X(1, a_1, \ldots, a_n, b)$ は

$$X(1, a_1, \ldots, a_n, b)(x, y, 0) \notin T\{0\} \times \mathbb{R}^n \times R$$

を満たすので，初期部分多様体 $S_{\phi,0}$ は，いわゆる**非特性条件**

$$X(1, a_1, \ldots, a_n, b)(x, y, 0) \notin TS_{\phi,0}$$

を満たす．このとき，十分小さな $\varepsilon > 0$ に対して，特性ベクトル場 $X(1, a_1, \ldots, a_n, b)$ の解曲線に沿って，$S_{\phi,0}$ を拡張すると $\mathbb{R}^n \times \mathbb{R} \times (-\varepsilon, \varepsilon)$ 内の正則超曲面 $S \subset \mathbb{R}^n \times \mathbb{R} \times (-\varepsilon, \varepsilon)$ で $S_{\phi,0} \subset S$ を満たすものが構成できる．このとき，作り方から，特性ベクトル場 $X(1, a_1, \ldots, a_n, b)$ は S に接している．したがって，定理 7.2.1 から $\widehat{S}$ は $E(1, a_1, \ldots, a_n, b)$ の幾何学的解となる．ここで，特性ベクトル場 $X(1, a_1, \ldots, a_n, b)$ の解曲線が延長できる限り，対応する幾何学的解 $\widehat{S}$ も定義可能である．特性ベクトル場 $X(1, a_1, \ldots, a_n, b)$ は，正則ベクトル場なので，その解曲線は一般論から $\mathbb{R}^n \times \mathbb{R} \times \mathbb{R}$ 内で決して交わらないことがわかり，S が正則超曲面となる．このようにして，上記のコーシー問題を幾何学的解について解くことができるが，この解法は**特性曲線の方法**と呼ばれる．また，特性ベクトル場の解曲線を $\mathbb{R}^n \times \mathbb{R}$ に射影して得られる曲線を**特性曲線**と呼ぶ．ここで，初期部分多様体 $S_{\phi,0}$ は可微分関数 ϕ のグラフなので，一価関数のグラフである．しかし，一般に初期条件が微分可能な一価関数のグラフとして与えられても，このような特性曲線の方法で解いた幾何学的解のグラフである S は多価解のグラフとなる場合がある．それは，ちょうど特性曲線が交わる点に対応する．ある $t_0 > 0$ 以前には特性曲線が決して交わらず，$t > t_0$ で特性曲線が交わる点が現れるとき，その幾何学的解のグラフは多価関数のグラフとなる．定義から一般の幾何学的解 $\mathscr{L} \subset E(1, a_1, \ldots, a_n, b)$ についてもその多価解のグラフ $W(\mathscr{L}) = \overline{\pi}(\mathscr{L})$ は $\mathbb{R}^n \times \mathbb{R} \times \mathbb{R}$ の正則超曲面である．ここで，標準射影 $\pi_1 : (\mathbb{R}^n \times \mathbb{R}) \times \mathbb{R} \longrightarrow \mathbb{R}^n \times \mathbb{R}$ を $\pi_1(x, y, t) = (x, t)$ とすると，一般に $\pi_1|_{\overline{\pi}(\mathscr{L})}$ は一点の逆像が有限個の点からなる写像である．ここで，幾何学的解 $\mathscr{L}$ は $PT^*((\mathbb{R}^n \times \mathbb{R}) \times \mathbb{R})$ 内の大ルジャンドル部分多様体で $W(\mathscr{L}) = \overline{\pi}(\mathscr{L})$ はルジャンドル特異点をもたない大波面である．したがって，瞬間波面の族

バーガー方程式の幾何学的解のグラフ　　　　$\pi_2^{-1}(t) \cap W(\mathscr{L})$ の族

図 7.5　バーガー方程式の多価解

$\{W_t(\mathscr{L})\}_{t\in\mathbb{R}}$ の判別集合は $\Delta_{\mathscr{L}}$ に一致する．この状況を**バーガー方程式**

$$\begin{cases} \dfrac{\partial y}{\partial t} + 2y\dfrac{\partial y}{\partial x} = 0, \\ y(0,x) = \sin x \end{cases}$$

について考える．このバーガー方程式は特性曲線が直線となり，任意の t に関して具体的に幾何学的解を求めることができ，その幾何学的解のグラフは，3次元空間 $(\mathbb{R}\times\mathbb{R})\times\mathbb{R}$ における具体的なパラメータ表示をもつ．このパラメータ表示を用いて，その幾何学的解のグラフを図示すると図 7.5 のように描かれる．この図において，幾何学的解のグラフは図 7.5 の左の図のように図示することができる．また，標準射影 $\pi_2 : (\mathbb{R}^n\times\mathbb{R})\times\mathbb{R} \to \mathbb{R}$ を $\pi_2(x,y,t) = t$ とすると，$\pi_2^{-1}(t) \cap W(\mathscr{L})$ は右図のようになる．この図から幾何学的解のグラフは $(\mathbb{R}\times\mathbb{R})\times\mathbb{R}$ の中の滑らかな曲面であるが，多価関数のグラフとなることが観察される．さらに，それぞれの $\pi_2^{-1}(t) \cap W(\mathscr{L})$ も正則曲線であるがその射影 $\pi_1|_{\pi_2^{-1}(t)\cap W(\mathscr{L})}$ は特異点をもつことがわかる．このことから，$W(\mathscr{L})$ は大波面であるがグラフ型大波面ではないことがわかる．また，この場合，瞬間波面 $\pi_1(\pi_2^{-1}(t)\cap W(\mathscr{L}))$ は $\mathbb{R}\times\mathbb{R}$ 内の平行な直線族となり，$\Delta_{\mathscr{L}}$ は瞬間波面の族の π_1 による像の包絡線ではなく，射影 $\pi_1|_{\pi_2^{-1}(t)\cap W(\mathscr{L})}$ の特異値集合の軌跡である．

[21] では，準線形 1 階偏微分方程式の幾何学的解を記述するためのより詳しい枠組みを構成して，一般次元の場合の幾何学的解の分類を実行している．その全容を解説するには，より多くのページが必要となるため，本書ではそのさ

わり部分のみを述べるにとどめる．詳しい内容について興味をもたれた読者には原論文を読むことを勧める．

7.3 ハミルトン・ヤコビ方程式の幾何学的解

ここでは，一般のハミルトン・ヤコビ方程式のコーシー問題

$$(\mathrm{H}) \begin{cases} \dfrac{\partial y}{\partial t} + H\left(t, x_1, \ldots, x_n, \dfrac{\partial y}{\partial x_1}, \ldots, \dfrac{\partial y}{\partial x_n}\right) = 0 \ (t \geq 0), \\ y(0, x_1, \ldots, x_n) = \phi(x_1, \ldots, x_n) \end{cases}$$

の多価解の特異点の分岐を研究するための幾何学的枠組みに関して解説する．ただし，H, ϕ は可微分関数とする．1未知関数1階偏微分方程式を**接触多様体**の超曲面として考えたのはLieであるが，ここではハミルトン・ヤコビ方程式をそのLieの思想に基づいて取り扱うための枠組みを [18, 20, 22] に沿って構成する．考える接触多様体は$n+1$変数関数の**1ジェット空間** $J^1(\mathbb{R}\times\mathbb{R}^n, \mathbb{R})$ である．ただし，この空間上には標準座標 $(t, x_1, \ldots, x_n, y, s, p_1, \ldots, p_n)$ と標準1形式 $\Theta = dy - \sum_{i=1}^n p_i \cdot dx_i - s \cdot dt = \theta - s \cdot dt$ が与えられているものとする．また座標 $(t, x_1, \ldots, x_n)$ は独立変数に対応するもので，$\Pi(t, x, y, s, p) = (t, x, y)$ で定義される解のグラフの存在する空間 $(t, x_1, \ldots, x_n, y)$ への標準射影 $\Pi : J^1(\mathbb{R}\times\mathbb{R}^n, \mathbb{R}) \to (\mathbb{R}\times\mathbb{R}^n)\times\mathbb{R}$ も同時に考える．このとき，(H) は $J^1(\mathbb{R}\times\mathbb{R}^n, \mathbb{R})$ に超曲面

$$E(H) = \left\{(t, x, y, s, p) \in J^1(\mathbb{R}\times\mathbb{R}^n, \mathbb{R}) \mid s + H(t, x, p) = 0\right\}$$

を定める．この方程式の**古典解**（滑らかな解）とは可微分関数 $y = f(t, x_1, \ldots, x_n)$ で (H) を満足するものであるが，その1ジェット拡張 $j^1 f : \mathbb{R}\times\mathbb{R}^n \to J^1(\mathbb{R}\times\mathbb{R}^n, \mathbb{R})$ を $j^1 f(t, x) = (t, x, f(x), \frac{\partial f}{\partial t}(t, x), \frac{\partial f}{\partial x}(t, x))$ とすると，$j^1 f(\mathbb{R}\times\mathbb{R}^n) \subset E(H)$ であり，また f の全微分可能性から $(j^1 f)^* \Theta = 0$ が成り立つ．このことより，我々は $E(H)$ の**幾何学的解（ルジャンドル解）**を $J^1(\mathbb{R}\times\mathbb{R}^n, \mathbb{R})$ のルジャンドル部分多様体 $\mathscr{L}$ で $E(H)$ に含まれるものと定義する．このルジャンドル部分多様体の標準射影 $\Pi : J^1(\mathbb{R}\times\mathbb{R}^n, \mathbb{R}) \to (\mathbb{R}\times\mathbb{R}^n)\times\mathbb{R}$ による像である波面 $W(\mathscr{L})$ はこの幾何学的

解のグラフを表し,一般には多価解となる.この場合,$J^1(\mathbb{R}\times\mathbb{R}^n,\mathbb{R})$ は射影的余接束 $PT^*((\mathbb{R}\times\mathbb{R}^n)\times\mathbb{R})$ のアファイン座標近傍の一つとみなすことができるが,標準1形式が $\Theta = dy - \sum_{i=1}^n p_i \cdot dx_i - s \cdot dt = \theta - s \cdot dt$ なので,y をパラメータとみた場合のグラフ型アファイン座標 $J_{GA}^1(\mathbb{R}\times\mathbb{R}^n,\mathbb{R})$ である.したがって,ルジャンドル部分多様体 $\mathscr{L}$ は,t をパラメータとみた場合の大ルジャンドル部分多様体ではあるが,グラフ型ルジャンドル開折ではない.しかし,y をパラメータとみなすとグラフ型ルジャンドル開折となるので,y をパラメータとみなした瞬間波面の族の判別集合は $C_\mathscr{L} \cup M_\mathscr{L} \subset \mathbb{R}\times\mathbb{R}^n$ となる.それは,大波面 $W(\mathscr{L})$ のルジャンドル特異点集合とマクスウェル集合の独立変数 $(t,x_1,\ldots,x_n)$ の空間 $\mathbb{R}\times\mathbb{R}^n$ への射影と一致する.

ここで,コーシー問題を解くために以下のような幾何学的定式化を行う:任意の $c \in (\mathbb{R},0)$ に対して,集合

$$E(H)_c = \left\{ (c,x,y,-H(c,x,p),p) \mid (x,y,p) \in J^1(\mathbb{R}^n,\mathbb{R}) \right\}$$

を考える.このとき,$E(H)_c$ は $J^1(\mathbb{R}\times\mathbb{R}^n,\mathbb{R})$ の $2n+1$ 次元部分多様体であり $\Theta|_{E(H)_c} = dy - \sum_{i=1}^n p_i dx_i$ は $E(H)_c$ 上の非退化1次微分形式となる.すなわち,$\Theta|_{E(H)_c}$ は $E(H)_c$ 上に接触構造を定める.このとき,**方程式 $E(H)$ に対して初期多様体 $\mathscr{L}'$ をもつ時間に依存した幾何学的コーシー問題**が与えられるとは n 次元部分多様体 $i: \mathscr{L}' \subset E(H)$ で条件 $i^*\Theta = 0$ と $\mathscr{L}' \subset E(H)_c$ をある $c \in (\mathbb{R},0)$ に対して満たすものが与えられることである.言い換えると,$\mathscr{L}'$ は $E(H)_c$ のルジャンドル部分多様体となることである.ここで,(H) の**特性ベクトル場 (接触ハミルトンベクトル場)**

$$X_H = \frac{\partial}{\partial t} + \sum_{i=1}^n \frac{\partial H}{\partial p_i}\frac{\partial}{\partial x_i} + \left(\sum_{i=1}^n p_i \frac{\partial H}{\partial p_i} - H\right)\frac{\partial}{\partial y} - \frac{\partial H}{\partial t}\frac{\partial}{\partial s} - \sum_{i=1}^n \frac{\partial H}{\partial x_i}\frac{\partial}{\partial p_i}$$

は $X_H \notin TE(H)_c$ を満たすので明らかに $X_H \notin T\mathscr{L}'$ である.いま,ベクトル場 X_H に対応する**接触ハミルトン流**に沿って $\mathscr{L}'$ を1次元高い部分多様体に拡張することにより,$\mathscr{L}'$ のまわりのルジャンドル解を構成することができる.ただし,接触ハミルトンベクトル場の基本的性質等は本書では述べないので,[18, 20, 22, 23] 等を参照してほしい.このルジャンドル部分多様体が特性曲線の方法で解いた幾何学的コーシー問題の幾何学的解である.この状況を理解

図 7.6 ハミルトン・ヤコビ方程式の幾何学的解のグラフ

するために以下のハミルトン・ヤコビ方程式のコーシー問題について考える：

$$\begin{cases} \dfrac{\partial y}{\partial t} + H\left(\dfrac{\partial y}{\partial x}\right) = 0 \ (t > 0), \\ y(0, x) = \sin x. \end{cases}$$

ここで H は可微分関数とする．この場合，初期多様体は $\mathscr{L}' = \{(0, x, \sin x, -H(\cos x), \cos x) \mid x \in \mathbb{R}\}$ であり，さらに特性ベクトル場に対応する接触ハミルトン流は具体的に解くことができて，幾何学的解が具体的に構成できる．$H(p) = p^2$ の場合の幾何学的解のグラフは図 7.6 のように描かれる．この図は y をパラメータとみた場合のグラフ型波面の図であり，したがって系 5.3.2 から，その特異点は波面としての特異点とマクスウェル集合をもち，正則部分の独立変数への射影としての特異点はもたない．この場合，波面の特異点として，二つのツバメの尾とそのまわりのカスプ辺が観察される．このようにして構成された幾何学的解からどのようにして意味のある一価解（**弱解**）を構成するかについての研究に興味のある読者は [18, 20, 22, 23] 等を参照してほしい．

8

相対論的焦点集合

1.4節では，3次元ミンコフスキー空間内の空間的曲線やその1径数族から決まる世界面に限って，対応する光的曲面やBR-焦点集合の定義とその基本的な性質について空間的曲線の微分幾何学的不変量を用いて解説した．この章では，一般次元のミンコフスキー時空内の世界面に対応する光的超曲面やBR-焦点集合を波面の伝播理論の枠組みの応用として解説する [32, 33]．その他のミンコフスキー時空内の空間的部分多様体や光的超曲面への特異点論の応用については [25, 26, 27, 28, 29] を参照してほしい．ローレンツ幾何学に関する基本的文献としては O'Neil の著書 [45] がある．

この章では，点 x の代わりに再びベクトル表示 $\bm{x}$ を用いる．

8.1 ミンコフスキー時空の基本的性質

最初に $n+1$ 次元ミンコフスキー時空（ローレンツ・ミンコフスキー $(n+1)$-空間）に関する定義と基本的性質を解説する．

$\mathbb{R}^{n+1} = \{(x_0, x_1, \ldots, x_n) \mid x_i \in \mathbb{R} \ (i = 0, 1, \ldots, n)\}$ を $n+1$ 次元の数（ベクトル）空間として，位相は通常の位相を考える．任意の $\bm{x} = (x_0, x_1, \ldots, x_n)$, $\bm{y} = (y_0, y_1, \ldots, y_n) \in \mathbb{R}^{n+1}$ に対して，それらの**擬内積**を $\langle \bm{x}, \bm{y} \rangle = -x_0 y_0 + \sum_{i=1}^n x_i y_i$ と定義する．このとき，この擬内積を付随

した空間 $(\mathbb{R}^{n+1}, \langle,\rangle)$ を $n+1$ 次元ミンコフスキー時空またはローレンツ・ミンコフスキー $(n+1)$-空間と呼ぶ．このとき，$(\mathbb{R}^{n+1}, \langle,\rangle)$ の代わりに $\mathbb{R}_1^{n+1}$ と書く．ここで，零でないベクトル $\boldsymbol{x} \in \mathbb{R}_1^{n+1}$ が**空間的，光的，時間的**であるとは，それぞれ $\langle \boldsymbol{x}, \boldsymbol{x} \rangle > 0$，$\langle \boldsymbol{x}, \boldsymbol{x} \rangle = 0$，$\langle \boldsymbol{x}, \boldsymbol{x} \rangle < 0$ が成り立つことと定義する．また，ベクトル $\boldsymbol{x} \in \mathbb{R}_1^{n+1}$ の**ノルム**は $\|\boldsymbol{x}\| = \sqrt{|\langle \boldsymbol{x}, \boldsymbol{x} \rangle|}$ と定義される．さらに，$\{\boldsymbol{0}\} \times \mathbb{R}^n$ を考え，擬内積をこの超平面に制限するとユークリッド内積となるので，$\{\boldsymbol{0}\} \times \mathbb{R}^n$ と n 次元ユークリッド空間 $\mathbb{R}^n$ を同一視する．このとき，標準射影 $\pi: \mathbb{R}_1^{n+1} \longrightarrow \mathbb{R}^n$ が $\pi(x_0, x_1, \ldots, x_n) = (x_1, \ldots, x_n)$ と定義される．零でないベクトル $\boldsymbol{v} \in \mathbb{R}_1^{n+1}$ と実数 $c \in \mathbb{R}$ に対して，**擬法線ベクトル $\boldsymbol{v}$ をもつ超平面**を

$$HP(\boldsymbol{v}, c) = \{\boldsymbol{x} \in \mathbb{R}_1^{n+1} \mid \langle \boldsymbol{x}, \boldsymbol{v} \rangle = c\}$$

と定義する．擬法線ベクトル $\boldsymbol{v}$ がそれぞれ時間的，空間的，光的なとき，対応する超平面 $HP(\boldsymbol{v}, c)$ をそれぞれ**空間的超平面，時間的超平面，光的超平面**と呼ぶ．この呼び方は，擬法線ベクトルが時間的な場合は，対応する超平面上のベクトルはすべて空間的となることに由来する．他の場合は，擬法線ベクトルが光的なとき，定義からその擬法線ベクトルも対応する超平面上にあり，その超平面上のベクトルは光的か，空間的かの二種類のみである．一方，擬法線ベクトルが空間的な場合は，対応する超平面上には空間的ベクトル，時間的ベクトル，光的ベクトルのすべての種類のベクトルが乗っている．この場合，**ローレンツ超平面**と呼ぶこともある．実際，時間的超平面は，擬正規直交基底を選ぶことにより，n 次元ミンコフスキー時空となる．次にミンコフスキー時空内の擬超球面を考える．この場合も 3 種類存在する．n **次元双曲空間**は

$$H^n(-1) = \{\boldsymbol{x} \in \mathbb{R}_1^{n+1} \mid \langle \boldsymbol{x}, \boldsymbol{x} \rangle = -1\}$$

と定義され，n **次元ド・ジッター空間**は

$$S_1^n = \{\boldsymbol{x} \in \mathbb{R}_1^{n+1} \mid \langle \boldsymbol{x}, \boldsymbol{x} \rangle = 1\}$$

と定義される．さらに，半径が零の場合として原点における **(開) 光錐**が

$$LC^* = \{\boldsymbol{x} = (x_0, x_1, \ldots, x_n) \in \mathbb{R}_1^{n+1} \mid x_0 \neq 0, \langle \boldsymbol{x}, \boldsymbol{x} \rangle = 0\}$$

と定義される．ここで，

$$S_+^{n-1} = \{\boldsymbol{x} = (x_0, x_1, \ldots, x_n) \mid \langle \boldsymbol{x}, \boldsymbol{x} \rangle = 0,\ x_0 = 1\}$$

と定義し，これを**光錐単位** $(n-1)$ **球面**と呼ぶ．さらに $\boldsymbol{x} = (x_0, x_1, \ldots, x_n)$ を（零ベクトルでない）光的ベクトルとすると，$x_0 \neq 0$ を満たし，

$$\widetilde{\boldsymbol{x}} = \left(1, \frac{x_1}{x_0}, \ldots, \frac{x_n}{x_0}\right) \in S_+^{n-1}$$

が成り立つ．したがって，射影 $\pi_S^L : LC^* \longrightarrow S_+^{n-1}$ が $\pi_S^L(\boldsymbol{x}) = \widetilde{\boldsymbol{x}}$ と定義される．また，$\boldsymbol{a} \in \mathbb{R}_1^n$ を頂点とする**(閉)光錐**を $LC_{\boldsymbol{a}} = \{\boldsymbol{x} \in \mathbb{R}_1^n | \langle \boldsymbol{x}-\boldsymbol{a}, \boldsymbol{x}-\boldsymbol{a} \rangle = 0\}$ と定義する．

任意の $\boldsymbol{x}_1, \boldsymbol{x}_2, \ldots, \boldsymbol{x}_n \in \mathbb{R}_1^{n+1}$ に対して，ベクトル $\boldsymbol{x}_1 \wedge \boldsymbol{x}_2 \wedge \cdots \wedge \boldsymbol{x}_n$ を

$$\boldsymbol{x}_1 \wedge \boldsymbol{x}_2 \wedge \cdots \wedge \boldsymbol{x}_n = \begin{vmatrix} -\boldsymbol{e}_0 & \boldsymbol{e}_1 & \cdots & \boldsymbol{e}_n \\ x_0^1 & x_1^1 & \cdots & x_n^1 \\ x_0^2 & x_1^2 & \cdots & x_n^2 \\ \vdots & \vdots & \cdots & \vdots \\ x_0^n & x_1^n & \cdots & x_n^n \end{vmatrix}$$

と定義する．ただし，$\boldsymbol{e}_0, \boldsymbol{e}_1, \ldots, \boldsymbol{e}_n$ は $\mathbb{R}_1^{n+1}$ の標準基底であり，$\boldsymbol{x}_i = (x_0^i, x_1^i, \ldots, x_n^i)$ とする．このとき，$\langle \boldsymbol{x}, \boldsymbol{x}_1 \wedge \boldsymbol{x}_2 \wedge \cdots \wedge \boldsymbol{x}_n \rangle = \det(\boldsymbol{x}, \boldsymbol{x}_1, \ldots, \boldsymbol{x}_n)$ が成り立ち，ゆえに $\boldsymbol{x}_1 \wedge \boldsymbol{x}_2 \wedge \cdots \wedge \boldsymbol{x}_n$ は $\boldsymbol{x}_i\ (i = 1, \ldots, n)$ に擬直交する．$\mathbb{R}_1^{n+1}$ は時間的向き付け可能な空間で，**未来方向**を時間的ベクトル $\boldsymbol{e}_0 = (1, 0, \ldots, 0)$ によって定める．言い換えると時間的ベクトル $\boldsymbol{x}$ が**未来方向を向いている**とは $\langle \boldsymbol{x}, \boldsymbol{e}_0 \rangle < 0$ を満たすことである．

8.2 世界面の幾何学

この節では，$n+1$ 次元ミンコフスキー時空内の世界面の幾何学に関する基本的な枠組みの構成について述べる．前節と同様に $\mathbb{R}_1^{n+1}$ は時間的向き付けられた空間で $\boldsymbol{e}_0 = (1, 0, \ldots, 0)$ を未来方向に選ぶ．一般に世界面とは余次元 1 の空間的部分多様体を葉とする葉層構造をもった時間的部分多様体と定

義されるが,ここでは局所的性質のみに注目するので,空間的部分多様体の1径数族を考える. $\boldsymbol{x}: U \times I \longrightarrow \mathbb{R}_1^{n+1}$ を余次元 $k-1$ の埋め込みとする.ただし $U \subset \mathbb{R}^s$ $(s+k=n+1)$ は部分集合で I はある開区間とする.このとき,$W = \boldsymbol{x}(U \times I)$ と書いて,W と $U \times I$ を埋め込み $\boldsymbol{x}$ を通して同一視する.埋め込み $\boldsymbol{x}$ が**時間的**とは任意の点 $p \in W$ に対して,接空間 T_pW が時間的空間(すなわち,$T_p\mathbb{R}_1^{n+1}$ のローレンツ部分空間)となることと定義する.ここで,任意の $t \in I$ に対して $\mathcal{S}_t = \boldsymbol{x}(U \times \{t\})$ と書き,W 上の葉層構造 $\mathcal{S} = \{\mathcal{S}_t \mid t \in I\}$ を得る.さらに,$\mathcal{S}_t$ が**空間的**とは任意の点 $p \in \mathcal{S}_t$ における接空間 $T_p\mathcal{S}_t$ が空間的部分空間(空間的ベクトルのみからなる部分空間)であることと定義する.ここで,$(W, \mathcal{S})$(または,$\boldsymbol{x}$)が**世界面**であるとは W は時間的向き付け可能な時間的部分多様体で任意の $\mathcal{S}_t$ が空間的部分多様体となっていることと定義する.この $\mathcal{S}_t$ を $(W, \mathcal{S})$ の**瞬間的部分空間**と呼ぶ.ただし,時間的部分多様体 W が**時間的向き付け可能**とは W 上に(W に接する)時間的ベクトル場 $\boldsymbol{v}(u, t)$ が存在することと定義する [45, Lemma 32].さらに,このとき,時間的ベクトル場 $\boldsymbol{v}(u, t)$ は $\langle \boldsymbol{v}(u,t), \boldsymbol{e}_0 \rangle < 0$ を満たすように選べる.言い換えると,$\boldsymbol{v}(u,t)$ は $\mathbb{R}_1^{n+1}$ 内で未来方向を向いているように選ぶ.任意の点 $p = \boldsymbol{x}(u,t) \in W \subset \mathbb{R}_1^{n+1}$ における接空間は,$(u,t) = (u_1, \ldots, u_s, t) \in U \times I$,$\boldsymbol{x}_t = \partial \boldsymbol{x}/\partial t$ かつ $\boldsymbol{x}_{u_j} = \partial \boldsymbol{x}/\partial u_j$ とすると,
$$T_pW = \langle \boldsymbol{x}_t(u,t), \boldsymbol{x}_{u_1}(u,t), \ldots, \boldsymbol{x}_{u_s}(u,t) \rangle_\mathbb{R}$$
である.さらに,瞬間的部分空間の接空間は
$$T_p\mathcal{S}_t = \langle \boldsymbol{x}_{u_1}(u,t), \ldots, \boldsymbol{x}_{u_s}(u,t) \rangle_\mathbb{R}$$
である.

点 $p = \boldsymbol{x}(u,t)$ における W の $\mathbb{R}_1^{n+1}$ 内での擬法空間を $N_p(W)$ とする.T_pW が $T_p\mathbb{R}_1^{n+1}$ の時間的部分空間なので,$N_p(W)$ は $T_p\mathbb{R}_1^{n+1}$ の $k-1$ 次元空間的部分空間となる([45] 参照).この擬法空間 $N_p(W)$ 内には $k-2$ 次元単位球面
$$N_1(W)_p = \{\boldsymbol{\xi} \in N_p(W) \mid \langle \boldsymbol{\xi}, \boldsymbol{\xi} \rangle = 1\}$$
が存在する.したがって,W 上の**単位法球面束**

$$N_1(W) = \bigcup_{p \in W} N_1(W)_p$$

が得られる.

一方, 点 $p = \boldsymbol{x}(u,t)$ における $\mathcal{S}_t$ の $\mathbb{R}_1^{n+1}$ 内での擬法空間を $N_p(\mathcal{S}_t)$ とする. $T_p\mathcal{S}_t$ は $T_p\mathbb{R}_1^{n+1}$ の空間的部分空間なので $N_p(\mathcal{S}_t)$ は k 次元時間的 (ローレンツ) 部分空間となる. この擬法空間 $N_p(\mathcal{S}_t)$ 内には

$$N_p(\mathcal{S}_t; -1) = \{\boldsymbol{v} \in N_p(\mathcal{S}_t) \mid \langle \boldsymbol{v}, \boldsymbol{v} \rangle = -1 \}$$
$$N_p(\mathcal{S}_t; 1) = \{\boldsymbol{v} \in N_p(\mathcal{S}_t) \mid \langle \boldsymbol{v}, \boldsymbol{v} \rangle = 1 \}$$

という 2 種類の単位擬球面が存在する. $N_p(\mathcal{S}_t; -1)$ は $k - 1$ 次元双曲空間であり, $N_p(\mathcal{S}_t; 1)$ は $k - 1$ 次元ド・ジッター空間である. したがって, 上記と同様にして $\mathcal{S}_t$ 上に 2 種類の**単位擬法球面束** $N(\mathcal{S}_t; -1)$ と $N(\mathcal{S}_t; 1)$ が定義される. $\mathcal{S}_t = \boldsymbol{x}(U \times \{t\})$ は W 内の余次元 1 の空間的部分多様体なので, $\mathcal{S}_t$ に沿った未来方向を向いた単位時間的法ベクトル場 $\boldsymbol{n}^T(u,t)$ で, 任意の点 $p = \boldsymbol{x}(u,t)$ において W に接しているものがただ一つ存在する. 言い換えると $\boldsymbol{n}^T(u,t) \in N_p(\mathcal{S}_t) \cap T_pW$, $\langle \boldsymbol{n}^T(u,t), \boldsymbol{n}^T(u,t) \rangle = -1$ かつ $\langle \boldsymbol{n}^T(u,t), \boldsymbol{e}_0 \rangle < 0$ を満たしていることを意味する. このとき, $N_p(\mathcal{S}_t)$ 内の $k - 2$ 次元空間的単位球面を

$$N_1(\mathcal{S}_t)_p[\boldsymbol{n}^T] = \{\boldsymbol{\xi} \in N_p(\mathcal{S}_t; 1) \mid \langle \boldsymbol{\xi}, \boldsymbol{n}^T(u,t) \rangle = 0, \ p = \boldsymbol{x}(u,t) \}$$

と定義し, $\mathcal{S}_t$ 上の $\boldsymbol{n}^T$ **に付随した空間的** $k - 2$ **次元球面束** $N_1(\mathcal{S}_t)[\boldsymbol{n}^T]$ が定義される. ここで, $T_{(p,\boldsymbol{\xi})}N_1(\mathcal{S}_t)[\boldsymbol{n}^T] = T_p\mathcal{S}_t \times T_{\boldsymbol{\xi}}N_1(\mathcal{S}_t)_p[\boldsymbol{n}^T]$ なので, $N_1(\mathcal{S}_t)[\boldsymbol{n}^T]$ には標準的なリーマン計量 $(G_{ij}((u,t), \boldsymbol{\xi}))_{1 \leq i,j \leq n-1}$ が存在する. ここで, $\boldsymbol{n}^T$ はただ一つ存在するので, $N_1[\mathcal{S}_t] = N_1(\mathcal{S}_t)[\boldsymbol{n}^T]$ と書き表してよい. さらに任意の $t \in I$ に対して, $N_1(W)|_{\mathcal{S}_t} = N_1[\mathcal{S}_t]$ が成り立つ.

ここで, 写像 $\mathbb{LG} : N_1(W) \longrightarrow LC^*$ を $\mathbb{LG}(\boldsymbol{x}(u,t), \boldsymbol{\xi}) = \boldsymbol{n}^T(u,t) + \boldsymbol{\xi}$ と定義し, $N_1(W)$ の**世界面光錐ガウス写像**と呼ぶ. その $N_1[\mathcal{S}_t]$ への制限写像

$$\mathbb{LG}(\mathcal{S}_t) = \mathbb{LG}|N_1[\mathcal{S}_t] : N_1[\mathcal{S}_t] \longrightarrow LC^*$$

を**瞬間的光錐ガウス写像**と呼ぶ. この瞬間的光錐ガウス写像は曲率の概念を誘導する. 点 $(p, \boldsymbol{\xi})$ における $N_1[\mathcal{S}_t]$ の接空間を $T_{(p,\boldsymbol{\xi})}N_1[\mathcal{S}_t]$ とすると,

$$(\mathbb{LG}(\mathcal{S}_t)^*T\mathbb{R}_1^{n+1})_{(p,\boldsymbol{\xi})} = T_{\boldsymbol{n}^T(p)+\boldsymbol{\xi}}\mathbb{R}_1^{n+1} \equiv T_p\mathbb{R}_1^{n+1}$$

という標準的同一視により，

$$T_{(p,\boldsymbol{\xi})}N_1[\mathcal{S}_t] = T_p\mathcal{S}_t \oplus T_{\boldsymbol{\xi}}S^{k-2} \subset T_p\mathcal{S}_t \oplus N_p(\mathcal{S}_t) = T_p\mathbb{R}_1^{n+1}$$

が成り立つ．ただし，$T_{\boldsymbol{\xi}}S^{k-2} \subset T_{\boldsymbol{\xi}}N_p(\mathcal{S}_t) \equiv N_p(\mathcal{S}_t)$ かつ $p = \boldsymbol{x}(u,t)$ とする．ここで，

$$\Pi^t : \mathbb{LG}(\mathcal{S}_t)^*T\mathbb{R}_1^{n+1} = TN_1[\mathcal{S}_t] \oplus \mathbb{R}^{s+2} \longrightarrow TN_1[\mathcal{S}_t]$$

を標準射影とすると，線形変換

$$S_\ell(\mathcal{S}_t)_{(p,\boldsymbol{\xi})} = -\Pi^t_{\mathbb{LG}(\mathcal{S}_t)(p,\boldsymbol{\xi})} \circ d_{(p,\boldsymbol{\xi})}\mathbb{LG}(\mathcal{S}_t) : T_{(p,\boldsymbol{\xi})}N_1[\mathcal{S}_t] \longrightarrow T_{(p,\boldsymbol{\xi})}N_1[\mathcal{S}_t]$$

が得られる．この線形変換を点 $(p,\boldsymbol{\xi})$ における $N_1[\mathcal{S}_t]$ の**瞬間的光錐型作用素**と呼ぶ．

一方，$t_0 \in I$ に対して，少なくとも局所的に $W = \boldsymbol{X}(U \times I)$ に沿った空間的単位法ベクトル場 $\boldsymbol{n}^S$ で $\boldsymbol{n}^S(u,t_0) \in N_1(\mathcal{S}_{t_0})$ となるものを選ぶ．定義から，点 $(u,t_0) \in U \times I$ で $\langle \boldsymbol{n}^S, \boldsymbol{n}^S \rangle = 1$ かつ $\langle \boldsymbol{x}_t, \boldsymbol{n}^S \rangle = \langle \boldsymbol{x}_{u_i}, \boldsymbol{n}^S \rangle = \langle \boldsymbol{n}^T, \boldsymbol{n}^S \rangle = 0$ を満たす．明らかに，$\boldsymbol{n}^T(u,t_0) + \boldsymbol{n}^S(u,t_0)$ は光的ベクトルなので，写像

$$\mathbb{LG}(\mathcal{S}_{t_0}; \boldsymbol{n}^S) : U \longrightarrow LC^*$$

を $\mathbb{LG}(\mathcal{S}_{t_0}; \boldsymbol{n}^S)(u) = \boldsymbol{n}^T(u,t_0) + \boldsymbol{n}^S(u,t_0)$ と定義し，$\mathcal{S}_{t_0} = \boldsymbol{x}(U \times \{t_0\})$ の $\boldsymbol{n}^S$ **に付随した瞬間的光錐ガウス写像**と呼ぶ．$\boldsymbol{x}$ を通した $\mathcal{S}_{t_0}$ と $U \times \{t_0\}$ の同一視のもとで各点 $p = \boldsymbol{x}(u,t_0)$ における瞬間的光錐ガウス写像 $\mathbb{LG}(\mathcal{S}_{t_0}; \boldsymbol{n}^S)$ の微分写像

$$d_p\mathbb{LG}(\mathcal{S}_{t_0}; \boldsymbol{n}^S) : T_p\mathcal{S}_{t_0} \longrightarrow T_p\mathbb{R}_1^{n+1} = T_p\mathcal{S}_{t_0} \oplus N_p(\mathcal{S}_{t_0})$$

による線形写像が得られる．このとき，射影 $\pi^t : T_p\mathcal{S}_{t_0} \oplus N_p(\mathcal{S}_{t_0}) \to T_p\mathcal{S}_{t_0}$ を合成することにより，線形変換

$$S_p(\mathcal{S}_{t_0}; \boldsymbol{n}^S) = -\pi^t \circ d_p\mathbb{LG}(\mathcal{S}_{t_0}; \boldsymbol{n}^S) : T_p\mathcal{S}_{t_0} \longrightarrow T_p\mathcal{S}_{t_0}$$

8.2 世界面の幾何学

が得られる．この線形変換 $S_p(\mathcal{S}_{t_0}; \boldsymbol{n}^S)$ を点 $p = \boldsymbol{x}(u, t_0)$ における $\mathcal{S}_{t_0} = \boldsymbol{x}(U \times \{t_0\})$ の $\boldsymbol{n}^S$-**瞬間的光錐型作用素**と呼ぶ．この場合も $S_p(\mathcal{S}_{t_0}; \boldsymbol{n}^S)$ の固有値を点 $p = \boldsymbol{x}(u, t_0)$ における $\mathcal{S}_{t_0}$ の $\boldsymbol{n}^S$ に付随した**瞬間的光錐主曲率**と呼び，$\{\kappa_i(\mathcal{S}_{t_0}; \boldsymbol{n}^S)(p)\}_{i=1}^s$ と書く．さらに，点 $p = \boldsymbol{x}(u, t_0)$ における $\mathcal{S}_{t_0}$ の $\boldsymbol{n}^S$ に付随した**瞬間的光錐リプシッツ・キリング曲率**を

$$K_\ell(\mathcal{S}_{t_0}; \boldsymbol{n}^S)(p) = \det S_p(\mathcal{S}_{t_0}; \boldsymbol{n}^S)$$

と定義する．次に，点 $p = \boldsymbol{x}(u, t_0)$ が $\mathcal{S}_{t_0}$ の $\boldsymbol{n}^S$-**瞬間的光錐臍点**であるとは

$$S_p(\mathcal{S}_{t_0}; \boldsymbol{n}^S) = \kappa(\mathcal{S}_{t_0}; \boldsymbol{n}^S)(p) 1_{T_p \mathcal{S}_{t_0}}$$

を満たすことと定義する．また，$W = \boldsymbol{x}(U \times I)$ が**全 $\boldsymbol{n}^S$-光錐臍的**であるとは，任意の点 $p = \boldsymbol{x}(u, t) \in W$ が $\mathcal{S}_t$ の $\boldsymbol{n}^S$-瞬間的光錐臍点であることと定義する．$W = \boldsymbol{x}(U \times I)$ が**全光錐臍的**であるとは，任意の $\boldsymbol{n}^S$ に対して，全 $\boldsymbol{n}^S$-光錐臍的であることとする．

ここで，**光錐ワインガルテン型公式**について述べる．$\mathcal{S}_{t_0} = \boldsymbol{x}(U \times \{t_0\})$ は空間的部分多様体なので，$\mathcal{S}_{t_0}$ 上にはリーマン計量（第一基本形式）$ds^2 = \sum_{i=1}^s g_{ij} du_i du_j$ が $g_{ij}(u, t_0) = \langle \boldsymbol{x}_{u_i}(u, t_0), \boldsymbol{x}_{u_j}(u, t_0)\rangle$ と定義することにより定まる．さらに $\mathcal{S}_{t_0}$ 上の単位法線ベクトル場 $\boldsymbol{n}^S$ に付随した $\boldsymbol{n}^S$-**光錐第二基本量**が $u \in U$ に対して $h_{ij}(\mathcal{S}_{t_0}; \boldsymbol{n}^S)(u, t_0) = \langle -(\boldsymbol{n}^T + \boldsymbol{n}^S)_{u_i}(u, t_0), \boldsymbol{x}_{u_j}(u, t_0)\rangle$ と定義される．以下の命題が成り立つ．

命題 8.2.1 $N(\mathcal{S}_{t_0})$ の擬正規直交枠 $\{\boldsymbol{n}^T, \boldsymbol{n}_1^S, \ldots, \boldsymbol{n}_{k-1}^S\}$ を $\boldsymbol{n}_{k-1}^S = \boldsymbol{n}^S$ であるように選ぶ．このとき以下の光錐ワインガルテン型公式が成り立つ：
(a) $\mathbb{LG}(\mathcal{S}_{t_0}; \boldsymbol{n}^S)_{u_i} = \langle \boldsymbol{n}_{u_i}^T, \boldsymbol{n}^S\rangle(\boldsymbol{n}^T + \boldsymbol{n}^S) + \sum_{\ell=1}^{k-2}\langle (\boldsymbol{n}^T + \boldsymbol{n}^S)_{u_i}, \boldsymbol{n}_\ell^S\rangle \boldsymbol{n}_\ell^S$
$\qquad - \sum_{j=1}^s h_i^j(\mathcal{S}_{t_0}; \boldsymbol{n}^S) \boldsymbol{x}_{u_j}$,
(b) $\pi^t \circ \mathbb{LG}(\mathcal{S}_{t_0}; \boldsymbol{n}^S)_{u_i} = -\sum_{j=1}^s h_i^j(\mathcal{S}_{t_0}; \boldsymbol{n}^S) \boldsymbol{x}_{u_j}$.
ただし，$\left(h_i^j(\mathcal{S}_{t_0}; \boldsymbol{n}^S)\right) = \left(h_{ik}(\mathcal{S}_{t_0}; \boldsymbol{n}^S)\right)\left(g^{kj}\right)$ かつ $\left(g^{kj}\right) = (g_{kj})^{-1}$ とする．

証明 $\{\boldsymbol{x}_{u_1}, \ldots, \boldsymbol{x}_{u_s}, \boldsymbol{n}^T, \boldsymbol{n}_1^S, \ldots, \boldsymbol{n}_{k-1}^S\}$ が $\mathbb{R}_1^{n+1}$ 内の M に沿った一次独立な枠なので，

$$\mathbb{LG}(\mathcal{S}_{t_0}; \boldsymbol{n}^S)_{u_i} = \lambda \boldsymbol{n}^T + \mu \boldsymbol{n}^S + \sum_{j=1}^{s} \gamma_i^j \boldsymbol{x}_{u_j} + \sum_{\ell=1}^{k-2} \xi_\ell \boldsymbol{n}_\ell^S$$

と書き表される. したがって, $-\lambda = \lambda \langle \boldsymbol{n}^T, \boldsymbol{n}^T \rangle = \langle \boldsymbol{n}^T, \mathbb{LG}(\mathcal{S}_{t_0}; \boldsymbol{n}^S)_{u_i} \rangle = \langle \boldsymbol{n}^T, \boldsymbol{n}_{u_i}^S \rangle$, $\mu = \mu \langle \boldsymbol{n}^S, \boldsymbol{n}^S \rangle = \langle \boldsymbol{n}^S, \mathbb{LG}(\mathcal{S}_{t_0}; \boldsymbol{n}^S)_{u_i} \rangle = \langle \boldsymbol{n}^S, \boldsymbol{n}_{u_i}^T \rangle = -\langle \boldsymbol{n}^T, \boldsymbol{n}_{u_i}^S \rangle$ となる. 同様にして, $\xi_\ell = \langle \mathbb{LG}(\mathcal{S}_{t_0}; \boldsymbol{n}^S)_{u_i}, \boldsymbol{n}_\ell^S \rangle = \langle (\boldsymbol{n}^T + \boldsymbol{n}^S)_{u_i}, \boldsymbol{n}_\ell^S \rangle$ が得られる. さらに, $\langle \mathbb{LG}(\mathcal{S}_{t_0}; \boldsymbol{n}^S)_{u_i}, \boldsymbol{x}_{u_j} \rangle = \sum_{j=1}^{s} \gamma_i^j \langle \boldsymbol{x}_{u_j}, \boldsymbol{x}_{u_i} \rangle = \sum_{j=1}^{s} \gamma_i^j g_{ij}$ なので, $\gamma_i^j = -h_i^j(\mathcal{S}_{t_0}; \boldsymbol{n}^S)$ となり, (a) が示された. $\mathbb{LG}(\mathcal{S}_{t_0}; \boldsymbol{n}^S)_{u_i}^t = d\pi^t \circ \mathbb{LG}(\mathcal{S}_{t_0}; \boldsymbol{n}^S)_{u_i} = \pi^t \circ \mathbb{LG}(\mathcal{S}_{t_0}; \boldsymbol{n}^S)_{u_i}$ なので, (b) も成立する. □

ここで, $\mathbb{LG}(\mathcal{S}_{t_0}; \boldsymbol{n}^S)_{u_i} = d\mathbb{LG}(\mathcal{S}_{t_0}; \boldsymbol{n}^S)(\boldsymbol{x}_{u_i})$ なので,

$$S_p(\mathcal{S}_{t_0}; \boldsymbol{n}^S)(\boldsymbol{x}_{u_i}(u, t_0)) = -\pi^t \circ \mathbb{LG}(\mathcal{S}_{t_0}; \boldsymbol{n}^S)_{u_i}(u, t_0)$$

が成り立ち, 接空間 $T_p \mathcal{S}_{t_0}$ の基底 $\{\boldsymbol{x}_{u_i}(u, t_0)\}_{i=1}^{s}$ に対する線形変換 $S_p(\mathcal{S}_{t_0}; \boldsymbol{n}^S)$ の表現行列は $(h_j^i(\mathcal{S}_{t_0}; \boldsymbol{n}^S)(u, t_0))$ であることがわかる. ゆえに, $\mathcal{S}_{t_0}$ の $\boldsymbol{n}^S$ に付随した瞬間的光錐リプシッツ・キリング曲率が

$$K_\ell(\mathcal{S}_{t_0}; \boldsymbol{n}^S)(u, t_0) = \frac{\det\left(h_{ij}(\mathcal{S}_{t_0}; \boldsymbol{n}^S)(u, t_0)\right)}{\det\left(g_{\alpha\beta}(u, t_0)\right)}$$

と書き表される. $\langle -(\boldsymbol{n}^T + \boldsymbol{n}^S)(u, t_0), \boldsymbol{x}_{u_j}(u, t_0) \rangle = 0$ なので,

$$h_{ij}(\mathcal{S}_{t_0}; \boldsymbol{n}^S)(u, t_0) = \langle \boldsymbol{n}^T(u, t_0) + \boldsymbol{n}^S(u, t_0), \boldsymbol{x}_{u_i u_j}(u, t_0) \rangle$$

となり, 点 $p_0 = \boldsymbol{x}(u_0, t_0)$ における $\mathcal{S}_{t_0}$ の $\boldsymbol{n}^S$-光錐第二基本量は $\boldsymbol{n}^T(u_0) + \boldsymbol{n}^S(u_0)$ と $\boldsymbol{x}_{u_i u_j}(u_0)$ の値のみに依存する. したがって, $p_0 = \boldsymbol{x}(u_0, t_0)$ かつ $\boldsymbol{\xi}_0 = \boldsymbol{n}^S(u_0, t_0) \in N_1(W)_{p_0}$ とおくことにより

$$h_{ij}(\mathcal{S}_{t_0}; \boldsymbol{n}^S)(u_0, t_0) = h_{ij}(\mathcal{S}_{t_0})(p_0, \boldsymbol{\xi}_0)$$

と書くことができる. ここでも $\boldsymbol{n}^S$-瞬間的型作用素は $\boldsymbol{n}^T(u_0, t_0) + \boldsymbol{n}^S(u_0, t_0)$ と $\boldsymbol{x}_{u_i}(u_0, t_0)$ と $\boldsymbol{x}_{u_i u_j}(u_0, t_0)$ の値のみに依存してベクトル場 $\boldsymbol{n}^T$ と $\boldsymbol{n}^S$ の微分とは独立であることがわかる. ゆえに, 点 $p_0 = \boldsymbol{x}(u_0, t_0)$ において $S_{p_0}(\mathcal{S}_{t_0}; \boldsymbol{\xi}_0) = S_{p_0}(\mathcal{S}_{t_0}; \boldsymbol{n}^S)$, $\kappa_i(\mathcal{S}_{t_0}, \boldsymbol{\xi}_0)(p_0) = \kappa_i(\mathcal{S}_{t_0}; \boldsymbol{n}^S)(p_0)$ ($i =$

$1, \ldots, s)$ かつ $K_\ell(\mathcal{S}_{t_0}, \boldsymbol{\xi}_0)(p_0) = K_\ell(\mathcal{S}_{t_0}; \boldsymbol{n}^S)(p_0)$ と書き表すことができる．このように言い換えると，点 $p_0 = \boldsymbol{x}(u_0, t_0)$ が $\mathcal{S}_{t_0}$ の $\boldsymbol{\xi}_0$-**瞬間的光錐臍点**であることを $S_{p_0}(\mathcal{S}_{t_0}; \boldsymbol{\xi}_0) = \kappa_i(\mathcal{S}_{t_0})(p_0, \boldsymbol{\xi}_0) 1_{T_{p_0}\mathcal{S}_{t_0}}$ を満たすことであると定義できる．さらに $p_0 = \boldsymbol{x}(u_0, t_0)$ が $\mathcal{S}_{t_0}$ の $\boldsymbol{\xi}_0$-**瞬間的光錐放物的点**であるとは $K_\ell(\mathcal{S}_{t_0}; \boldsymbol{\xi}_0)(p_0) = 0$ を満たすことであると定義する．

ここで，$\kappa_\ell(\mathcal{S}_t)_i(p, \boldsymbol{\xi})$ $(i = 1, \ldots, n-1)$ を瞬間的光錐型作用素 $S_\ell(\mathcal{S}_t)_{(p, \boldsymbol{\xi})}$ の固有値とする．この固有値を2種類に分類する．$\kappa_\ell(\mathcal{S}_t)_i(p, \boldsymbol{\xi})$ $(i = 1, \ldots, s)$ で上記の固有値の中で $T_p\mathcal{S}_t$ 属するものを表し，$\kappa_\ell(\mathcal{S}_t)_i(p, \boldsymbol{\xi})$ $(i = s+1, \ldots, n)$ で上記の固有値の中で，$N_1[\mathcal{S}_t]$ のファイバーの接空間に属するものを表す．このとき，以下の命題が成り立つ．

命題 8.2.2 $p_0 = \boldsymbol{x}(u_0, t_0)$ と $\boldsymbol{\xi}_0 \in N_1[\mathcal{S}_{t_0}]_{p_0}$ に対して，

$$\kappa_\ell(\mathcal{S}_{t_0})_i(p_0, \boldsymbol{\xi}_0) = \kappa_i(\mathcal{S}_{t_0}, \boldsymbol{\xi}_0)(p_0) \quad (i = 1, \ldots, s),$$
$$\kappa_\ell(\mathcal{S}_{t_0})_i(p_0, \boldsymbol{\xi}_0) = -1 \quad (i = s+1, \ldots, n)$$

が成り立つ．

証明 $\{\boldsymbol{n}^T, \boldsymbol{n}^S_1, \ldots, \boldsymbol{n}^S_{k-1}\}$ は $N(\mathcal{S}_t)$ の擬正規直交枠であり $\boldsymbol{\xi}_0 = \boldsymbol{n}^S_{k-1}(u_0, t_0) \in S^{k-2} = N_1[\mathcal{S}_{t_0}]_p$ なので，任意の $i = 1, \ldots, k-2$ に対して $\langle \boldsymbol{n}^T(u_0, t_0), \boldsymbol{\xi}_0 \rangle = \langle \boldsymbol{n}^S_i(u_0, t_0), \boldsymbol{\xi}_0 \rangle = 0$ が成り立つ．したがって，

$$T_{\boldsymbol{\xi}_0}S^{k-2} = \langle \boldsymbol{n}^S_1(u_0, t_0), \ldots, \boldsymbol{n}^S_{k-2}(u_0, t_0)\rangle$$

となる．$T_{\boldsymbol{\xi}_0}S^{k-2}$ のこの擬正規直交基底により標準的なリーマン計量 $G_{ij}(p_0, \boldsymbol{\xi}_0)$ は

$$(G_{ij}(p_0, \boldsymbol{\xi})) = \begin{pmatrix} g_{ij}(p_0) & 0 \\ 0 & I_{k-2} \end{pmatrix}$$

と表現される．ただし，$g_{ij}(p_0) = \langle \boldsymbol{x}_{u_i}(u_0, t_0), \boldsymbol{x}_{u_j}(u_0, t_0) \rangle$ である．一方，命題8.2.1から

$$-\sum_{j=1}^s h_i^j(\mathcal{S}_{t_0}, \boldsymbol{n}^S)\boldsymbol{x}_{u_j} = \mathbb{L}\mathbb{G}(\mathcal{S}_{t_0}, \boldsymbol{n}^S)_{u_i} = d_{p_0}\mathbb{L}\mathbb{G}(\mathcal{S}_{t_0}; \boldsymbol{n}^S)\left(\frac{\partial}{\partial u_i}\right)$$

となり，ゆえに

$$S_\ell(\mathcal{S}_{t_0})_{(p_0,\boldsymbol{\xi}_0)}\left(\frac{\partial}{\partial u_i}\right) = \sum_{j=1}^s h_i^j(\mathcal{S}_{t_0}, \boldsymbol{n}^S) \boldsymbol{x}_{u_j}$$

である．したがって，$T_{(p_0,\boldsymbol{\xi}_0)}N_1[\mathcal{S}_{t_0}]$ の基底

$$\{\boldsymbol{x}_{u_1}(u_0,t_0),\ldots,\boldsymbol{x}_{u_s}(u_0,t_0),\boldsymbol{n}_1^S(u_0,t_0),\ldots,\boldsymbol{n}_{k-2}^S(u_0,t_0)\}$$

に対する線形変換 $S_\ell(\mathcal{S}_{t_0})_{(p_0,\boldsymbol{\xi}_0)}$ の表現行列は

$$\begin{pmatrix} h_i^j(\mathcal{S}_{t_0},\boldsymbol{n}^S)(u_0,t_0) & * \\ 0 & -I_{k-2} \end{pmatrix}$$

という形をしている．よって，その固有値は $\lambda_i = \kappa_i(\mathcal{S}_{t_0},\boldsymbol{\xi}_0)(p_0)$ ($i=1,\ldots,s$) と $\lambda_i = -1$ ($i=s+1,\ldots,n-1$) の2種類に分かれる． □

固有値 $\kappa_\ell(\mathcal{S}_t)_i(p,\boldsymbol{\xi}) = \kappa_i(\mathcal{S}_t,\boldsymbol{\xi})(p)$ ($i=1,\ldots,s$) を点 $p = \boldsymbol{x}(u,t) \in W$ における $\mathcal{S}_t$ の $\boldsymbol{\xi}$ に付随した**瞬間的光錐主曲率**と呼ぶ．

一方，写像 $\widetilde{\mathbb{LG}}(\mathcal{S}_t) : N_1(\mathcal{S}_t) \longrightarrow S_+^{n-1}$ を

$$\widetilde{\mathbb{LG}}(\mathcal{S}_t)(p,\boldsymbol{\xi}) = \pi_S^L(\mathbb{LG}(\mathcal{S}_t)(p,\boldsymbol{\xi}))$$

と定義して，$N_1(\mathcal{S}_t)$ の**正規化された瞬間的光錐ガウス写像**と呼ぶ．さらに，$\mathcal{S}_t$ の $\boldsymbol{n}^S$ に付随した正規化された瞬間的光錐ガウス写像 $\widetilde{\mathbb{LG}}(\mathcal{S}_t;\boldsymbol{n}^S) : U \longrightarrow S_+^{n-1}$ を $\widetilde{\mathbb{LG}}(\mathcal{S}_t;\boldsymbol{n}^S)(u) = \pi_S^L(\mathbb{LG}(\mathcal{S}_t;\boldsymbol{n}^S)(u))$ と定義する．この $\boldsymbol{n}^S$ に付随した正規化された瞬間的光錐ガウス写像の点 $p = \boldsymbol{x}(u,t)$ における微分写像をとることにより線形写像 $d_p\widetilde{\mathbb{LG}}(\mathcal{S}_t;\boldsymbol{n}^S) : T_p\mathcal{S}_t \longrightarrow T_p\mathbb{R}_1^{n+1}$ が得られる．ただし，いつものように $U \times \{t\}$ と $\mathcal{S}_t$ を $\boldsymbol{x}$ を通して同一視している．このとき，以下の命題が成り立つ．

命題 8.2.3 $\mathbb{LG}(\mathcal{S}_t;\boldsymbol{n}^S)(u) = (\ell_0(u,t), \ell_1(u,t), \ldots, \ell_n(u,t))$ とすると，$\boldsymbol{n}^S$ に付随した正規化された光錐ワインガルテン型の公式

$$\pi^t \circ \widetilde{\mathbb{LG}}(\mathcal{S}_t;\boldsymbol{n}^S)_{u_i}(u) = -\sum_{j=1}^s \frac{1}{\ell_0(u,t)} h_i^j(\mathcal{S}_t;\boldsymbol{n}^S)(u,t) \boldsymbol{x}_{u_j}(u,t)$$

が成り立つ．

証明 定義から $\ell_0 \widetilde{\mathbb{LG}}(\mathcal{S}_t; \boldsymbol{n}^S) = \mathbb{LG}(\mathcal{S}_t; \boldsymbol{n}^S)$ であり, したがって

$$\ell_0 \widetilde{\mathbb{LG}}(\mathcal{S}_t; \boldsymbol{n}^S)_{u_i} = \mathbb{LG}(\mathcal{S}_t; \boldsymbol{n}^S)_{u_i} - \ell_{0 u_i} \widetilde{\mathbb{LG}}(\mathcal{S}_t; \boldsymbol{n}^S)$$

となる. $\widetilde{\mathbb{LG}}(\mathcal{S}_t; \boldsymbol{n}^S)(u) \in N_p(\mathcal{S}_t)$ なので, $\pi^t \circ \widetilde{\mathbb{LG}}(\mathcal{S}_t; \boldsymbol{n}^S)_{u_i} = \frac{1}{\ell_0} \pi^t \circ \mathbb{LG}(\mathcal{S}_t; \boldsymbol{n}^S)_{u_i}$ を得る. 命題 8.2.1 から, $\boldsymbol{n}^S$ に付随した正規化された光錐ワインガルテン型の公式が成り立つことがわかる. □

線形変換 $\widetilde{S}_p(\mathcal{S}_t; \boldsymbol{n}^S) = -\pi^t \circ d_p \widetilde{\mathbb{LG}}(\mathcal{S}_t; \boldsymbol{n}^S)$ を点 p における $\mathcal{S}_t$ の $\boldsymbol{n}^S$ に**付随した正規化された瞬間的光錐型作用素**と呼ぶ. さらに, $\widetilde{S}_p(\mathcal{S}_t; \boldsymbol{n}^S)$ の固有値 $\{\widetilde{\kappa}_i(\mathcal{S}_t; \boldsymbol{n}^S)(p)\}_{i=1}^s$ を $\boldsymbol{n}^S$ に**付随した正規化された瞬間的光錐主曲率**と呼ぶ. 命題 8.2.3 から $\widetilde{\kappa}_i(\mathcal{S}_t; \boldsymbol{n}^S)(p) = (1/\ell_0(u,t))\kappa_i(\mathcal{S}_t; \boldsymbol{n}^S)(p)$ が成り立つ. また, $\mathcal{S}_t$ の点 p における $\boldsymbol{n}^S$ に**付随した正規化された瞬間的光錐リプシッツ・キリング曲率**を $\widetilde{K}_\ell(u,t) = \det \widetilde{S}_p(\mathcal{S}_t; \boldsymbol{n}^S)$ と定義する. ここでも, 命題 8.2.3 から, $p = \boldsymbol{X}(u,t)$ に対して, 関係式

$$\widetilde{K}_\ell(\mathcal{S}_t; \boldsymbol{n}^S)(p) = \left(\frac{1}{\ell_0(u,t)} \right)^s K_\ell(\mathcal{S}_t; \boldsymbol{n}^S)(p)$$

が成り立つ. 定義から, $p_0 = \boldsymbol{x}(u_0, t_0)$ が $\boldsymbol{n}^S$-**瞬間的臍点**であるための必要十分条件は $\widetilde{S}_{p_0}(\mathcal{S}_t; \boldsymbol{n}^S) = \widetilde{\kappa}(\mathcal{S}_{t_0}; \boldsymbol{n}^S)(p_0) 1_{T_{p_0} \mathcal{S}_{t_0}}$ が成り立つことである. この場合, 特に $\widetilde{\kappa}(\mathcal{S}_{t_0}; \boldsymbol{n}^S)(p_0) = 0$ のとき p_0 を $\boldsymbol{n}^S$-**瞬間的平坦点**と呼び, 任意の点 $p_0 \in \mathcal{S}_{t_0}$ が $\boldsymbol{n}^S$-瞬間的平坦点のとき, $\mathcal{S}_{t_0}$ は**全 $\boldsymbol{n}^S$-瞬間的平坦**であるという. このとき, 以下の命題が成り立つ.

命題 8.2.4 任意の $t_0 \in I$ に対して, 以下の条件 (1) と (2) は同値である:
(1) $W = \boldsymbol{x}(U \times I)$ に沿った空間的単位ベクトル場 $\boldsymbol{n}^S$ で $\boldsymbol{n}^S(u, t_0) \in N_1(\mathcal{S}_{t_0})$ を満たすものが存在して $\mathcal{S}_{t_0} = \boldsymbol{x}(U \times \{t_0\})$ の $\boldsymbol{n}^S$ に付随した正規化された瞬間的光錐ガウス写像 $\widetilde{\mathbb{LG}}(\mathcal{S}_{t_0}; \boldsymbol{n}^S)$ が定値である.
(2) 光的ベクトル $\boldsymbol{v} \in S_+^{n-1}$ と実数 c が存在して $\mathcal{S}_{t_0} \subset HP(\boldsymbol{v}, c)$ となる.
　上記の条件を満たすと仮定すると,
(3) $\mathcal{S}_{t_0} = \boldsymbol{x}(U \times \{t_0\})$ は全 $\boldsymbol{n}^S$-瞬間的平坦である.

証明 条件 (1) が成り立つと仮定して, $\boldsymbol{v} = \widetilde{\mathbb{LG}}(\mathcal{S}_{t_0}; \boldsymbol{n}^S) \in S_+^{n-1}$ とする.

このとき，関数 $F: U \longrightarrow \mathbb{R}$ を $F(u) = \langle \boldsymbol{x}(u, t_0), \boldsymbol{v} \rangle$ と定義する．定義から，任意の $i = 1, \ldots, s$ に対して，

$$\frac{\partial F}{\partial u_i}(u) = \langle \boldsymbol{x}_{u_i}(u, t_0), \boldsymbol{v} \rangle = \langle \boldsymbol{x}_{u_i}(u, t_0), \widetilde{\mathbb{LG}}(\mathcal{S}_{t_0}; \boldsymbol{n}^S)(u) \rangle$$

となり，$F(u) = \langle \boldsymbol{x}(u, t_0), \boldsymbol{v} \rangle = c$ は定値関数である．したがって，$\mathcal{S}_{t_0} \subset HP(\boldsymbol{v}, c)$ が成り立つ．

逆にあるベクトル $\boldsymbol{v} \in S_+^{N-1}$ と実数 c に対して，$\mathcal{S}_{t_0} \subset HP(\boldsymbol{v}, c)$ と仮定すると，任意の点 $p \in \mathcal{S}_{t_0}$ に対して，$T_p \mathcal{S}_{t_0} \subset H(\boldsymbol{v}, 0)$ が成り立つ．ゆえに $\langle \boldsymbol{x}_{u_i}(u, t_0), \boldsymbol{v} \rangle = 0$ を満たす．一方，もし $\langle \boldsymbol{n}^T(u, t_0), \boldsymbol{v} \rangle = 0$ ならば，$\boldsymbol{n}^T(u, t_0) \in HP(\boldsymbol{v}, 0)$ が成り立つ．$HP(\boldsymbol{v}, 0)$ は空間的超平面なので，時間的ベクトルはその上に存在しない．すなわち，$\langle \boldsymbol{n}^T(u, t_0), \boldsymbol{v} \rangle \neq 0$ となる．ここで，$\mathcal{S}_{t_0} = \boldsymbol{x}(U \times \{t_0\})$ に沿った法線ベクトル場を

$$\boldsymbol{n}^S(u, t_0) = \frac{-1}{\langle \boldsymbol{n}^T(u, t_0), \boldsymbol{v} \rangle} \boldsymbol{v} - \boldsymbol{n}^T(u, t_0)$$

と定義する．このとき，$\langle \boldsymbol{x}_{u_i}(u, t_0), \boldsymbol{n}^S(u, t_0) \rangle = 0, \langle \boldsymbol{n}^S(u, t_0), \boldsymbol{n}^S(u, t_0) \rangle = 1$ かつ $\langle \boldsymbol{n}^S(u, t_0), \boldsymbol{n}^T(u, t_0) \rangle = 0$ となることがわかる．ゆえに，$\boldsymbol{n}^S(u, t_0) \in TW$ かつ $(\boldsymbol{n}^T, \boldsymbol{n}^S)$ は擬直交する単位法ベクトル対で $\widetilde{\mathbb{LG}}(\mathcal{S}_{t_0}; \boldsymbol{n}^S)(u, t_0) = \boldsymbol{v}$ を満たすものである．

一方，命題 8.2.3 から $\widetilde{\mathbb{LG}}(\mathcal{S}_{t_0}; \boldsymbol{n}^S)$ が定値写像ならば $(h_i^j(\boldsymbol{n}^T, \boldsymbol{n}^S)(u)) = O$ となり，したがって，$\mathcal{S}_{t_0} = \boldsymbol{x}(U)$ は全 $\boldsymbol{n}^S$-瞬間的平坦である．　□

8.3　世界超曲面の焦点集合

この節では，簡単のために，$s = n - 1$ の場合の世界面を考える．すなわち，$\boldsymbol{x}: U \times I \longrightarrow \mathbb{R}_1^{n+1}$ を余次元 1 の時間的埋め込みとする．この場合，世界面 $(W, \mathcal{S})$ は**世界超曲面**と呼ばれる．W は時間的超曲面なので，W に沿った空間的単位法ベクトル場を

$$\boldsymbol{n}^S(u, t) = \frac{\boldsymbol{x}_{u_1}(u, t) \wedge \cdots \wedge \boldsymbol{x}_{u_{n-1}}(u, t) \wedge \boldsymbol{x}_t(u, t)}{\|\boldsymbol{x}_{u_1}(u, t) \wedge \cdots \wedge \boldsymbol{x}_{u_{n-1}}(u, t) \wedge \boldsymbol{x}_t(u, t)\|}$$

8.3 世界超曲面の焦点集合

と定義することができる. $\mathcal{S}_t$ は余次元 2 の空間的部分多様体なので,任意の $t \in I$ に対して,$p = \boldsymbol{x}(u,t)$ 点における擬法空間 $N_p(\mathcal{S}_t)$ は 2 次元ローレンツ空間である.したがって,$\mathcal{S}_t$ に沿った未来方向を向いた時間的単位ベクトル場 $\boldsymbol{n}^T$ で $\boldsymbol{n}^T(u,t) \in N_p(\mathcal{S}_t) \cap T_pW$ を満たすものがただ一つ存在する.この場合,空間的単位法ベクトル場の選び方は $\boldsymbol{n}^S$ と $-\boldsymbol{n}^S$ の二通りなので,**瞬間的光錐ガウス写像** $\mathbb{LG}^\pm(\mathcal{S}_t) : \mathcal{S}_t \longrightarrow LC^*$ は $p = \boldsymbol{x}(u,t)$ に対して,$\mathbb{LG}^\pm(\mathcal{S}_t)(p) = \boldsymbol{n}^T(u,t) \pm \boldsymbol{n}^S(u,t)$ となる.さらに,**瞬間的光錐型作用素**も瞬間的光錐ガウス写像の微分写像 $d\mathbb{LG}^\pm(\mathcal{S}_t)_p : T_p\mathcal{S}_t \longrightarrow T_{\tilde p}LC^* \subset T_{\tilde p}\mathbb{R}_1^{n+1}$ を用いて

$$S_\ell^\pm(\mathcal{S}_t)_p = -\pi^t \circ d\mathbb{LG}^\pm(\mathcal{S}_t)_p : T_p\mathcal{S}_t \longrightarrow T_p\mathcal{S}_t$$

となる.点 $p = \boldsymbol{x}(u,t)$ における $\mathcal{S}_t$ の**瞬間的光錐主曲率**も線形変換 $S_\ell^\pm(\mathcal{S}_t)_p$ の固有値となり,$\{\kappa_i^\pm(\mathcal{S}_t)(p)\}_{i=1}^{n-1}$ と表す.また,点 $p = \boldsymbol{x}(u,t)$ における $\mathcal{S}_t$ の**瞬間的光錐ガウス・クロネッカー曲率**は

$$K_\ell^\pm(\mathcal{S}_t)(p) = \det S_\ell^\pm(\mathcal{S}_t)_p$$

と定義される.この曲率は余次元が高い場合は瞬間的光錐リプシッツ・キリング曲率と呼ばれたものであるが,伝統的な用語に従って,余次元が 1 の場合は瞬間的光錐ガウス・クロネッカー曲率と呼ばれる.

光錐ワインガルテン型公式もこの場合は簡単な形で表すことができる.$\mathcal{S}_t$ 上のリーマン計量(第一基本形式)は $g_{ij}(u,t) = \langle \boldsymbol{x}_{u_i}(u,t), \boldsymbol{x}_{u_j}(u,t) \rangle$ によって $ds^2 = \sum_{i=1}^{n-1} g_{ij} du_i du_j$ と与えられ,さらに**光錐的第二基本量**を $h[\pm]_{ij}(u,t) = \langle -(\boldsymbol{n}^T \pm \boldsymbol{n}^S)_{u_i}(u,t), \boldsymbol{x}_{u_j}(u,t) \rangle$ と表す.命題 8.2.1 から以下の系が成り立つ.

系 8.3.1 (a) $(\boldsymbol{n}^T \pm \boldsymbol{n}^S)_{u_i} = \langle \boldsymbol{n}^S, \boldsymbol{n}^T_{u_i} \rangle (\boldsymbol{n}^T \pm \boldsymbol{n}^S) - \sum_{j=1}^{n-1} h_i^j[\pm] \boldsymbol{x}_{u_j}$
(b) $\pi^t \circ (\boldsymbol{n}^T + \boldsymbol{n}^S)_{u_i} = -\sum_{j=1}^{n-1} h_i^j[\pm] \boldsymbol{x}_{u_j}$.
ただし,$\left(h_i^j[\pm]\right) = (h_{ik}[\pm])\left(g^{kj}\right)$ かつ $\left(g^{kj}\right) = (g_{kj})^{-1}$ である.

系 8.3.1 から瞬間的光錐主曲率は $\left(h_i^j[\pm]\right)$ の固有値であることがわかる.

ここで，写像 $\mathrm{LH}^{\pm}_{\mathcal{S}_{t_0}} : U \times \{t_0\} \times \mathbb{R} \longrightarrow \mathbb{R}^{n+1}_1$ を

$$\mathrm{LH}^{\pm}_{\mathcal{S}_{t_0}}(p,\mu) = \mathrm{LH}^{\pm}_{\mathcal{S}_{t_0}}(u,t_0,\mu) = \boldsymbol{x}(u,t_0) + \mu \mathbb{LG}^{\pm}(\mathcal{S}_{t_0})(u,t_0)$$

と定義し，瞬間的部分空間 $\mathcal{S}_{t_0}$ に沿った**光的超曲面**と呼ぶ．さらに，写像 $\mathrm{LH}^{\pm}_W : U \times I \times \mathbb{R} \longrightarrow \mathbb{R}^{n+1}_1 \times I$ を

$$\mathrm{LH}^{\pm}_W(u,t,\mu) = (\mathrm{LH}^{\pm}_{\mathcal{S}_t}(u,t,\mu), t)$$

と定義し，$(W,\mathcal{S})$ の**光的超曲面開折**と呼ぶ．これらは，一般に特異点をもつ写像であり，その特異点の幾何学的意味を調べるために，ローレンツ距離 2 乗関数を導入する．$W = \boldsymbol{x}(U \times I)$ 上の関数族 $G : W \times \mathbb{R}^{n+1}_1 \longrightarrow \mathbb{R}$ を

$$G(p,\boldsymbol{\lambda}) = G(u,t,\boldsymbol{\lambda}) = \langle \boldsymbol{x}(u,t) - \boldsymbol{\lambda}, \boldsymbol{x}(u,t) - \boldsymbol{\lambda} \rangle$$

と定義し，世界超曲面 $(W,\mathcal{S})$ 上の**ローレンツ距離 2 乗関数**と呼ぶ．任意の固定された $(t_0, \boldsymbol{\lambda}_0) \in I \times \mathbb{R}^{n+1}_1$ に対して，$g(u) = G_{(t_0, \boldsymbol{\lambda}_0)}(u) = G(u, t_0, \boldsymbol{\lambda}_0)$ と書く．このとき以下の命題が成り立つ．

命題 8.3.2 $\mathcal{S}_{t_0}$ を世界超曲面 $(W,\mathcal{S})$ の瞬間的部分空間として，$G : W \times \mathbb{R}^{n+1}_1 \to \mathbb{R}$ をローレンツ距離 2 乗関数とする．$p_0 = \boldsymbol{x}(u_0, t_0) \neq \boldsymbol{\lambda}_0$ と仮定すると以下が成り立つ：

(1) $g(u_0) = \partial g/\partial u_i(u_0) = 0 \ (i = 1, \ldots, n-1)$ であるための必要十分条件はある $\mu \in \mathbb{R} \setminus \{0\}$ が存在して

$$p_0 - \boldsymbol{\lambda}_0 = \mu \mathbb{LG}^{\pm}(\mathcal{S}_{t_0})(p_0)$$

を満たすことである．

(2) $g(u_0) = \partial g/\partial u_i(u_0) = \det \mathcal{H}(g)(u_0) = 0 \ (i = 1, \ldots, n-1)$ であるための必要十分条件は，

$$p_0 - \boldsymbol{\lambda}_0 = \mu \mathbb{LG}^{\pm}(\mathcal{S}_{t_0})(p_0)$$

における $-1/\mu$ が一つの光錐的主曲率 $\{\kappa^{\pm}_i(\mathcal{S}_t)(p)\}^{n-1}_{i=1}$ と一致することである．

ただし，$\det \mathcal{H}(g)(u_0)$ は g の点 u_0 でのヘッセ行列式を表す．

証明 (1) 条件 $g(u) = \langle \boldsymbol{x}(u,t_0) - \boldsymbol{\lambda}_0, \boldsymbol{x}(u,t_0) - \boldsymbol{\lambda}_0 \rangle = 0$ を言い換えると $\boldsymbol{x}(u,t_0) - \boldsymbol{\lambda}_0 \in LC^*$ である. また,

$$\partial g/\partial u_i(u_0) = 2\langle \boldsymbol{x}_{u_i}(u,t_0), \boldsymbol{x}(u,t_0) - \boldsymbol{\lambda}_0 \rangle = 0$$

であるための必要十分条件は $\boldsymbol{x}(u,t_0) - \boldsymbol{\lambda}_0 \in N_p M$ であるので, $g(u_0) = \partial g/\partial u_i(u_0) = 0$ が成り立つための必要十分条件は $p_0 - \boldsymbol{\lambda}_0 \in N_p M \cap LC^*$ となる. この条件は $\mu \in \mathbb{R} \setminus \{0\}$ が存在して $p_0 - \boldsymbol{\lambda}_0 = \mu \mathbb{LG}^{\pm}(\mathcal{S}_{t_0})(p_0)$ であることを意味する.

(2) g の 2 階微分を計算すると

$$\frac{\partial^2 g}{\partial u_i \partial u_j} = 2\left\{ \langle \boldsymbol{x}_{u_i u_j}, \boldsymbol{x} - \boldsymbol{\lambda}_0 \rangle + \langle \boldsymbol{x}_{u_i}, \boldsymbol{x}_{u_j} \rangle \right\}$$

なので, 条件 $p_0 - \boldsymbol{\lambda}_0 = \mu \mathbb{LG}^{\pm}(\mathcal{S}_{t_0})(p_0)$ のもとで

$$\frac{\partial^2 g}{\partial u_i \partial u_j} = 2\left\{ \langle \boldsymbol{x}_{u_i u_j}, \mu \mathbb{LG}^{\pm}(\mathcal{S}_{t_0})(p_0) \rangle + g_{ij}(u_0,t_0) \right\}$$

である. したがって,

$$\left(\frac{\partial^2 g}{\partial u_i \partial u_j} \right)(g^{k\ell}) = \left(2\left\{ \mu h_j^i[\pm] + \delta_j^i \right\} \right)$$

となる. ゆえに $\det \mathcal{H}(g)(p_0) = 0$ である必要十分条件は $-1/\mu$ が $(h_j^i[\pm](p_0))$ の固有値と一致することである. □

上記の結果に触発されて,

$$\mathbb{LF}^{\pm}_{\mathcal{S}_{t_0}} = \bigcup_{i=1}^{n-1} \left\{ \boldsymbol{x}(u,t_0) + \frac{1}{\kappa_i^{\pm}(\mathcal{S}_t)(p)} \mathbb{LG}^{\pm}(\mathcal{S}_{t_0})(p) \mid u \in U, p = \boldsymbol{x}(u,t_0) \right\}$$

と定義し, $\mathbb{LF}^{\pm}_{\mathcal{S}_{t_0}}$ を瞬間的部分空間 $\mathcal{S}_{t_0}$ の**光的焦点集合**と呼ぶ. さらに, $(W,\mathcal{S})$ の**光的焦点集合開折**を

$$\mathbb{LF}^{\pm}_{(W,\mathcal{S})} = \bigcup_{t \in I} \mathbb{LF}^{\pm}_{\mathcal{S}_t} \times \{t\} \subset \mathbb{R}_1^{n+1} \times I$$

と定義する. $\mathbb{LF}^{\pm}_{(W,\mathcal{S})}$ は対応する光的超曲面開折 $\mathbb{LH}^{\pm}_W$ の特異値集合である.

ここで，命題 8.3.2 の結果を光錐との接触という観点から解釈できる．$i = 1, 2$ に対して $U_i \subset \mathbb{R}^r$ を開集合，$g_i : (U_i \times I, (u_i, t_i)) \longrightarrow (\mathbb{R}^n, \boldsymbol{y}_i)$ を埋め込み芽とする．$\bar{g}_i : (U_i \times I, (u_i, t_i)) \longrightarrow (\mathbb{R}^n \times I, (\boldsymbol{y}_i, t_i))$ を $\bar{g}_i(u, t) = (g_i(u), t)$ と定義する．このとき $(\overline{Y}_i, (\boldsymbol{y}_i, t_i)) = (\bar{g}_i(U_i \times I), (\boldsymbol{y}_i, t_i))$ と書き表す．さらに $f_i : (\mathbb{R}^n, \boldsymbol{y}_i) \longrightarrow (\mathbb{R}, 0)$ をしずめ込み芽で $(V(f_i), \boldsymbol{y}_i) = (f_i^{-1}(0), \boldsymbol{y}_i)$ となるものとする．$\overline{Y}_1$ と自明な族 $V(f_1) \times I$ の点 $(\boldsymbol{y}_1, t_1)$ での接触が $\overline{Y}_2$ と自明な族 $V(f_2) \times I$ の点 $(\boldsymbol{y}_2, t_2)$ での接触が狭い意味で同じ型をもつとは $\Phi(\boldsymbol{y}, t) = (\phi_1(\boldsymbol{y}, t), t + (t_2 - t_1))$ という形の微分同相芽 $\Phi : (\mathbb{R}^n \times I, (\boldsymbol{y}_1, t_1)) \longrightarrow (\mathbb{R}^n \times I, (\boldsymbol{y}_2, t_2))$ が存在して，集合芽として $\Phi(\overline{Y}_1) = \overline{Y}_2$ かつ $\Phi(V(f_1) \times I) = V(f_2) \times I$ が成り立つこととする．このとき，記号として $SK(\overline{Y}_1, V(f_1) \times I; (\boldsymbol{y}_1, t_1)) = SK(\overline{Y}_2, V(f_2) \times I; (\boldsymbol{y}_2, t_2))$ と書く．以下の命題は Montaldi [42] の定理の 1 径数族版であるが，本書のレベルを超えるので証明は省略する．

命題 8.3.3 $SK(\overline{Y}_1, V(f_1) \times I; (\boldsymbol{y}_1, t_1)) = SK(\overline{Y}_2, V(f_2) \times I; (\boldsymbol{y}_2, t_2))$ であるための必要十分条件は $f_1 \circ g_1$ と $f_2 \circ g_2$ が $S.P.\mathcal{K}$-同値となることである．

ここで，$\boldsymbol{\lambda} \in \mathbb{R}_1^{n+1} \setminus W$ に対して，関数 $\mathfrak{g}_{\boldsymbol{\lambda}} : \mathbb{R}_1^{n+1} \longrightarrow \mathbb{R}$ を $\mathfrak{g}_{\boldsymbol{\lambda}}(\boldsymbol{x}) = \langle \boldsymbol{x} - \boldsymbol{\lambda}, \boldsymbol{x} - \boldsymbol{\lambda} \rangle$ と定義する．任意の $\boldsymbol{\lambda}_0 \in \mathbb{R}_1^{n+1}$ に対して $\mathfrak{g}_{\boldsymbol{\lambda}_0}^{-1}(0) = LC_{\boldsymbol{\lambda}_0}$ は $\boldsymbol{\lambda}_0$ を頂点とする光錐である．特に，$p_0 = \boldsymbol{x}(u_0, t_0)$ に対して $\boldsymbol{\lambda}_0^{\pm} = \mathbb{LH}_{\mathcal{S}_{t_0}}^{\pm}(p_0, \mu_0)$ とすると

$$\mathfrak{g}_{\boldsymbol{\lambda}_0^{\pm}} \circ \boldsymbol{x}(u_0, t_0) = G((u_0, t_0), \mathbb{LH}_{\mathcal{S}_{t_0}}^{\pm}(p_0, \mu_0)) = 0$$

となる．命題 8.3.2 から，$i = 1, \ldots, n-1$ について

$$\frac{\partial \mathfrak{g}_{\boldsymbol{\lambda}_0^{\pm}} \circ \boldsymbol{x}}{\partial u_i}(u_0, t_0) = \frac{\partial G}{\partial u_i}((u_0, t_0), \mathbb{LH}_{\mathcal{S}_{t_0}}^{\pm}(p_0, \mu_0)) = 0$$

という関係式が成り立つ．この関係式は二つの光錐 $\mathfrak{g}_{\boldsymbol{\lambda}_0^{\pm}}^{-1}(0) = LC_{\boldsymbol{\lambda}_0^{\pm}}$ は $p_0 = \boldsymbol{x}(u_0, t_0)$ で $\mathcal{S}_{t_0} = \boldsymbol{x}(U \times \{t_0\})$ に接していることを意味する．二つの光錐 $LC_{\boldsymbol{\lambda}_0^{\pm}}$ を点 $p_0 = \boldsymbol{x}(u_0, t_0)$ における $\mathcal{S}_{t_0} = \boldsymbol{x}(U \times \{t_0\})$ の**接光錐**と呼び

$TLC(\mathcal{S}_{t_0}, \boldsymbol{\lambda}_0^{\pm})$ と書き表す．ただし，$\boldsymbol{\lambda}_0^{\pm} = \mathrm{L}\mathbb{H}_{\mathcal{S}_{t_0}}^{\pm}(p_0, \mu_0)$ である．このとき，以下の補題が成り立つことは明らかである．

補題 8.3.4 $\boldsymbol{x}: U \times I \longrightarrow \mathbb{R}_1^{n+1}$ を世界超曲面として，その上の二つの点 $p_i = \boldsymbol{x}(u_i, t_0)$ $(i = 1, 2)$ を考える．このとき，
$$\mathrm{L}\mathbb{H}_{\mathcal{S}_{t_0}}^{\pm}(p_1, \mu_1) = \mathrm{L}\mathbb{H}_{\mathcal{S}_{t_0}}^{\pm}(p_2, \mu_2)$$
であるための必要十分条件は
$$TLC(\mathcal{S}_{t_0}, \mathrm{L}\mathbb{H}_{\mathcal{S}_{t_0}}^{\pm}(p_1, \mu_1)) = TLP(\mathcal{S}_{t_0}, \mathrm{L}\mathbb{H}_{\mathcal{S}_{t_0}}^{\pm}(p_2, \mu_2))$$
が成り立つことである．

これらの準備のもとで，以下の事実がわかる．$g_{\boldsymbol{\lambda}}(u, t) = G(u, t, \boldsymbol{\lambda})$ と書くと，$g_{\boldsymbol{\lambda}}(u, t) = \mathfrak{g}_{\boldsymbol{\lambda}} \circ \boldsymbol{x}(u, t)$ となり，したがって以下の命題が命題 8.3.3 の系として成り立つ．

命題 8.3.5 $\boldsymbol{x}_i : (U \times I, (u_i, t_0)) \longrightarrow (\mathbb{R}_1^{n+1}, p_i)$ $(i = 1, 2)$ を世界超曲面芽として，$\boldsymbol{\lambda}_i^{\pm} = \mathrm{L}\mathbb{H}_{\mathcal{S}_{t_0}}^{\pm}(p_i, \mu_i)$ かつ $W_i = \boldsymbol{x}_i(U \times I)$ と書き表す．このとき，以下の条件は同値である：
(1) $SK(\overline{W}_1, TLC(\mathcal{S}_{t_0}, \boldsymbol{\lambda}_1^{\pm}) \times I; (p_1, t_0)) = SK(\overline{W}_2, TLC(\mathcal{S}_{t_0}, \boldsymbol{\lambda}_2^{\pm}) \times I; (p_2, t_0))$ が成り立つ．
(2) $g_{1, \boldsymbol{\lambda}_1^{\pm}}$ と $g_{2, \boldsymbol{\lambda}_2^{\pm}}$ は S.P-$\mathcal{K}$-同値である．ただし，$g_{i, \boldsymbol{\lambda}_i^{\pm}}(u, t) = G_i(u, t, \boldsymbol{\lambda}_i^{\pm}) = \langle \boldsymbol{x}_i(u, t) - \boldsymbol{\lambda}_i^{\pm}, \boldsymbol{x}_i(u, t) - \boldsymbol{\lambda}_i^{\pm} \rangle$ $(i = 1, 2)$ とする．

ここでは，世界超曲面の光的焦点集合開折について，グラフ型ルジャンドル開折の理論を応用して調べる．最初に以下の命題が成り立つ．

命題 8.3.6 $G: U \times I \times (\mathbb{R}_1^{n+1} \setminus W) \to \mathbb{R}$ を世界超曲面 $(W, \mathcal{S})$ 上のローレンツ距離 2 乗関数とする．任意の点 $(u_0, t_0, \boldsymbol{\lambda}_0) \in \Sigma_G$ に対して，点 $(u_0, t_0, \boldsymbol{\lambda}_0)$ で G が定める関数芽は非退化なグラフ型モース超曲面族である．

証明 座標成分表示として

$$\boldsymbol{x}(u,t) = (x_0(u,t), x_1(u,t), \ldots, x_n(u,t)) \text{ かつ } \boldsymbol{\lambda} = (\lambda_0, \lambda_1, \ldots, \lambda_n)$$

と書き表す．定義から

$$G(u,t,\boldsymbol{\lambda}) = -(x_0(u,t)-\lambda_0)^2 + (x_1(u,t)-\lambda_1)^2 + \cdots + (x_n(u,t)-\lambda_n)^2$$

である．最初に写像

$$\Delta_* G(u,t_0,\boldsymbol{\lambda}) = \left(G(u,t_0,\boldsymbol{\lambda}), \frac{\partial G}{\partial u_1}(u,t_0,\boldsymbol{\lambda}), \ldots, \frac{\partial G}{\partial u_{n-1}}(u,t_0,\boldsymbol{\lambda})\right)$$

が点 $(u_0, t_0, \boldsymbol{\lambda}_0) \in \Sigma_G$ において非特異であることを示す．写像 $\Delta_* G|_{U \times \{t_0\} \times \mathbb{R}^{n+1}_1}$
のヤコビ行列は

$$\begin{pmatrix} & 2(x_0-\lambda_0) & -2(x_1-\lambda_1) & \cdots & -2(x_n-\lambda_n) \\ A & 2x_{0u_1} & -2x_{1u_1} & \cdots & -2x_{nu_1} \\ & \vdots & \vdots & \vdots & \vdots \\ & 2x_{0u_{n-1}} & -2x_{1u_{n-1}} & \cdots & -2x_{nu_{n-1}} \end{pmatrix}$$

で与えられる．ここで，A は $i=1,\ldots,n-1$, $j=1,\ldots,n-1$ に対して

$$A = \begin{pmatrix} 2\langle \boldsymbol{x}-\boldsymbol{\lambda}, \boldsymbol{x}_{u_j}\rangle \\ 2(\langle \boldsymbol{x}_{u_i}, \boldsymbol{x}_{u_j}\rangle + \langle \boldsymbol{x}-\boldsymbol{\lambda}, \boldsymbol{x}_{u_i u_j}\rangle) \end{pmatrix}$$

で与えられる $n \times (n-1)$ 行列である．$\boldsymbol{x}$ が埋め込みであることから，行列

$$\begin{pmatrix} 2x_{0u_1} & -2x_{1u_1} & \cdots & -2x_{nu_1} \\ \vdots & \vdots & \ddots & \vdots \\ 2x_{0u_{n-1}} & -2x_{1u_{n-1}} & \cdots & -2x_{nu_{n-1}} \end{pmatrix}$$

の階数は $n-1$ に等しい．さらに $\boldsymbol{x}-\boldsymbol{\lambda}$ が光的で $T_p \mathcal{S}_{t_0}$ は空間的部分空間なので，$\boldsymbol{x}-\boldsymbol{\lambda}, \boldsymbol{x}_{u_1}, \ldots, \boldsymbol{x}_{u_{n-1}}$ は $(u_0, t_0, \boldsymbol{\lambda}_0) \in \Sigma_G$ で1次独立である．したがって，行列

$$\begin{pmatrix} 2(x_0-\lambda_0) & -2(x_1-\lambda_1) & \cdots & -2(x_n-\lambda_n) \\ 2x_{0u_1} & -2x_{1u_1} & \cdots & -2x_{nu_1} \\ \vdots & \vdots & \ddots & \vdots \\ 2x_{0u_{n-1}} & -2x_{1u_{n-1}} & \cdots & -2x_{nu_{n-1}} \end{pmatrix}$$

の階数は n である．ゆえに $\Delta_* G|_{U\times\{t_0\}\times\mathbb{R}_1^{n+1}}$ のヤコビ行列は点 $(u_0, t_0, \boldsymbol{\lambda}_0) \in \Sigma_G$ で非特異である．

一方，
$$\frac{\partial G}{\partial t}(u, t, \boldsymbol{\lambda}) = 2\langle \boldsymbol{x}_t(u, t), \boldsymbol{x}(u, t) - \boldsymbol{\lambda}\rangle$$
である．任意の $(u_0, t_0, \boldsymbol{\lambda}_0) \in \Sigma_G$ に対して，実数 $\mu \neq 0$ が存在して $\boldsymbol{\lambda}_0 = \boldsymbol{x}(u_0, t_0) + \mu\mathbb{LG}^\pm(\mathcal{S}_{t_0})(u_0, t_0)$ を満たす．ここで，$\boldsymbol{n}^S(u_0, t_0)$ は W の単位法線ベクトルなので，
$$\langle \boldsymbol{x}_t(u_0, t_0), \mathbb{LG}^\pm(\mathcal{S}_{t_0})(u_0, t_0)\rangle = \langle \boldsymbol{x}_t(u_0, t_0), \boldsymbol{n}^T(u_0, t_0)\rangle$$
が成り立つ．さらに $p = \boldsymbol{x}(u_0, t_0)$ に対して，
$$\{\boldsymbol{x}_t(u_0, t_0), \boldsymbol{x}_{u_1}(u_0, t_0), \ldots, \boldsymbol{x}_{u_{n-1}}(u_0, t_0)\}$$
は $T_p W$ の基底であり $\boldsymbol{n}^T(u_0, t_0) \in N_p(\mathcal{S}_{t_0}) \cap T_p W$ である．したがって，$\langle \boldsymbol{x}_t(u_0, t_0), \boldsymbol{n}^T(u_0, t_0)\rangle \neq 0$ が成り立つ．ゆえに
$$\begin{aligned}\frac{\partial G}{\partial t}(u_0, t_0, \boldsymbol{\lambda}_0) &= \langle \boldsymbol{x}_t(u_0, t_0), -\mu\mathbb{LG}^\pm(\mathcal{S}_{t_0})(u_0, t_0)\rangle \\ &= -\mu\langle \boldsymbol{x}_t(u_0, t_0), \boldsymbol{n}^T(u_0, t_0)\rangle \neq 0\end{aligned}$$
を得る． □

命題 8.3.2 から
$$\Sigma_G = \{(u, t, \mathbb{LH}_{\mathcal{S}_t}^\pm(p, \mu)) \in U \times I \times \mathbb{R}_1^{n+1} \mid p = \boldsymbol{X}(u, t), \mu \in \mathbb{R} \setminus \{0\}\}$$
となるので，写像 $\mathscr{L}(G) : \Sigma_G \longrightarrow J_{GA}^1(\mathbb{R}_1^{n+1}, I)$ を
$$\mathscr{L}(G)(u, t, \mathbb{LH}_{\mathcal{S}_t}^\pm(p, \mu)) = \left(\mathbb{LH}_{\mathcal{S}_t}^\pm(p, \mu), t, \frac{2}{\langle \boldsymbol{x}_t(u, t), \boldsymbol{n}^T(u, t)\rangle}\overline{\mathbb{LG}^\pm(\mathcal{S}_t)(u, t)}\right)$$
と定義する．ただし，$\boldsymbol{x} = (x_0, x_1, \ldots, x_n) \in \mathbb{R}_1^{n+1}$ に対して，$\overline{\boldsymbol{x}} = (-x_0, x_1, \ldots, x_n)$ とする．グラフ型モース超曲面族からグラフ型ルジャンドル開折を構成する方法から $\mathscr{L}(G)(\Sigma_G)$ は $J_{GA}^1(\mathbb{R}_1^{n+1}, I)$ 内のグラフ型ルジャンドル開折となる．そのグラフ型波面 $W(\mathscr{L}(G)(\Sigma_G))$ は
$$\{(\mathbb{LH}_{\mathcal{S}_t}^\pm(p, \mu), t) \in \mathbb{R}_1^{n+1} \times I \mid p = \boldsymbol{x}(u, t),\ (u, t) \in U \times I,\ \mu \in \mathbb{R} \setminus \{0\}\}$$

である.すなわち,
$$W(\mathscr{L}(G)(\Sigma_G)) = \mathrm{LH}_W^+(U \times I \times (\mathbb{R} \setminus \{0\})) \cup \mathrm{LH}_W^-(U \times I \times (\mathbb{R} \setminus \{0\}))$$
が成り立つ.命題 8.3.2 からグラフ型波面 $W(\mathscr{L}(G)(\Sigma_G))$ の特異点集合は $\mathrm{LH}_W^\pm$ の特異値集合であり,光的焦点集合開折の和集合 $\mathrm{LF}_W^+ \cup \mathrm{LF}_W^-$ に一致する.したがって,以下の命題が示された.

命題 8.3.7 $(W, \mathcal{S})$ を $\mathbb{R}_1^{n+1}$ の世界超曲面で $G : W \times (\mathbb{R}_1^{n+1} \setminus W) \longrightarrow \mathbb{R}$ をローレンツ距離 2 乗関数とする.このとき,グラフ型ルジャンドル開折 $\mathscr{L}(G)(\Sigma_G) \subset J_{GA}^1(\mathbb{R}_1^{n+1}, I)$ をとるとそのグラフ型波面が
$$W(\mathscr{L}(G)(\Sigma_G)) = \mathrm{LH}_W^+(U \times I \times (\mathbb{R} \setminus \{0\})) \cup \mathrm{LH}_W^-(U \times I \times (\mathbb{R} \setminus \{0\}))$$
となる.

ここで,
$$\mathrm{LH}_{(W,\mathcal{S})}^\pm = \mathrm{LH}_W^\pm(U \times I \times (\mathbb{R} \setminus \{0\}))$$
と書き,$\mathrm{LH}_{(W,\mathcal{S})}^+ \cup \mathrm{LH}_{(W,\mathcal{S})}^-$ を $(W, \mathcal{S})$ の**光的超曲面開折**と呼ぶ.

一方,グラフ型ルジャンドル開折に付随してラグランジュ部分多様体 $\Pi(\mathscr{L}(G)(\Sigma_G)) \subset T^*\mathbb{R}_1^{n+1}$ が得られる.このとき,その焦点集合 $C_{\mathscr{L}(G)(\Sigma_G)}$ やマクスウェル集合 $M_{\mathscr{L}(G)(\Sigma_G)}$ は世界超曲面 $(W, \mathcal{S})$ にとって何を意味するものかという自然な疑問が考えられる.さらに,$C_{\mathscr{L}(G)(\Sigma_G)}$ や $M_{\mathscr{L}(G)(\Sigma_G)}$ は理論物理学ではどのような意味をもつのかという疑問も生ずる.

1.4 節でも述べたように,Bousso と Randall は論文 [7, 8] で,ホログラフ領域という概念を定義するために世界超曲面の焦点集合のアイデアを述べている.そのアイデアをこの場合に解釈すると,光的超曲面の族 $\{\mathrm{LH}_{\mathcal{S}_t}^\pm(U \times \{t\}) \times \mathbb{R}\}_{t \in J}$ を考えるとき,その族の和集合は $\mathbb{R}_1^{n+1}$ のある領域を覆う.世界超曲面の**焦点集合**とは瞬間的空間族 $\mathcal{S} = \{\mathcal{S}_t\}_{t \in I}$ に沿った光的超曲面の $t \in I$ を動かしたときに現れる光的焦点集合族(光的超曲面の特異値集合の族)の和集合である.このとき,世界超曲面の**ホログラフ領域**とは光的超曲面族が焦点集合に達するまでに覆う領域のことと定義する.瞬間的空間に沿った光的

8.3 世界超曲面の焦点集合

超曲面の特異値集合が瞬間的部分空間の焦点集合なので，BoussoとRandallが考えた焦点集合は以下のようにして定義される：**世界超曲面**$(W, \mathcal{S})$ **の焦点集合**とは，標準的射影$\pi_1: \mathbb{R}_1^{n+1} \times I \longrightarrow \mathbb{R}_1^{n+1}$によって，

$$C^{\pm}(W, \mathcal{S}) = \bigcup_{t \in I} \mathrm{LF}_{\mathcal{S}_t}^{\pm} = \pi_1(\mathrm{LF}_{(W, \mathcal{S})}^{\pm})$$

と定義される．この$C^{\pm}(W, \mathcal{S})$を$(W, \mathcal{S})$の**BR-焦点集合**と呼ぶ．さらに$C(W, \mathcal{S}) = \pi_1(\mathrm{LF}_W^+ \cup \mathrm{LF}_W^-)$と書いて，$(W, \mathcal{S})$の**全BR-焦点集合**と呼ぶ．定義から$\Sigma(W(\mathscr{L}(G)(\Sigma_G))) = \mathrm{LF}_{(W, \mathcal{S})}^+ \cup \mathrm{LF}_{(W, \mathcal{S})}^-$となるので，以下の命題が成り立つ．

命題 8.3.8 $(W, \mathcal{S})$を$\mathbb{R}_1^{n+1}$内の世界超曲面として$G: U \times I \times (\mathbb{R}_1^{n+1} \setminus W) \longrightarrow \mathbb{R}$をその上のローレンツ距離2乗関数とする．このとき，$C(W, \mathcal{S}) = C_{\mathscr{L}(G)(\Sigma_G)}$となる．

BoussoとRandallは論文[7, 8]の中で世界超曲面の焦点集合を考えたが，マクスウェル集合については何も言及していない．実際彼らが描いている例は一番退化した場合で焦点集合とマクスウェル集合が一致している場合である．しかし，マクスウェル集合は宇宙論において重要な役割を担うことが知られており，Penroseは論文[46]において，マクスウェル集合を **crease set** と名づけている．それは椎野等の研究[47]において，ブラックホール（事象の地平線）の位相的形状の説明に使われている．そのような理由から，世界超曲面のマクスウェル集合も物理的に重要な役割を担うものと予想される．ここでは，グラフ型ルジャンドル開折としてのマクスウェル集合$M(W, S) = M_{\mathscr{L}(G)(\Sigma_G)}$を世界超曲面$(W, \mathcal{S})$の**BR-マクスウェル集合**と呼ぶ．

以下で，世界超曲面のBR-焦点集合とBR-マクスウェル集合の特異点の分類について解説する．$\boldsymbol{x}_i: (U_i \times I_i, (u_i, t_i)) \longrightarrow (\mathbb{R}_1^{n+1}, p_i)$ $(i = 1, 2)$を時間的埋め込み芽で$W_i = \boldsymbol{x}_i(U)$としたときに$(W_i, \mathcal{S}_i)$が世界超曲面となるものとする．$\boldsymbol{\lambda}_i = \mathrm{LH}_{\mathcal{S}_i}^+(p_i, u_i)$または$\boldsymbol{\lambda}_i = \mathrm{LH}_{\mathcal{S}_i}^-(p_i, u_i)$に対して，$G_i: (U_i \times I_i \times (\mathbb{R}_1^{n+1} \setminus W_i), (u_i, t_i, \boldsymbol{\lambda}_i)) \longrightarrow \mathbb{R}$をローレンツ距離2乗関数芽とする．さらに，$g_{i, \boldsymbol{\lambda}_i}(u, t) = G_i(u, t, \boldsymbol{\lambda}_i)$と定める．

$$W(\mathscr{L}(G_i)(\Sigma_{G_i})) = \mathbb{LH}^+_{(W_i,\mathcal{S}_i)} \cup \mathbb{LH}^-_{(W_i,\mathcal{S}_i)}$$

なので，定理 5.4.1 と系 5.4.2 を適用して，以下の定理が成り立つことがわかる．

定理 8.3.9 $\bar{\pi}|_{\mathscr{L}(G_i)(\Sigma_{G_i})}$ $(i=1,2)$ はプロパーな写像芽でその特異点集合はいたるところ非稠密であるとする．このとき，以下の条件は同値である：
(1) $(\mathbb{LH}^+_{(W_1,\mathcal{S}_1)} \cup \mathbb{LH}^-_{(W_1,\mathcal{S}_1)}, \boldsymbol{\lambda}_1)$ と $(\mathbb{LH}^+_{(W_2,\mathcal{S}_2)} \cup \mathbb{LH}^-_{(W_2,\mathcal{S}_2)}, \boldsymbol{\lambda}_2)$ は s-$S.P^+$-微分同相である．
(2) $\mathscr{L}(G_1)(\Sigma_{G_1})$ と $\mathscr{L}(G_2)(\Sigma_{G_2})$ は s-$S.P^+$-ルジャンドル同値である．
(3) $\Pi(\mathscr{L}(G_1)(\Sigma_{G_1}))$ と $\Pi(\mathscr{L}(G_2)(\Sigma_{G_2}))$ はラグランジュ同値である．

定理 8.3.9 の主張の中で (2), (3) は $\bar{\pi}|_{\mathscr{L}(G_i)(\Sigma_{G_i})}$ に関する仮定なしでも成立する（定理 5.4.1）．さらに，$\mathscr{L}(G_i)(\Sigma_{G_i})$ が s-$S.P^+$-ルジャンドル安定ということを仮定すると，定理 5.4.4 と命題 8.3.3 から以下の定理が成り立つことがわかる．

定理 8.3.10 $\mathscr{L}(G_i)(\Sigma_{G_i})$ $(i=1,2)$ がそれぞれ s-$S.P^+$-ルジャンドル安定であると仮定すると以下の条件は同値である：
(1) $(\mathbb{LH}^+_{(W_1,\mathcal{S}_1)} \cup \mathbb{LH}^-_{(W_1,\mathcal{S}_1)}, \boldsymbol{\lambda}_1)$ と $(\mathbb{LH}^+_{(W_2,\mathcal{S}_2)} \cup \mathbb{LH}^-_{(W_2,\mathcal{S}_2)}, \boldsymbol{\lambda}_2)$ は s-$S.P^+$-微分同相である．
(2) $\mathscr{L}(G_1)(\Sigma_{G_1})$ と $\mathscr{L}(G_2)(\Sigma_{G_2})$ は s-$S.P^+$-ルジャンドル同値である．
(3) $\Pi(\mathscr{L}(G_1)(\Sigma_{G_1}))$ と $\Pi(\mathscr{L}(G_2)(\Sigma_{G_2}))$ はラグランジュ同値である．
(4) $g_{1,\boldsymbol{\lambda}_1}$ と $g_{2,\boldsymbol{\lambda}_2}$ は $S.P$-$\mathcal{K}$-同値である．
(5) $SK(\overline{W}_1, TLC(\mathcal{S}_{t_0}, \boldsymbol{\lambda}_1) \times I; (p_1, t_0)) = SK(\overline{W}_2, TLC(\mathcal{S}_{t_0}, \boldsymbol{\lambda}_2) \times I; (p_2, t_0))$.

定義と定理 8.3.9 から以下の命題が成り立つ．

命題 8.3.11 ラグランジュ部分多様体芽 $\Pi(\mathscr{L}(G_1)(\Sigma_{G_1}))$ と $\Pi(\mathscr{L}(G_2)(\Sigma_{G_2}))$ がラグランジュ同値であるならば全 BR-焦点集合芽 $C(W_1, \mathcal{S}_1)$ と

$C(W_2, \mathcal{S}_2)$ かつ BR-マクスウェル集合芽 $M(W_1, \mathcal{S}_1)$ と $M(W_2, \mathcal{S}_2)$ は同時に微分同相である.

参考文献

[1] R. Abraham and J. E. Marsden, *Foundations of Mechanics, Revised, enlarged, reset*, The Benjamin/Cummings publishing Company, 1980

[2] V. I. Arnol'd, 古典力学の数学的方法（安藤, 蟹江, 丹羽訳）, 岩波書店, 1980

[3] V. I. Arnol'd, 常微分方程式（足立, 今西訳）, 現代数学社, 1981

[4] V. I. Arnol'd, S. M. Gusein-Zade and A. N. Varchenko, *Singularities of Differentiable Maps vol. I*. Birkhäuser, 1986

[5] V. I. Arnol'd, *Contact geometry and wave propagation*. Monograph. Enseignement Math. **34** (1989)

[6] V. I. Arnol'd, *Singularities of caustics and wave fronts*. Math. Appl. 62, Kluwer, Dordrecht, 1990

[7] R. Bousso, *The holographic principle*, REVIEWS OF MODERN PHYSICS **74** (2002), 825–874

[8] R. Bousso and L Randall, *Holographic domains of ant-de Sitter space*, Journal of High Energy Physics **04** (2002), 057

[9] TH. Bröcker, *Differentiable Germs and Catastrophes*. London Mathematical Society Lecture Note Series 17, Cambridge University Press, 1975

[10] J. W. Bruce, *Wavefronts and parallels in Euclidean space*. Math. Proc. Cambridge Philos. Soc. **93** (1983), 323–333

[11] J. Damon, *The unfolding and determinacy theorems for subgroups of $\mathcal{A}$ and $\mathcal{K}$*. Memoirs of A.M.S. **50**, No. **306**, 1984

[12] J. J. Duistermaat, *Oscillatory integrals, Lagrange immersions, and unfoldings of singularities*, Commun. Pure Appl. Math. **27** (1974), 207–281

[13] V. Goryunov and V. M. Zakalyukin, *Lagrangian and Legendrian*

Singularities. Real and Complex Singularities, Trends in Mathematics, 169–185, Birkhäuger, 2006

[14] A. Hayakawa, G. Ishikawa, S.Izumiya and K. Yamaguchi, *Classification of generic integral diagrams and first order ordinary differential equations*. International Journal of Mathematics, **5** (1994), 447–489

[15] S. Izumiya, *Generic bifurcations of varieties*. manuscripta math. **46** (1984), 137–164

[16] S. Izumiya, *Perestroikas of optical wave fronts and graphlike Legendrian unfoldings*. J. Differential Geom. **38** (1993), 485–500

[17] S. Izumiya, *Completely integrable holonomic systems of first-order differential equations*. Proc. Royal Soc. Edinburgh **125A** (1995), 567–586

[18] S. Izumiya and G. Kossioris, *Semi-local classification of geometric singularities for Hamilton-Jacobi equations*, J. Differential Equations, **118** (1995), 166–193

[19] S. Izumiya and Y. Kurokawa, *Holonomic systems of Clairaut type*. Differential Geometry and its Applications **5** (1995), 219–235

[20] S. Izumiya and G. Kossioris, *Realization theorem of geometric singularities for Hamilton-Jacobi equations*, Commun. Anal. and Geom. **5** (1997), 475–495

[21] S. Izumiya and G. Kossioris, *Geometric Singularities for Solutions of Single Conservation Laws*. Arch. Rational Mech. Anal. **139** (1997), 255–290

[22] S. Izumiya and G. Kossioris, *Bifurcations of shock wabes for viscosity solutions of Hamilton-Jacobi equations of one space variables*, Bull. Sciences Math. **121** (1997), 619–667

[23] 泉屋周一，石川剛郎，応用特異点論，共立出版，1998

[24] S. Izumiya, *Differential Geometry from the viewpoint of Lagrangian or Legendrian singularity theory*. in *Singularity Theory, Proceedings of the 2005 Marseille Singularity School and Conference, by D. Chéniot et al.* 241–275, World Scientific, 2007

[25] S. Izumiya and M.C. Romero Fuster, *The lightlike flat geometry on spacelike submanifolds of codimension two in Minkowski space*. Selecta Math. (N.S.) **13** (2007), no. 1, 23–55

[26] S. Izumiya and T. Sato, *Lightlike hypersurfaces along spacelike submanifolds in Minkowski space-time*. Journal of Geometry and Physics. **71** (2013), 30–52

[27] S. Izumiya, *Lightlike hypersurfaces along spacelike submanifolds in anti-de Sitter space*, Journal of Mathematical Physics, **56** (2015) 112502; 1–29

[28] S. Izumiya and T. Sato, *Lightlike hypersurfaces along spacelike submanifolds in de Sitter space*, Journal of Geometry and Physics, **71** (2014), 157–173

[29] S. Izumiya and M. Takahashi, *Spacelike parallels and evolutes in Minkowski pseudo-spheres*. Journal of Geometry and Physics. **57** (2007), 1569–1600

[30] S. Izumiya and M. Takahashi, *Caustics and wave front propagations: Applications to differential geometry*. Banach Center Publications. Geometry and topology of caustics. **82** (2008), 125–142

[31] S. Izumiya and M. Takahashi, *Pedal foliations and Gauss maps of hypersurfaces in Euclidean space*. Journal of Singularities. **6** (2012), 84–97

[32] S. Izumiya, *Geometry of world sheets in Lorentz-Minkowski space*, RIMS Kôkyûroku Bessatsu, **B55** (2016), 89–109

[33] S. Izumiya, *Caustics of world hyper-sheets in the Minkowski spacetime*, Contemporary Mathematics, AMS, **675** (2016), 133–15

[34] S. Izumiya, *The theory of graph-like Legendrian unfoldings and its applications*. Journal of Singularities. **12** (2015), 53–79

[35] S. Izumiya, *Geometric interpretation of Lagrangian equivalence*. Canad. Math. Bull. **59** (2016), 806–812

[36] S. Izumiya, M. C. Romero Fuster, M. A. Soares Ruas and F. Tari, *Differential Geometry from a Singularity Theory Viewpoint*. World Scientific, 2015

[37] K. Jänich, *Caustics and catastrophes*, Math. Ann. **209**, 161–180 (1974)

[38] 泉屋周一,佐野貴志,幾何学と特異点,第I部「微分幾何学と特異点」,共立出版, 2001

[39] J. Martinet, *Singularities of Smooth Functions and Maps*. London Math. Soc. Lecture Note Series, **58**, Cambridge University Press, 1982

[40] 松島与三,多様体入門,数学選書5,裳華房, 1965

[41] 松本幸夫,多様体の基礎,基礎数学5,東京大学出版会, 1988

[42] J. A. Montaldi, *On contact between submanifolds*, Michigan Math. J. **33** (1986), 81–85

[43] 村上信吾,多様体,共立数学講座19,共立出版, 1969

[44] 野口広, 福田拓生, 復刊 初等カタストロフィー, 共立出版, 2002
[45] B. O'Neill, *Semi-Riemannian Geometry*, Academic Press, New York, 1983
[46] R. Penrose, *Null Hypersurface Initial Data for Classical Fields of Arbitrary Spin and for General Relativity*, General Relativity and Gravitation, **12** (1963), 225–264
[47] M. Siino and T. Koike, *Topological classification of black holes: generic Maxwell set and crease set of a horizon*, International Journal of Modern Physics D, **20** (2011), 1095
[48] 津村博文, 代数学, テキスト理系の数学10, 数学書房, 2013
[49] G. Wassermann, *Stability of Unfoldings*, Lecture Notes in Mathematics, **393**, Springer, 1974
[50] G. Wassermann, *Stability of Caustics*, Math. Ann. **216** (1975), 43–50
[51] V. M. Zakalyukin, *Lagrangian and Legendrian singularities*, Funct. Anal. Appl. **10** (1976), 23–31
[52] V. M. Zakalyukin, *Reconstructions of fronts and caustics depending one parameter*, Funct. Anal. Appl. **10** (1976), 139–140
[53] V. M. Zakalyukin, *Reconstructions of fronts and caustics depending one parameter and versality of mappings*, J. Sov. Math. **27** (1984), 2713–2735
[54] V. M. Zakalyukin, *Envelope of Families of Wave Fronts and Control Theory*. Proc. Steklov Inst. Math. **209** (1995), 114–123

索　引

■ 数字

1 径数局所変換群, 30
1 ジェット空間, 208
1 次微分形式, 27
3/2 カスプ, 3
3 次元ミンコフスキー時空, 10
4 次元ミンコフスキー時空, 10

■ 英字

$\mathcal{A}$-安定焦点集合
　　　t_0 において――を生成する, 183
$\mathcal{A}$-f 開折圏射, 168
$\mathcal{A}$-同値, 163
$\mathcal{A}$-普遍開折, 168
$\mathcal{A}$-普遍焦点集合, 180
$\mathcal{A}$ または $\mathcal{K}$ の幾何学的部分群, 137

BR-焦点集合, 17, 231
BR-マクスウェル集合, 231

crease set, 231
C^∞ 級関数
　　　O における――, 32

F からの ϕ による誘導開折, 66
f の $\mathcal{G}$ 普遍開折, 66

$\mathcal{G}$-f 開折圏射, 66
$\mathcal{G}$ 最小普遍開折, 74
$\mathcal{G}$ 自明, 66
$\mathcal{G}$ 普遍開折
　　　f の――, 66

H の光線, 176

$\mathcal{K}_e$ 余次元, 64, → チュリナ数
$\mathcal{K}$-f 同値
　　　狭い意味で――, 65
$\mathcal{K}$-k-確定, 55
$\mathcal{K}$-k-充足, 55
k ジェット
　　　f の点 a における――, 54
　　　点 a で同じ――をもつ, 53
k ジェット空間, 54
$\mathbb{K}$-多元環, 44
　　　――の準同型, 45
$\mathcal{K}$-同値, 51
$\mathcal{K}$ 普遍開折
　　　無限小――, 67
$\mathcal{K}$ 有限確定, 55

n^S-光錐第二基本量, 217
n^S-瞬間的光錐型作用素, 217
n^S-瞬間的光錐臍点, 217

n^S-瞬間的平坦点, 221
n^S に付随した正規化された瞬間的光錐ガウス写像, 220
n^S に付随した正規化された瞬間的光錐型作用素, 221
n^S に付随した正規化された瞬間的光錐主曲率, 221
n^S に付随した正規化された瞬間的光錐リプシッツ・キリング曲率, 221
n 次元位相多様体, 31
n 次元可微分多様体, 31
n 次元数空間, 19
n 次元双曲空間, 212
n 次元ド・ジッター空間, 212
n 次元ユークリッド空間, 20
$n+1$ 次元ミンコフスキー時空, 212

P-$\mathcal{A}$-同値, 163
　　安定——, 165
P-$\mathcal{K}$-$\bar{f}$ 開折圏射, 166
P-$\mathcal{K}$ 接空間
　　拡張された——, 141
P-$\mathcal{K}$-同値, 66, 141
$\mathcal{P}$-$\mathcal{K}$-同値, 139
　　安定——, 140
P-$\mathcal{K}$-普遍開折, 141, 165
　　無限小——, 141
P-$\mathcal{R}$-同値, 66
P-$\mathcal{R}^+$-同値, 65
$\mathcal{P}$-微分同相, 138
$\mathcal{P}$-微分同相芽, 139
P-右同値
　　狭い意味での——, 103, → $S.P$-$\mathcal{R}$-同値

$\mathcal{R}$-f 同値
　　狭い意味で——, 65
$\mathcal{R}$-k-確定, 55

$\mathcal{R}$-k-充足, 55
r-安定
　　焦点集合に対して——, 183
R-加群, 45
　　——の準同型, 45
　　有限生成——, 45
r 次元開折, 64
R-準同型, 45
R 上の加群, 45
R 上の生成系, 45
$\mathbb{R}$-多元環, 50, → 実多元環
$\mathcal{R}$-同値, 51
r パラメータ変形族, 64
R-部分加群, 45
　　S で生成された M の——, 45
$\mathcal{R}$ 普遍開折
　　無限小——, 67
$\mathcal{R}^+$-f 同値
　　狭い意味で——, 64
$\mathcal{R}^+$-安定焦点集合
　　t_0 において——を生成する, 183
$\mathcal{R}^+$ 普遍開折
　　無限小——, 67
$\mathcal{R}^+$-普遍焦点集合, 180
$\mathcal{R}^+$ 余次元, 64, → ミルナー数
$\mathcal{R}$ 有限確定, 55

$S.P$-$\mathcal{K}$-同値, 122, 141
　　安定——, 123
$S.P$-$\mathcal{R}$-同値, 103
　　安定——, 104
$S.P^+$-$\mathcal{K}$ 接空間
　　拡張された——, 141
$S.P^+$-$\mathcal{K}$-普遍開折, 141
　　無限小——, 141
s-P-ルジャンドル安定, 142, 165
s-P-ルジャンドル同値, 137
s-$S.P^+$-ルジャンドル安定, 142

索 引

s-$S.P^+$-ルジャンドル同値, 137
s-$S.P$-ルジャンドル同値, 136
(s,t)-ルジャンドル同値, 137
S の M における余次元, 37

t-P-ルジャンドル同値, 137

ξ_0-瞬間的光錐臍点, 219
ξ_0-瞬間的光錐放物点, 219

$\overline{Y}_1$ と自明な族 $V(f_1) \times I$ の点 $(\boldsymbol{y}_1, t_1)$
　　での接触, 226
$\overline{Y}_2$ と自明な族 $V(f_2) \times I$ の点 $(\boldsymbol{y}_2, t_2)$ で
　　の接触, 226

■ あ行
アーベル群, 43
アイソトロピック部分空間, 91
アフィン座標
　　グラフ型——, 114
アフィン座標系, 113
安定 P-$\mathcal{A}$-同値, 165
安定 $\mathcal{P}$-$\mathcal{K}$-同値, 140
安定 P-$\mathcal{R}^+$-同値, 107
安定 $S.P$-$\mathcal{K}$-同値, 123
安定 $S.P$-$\mathcal{R}$-同値, 104
安定性, 138
　　ホモトピー——, 75
安定微分同相, 173
　　狭い意味での——, 156

位相空間, 20
位相多様体
　　n 次元——, 31
いたるところ非稠密, 129
イデアル, 44
　　真の——, 44

埋め込み, 36

演算, 42

横断正則的, 40
同じ芽を定める, 49
折り目写像（芽）, 83

■ か行
開光錐, 212
外積, 185
開折
　　r 次元——, 64
　　誘導された——, 166
開折圏射
　　$\mathcal{A}$-f——, 168
　　$\mathcal{G}$-f——, 66
　　$\mathcal{P}$-$\mathcal{K}$-$\bar{f}$——, 166
開折次元, 64
外部変数, 64
ガウス・クロネッカー曲率, 188
可換環, 43
可換群, 43
核, 43
拡張された P-$\mathcal{K}$ 接空間, 141
拡張された $S.P^+$-$\mathcal{K}$ 接空間, 141
拡張された距離関数, 187
拡張された接空間, 168
加群
　　R 上の——, 45
カスプ写像（芽）, 84
型作用素, 188
カタストロフ写像（芽）, 79
カタストロフ集合（芽）, 77
可微分 2 次形式, 27
可微分関数, 32
可微分曲線, 3, 32
可微分構造, 31

索引

可微分写像, 22, 32
可微分多様体
 n次元——, 31
可微分ファイバー束, 41
可微分ベクトル場, 26
環, 43
関数芽, 50
関数モジュライ, 137, 200
完全解, 201
完全積分, 198
完全積分可能, 198

擬外積, 13
幾何学的解, 203, 204, 208
幾何学的コーシー問題
 方程式 $E(H)$ に対して初期多様体 $\mathscr{L}'$
  をもつ時間に依存した——, 209
幾何学的部分群
 $\mathcal{A}$ または $\mathcal{K}$ の——, 137
擬正規直交枠, 16
軌道, 47
擬内積, 10, 211
擬法曲率, 16
擬法線ベクトル v をもつ超平面, 212
擬法線ベクトルとする平面, 11
逆元, 43
行列環, 43
極小グラフ, 158
極小母関数族, 104, 123
極小モース関数族, 104
極小モース超曲面族, 123
局所環, 45, 50
 r 次の——, 131
局所座標, 31
局所座標 (U, ϕ) に付随した標準基底, 34
局所座標系, 31
局所微分同相写像, 36
曲線 $\gamma : I \longrightarrow \mathbb{R}^3_1$ が空間的, 12

極大グラフ, 158
曲率, 4, 12
曲率円, 191
距離, 20
距離 2 乗関数, 6, 187
距離関数, 187
 拡張された——, 187
距離空間, 20

空間的, 212, 214
空間的 $k - 2$ 次元球面束
 n^T に付随した——, 215
空間的超平面, 212
空間的平面, 11
空間的ベクトル, 11
空間特異点, 134
グラフ型波面, 143
グラフ型母関数族, 144
 非退化——, 144
グラフ型モース超曲面族, 144
グラフ型ルジャンドル開折, 143
クレロー型, 201
クロネッカーのデルタ, 21
群, 42

結合法則, 42, 43

コアイソトロピック部分空間, 91
光錐, 12, 212
光錐ガウス写像
 瞬間的——, 215
 世界面——, 215
光錐単位 $(n - 1)$ 球面, 213
光錐的第二基本量, 223
光錐ワインガルテン型公式, 217
光線
 H の——, 176
光線距離関数, 178

光線写像, 177
交代 r 線形形式, 28
交代双線形形式, 27
光的, 212
光的曲面
　　γ に沿った——, 14
光的曲面開折, 18
光的焦点集合, 17, 225
光的焦点集合開折, 225
光的超曲面, 224
光的超曲面開折, 224, 230
光的超平面, 212
光的平面, 11
光的ベクトル, 11
勾配, 27
コースティック, 98
弧長, 12
古典解, 204, 208
古典群, 47
混合折り目型, 202

■ さ行
財布, 86, → 双曲的臍（財布）
座標, 19
座標成分, 19
作用, 47
残余特異性, 52

ジェット, 53
時間的, 212, 214
時間的（正則）曲面, 16
時間的超平面, 212
時間的平面, 11
時間的ベクトル, 11
時間的向き付け可能, 16, 214
時間特異点, 134
時間に依存した準線形1階偏微分方程式, 203

指数, 12
指数写像, 176
しずめ込み, 26, 36
　　点 x_0 で f は——, 36
実数体, 43
実多元環, 50
指標, 52
　　f の——, 52
射影的余接束, 112
写像
　　ラグランジュ——, 98
写像芽, 50
斜体, 43
弱解, 203, 210
十分小さい
　　V_0 と $\varepsilon > 0$ が s に対して, ——, 178
十分に小さい, 178
主曲率, 188
縮閉線, 5
縮閉超曲面, 191
瞬間の曲線, 16
瞬間的光錐ガウス・クロネッカー曲率, 223
瞬間的光錐ガウス写像, 215, 223
　　n^S に付随した正規化された——, 220
　　$\mathcal{S}_{t_0} = x(U \times \{t_0\})$ の n^S に付随した——, 216
　　正規化された——, 220
瞬間的光錐型作用素, 216, 223
　　n^S-——, 217
　　n^S に付随した正規化された——, 221
瞬間的光錐主曲率, 220, 223
　　n^S に付随した——, 217
　　n^S に付随した正規化された——, 221
瞬間的光錐臍点
　　ξ_0-——, 219
瞬間的光錐放物点
　　ξ_0-——, 219
瞬間的光錐リプシッツ・キリング曲率

n^S に付随した——, 217
n^S に付随した正規化された——, 221
瞬間的部分空間, 214
瞬間波面, 134
瞬間波面族の包絡面, 136
瞬間波面の族 $\{W_t(\mathscr{L})\}_{t\in(\mathbb{R},0)}$ の判別集合, 135
準線形1階偏微分方程式
 時間に依存した——, 203
準同型
 $\mathbb{K}$-多元環の——, 45
 R-加群の——, 45
準同型写像, 43
商位相, 47
焦点集合, 7, 9, 98, 135, 230
 BR-——, 231
 時刻 t における——, 178
 世界超曲面 $(W,\mathcal{S})$ の——, 231
 全——, 179
 全BR-——, 231
 伝播の——, 178
小波面, 134, → 瞬間波面
常微分方程式芽, 198
剰余環, 44
初期波面, 176
触同値, 51, → $\mathcal{K}$-同値
真のイデアル, 44
シンプレクティック基底, 91
シンプレクティック形式, 93
シンプレクティック構造, 93
 標準的——, 94
シンプレクティック多様体, 93
 標準的（線形）——, 94
シンプレクティック微分同相, 94
シンプレクティック微分同相である, 95
シンプレクティックベクトル空間, 89

数空間

n 次元——, 19
数ベクトル空間, 20
スカラー倍, 26

正一次斉次, 175
正規化された瞬間的光錐ガウス写像, 220
正規直交基底, 4
正準座標系, 94
生成系
 R 上の——, 45
正則曲線, 3
正則点, 26, 36
正則部分多様体, 37
臍点, 189
世界超曲面, 222
 ——$(W,\mathcal{S})$ の焦点集合, 231
世界膜, 15
世界面, 15, 16, 214
世界面光錐ガウス写像, 215
積, 43
積多様体, 32
積分曲線, 29
積分図式, 199
積分図式として狭義の同値, 200
積分図式として同値, 199
接空間, 20, 34
 拡張された——, 168
接光錐, 226
接触
 $\overline{Y}_1$ と自明な族 $V(f_1)\times I$ の点 $(\boldsymbol{y}_1, t_1)$ での——, 226
 $\overline{Y}_2$ と自明な族 $V(f_2)\times I$ の点 $(\boldsymbol{y}_2, t_2)$ での——, 226
接触形式, 111
接触構造, 111
 標準的——, 111, 114
接触正則型, 202
接触多様体, 111, 208

接触ハミルトンベクトル場, 209
接触ハミルトン流, 209
接触微分同相写像, 114
接触微分同相, 115
接触要素, 117
接束, 20
接ベクトル, 34
　　点 x_0 における――, 20
接ベクトル空間, 34
狭い意味で $\mathcal{K}$-f 同値, 65
狭い意味で $\mathcal{R}$-f 同値, 65
狭い意味で $\mathcal{R}^+$-f 同値, 64
狭い意味で同じ型をもつ, 226
狭い意味での安定微分同相, 156
狭い意味で微分同相, 155
全 BR-焦点集合, 231
全 n^S-光錐臍的, 217
全 n^S-瞬間的平坦, 221
全空間, 41
線形リー群, 47
全光錐臍的, 217
全焦点集合, 179
全臍的, 189

双曲空間
　　n 次元――, 212
双曲的臍（財布）, 86
双対空間, 21
双対微分写像, 23
測地的曲率, 16
測地的捩率, 16
速度ベクトル, 3

■ た行
体, 43
第一基本形式, 188
第一基本量, 188
退化特異点, 52

第二基本量, 188
大波面, 133, 134
代表元, 50
大モース超曲面族, 136
大ルジャンドル部分多様体, 134
楕円的臍（ピラミッド）, 85
多元環, 44
　　$\mathbb{K}$-――, 44
多項式環, 43
単位擬法球面束, 215
単位擬法線ベクトル, 16
単位元, 42, 43
単位従法線ベクトル, 13
単位主法線ベクトル, 12
単位接ベクトル, 4
単位速度曲線, 4
単位速度空間曲線, 12
単位法球面束, 214
単位法線ベクトル場, 186
単位法ベクトル, 4

チュリナ数, 64
超曲面
　　滑らかな――, 77
蝶々, 85
頂点, 5
超平面
　　擬法線ベクトル v をもつ――, 212

ツバメの尾, 84

底空間, 41
定値開折, 66
点 x_0 における接ベクトル, 20
伝播
　　波頭線の――, 10
伝播可能時間帯, 178
伝播の焦点集合, 178

点変換, 198

等化位相, 47
同型, 43
同型写像, 43
等高線葉層芽, 155
同次座標系, 113
等時性, 11
等質空間, 47
等速度, 33
同値, 31
 積分図式として――, 199
 積分図式として狭義の――, 200
 微分方程式として――, 198
動標構, 4
特異解, 201
特異値集合
 $W(\mathscr{L})$ の正則部分の――, 135
特異点, 3, 26, 36
 空間――, 134
 時間――, 134
 ラグランジュ――, 98
特殊解, 201
特殊相対性理論, 10
特性曲線, 206
特性曲線の方法, 206
特性ベクトル場, 204, 209
ド・ジッター空間
 n 次元――, 212

■ な行
内部変数, 64
長さ, 20, → ノルム
滑らかな超曲面, 77

ノルム, 3, 20, 212

■ は行
バーガー方程式, 207
爆発, 203
波頭線, 6
 ――の伝播, 10
波頭面, 118, → 波面
場の量子論, 11
ハミルトン関数, 175
ハミルトンベクトル場, 176
ハミルトン・ヤコビ方程式, 208
はめ込まれた部分多様体, 37
はめ込み, 24, 36
 点 x_0 で f は――, 36
波面, 118, 177
 グラフ型――, 143
 初期――, 176
速さ, 4
パラメータ, 64, → 外部変数
判別集合
 瞬間波面の族 $\{W_t(\mathscr{L})\}_{t\in(\mathbb{R},0)}$ の――, 135
判別集合(芽), 77

非可換環, 43
引き戻し準同型, 50
歪直交補空間, 91
非退化, 111, 144, 145
非退化グラフ型母関数族, 144
非退化特異点, 52
左剰余集合, 47
非特性条件, 206
微分, 35
微分係数
 $[c]$ 方向の――, 34
微分写像, 22, 35
微分同相, 32, 172
 安定――, 173
 シンプレクティック――, 94

狭い意味で――, 155
　　ラグランジュ――, 96
　　ルジャンドル――, 116
微分同相写像, 23, 32
　　ラグランジュ――, 96
　　ルジャンドル――, 116
微分方程式として同値, 198
表現行列, 90
標準基底
　　局所座標 (U, ϕ) に付随した――, 34
標準的シンプレクティック構造, 94
標準的接触構造, 111, 114
標準的 (線形) シンプレクティック多様体, 94
標準内積, 20
ピラミッド, 85, → 楕円的臍 (ピラミッド)

ファイバー, 41
ファイバー束
　　ラグランジュ――, 96
　　ルジャンドル――, 116
フェルマーの原理, 8
複素数体, 43
部分環, 43
部分空間
　　アイソトロピック――, 91
　　コアイソトロピック――, 91
　　ラグランジュ――, 91
部分多様体, 37
　　正則――, 37
　　はめ込まれた――, 37
　　ラグランジュ――, 95
普遍開折
　　$\mathcal{A}$-――, 168
　　$P\text{-}\mathcal{K}$-――, 165
普遍焦点集合, 180
　　$\mathcal{A}$-――, 180
　　$\mathcal{R}^+$-――, 180

フルネ・セレ型の公式, 16
フルネ・セレの公式
　　ローレンツ幾何学的――, 13
フルネの公式, 4
プロパー, 129
分岐, 64
分岐集合 (芽), 77
分配法則, 43

平行曲線, 5
(閉) 光錐, 213
平行超曲面, 187, 191
平坦点, 191
ベクトル空間
　　シンプレクティック――, 89
　　数――, 20
ベクトル束, 42
ベクトル場, 26
ヘッセ行列, 51
偏微分作用素, 21

ホイットニーの襞写像 (芽), 84
ホイヘンスの原理, 8
方向微分, 20
法線族, 6
放物的臍, 87
放物点, 191
包絡面
　　瞬間波面族の――, 136
母関数族, 101, 119
　　極小――, 123
　　グラフ型――, 144
母超曲面族, 119
ホモトピー $\mathcal{G}$-安定, 75
ホモトピー $P\text{-}\mathcal{A}$-安定, 169
　　ι の摂動のもとで――, 181
ホモトピー $P\text{-}\mathcal{K}$-安定, 166
ホモトピー $P\text{-}\mathcal{R}^+$-安定

ιの摂動のもとで——, 183
ホモトピー安定性, 75
ホログラフ領域, 17, 230

■ ま行
マクスウェル集合, 135
　　BR-——, 231
マクスウェルの方程式, 11

右同値, 51, → $\mathcal{R}$-同値
未来方向, 11, 213
　　——を向いている, 213
ミルナー数, 64
ミンコフスキー時空, 10
　　$n+1$次元——, 212

無限小 $\mathcal{K}$ 普遍開折, 67
無限小 P-$\mathcal{K}$-普遍開折, 141
無限小 $\mathcal{R}$ 普遍開折, 67
無限小 $\mathcal{R}^+$ 普遍開折, 67
無限小 $S.P^+$-$\mathcal{K}$-普遍開折, 141

モース関数族, 99
　　極小——, 104
モース超曲面族, 119
　　極小——, 123
　　グラフ型——, 144
　　大——, 136

■ や行
ヤコビイデアル, 58

ユークリッド空間
　　n次元——, 20
ユークリッド平面, 3
有限生成 R-加群, 45
誘導開折
　　Fからのϕによる——, 66

誘導された開折, 166

余階数, 52
余次元, 37
　　SのMにおける——, 37
余接空間, 21
余接束, 21
　　射影的——, 112
余接ベクトル, 21
余法方向, 177
余法向き付け, 176

■ ら行
ライプニッツの積法則, 21
ラグランジュ安定, 109, 110
ラグランジュ写像, 98
ラグランジュ同値, 98
　　ラグランジュ部分多様体 L と L' が
　　——, 99
ラグランジュ特異点, 98
ラグランジュ微分同相, 96
ラグランジュ微分同相写像, 96
ラグランジュファイバー束, 96
ラグランジュ部分空間, 91
ラグランジュ部分多様体, 95
ラグランジュリフト, 97

リー環, 48
リー群, 46
リー部分群, 46
リー閉部分群, 46
リー変換群, 47
リュウビル（微分）形式, 94
臨界点, 51

ルジャンドル安定, 128
　　s-P-——, 142, 165
　　s-$S.P^+$-——, 142

ルジャンドル解, 208
ルジャンドル開折
　　グラフ型——, 143
ルジャンドル写像, 118
ルジャンドル同値, 118
　　s-P-——, 137
　　s-$S.P$-——, 136
　　s-$S.P^+$-——, 137
　　(s,t)-——, 137
　　t-P-——, 137
ルジャンドル微分同相, 116
ルジャンドル微分同相写像, 116
ルジャンドルファイバー束, 116
ルジャンドル部分多様体, 115
ルジャンドルリフト, 118
ルジャンドルリフト写像, 118

零元, 43
零切断, 175
レムニスケート, 37

ローレンツ幾何学的フルネ・セレの公式, 13
ローレンツ距離2乗関数, 13, 224
ローレンツ超平面, 212
ローレンツ変換, 10
ローレンツ・ミンコフスキー $(n+1)$-空間, 212

■ わ行
和, 26, 43
ワインガルテン写像, 188
ワインガルテンの公式, 188

著者紹介

泉屋 周一(いずみや しゅういち)

1978年 北海道大学大学院理学研究科修士課程修了
専 攻 数学(特異点論)
現 在 北海道大学名誉教授,東北師範大学(中国)名誉教授,
　　　 理学博士(北海道大学)
主 著 『応用特異点論』(共著,共立出版,1998)
　　　 『特異点の数理 1 幾何学と特異点』(共著,共立出版,2001)
　　　 『切って,見て,触れてよくわかる「かたち」の数学』(共著,日科技連,2005)
　　　 『座標幾何学―古典的解析幾何学入門』(共著,日科技連,2008)
　　　 『テキスト 理系の数学 1 リメディアル数学』(共著,数学書房,2011)
　　　 Differential Geometry from a Singularity Theory Viewpoint
　　　 (共著,World Scientific,2015)

波面の伝播と特異点
Wave Front Propagations
and Singularities

2018 年 2 月 25 日　初版 1 刷発行

著　者　泉屋周一　© 2018
発行者　南條光章
発行所　共立出版株式会社
　　　　東京都文京区小日向 4-6-19
　　　　電話 03-3947-2511(代表)
　　　　〒 112-0006／振替口座 00110-2-57035
　　　　URL http://www.kyoritsu-pub.co.jp/

印　刷　啓文堂
製　本　ブロケード

検印廃止
NDC 414.7, 421.2
ISBN 978-4-320-11336-7

一般社団法人
自然科学書協会
会員

Printed in Japan

JCOPY ＜出版者著作権管理機構委託出版物＞
本書の無断複製は著作権法上での例外を除き禁じられています.複製される場合は,そのつど事前に,出版者著作権管理機構(TEL:03-3513-6969,FAX:03-3513-6979,e-mail:info@jcopy.or.jp)の許諾を得てください.

「数学探検」「数学の魅力」「数学の輝き」の三部からなる数学講座

共立講座 数学探検 全18巻

新井仁之・小林俊行・斎藤　毅・吉田朋広 編

数学に興味はあっても基礎知識を積み上げていくのは重荷に感じられるでしょうか？　この「数学探検」では、そんな方にも数学の世界を発見できるよう、大学での数学の従来のカリキュラムにはとらわれず予備知識が少なくても到達できる数学のおもしろいテーマを沢山とりあげました。本格的に数学を勉強したい方には、基礎知識をしっかりと学ぶための本も用意しました。本格的な数学特有の考え方、ことばの使い方にもなじめるように高校数学から大学数学への橋渡しを重視してあります。興味と目的に応じて数学の世界を探検してください。

❶ 微分積分
吉田伸生著　準備／連続公理・上限・下限／極限と連続Ⅰ／多変数・複素変数の関数／級数／他‥‥‥494頁・**本体2400円**

❸ 論理・集合・数学語
石川剛郎著　数学語／論理／集合／関数と写像／実践編・論理と集合（分析的数学読書術）／他）‥‥‥206頁・**本体2300円**

❹ 複素数入門
野口潤次郎著　複素数／代数学の基本定理／一次変換と等角性／非ユークリッド幾何／他‥‥‥‥‥160頁・**本体2300円**

❻ 初等整数論　数論幾何への誘い
山崎隆雄著　整数／多項式／合同式／代数系の基礎／$\mathbb{F}_p$上の方程式／平方剰余の相互法則／他‥‥‥252頁・**本体2500円**

❼ 結晶群
河野俊丈著　図形の対称性／平面結晶群／結晶群と幾何構造／空間結晶群／エピローグ／他‥‥‥‥‥204頁・**本体2500円**

❽ 曲線・曲面の微分幾何
田崎博之著　準備（内積とベクトル積／二変数関数の微分／他）／曲線／曲面／地図投映法／他‥‥‥180頁・**本体2500円**

❿ 結び目の理論
河内明夫著　結び目の表示／結び目の標準的な例／結び目の多項式不変量／スケイン多項式族／他‥‥240頁・**本体2500円**

⓭ 複素関数入門
相川弘明著　複素関数とその積分／ベキ級数／コーシーの積分定理／正則関数／有理型関数／他‥‥‥260頁・**本体2500円**

⓱ 数値解析
齊藤宣一著　非線形方程式／数値積分と補間多項式／連立一次方程式／常微分方程式／他‥‥‥‥‥212頁・**本体2500円**

――― ■ 主な続刊テーマ ■ ―――

❷ 線形代数‥‥‥‥‥‥戸瀬信之著
❺ 代数入門‥‥‥‥‥‥梶原　健著
❾ 連続群と対称空間‥‥河添　健著
⓫ 曲面のトポロジー‥‥橋本義武著
⓬ ベクトル解析‥‥‥‥加須榮篤著
⓮ 位相空間‥‥‥‥‥‥松尾　厚著
⓯ 常微分方程式の解法‥荒井　迅著
⓰ 偏微分方程式の解法‥石村直之著
⓲ データの科学
‥‥‥‥‥山口和範・渡辺美智子著

【各巻】　A5判・並製本・税別本体価格
（価格は変更される場合がございます）

※続刊のテーマ、執筆者は変更される場合がございます

共立出版

http://www.kyoritsu-pub.co.jp/
https://www.facebook.com/kyoritsu.pub

「数学探検」「数学の魅力」「数学の輝き」の三部からなる数学講座

共立講座 数学の魅力 全14巻 別巻1

新井仁之・小林俊行・斎藤 毅・吉田朋広 編

大学の数学科で学ぶ本格的な数学はどのようなものなのでしょうか？
この「数学の魅力」では、数学科の学部3年生から4年生、修士1年で学ぶ水準の数学を独習できる本を揃えました。代数、幾何、解析、確率・統計といった数学科での講義の各定番科目について、必修の内容をしっかりと学んでください。ここで身につけたものは、ほんものの数学の力としてあなたを支えてくれることでしょう。さらに大学院レベルの数学をめざしたいという人にも、その先へと進む確かな準備ができるはずです。

❹ 確率論
高信 敏著

確率論の基礎概念／ユークリッド空間上の確率測度／大数の強法則／中心極限定理／付録（d次元ボレル集合族・$π-λ$定理・Pに関する積分他）
320頁・本体3,200円
ISBN：978-4-320-11159-2

❺ 層とホモロジー代数
志甫 淳著

環と加群（射影的加群と単射的加群他）／圏（アーベル圏他）／ホモロジー代数（群のホモロジーとコホモロジー他）／層（前層の定義と基本性質他）／付録
394頁・本体4,000円
ISBN：978-4-320-11160-8

⓫ 現代数理統計学の基礎
久保川達也著

確率／確率分布と期待値／代表的な確率分布／多次元確率変数の分布／標本分布とその近似／統計的推定／統計的仮説検定／統計的区間推定／他
324頁・本体3,200円
ISBN：978-4-320-11166-0

―――◆主な続刊テーマ◆―――

① 代数の基礎・・・・・・・・・・・・清水勇二著
② 多様体入門・・・・・・・・・・・・森田茂之著
③ 現代解析学の基礎・・・・杉本 充著
⑥ リーマン幾何入門・・・・塚田和美著
⑦ 位相幾何・・・・・・・・・・・・・・逆井卓也著
⑧ リー群とさまざまな幾何
　　　・・・・・・・・・・・・・・・・・・・・宮岡礼子著
⑨ 関数解析とその応用・・新井仁之著
⑩ マルチンゲール・・・・・高岡浩一郎著
⑫ 線形代数による多変量解析
　　・・柳原宏和・山村麻理子・藤越康祝著
⑬ 数理論理学と計算可能性理論
　　　・・・・・・・・・・・・・・・・・・・・田中一之著
⑭ 中等教育の数学・・・・・・岡本和夫著

別巻「激動の20世紀数学」を語る
　猪狩 惺・小野 孝・河合隆裕・
　高橋礼司・服部晶夫・藤田 宏著

【各巻】 A5判・上製本・税別本体価格
（価格は変更される場合がございます）
※続刊のテーマ、執筆者は変更される場合がございます

共立出版

http://www.kyoritsu-pub.co.jp/
https://www.facebook.com/kyoritsu.pub

「数学探検」「数学の魅力」「数学の輝き」の三部からなる数学講座

共立講座 数学の輝き 全40巻予定

新井仁之・小林俊行・斎藤 毅・吉田朋広 編

数学の最前線ではどのような研究が行われているのでしょうか？大学院に入ってもすぐに最先端の研究をはじめられるわけではありません。この「数学の輝き」では、「数学の魅力」で身につけた数学力で、それぞれの専門分野の基礎概念を学んでください。一歩一歩読み進めていけばいつのまにか視界が開け、数学の世界の広がりと奥深さに目を奪われることでしょう。現在活発に研究が進みまだ定番となる教科書がないような分野も多数とりあげ、初学者が無理なく理解できるように基本的な概念や方法を紹介し、最先端の研究へと導きます。

❶ 数理医学入門
鈴木 貴著 画像処理／生体磁気／逆源探索／細胞分子／細胞変形／粒子運動／熱動力学／他･･･････270頁・本体4000円

❷ リーマン面と代数曲線
今野一宏著 リーマン面と正則写像／リーマン面上の積分／有理型関数の存在／トレリの定理／他････266頁・本体4000円

❸ スペクトル幾何
浦川 肇著 リーマン計量の空間と固有値の連続性／最小正固有値のチーガーとヤウの評価／他････350頁・本体4300円

❹ 結び目の不変量
大槻知忠著 絡み目のジョーンズ多項式／組みひも群とその表現／絡み目のコンセビッチ不変量／他 288頁・本体4000円

❺ K3曲面
金銅誠之著 格子理論／鏡映群とその基本領域／K3曲面のトレリ型定理／エンリケス曲面／他･･･････240頁・本体4000円

❻ 素数とゼータ関数
小山信也著 素数に関する初等的考察／リーマン・ゼータの基本／深いリーマン予想／他･･･････････300頁・本体4000円

❼ 確率微分方程式
谷口説男著 確率論の基本概念／マルチンゲール／ブラウン運動／確率積分／確率微分方程式／他･･･236頁・本体4000円

❽ 粘性解 ―比較原理を中心に―
小池茂昭著 準備／粘性解の定義／比較原理／比較原理・再訪／存在と安定性／付録／他･･･････････216頁・本体4000円

❾ 3次元リッチフローと幾何学的トポロジー
戸田正人著 幾何構造と双曲幾何／3次元多様体の分解／他 328頁・本体4500円

❿ 保型関数 ―古典理論とその現代的応用―
志賀弘典著 楕円曲線と楕円モジュラー関数／超幾何微分方程式から導かれる保型関数／他･･･････････288頁・本体4300円

⓫ D加群
竹内 潔著 D-加群の基本事項／ホロノミーD-加群の正則関数解／D-加群の様々な公式／偏屈層／他 324頁・本体4500円

■ 主な続刊テーマ ■
岩澤理論･･････････････････尾崎 学著
楕円曲線の数論･･････････小林真一著
ディオファントス問題･･････平田典子著
保型形式と保型表現････池田 保・今野拓也著
可換環とスキーム････････小林正典著
有限単純群････････････････北詰正顕著
代数群････････････････････庄司俊明著
カッツ・ムーディ代数とその表現･･山田裕史著
リー環の表現論とヘッケ環 加藤 周・榎本直也著
リー群のユニタリ表現論･･･････平井 武著
対称空間の幾何学･････田中真紀子・田丸博士著

【各巻】 A5判・上製本・税別本体価格

※続刊のテーマ、執筆者、価格等は
　予告なく変更される場合がございます

共立出版

http://www.kyoritsu-pub.co.jp/
https://www.facebook.com/kyoritsu.pub